일본 스시장인에게 배우는

스시의 기술

메구로 히데노부 지음 | 용동희 옮김

스시 전문 요리사는

스시요리사가 하는 일 중에서 조리대에서 스시를 만들어내는 일은 극히 일부분에 지나지 않습니다. 하루일과의 대부분이 스시를 만드는 데 필요한 재료를 준비하는 시간으로 채워집니다. 작은 새끼 전어나 새끼 은어를 한 장 한 장 시간을 들여서 손질하고 식초물에 절이는 일만 해도, 그 날의 기온과 생선 종류에 따라 소금과 식초의 양, 절이는 시간이 달라집니다. 또 스시용 밥인 샤리를 만들 때도 쌀을 씻는 방법, 물의 양, 온도에 따라서 완성된 밥맛이 달라집니다.

이런 일들 하나하나가 효율적이고 정확하게 이루어져야 맛있는 스시가 만들어지고, 손님들에게 맛있는 스시를 먹는 기쁨을 선시할 수 있습니다. 그러기 위해서는 하루하루 스시 전문 요리사로서의 기술과 감각을 갈고닦지 않으면 안 됩니다.

또한, 필요한 지식을 습득하는 것도 스시 전문 요리사가 반드시 해야 하는 일이며, 그것은 끊임없이 연구하려는 열정과 더불어 선배, 동료 요리사, 중개상인과의 대화와 관계를 통해 습득할 수 있습니다. 이렇게 얻은 지식은 숙련된 기술과 함께 큰 힘이 됩니다. 그리고 잊지 말아야 할 것은 정직한 마음과 배려하는 마음 등 기술을 익히기 전에 먼저 인성을 갖추어야 하는 것으로, 이것은 어떤 세계에서도 마찬가지입니다.

지금도 마음에 새기고 있는 선배의 조언으로 '스시 주문이 귀찮게 느껴진다면 그때가 스시집 문을 닫을 때이다', '니기리즈시는 재료를 밥 위에 올려놓는 것이 전부가 아니라, 고도의 기술이 필요한 것이다', '생선에는 가시와 비늘이 있어서 먹기가 쉽지 않은데, 그런 생선을 거리낌 없이 한입에 먹을 수 있게 해주는 스시는 최고의 음식이다', '진짜 스시 요리사는 정말 맛있는 스시를 제공해서 손님이 맛을 따라 다시 스시집을 찾게 만든다', '1개의 스시에도 마음을 담는다' 등이 있습니다.

젊었을 때는 이런 말들의 의미를 잘 알지 못했지만, 지금은 가슴에 새기면서 일하고 있습니다.

일본 니기리즈시의 발전과 함께, 세계적으로 스시가 '일본 스시'로 알려지고, 세계각지에서는 그 지역에 맞는 다양한 스시를 만들고 있는데, 미국의 '캘리포니아롤'을 보더라도 알 수 있듯이 스시는 그 나라에 맞는 음식으로 정착되고 있습니다.

오랜 시간 전해져 내려오는 스시문화와 스시 전문 요리사의 숙련된 기술, 깊은 지식을 기록으로 남기고, 새롭게 일본 스시의 발전을 희망하는 마음으로 이 책을 쓰게 되었습니다. 스시 전문 요리사를 목표로 공부하는 분들이나 스시를 사랑하는 많은 분들에게 참고가 된다면 더없이 기쁠 것입니다.

또한 책을 만드는 데 아낌없이 기술협력을 해주신 中田秀人(나카다 히데토), 加藤益義(가토 마사요시), 新井一正(아라이 가즈마사), 저를 스시전문 요리사로 키워주신 스승 山下忠夫(야마시타 다다오), 제작을 도와준 永峯幹夫(나가미네 미키오), 岩瀬優子(이와세 유코), 신선한 생선을 제공해준 光洋(고요)의 籠本淳(가고모토 아쓰시), 西森正和(니시모리 마사카즈), 梶川二郎(가지카와 지로), 秋廣晴伸(아키히로 하루노부), 秋廣陽(아키히로 노보루), 사진촬영을 해주신 平山法行(히라야마 노리유키), 편집의 西宮三代(니시미야 미요), 디자인의 森裕昌(모리 히로마사), 인쇄작업의 中村喜勝(나카무라 요시카쓰), 그리고 마지막까지 지켜봐주신 山縣正(야마가타 다다시) 회장, 山崎博明(야마자키 히로아키) 기술위원장, 그밖에 스시상조합의 모든 분들에게 이 자리를 빌려 깊은 감사의 마음을 전합니다.

메구로 히데노부

차례

1 스시의 기본 기술

2 니기리즈시

생선

3 니기리즈시

문어
게 · 생선알
오징어 · 새우

4 니기리즈시

달걀구이
조개

5 전통스시

지라시즈시
이나리즈시
간사이즈시(오시즈시 · 보즈시 · 자킨즈시)
마키즈시

6 기타

스시 도구
김 · 조릿대 장식
샤리를 맛있게 하는 기술

스시 기술의 용어

- 스시 기술의 용어는 재료 부위를 부르는 용어보다는 만드는 방법을 설명하는 기술 용어와 스시 종류를 중심으로 설명하였다.
- 이 책에서는 현장에서 실제로 사용하는 스시 기술의 용어를 사용하였고, 본문에서 사용한 일본어 용어의 경우 일본어 발음 옆에 그 의미를 ( )에 풀어 설명하였다. 스시의 기술을 본격적으로 익히기 전에 먼저 용어를 공부하고 시작하면 도움이 될 것이다.
- 스시 도구에 대한 설명은 p.306 참조.

ㄱ

가라미(辛味) : 와사비나 생강처럼 매운맛이 나는 양념을 회에 곁들인 것.

가와시모후리(皮霜降り) : 생선 껍질에 뜨거운 물을 부어 살짝 데치는 방법.

가쿠즈쿠리(角造り) : 생선살을 사각형으로 각을 살려서 써는 것.

간표마키(かんぴょう巻き) : 간장에 조린 박고지를 넣고 만든 김초밥.

게라다마(けら玉) : 달걀에 새우살이나 생선살 등을 갈아서 넣고 구운 것.

게라스시(けら寿司) : 게라다마를 얹어서 만든 누름초밥.

겐(けん) : 오이, 당근, 무 등을 가늘게 채 썰어서 회에 곁들인 것.

고마이오로시(五枚下ろし) : 5장뜨기. 생선을 도마에 올렸을 때 윗면의 등살과 뱃살, 아랫면의 등살과 뱃살을 각각 잘라서 펼치는 방법.

고모쿠즈시(五目寿司) : 생선, 야채 등 여러 가지를 잘게 썰어서 섞은 초밥.

고테가에시(こて返し) : 손가락 돌리기. 스시를 쥐는 기술로 손가락으로 스시를 돌려서 모양을 잡는다.

곤부즈메스시(昆布づめすし) : 소금에 절인 다음 식초물에 적신 다시마 또는 마른 다시마로 싸서 절인 생선살로 만든 초밥.

군함말이(ぐんかん巻き) : 군함모양으로 만든 마키즈시. '군칸마키'라고도 한다.

기미오보로(黄身おぼろ) : 삶은 달걀의 노른자를 으깨서 설탕, 소금을 넣고 중탕으로 건조하듯이 볶은 것.

긴시타마고(錦紙玉子) : 달걀을 종이처럼 얇게 구운 것.

ㄴ

나가자쿠(長ざく) : 참치를 사쿠도리(덩어리자르기)할 때 세로 방향으로 길게 자른 모양.

나레즈시(なれずし) : 생선을 소금에 절여서 자연발효에 의해 신맛을 낸 초밥.

나마미스시(生身すし) : 익히지 않은 날생선으로 만든 초밥.

나마아게(なまあげ) : 조림국물이 배어들지 않아 속이 하얗게 되도록 조리는 방법.

네타(ねた) : 샤리 위에 올리는 생선이나 조개 등의 재료.

니기리즈시(握り寿司) : 손으로 쥐어서 만든 초밥이라는 의미로, 샤리를 손으로 쥐어서 한 입 크기로 만든 다음, 생선, 조개 등의 네타를 얹은 초밥.

니반즈(二番酢) : 한 번 사용하여 신맛이 약해진 식초.

니코고리(煮こごり) : 생선을 조린 국물을 식혀서 묵처럼 굳힌 것.

ㄷ

다시마키타마고(だし巻き玉子) : 달걀에 맛국물을 섞어서 구운 것.

다이묘오로시(大名おろし) : 평형자르기. 작은 생선 중에서 몸이 가늘고 길며, 등뼈가 얇은 생선을 머리부터 시작하여 등뼈와 가운데뼈의 위를 지나 단숨에 자르는 것.

다테가에시(たて返し) : 세워 돌리기. 스시를 쥐는 기술로 스시를 쥔 손을 몸쪽으로 돌려서 모양을 잡는다.

다테마키(伊達巻き) : 달걀구이 초밥. 김 대신 생선살이나 새우살 등을 갈아서 넣고 만든 달걀구이로 만다.

데비라키(手開き) : 손으로 펼치기. 손을 이용하여 작은 생선의 머리와 내장을 제거하는 방법.

데자쿠(手ざく) : 새끼손가락부터 검지까지 4개의 손가락 폭을 말하는 것으로, 생선을 스시용으로 손질했을 때 기준이 되는 길이(약 7.5㎝).

뎃카마키(鉄火巻き) : 참치 등의 생선살을 넣고 만든 김초밥.

ㄹ

리시리(利尻) **다시마** : 홋카이도 최북단의 특산물 다시마.

ㅁ

마키즈시(巻き寿司) : 김초밥.

모미지오로시(もみじおろし) : 무와 빨간 고추를 함께 간 것.

ㅂ

밧테라(バッテラ) : 나무틀에 넣어 만든 관서식 고등어 누름초밥.

보즈시(棒寿司) : 봉초밥. 오시즈시(누름 초밥)의 일종으로 좁고 긴 누름틀에 넣고 눌러서 만든 초밥.

ㅅ

사와니(沢煮) : 채소와 흰살생선 또는 채소와 육류에 국물을 많이 부어서 담백하게 끓이는 방법.

사이쿄즈케(西京漬け) : 백된장, 맛술, 술 등으로 생선을 절인 후 구워 먹는 음식.

사쿠도리(さくどり) : 덩어리 자르기. 손질한 생선살에서 지아이(검붉은 살)와 껍질 등을 잘라내고 덩어리로 나눠서 조리에 적합하게 모양을 다듬는 것

산마이오로시(三枚下ろし) : 3장뜨기. 생선의 미리를 떼고, 등뼈를 따라 칼집을 내서 뼈와 2조각의 살로 뜨는 방법.

샤리(しゃり) : 스시용 밥.

샤리키리(しゃり切り) : 밥에 초대리를 넣고 주걱으로 자르듯이 섞어서 스시용 밥인 샤리를 만드는 것.

세비라키(背開き) : 등가르기. 생선의 등을 갈라 뱃살을 자르지 않고 여는 방법.

소기즈쿠리(そぎ造り) : 칼을 비스듬히 눕혀서 얇게 포를 뜨듯이 생선살을 써는 것.

수관(水管) : 조개 등 연체동물에서 호흡수, 먹이, 배설물 등이 드나드는 관.

스가타모리(姿盛) : 생선 내장을 제거하여 조리한 후 원형대로 담는 것.

스가타즈시(姿寿司) : 생선의 뼈와 내장을 제거하고, 밥에 씌워서 생선 원래의 모습대로 꾸며놓은 초밥.

스가타즈쿠리(姿造り) : 회를 쳐서 다시 본래의 생선모양으로 담아내는 방법

스이한미오라(炊飯ミオラ) : 쌀의 전분과 단백질을 분해해서 쌀의 감칠맛과 부드러움을 끌어내는 효소제.

스즈메즈시(雀ずし):새끼 도미의 배를 째고 샤리를 채워서 만든 초밥.

시로이타(白板) **다시마** : 오보로 다시마를 잘라낸 다음 남은 부분으로 모양을 만든 다시마.

시모후리(霜降り) : 뜨거운 물을 부어 살짝 데쳐서(유비키) 표면이 하얗게 익은 상태.

쓰마(つま) : 회 옆에 모양을 내기 위해 곁들이는 장식.

쓰케코미(つけ込み) : 조림국물이 배어들도록 조려서, 조림국물에 담근 채로 식히는 방법.

쓰쿠리(造り) : 생선회 또는 생선회를 써는 방법.

ㅇ

아라이(洗い) : 생선의 저민 살을 찬물이나 얼음물로 씻어 탄력있게 만드는 방법.

아부리스시(あぶりすし): 불에 살짝 구워서 만든 초밥.

아쓰야키(厚焼き) : 보통보다 두툼하게 구운 달걀구이.

야에즈쿠리(八重造り) : 생선살 가운데에 칼집을 넣어서 써는 것.

야키시모(焼き霜) : 생선살의 껍질을 벗기지 않고 썰어서, 껍질쪽에 직접 불이 닿게 굽는 방법.

에도마에즈시(江戸前ずし) : 에도마에는 도쿄식 요리를 의미하는 것으로, 니기리즈시가 처음 나오기 시작했을 때 도쿄만 근해에서 어획한 신선한 생선을 사용한 스시라는 의미로 에도마에즈시라고 불렀다.

에호마키(浦方巻き) : 절분날 복을 비는 마음으로 길한 방향을 향해 자르지 않고 먹는 김초밥.

오보로(おぼろ) **다시마** : 삶은 다시마를 말려서 얇고 가늘게 썬 것.

오보로(おぼろ) : 작은 중하를 소금물에 데쳐 잘게 다진 후 물에 씻어서, 설탕, 소금 등으로 조미하여 조린 것.

오시즈시(押し寿司) : 누름초밥. 누름틀에 넣고 눌러서 만든 초밥.

오카치리(おかちり) : 다시마 육수에 아귀의 살, 간, 위장, 난소, 아가미, 지느러미, 껍질 등을 넣고 끓인 음식.

외줄낚기(一本釣り) : 1개의 낚시를 드리워서 물고기를 한 마리씩 낚아 올리는 방법.

우스야키(薄焼き) : 보통보다 얇게 구운 달걀구이.

우스즈쿠리(薄造り) : 생선을 아주 얇고 어슷하게 썰어서 회를 만드는 방법.

유비키(湯引き) : 뜨거운 물에 살짝 데치는 것.

유안야키(ゆあんやき) : 간장에 맛술과 유자즙을 섞은 다음, 재료를 담갔다가 굽는 일본식 구이 요리.

이나리즈시(稲荷寿司) : 유부초밥. 양념한 유부 속에 스시용 밥을 채워서 만든 초밥.

이케지메(活け締め) : '이키지메(活き締め)'라고도 하며, 활어의 머리에 칼이나 송곳 등을 찔러서 피를 빼고, 신경을 마비시켜 선도를 유지하는 방법. 피를 빼는 과정만을 가리키기도 한다.

이토즈쿠리(糸作り) : 생선살을 실같이 가늘게 써는 것.

ㅈ

자킨즈시(茶巾寿司) : 스시용 밥에 여러 가지 채소를 넣고 섞은 다음, 긴시마키 위에 올려서 보자기처럼 싼 초밥.

저인망(底引網) : 그물로 끌어서 잡는 법.

주낙(縄漁) : 굵은 한 가닥의 줄에 여러 가닥의 가는 줄을 달아 낚시를 하는 방법.

주마키(中巻き) : 김을 가로로 놓고 말아서 만드는 김초밥.

지라시즈시(ちらし寿司) : 흩뿌림초밥. 생선, 달걀구이나 양념한 채소 등의 고명을 위에 흩뿌리듯이 얹은 초밥.

지아이(血合い) : 생선의 검붉은 살.

ㅊ

초대리(合わせ酢) : 샤리를 만들 때 사용하는 배합초. '아와세즈'라고도 한다.

ㅌ

토레하(トレハ) : 옥수수 등의 전분에 효소를 작용시켜 만든 트레할로스의 상품명. 밥에 넣으면 전분의 노화를 억제하고, 잡내 억제, 변색 억제 등의 효과가 있다.

ㅎ

하라비라키(腹開き) : 배가르기. 생선의 배를 갈라서 여는 방법.

하라스(はらす) : 연어 배쪽의 기름진 부분.

하코즈시(箱寿司) : 상자초밥. 오시즈시의 한 종류로 상자모양의 누름틀로 눌러서 만든 초밥.

호소즈쿠리(細造り) : 생선살을 이토즈쿠리보다 조금 두껍게 써는 것.

후나모리(船盛り) 배 모양의 그릇에 회를 담는 방법.

후토마키(太巻き) : 굵게 만 김초밥.

히라즈쿠리(平造り) : 사쿠도리(덩어리 자르기)한 생선살을 두꺼운 쪽을 향해 왼손으로 누르고 오른쪽부터 잘라 가는 방법.

히키즈쿠리(引き造り) : 생선살을 썰 때 칼을 똑바로 세워서 자르는 것. 자른 다음에도 오른쪽으로 보내지 않고 그대로 이어 자른다.

1 스시의 기본 기술

스시를 쥐는 기본 기술

스시를 만들 때 필요한 것은 샤리(스시용 밥), 식초물(물과 식초를 같은 비율로 섞은 것), 와사비, 네타(생선, 조개 등의 주재료), 젖은 면보(흰색) 등이다. 식초물은 밥알이 손에 들러붙지 않게 해주고, 살균 효과와 비린내를 없애는 효과가 있다. 면보는 사용하기 편한 크기로 잘라서 스시 전용 면보를 준비하고, 손, 도마, 칼을 청결하게 유지하기 위해 사용하는 것이므로 자주 빠는 등 위생관리에 신경 써야 한다. 손과 도마가 마르지 않도록 자주 사용하는 것이 좋다. 칼은 위험하지 않게 사진처럼 도마 가장자리에 놓는데, 칼날이 바깥을 향하게 놓는다. 도마는 항상 청결하게 세척해서 보관한다.

스시를 쥘 때는 리듬을 타면서 빠른 속도로 1번, 2번, 3번의 동작으로 완성하는 것이 중요하다. 누르는 것도 중요해서 표면을 잘 눌러서 모양을 잡고, 입에 넣었을 때 입안에서 자연스럽게 풀어지는 것이 가장 이상적이다. 2번째, 3번째 쥘 때는 샤리 위에 올린 네타를 꽉 누르는 것이 아니라, 왼손 손목의 회전을 이용해야 자연스럽게 완성된다. 여기서는 기본적인 '고테가에시(손가락 돌리기)'와 '다테가에시(세로 돌리기)'를 설명한다. 다테가에시는 문어나 달걀과 같이 샤리와 떨어지기 쉬운 네타로 스시를 만들 때 알맞은 방법이다. 숙련된 스시 전문 요리사들은 고테가에시든 다테가에시든 2번의 동작만으로 스시를 완성하기도 한다.

도구는 사용하기 편하게 배치한다.

이상적인 스시 모양

이상적인 스시 모양은 배의 밑바닥처럼 구부러지는 것으로(선저형), 샤리 위에 올린 네타는 부채꼴이 되어야 한다.

1 오른손 손끝에 식초물을 조금 묻힌다.

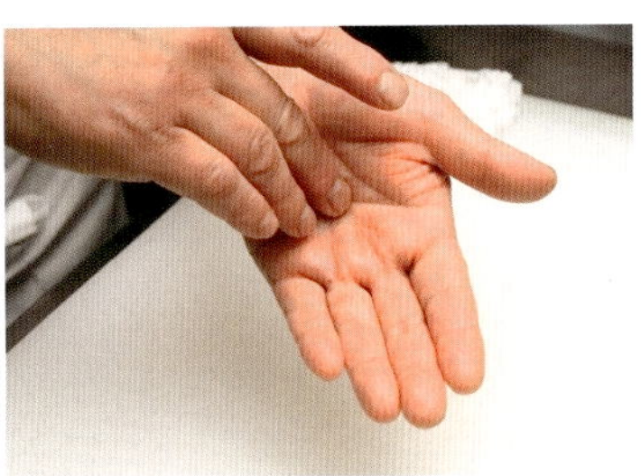

2 왼손 손바닥에 1에서 묻힌 식초물을 바른다.

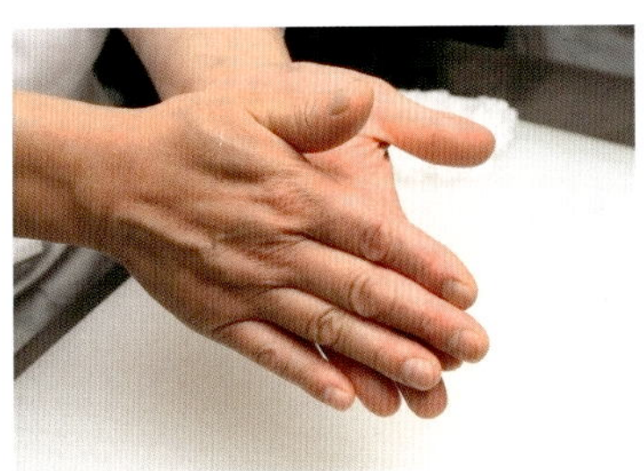

3 양손을 맞대고 손바닥과 손가락 안쪽에 식초물을 발라서 밥알이 붙지 않게 한다.

4 밥통 속에 있는 샤리를 살짝 저어서 한쪽으로 모아놓은 다음, 오른손에서 엄지를 제외한 3~4개의 손가락으로 겉에서부터 공기가 들어가도록 샤리를 긁어서 모은다. 엄지로 양을 조절하여 원통모양을 만든다.

5 왼손으로 네타를 살짝 집는데, 이때 오른손으로는 샤리의 양을 조절한다.

6 네타를 손가락 3째마디 위에 올린다. 이때 오른손은 밥을 원통모양으로 만든 다음, 와사비를 덜어낼 차례이다.

point 네타의 크기와 모양, 손바닥 크기, 손가락 길이에 따라, 3째마디가 아니라 손바닥이나 손끝에 올려도 좋다.

7 밥을 쥔 오른손 검지로 와사비를 던다.

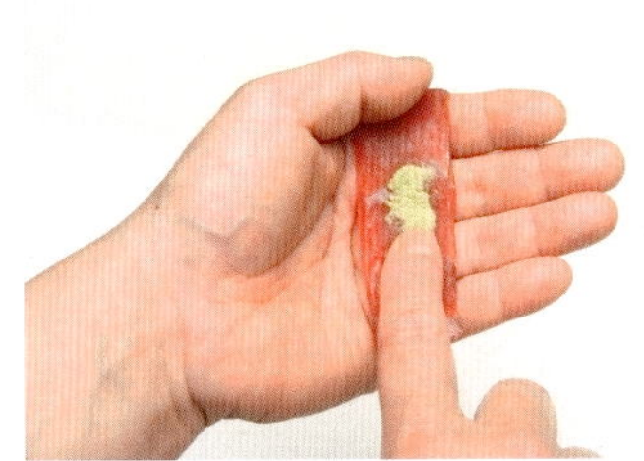

8 네타 가운데에 와사비를 바르는데, 스시가 완성되었을 때 와사비가 밖으로 삐져나오지 않게 주의한다.

고테가에시·다테가에시
1번째 동작

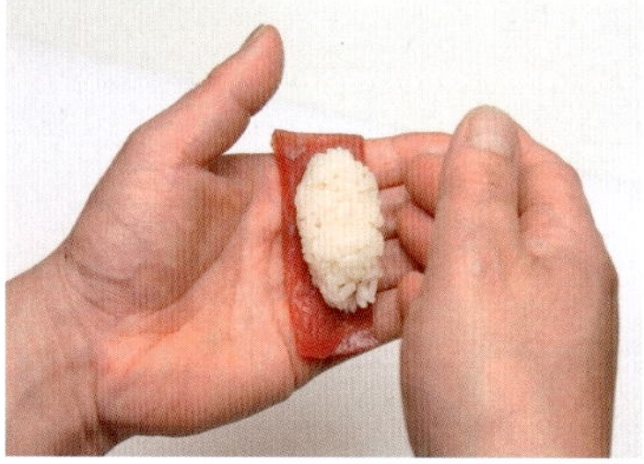

9 원통모양이 된 샤리를 네타 위에 올린다.

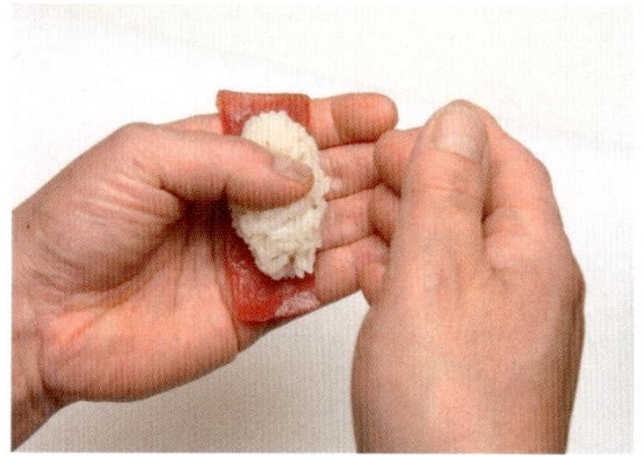

10 왼손 엄지로 샤리 가운데를 눌러서 네타와 샤리를 붙인다.

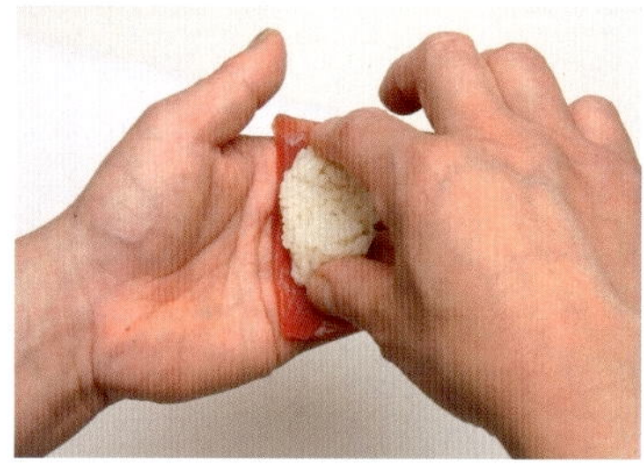

11 오른손 엄지와 검지로 샤리의 양끝부분을 정리한다.

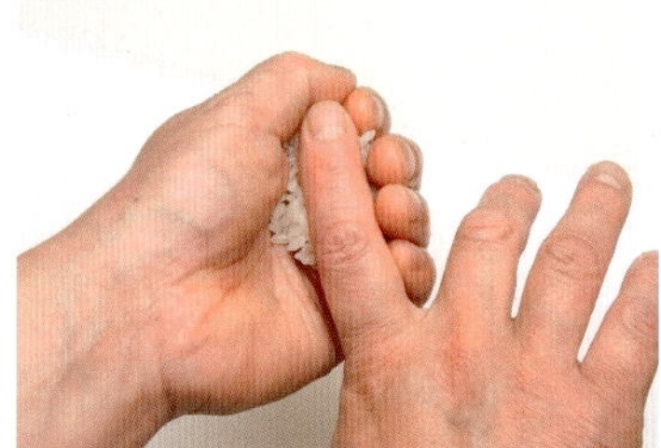

12 오른손 검지로 샤리 바닥을 누르고, 왼손 엄지 끝으로 샤리의 머리부분을 누른다. 4개의 손가락과 손바닥으로 스시 옆면을 살짝 눌러서 스시 아랫부분의 모양을 잡는다. 여기까지가 스시를 쥐는 1번째 동작이다.

고테가에시
2번째 동작

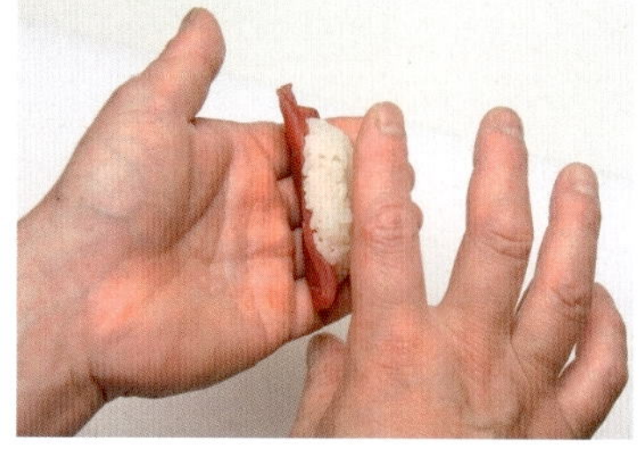

13 왼손을 펼치면서 스시를 손끝 방향으로 굴려서 뒤집는다.

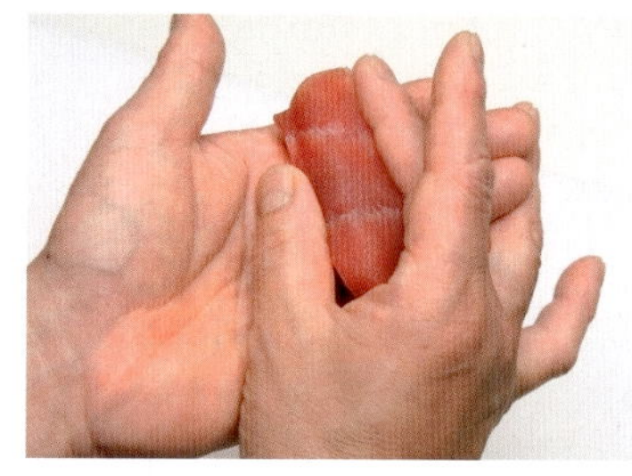

14 뒤집어진 스시의 옆면을 오른손 엄지와 중지로 누르면서 3째마디 위로 다시 옮긴다.

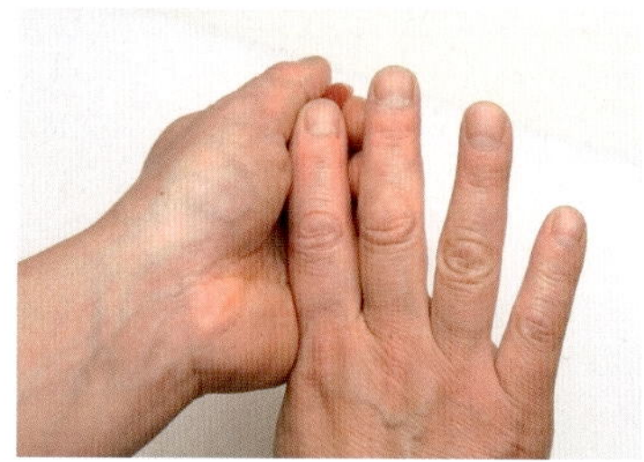

15 오른손 검지로 네타 위를 누르고(그림2-Ⓐ), 왼손의 엄지와 검지 아랫마디를 이용하여 모양을 잡는다(그림2-Ⓑ). 동시에 4개의 손가락과 손바닥으로 스시 옆면을 누르는데, 이때 왼손 새끼손가락을 살짝 구부려서 스시의 아랫부분을 배 밑바닥 모양으로 만든다(그림2-Ⓒ). 여기까지가 2번째 동작이다.

〈그림 1〉

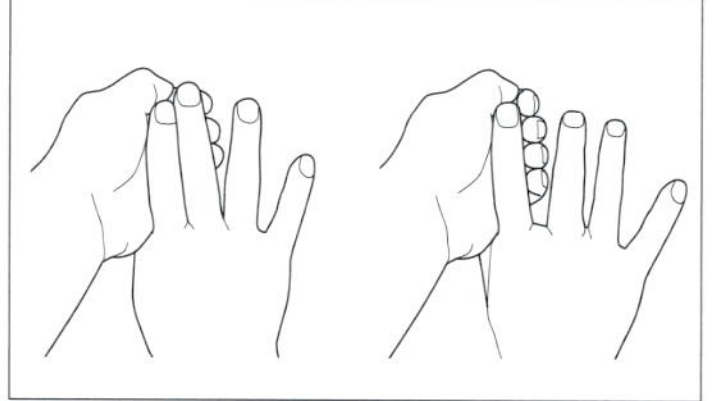

네타의 종류와 스시의 크기에 따라 검지와 중지로 누를 것인지, 검지로만 누를 것인지 결정한다.

고테가에시·다테가에시
3번째 동작

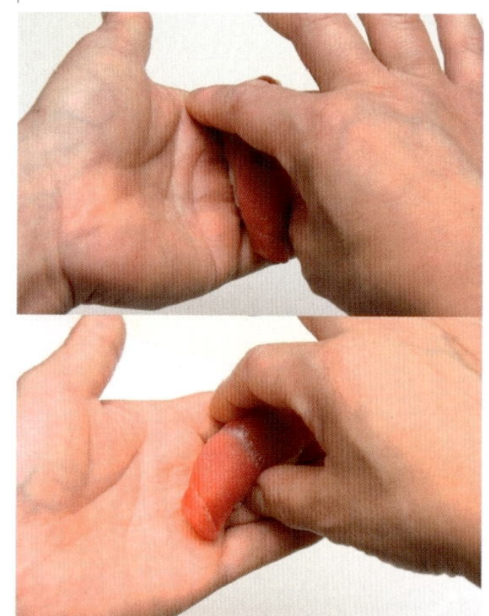

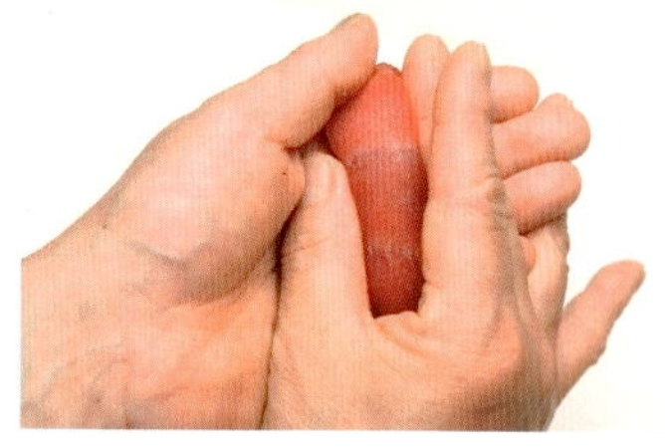

16 사진과 같이 스시의 왼쪽 윗부분에 오른손 검지를, 오른쪽 아래에 엄지를 대고 시계방향으로 회전시키는데, 검지와 중지를 교차시키면서 원래의 위치에 돌려놓는다.

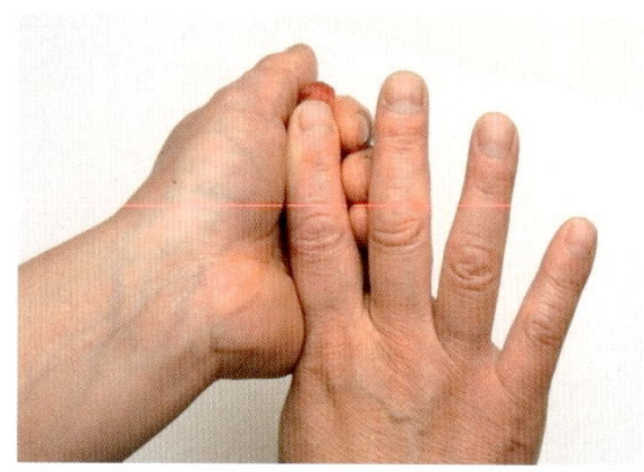

17 오른손 검지로 네타를 위에서 누르고(그림2-Ⓐ), 왼손 엄지와 검지 아랫마디를 이용하여 모양을 잡는다(그림2-Ⓑ). 동시에 4개의 손가락과 손바닥으로 스시 옆면을 누르는데, 이때 왼손 새끼손가락을 살짝 구부려서 스시 아랫부분을 배 밑바닥 모양으로 만든다(그림2-Ⓒ). 스시가 클 경우에는 검지와 중지를 모두 사용한다(그림1).

다테가에시 2번째 동작

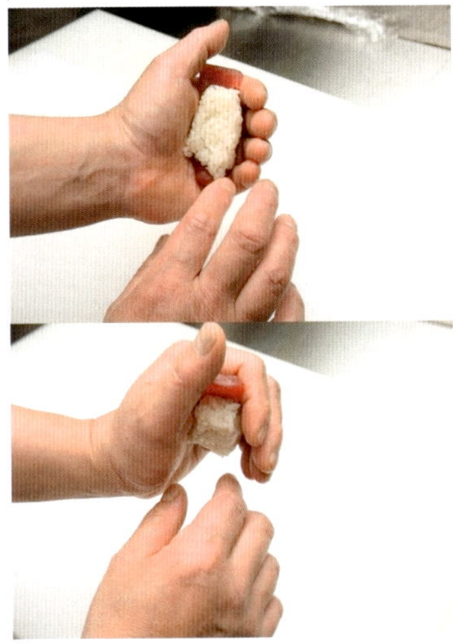

1 스시를 잡은 왼손을 몸쪽으로 돌린다.

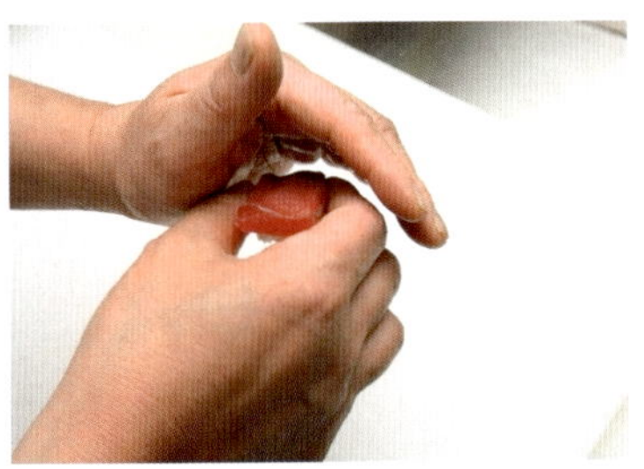

2 오른손 엄지와 검지로 스시의 옆면을 잡아서 받는다.

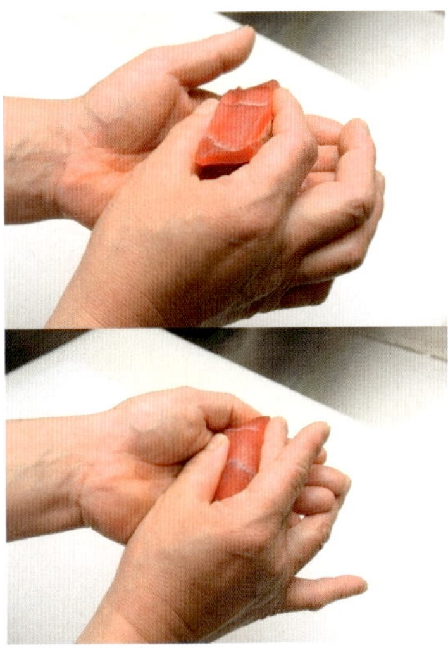

3 왼손 검지와 중지를 교차시키면서 스시를 원래의 위치에 돌려놓는다.

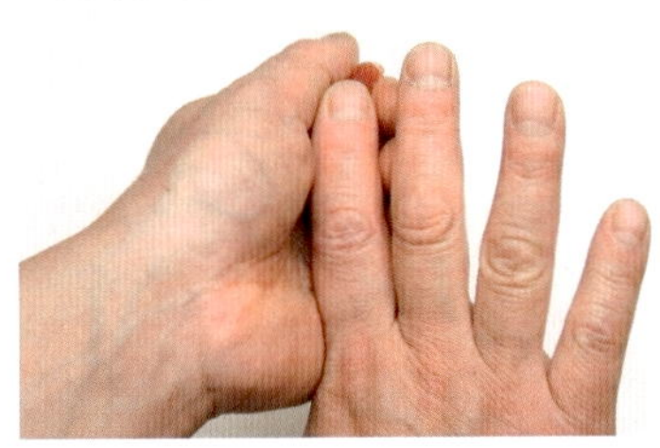

4 오른손 검지로 네타를 위에서 누르고(그림2-Ⓐ), 왼손 엄지와 검지 아랫마디를 이용하여 모양을 잡는다(그림2-Ⓑ). 동시에 4개의 손가락과 손바닥으로 스시 옆면을 누르는데, 이때 왼손 새끼손가락을 살짝 구부려서 스시 아랫부분을 배 밑바닥 모양으로 만든다(그림2-Ⓒ). 스시가 클 경우에는 검지와 중지를 모두 사용한다(그림 1).

연습하기

면보를 스시 크기로 만들어서 연습하면 도움이 된다. 14~17 과정을 연습한다.

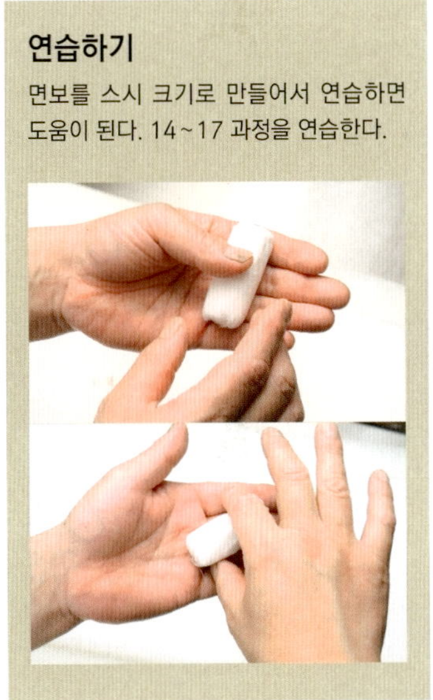

〈그림2〉 참치 등의 부드러운 네타를 누르는 방법

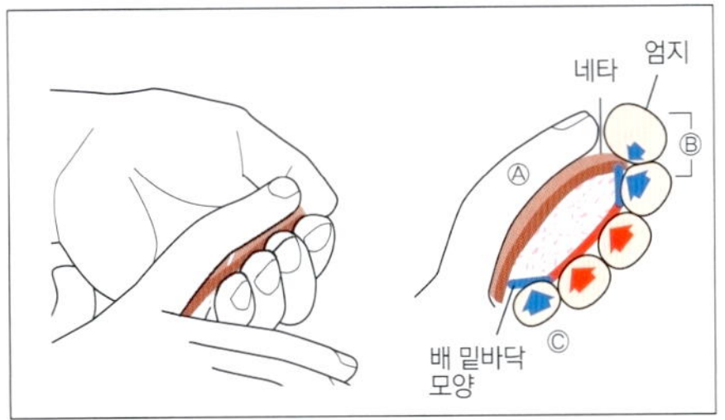

오른손 검지로 네타를 누르면서, 왼손 엄지와 검지로 네타 윗부분을 함께 누르고, 왼손 새끼손가락으로 배 밑바닥 모양을 만든다.

〈그림3〉 새우 등의 단단한 네타를 누르는 방법

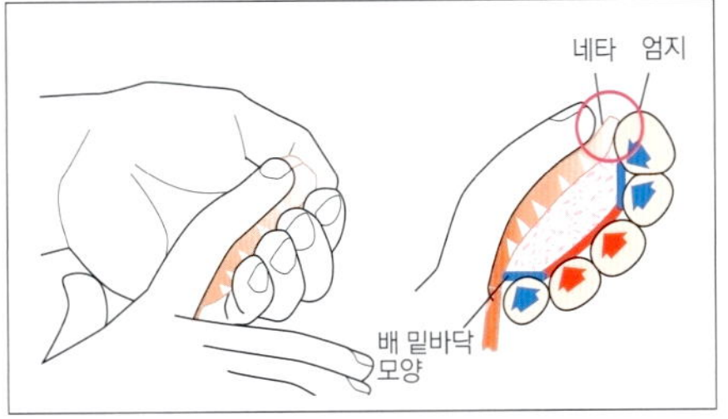

오른손 검지로 네타를 누르면서, 왼손 엄지와 검지로 네타 아랫부분을 누르고, 왼손 새끼손가락으로 배 밑바닥 모양을 만든다.

생선을 손질하는 기본 기술

생선의 맛이 그대로 살아있는 스시와 생선회에서 생선을 손질하는 일은 재료의 좋고 나쁨에 버금갈 정도로 맛을 결정하는 중요한 기술이다. 어떤 생선이라도 정확하고 빠르게 손질하는 기술을 익혀야 한다. 지금부터 설명하는 생선을 손질하는 기본 기술을 잘 알아두자.

● 대부분의 생선은 비늘을 벗겨야 한다. 껍질을 살려서 사용하는 생선은 비늘을 긁어낸다. 광어처럼 비늘이 촘촘하게 겹쳐있거나, 비늘을 긁어내기 어려운 생선은 껍질을 얇게 벗겨서 비늘을 제거한다. 비늘을 남김없이 제거하는 것과 생선살이 상하지 않게 하는 것이 중요하다.

● 스시를 만들 때 생선 본래의 모양을 살려서 만드는 스가타즈시 외에는 생선머리가 필요하지 않기 때문에 머리를 잘라낸다. 이 때 가슴지느러미와 아가미 부분을 함께 잘라내면서 내장도 같이 떼어낸다. 이렇게 하면 쉽고 빠르게 손질할 수 있다. 남아있는 내장과 지아이(검붉은 살)를 깨끗이 씻어내는 것은 내장과 피 냄새를 살에 배지 않게 하고, 바다생선의 표면과 내장에 붙어서 번식하며 식중독을 일으키는 호염균을 제거하기 위해서이다.

● 칼을 사용하는 솜씨도 생선의 맛을 좌우하는 중요한 요소이다. 칼을 잡은 손끝으로 칼끝과 칼날의 움직임을 느끼면서 자를 수 있어야 한다.

산마이오로시(3장뜨기)

대부분의 생선을 손질할 때 사용하는 기본 기술로, 이 방법을 이해하면 다른 방법도 사용할 수 있다. 여기서는 도미를 이용하여 산마이오로시하는 방법을 소개한다.

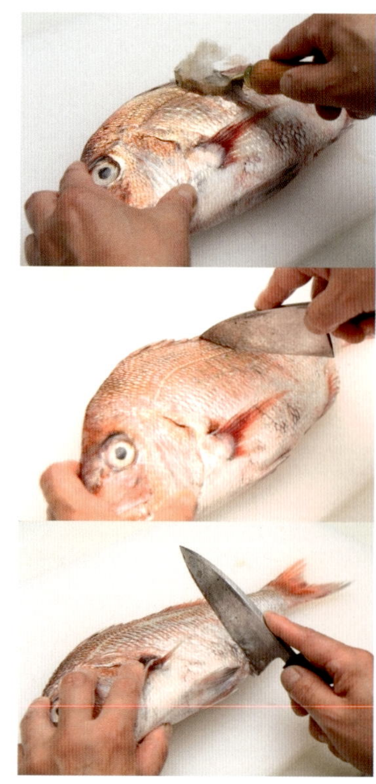

1 생선비늘은 비늘제거기로 긁어서 제거하고, 아가미 주위 등 비늘이 남아있는 부분은 칼로 긁어서 제거한다. 배쪽은 칼턱을 이용하여 꼼꼼하게 제거한다.

2 왼손으로 생선머리를 잡아서 배가 위를 향하게 놓고, 배지느러미 아래에 칼을 넣는다.

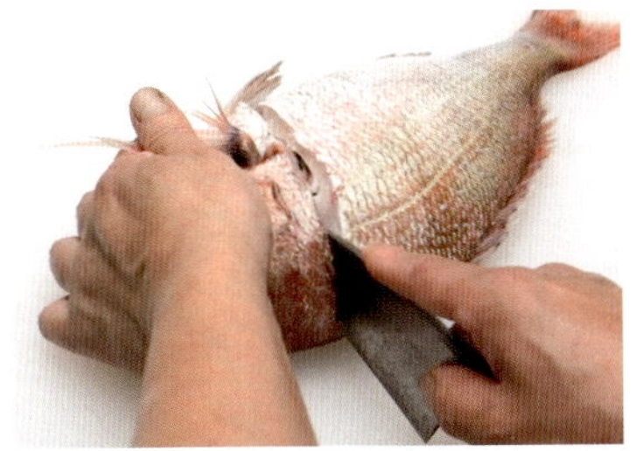

3 가슴지느러미 뒤를 통과하여 머리쪽까지 자른다.

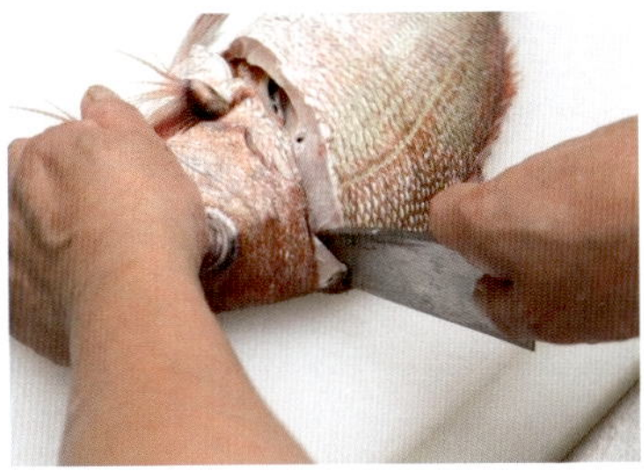

4 칼을 등뼈에 수직으로 세워서 등뼈를 자른다.

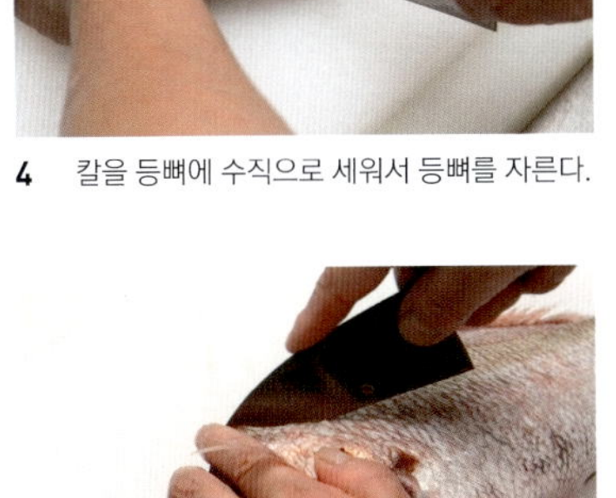

5 배가 앞으로 오게 돌려놓고, 머리부분에 칼을 넣어 가슴지느러미 뒤를 지나 배지느러미 아래까지 자른다.

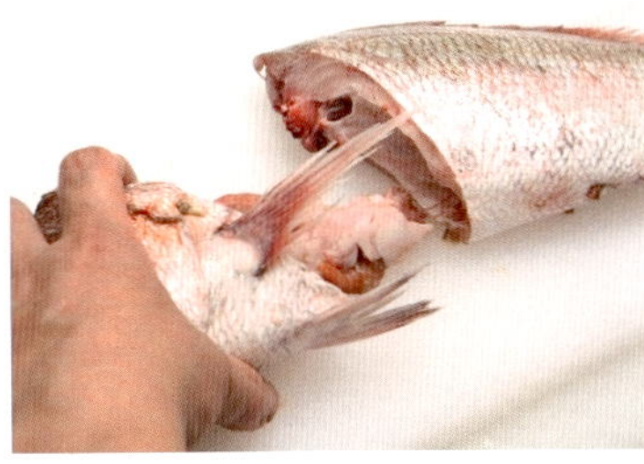

6 머리를 잡아당겨서 내장까지 함께 빼낸다.

7 항문부터 머리방향으로 배를 가른다.

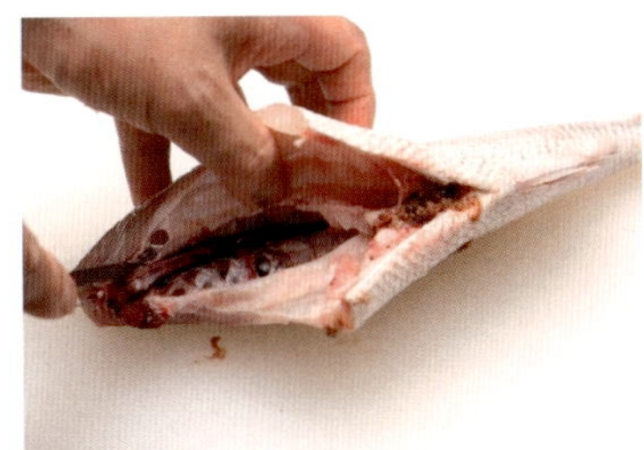

8 지아이(검붉은 살) 막의 위아래에 칼집을 내서 칼로 긁어낸 다음, 흐르는 물로 깨끗이 씻는다. 남아있는 지아이와 불순물은 칫솔로 깨끗이 닦아낸다.

9 겉과 안쪽 모두 물기를 깨끗이 닦는다.

10 머리는 오른쪽, 배는 앞쪽으로 오게 놓고, 꼬리 앞에 칼집을 낸다.

11 머리쪽부터 뒷지느러미를 따라 꼬리 앞까지 칼집을 낸다.

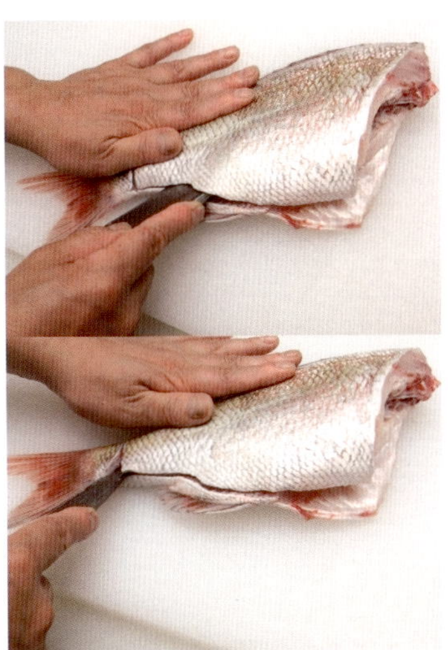

12 칼날이 등뼈에 닿게 넣어서, 가운데뼈를 따라 꼬리 앞까지 자른다.

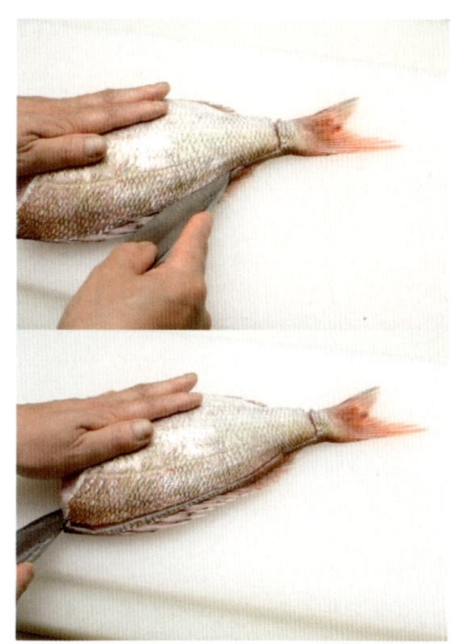

13 꼬리가 오른쪽, 등이 앞쪽으로 오게 놓고, 꼬리 앞부터 등지느러미 위를 지나 머리쪽까지 칼집을 낸다.

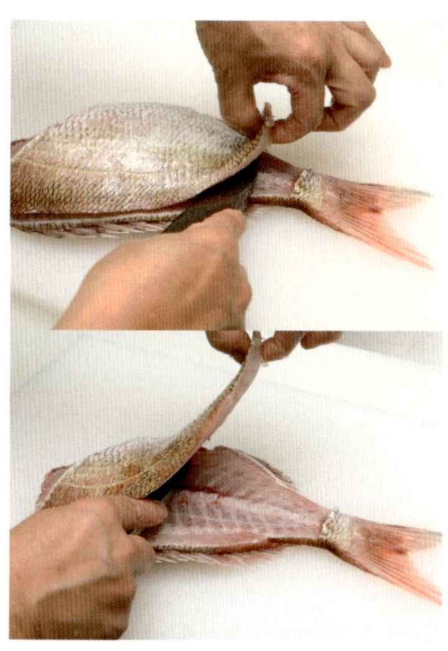

15 꼬리쪽 살을 왼쪽 손가락으로 잡고, 등뼈를 따라 칼을 움직여서 배뼈가 붙어 있는 곳까지 잘라서 연다.

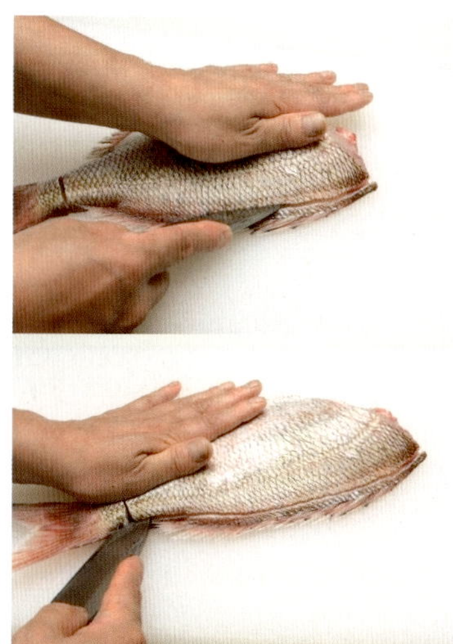

18 머리에서 꼬리방향으로 등지느러미 위에 칼집을 낸다.

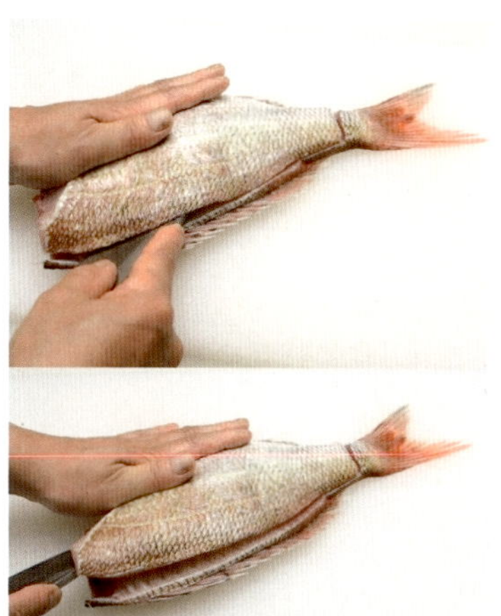

14 칼끝이 등뼈에 닿게 넣어서, 꼬리 앞부터 가운데뼈를 따라 머리쪽까지 잘라서 연다.

16 배뼈의 각도에 맞게 사진처럼 칼자루를 들어 올려 배뼈와 등뼈를 잘라서 분리한다.

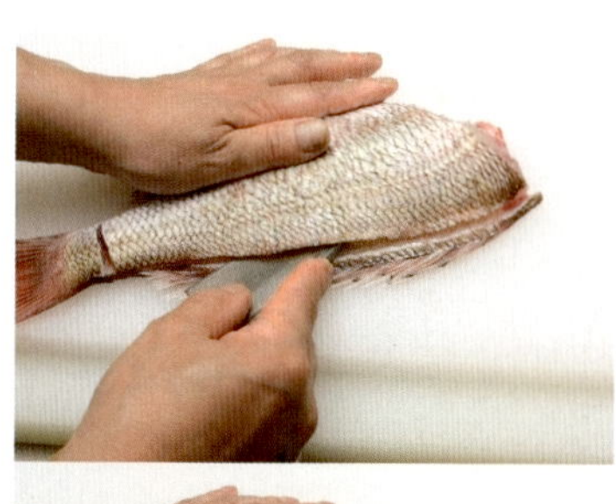

19 칼끝이 등뼈에 닿게 넣어서, 머리쪽부터 가운데뼈를 따라 꼬리 앞까지 자른다.

17 꼬리는 왼쪽, 등은 앞쪽으로 오게 놓고, 꼬리 앞에 칼집을 낸다.

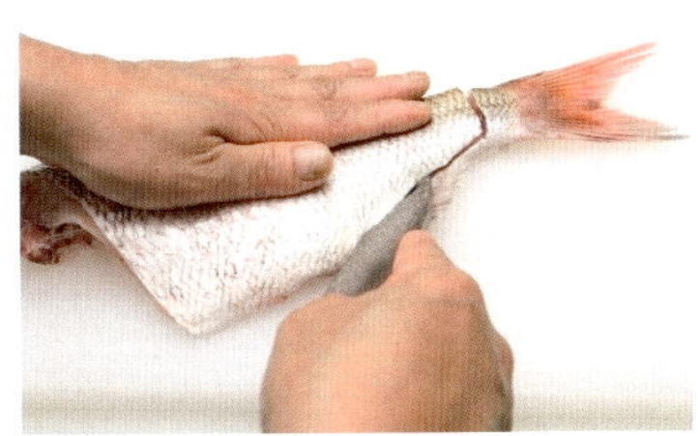

20 꼬리가 오른쪽, 배가 앞쪽으로 오게 놓고, 꼬리 앞부터 배까지 뒷지느러미를 따라 칼집을 낸다.

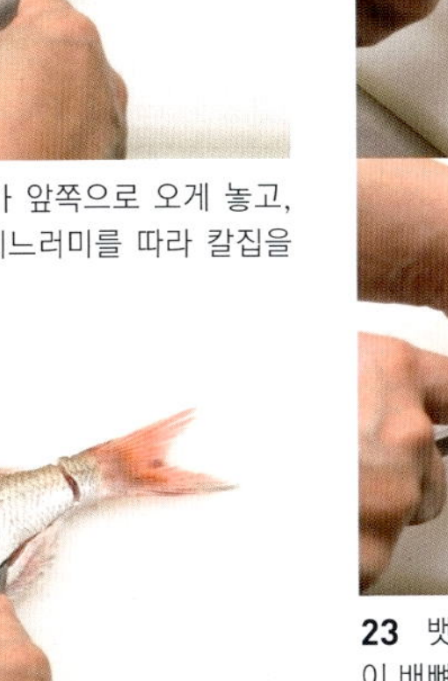

21 칼끝을 등뼈에 닿게 넣어서, 가운데뼈를 따라 꼬리에서 머리방향으로 자른다.

22 꼬리쪽 살을 왼손으로 잡고, 등뼈를 따라 칼을 움직여 배뼈가 붙어 있는 곳까지 잘라서 연다.

23 뱃살을 왼손 엄지와 검지로 잡고, 사진과 같이 배뼈가 붙어 있는 부분을 잘라낸다.

사쿠도리(덩어리 자르기)

손질한 생선살에서 지아이(검붉은 살)와 껍질 등을 잘라내고, 덩어리로 나눠서 조리에 적합하게 모양을 다듬는 기술이다.

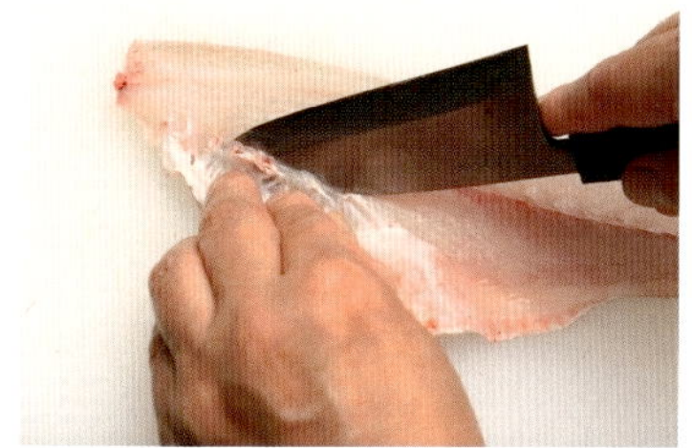

1 배뼈가 붙어 있는 부분에 칼등을 넣어서 칼집을 낸다.

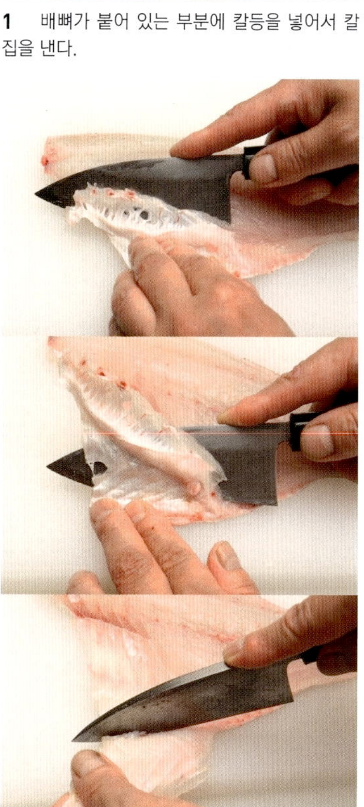

2 배뼈를 잘라낸다. 반대쪽도 같은 방법으로 잘라낸다.

3 뱃살쪽에 지아이(검붉은 살) 뼈가 남도록, 머리에서 꼬리방향으로 등살과 뱃살을 분리한다.

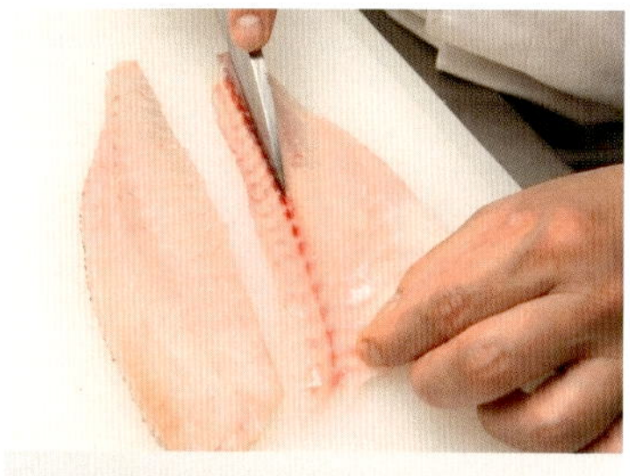

4 뱃살쪽에 있는 지아이(검붉은 살) 뼈를 잘라낸다.

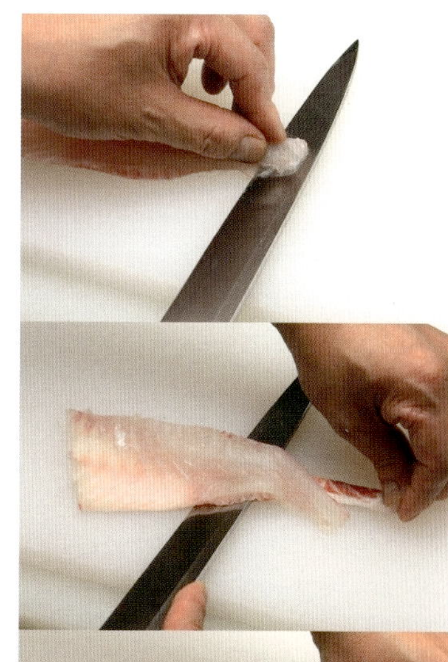

5 회칼로 바꿔서 사진과 같이 꼬리쪽에 칼을 넣은 다음, 왼손으로 껍질을 잡고 칼을 조금씩 움직여서 껍질을 벗겨낸다.

세비라키(등가르기)

세비라키는 생선의 등을 갈라서 뱃살을 자르지 않고 여는 기술이다. 전갱이, 보리멸, 새끼 도미 등 생선이 작고, 가슴지느러미가 머리에 가깝게 붙어 있어서 머리와 함께 잘라낼 때 적합한 손질이다. 초절임 등을 쉽게 할 수 있고, 손질한 네타(생선, 조개 등의 주재료)를 나란히 담아놓으면 보기에도 좋다. 여기서는 전갱이를 세비라키로 손질하는 방법을 설명한다.

1 전갱이 옆에 붙어 있는 가늘고 단단한 모비늘(방패비늘)을 꼬리에서 머리방향으로 벗겨낸다. 반대쪽도 같은 방법으로 벗긴다.

2 잔비늘은 칼로 긁어낸다.

3 가슴지느러미 아래를 지나 머리를 어슷하게 잘라낸다.

4 내장을 긁어내고 물로 씻는다. 이때 칫솔 등을 사용하면 깨끗이 씻을 수 있다.

5 얼음을 넣은 소금물에 담근다.

6 등지느러미를 따라 칼을 등뼈에 닿게 수평으로 넣고, 가운데뼈 위를 머리부터 꼬리방향으로 자른다.

7 등뼈 위쪽에서 배뼈를 자른다.

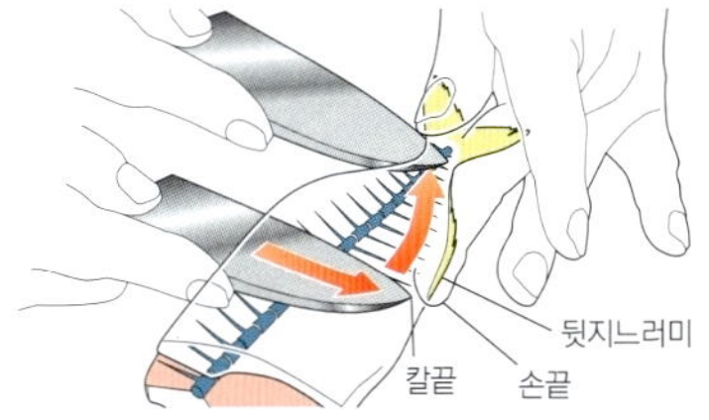

8 칼끝이 뒷지느러미에 닿으면 생선이 1장이 되도록 꼬리까지 잘라서 펼친다. 1장으로 펼치기 위해서는 왼손 손끝으로 칼날의 움직임을 느끼면서 자르는 것이 좋다.

9 꼬리를 잡고 껍질이 위로 오게 뒤집는다.

10 꼬리쪽부터 등지느러미를 따라 칼끝이 등뼈에 닿게 넣어서 머리방향으로 자른다.

11 머리쪽에서 배뼈가 붙어 있는 부분까지 칼을 안쪽으로 넣어서 자른다.

12 배뼈가 붙어 있는 부분에서 뒷지느러미까지 자른다.

13 칼을 세워 뒷지느러미 가장자리를 잘라낸다.

14 등뼈의 단단한 부분을 칼턱으로 자른다.

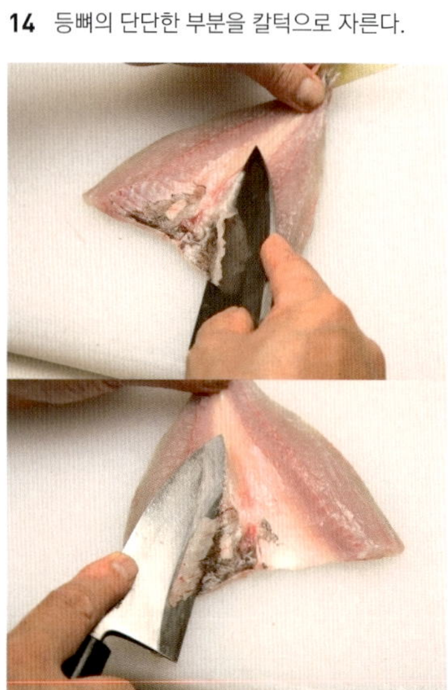

15 오른쪽 배뼈를 자른다. 반대쪽도 칼을 반대 방향으로 돌려서 자른다.

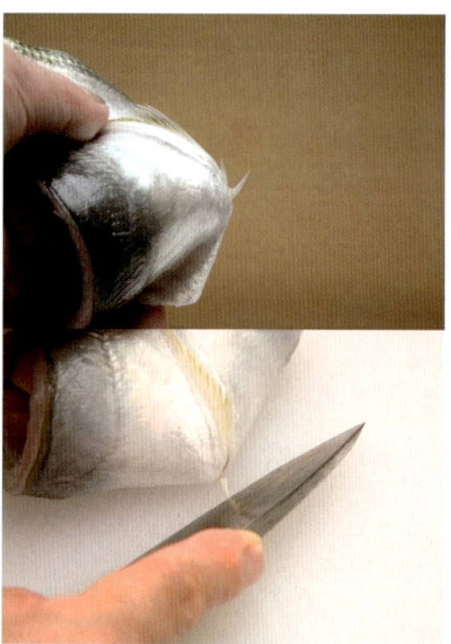

16 뒷지느러미의 딱딱한 가시를 칼로 누르고, 살을 잡아당겨서 벗겨낸다.

17 꼬리와 살을 분리한다.

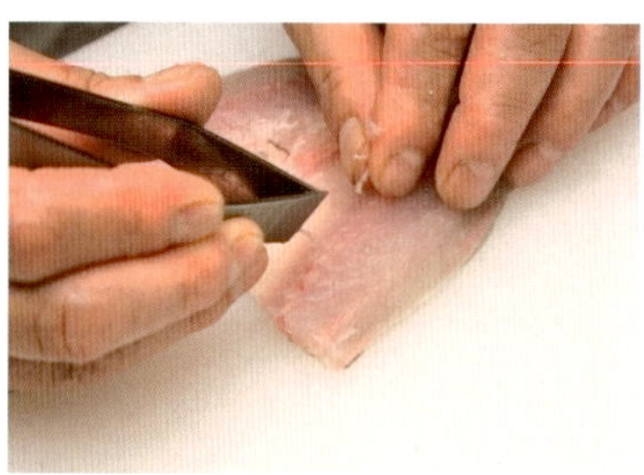

18 잔가시를 제거한다.

19 젖은 채반에 소금을 뿌리고 생선살을 나란히 올린 후, 다시 소금을 뿌리고 18분 정도 둔다.

20 18분이 지나면 깨끗한 물로 소금을 씻어내고, 차가운 식초물(식초 10 : 물 3)에 넣어 7분 정도 둔다. 전갱이 크기에 따라 소금과 식초로 절이는 시간은 달라진다.

21 넓은 채반에 올려 물기를 뺀다.

22 물기를 닦아내고 보관한다.

썰기

1 가운데에 남아있는 뒷지느러미를 제거하면서 생선살을 분리한다.

2 머리쪽부터 껍질을 손으로 잡아서 벗긴다. 이때 껍질에 살점이 붙어서 떨어져나가지 않도록 주의한다.

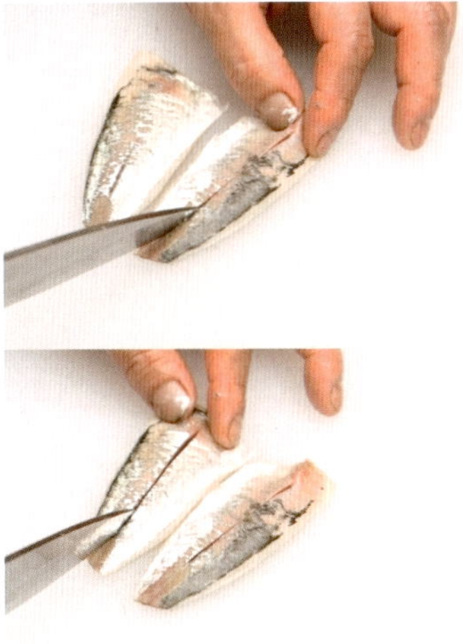

3 사진처럼 가운데에 장식용 칼집을 낸다.

다이묘오로시(평형 자르기)

작은 생선 중에서 몸이 가늘고 길며, 등뼈가 얇은 생선을 머리부터 시작하여 등뼈와 가운데뼈의 위를 지나 단숨에 자르는 기술이다. 꽁치나 꼬치고기 등을 손질할 때 적합하다.

연어의 경우에도 크지 않으면 다이묘오로시를 할 수 있다. 여기서는 꽁치를 다이묘오로시로 손질하는 방법을 설명한다.

1 머리를 어슷하게 잘라낸다.

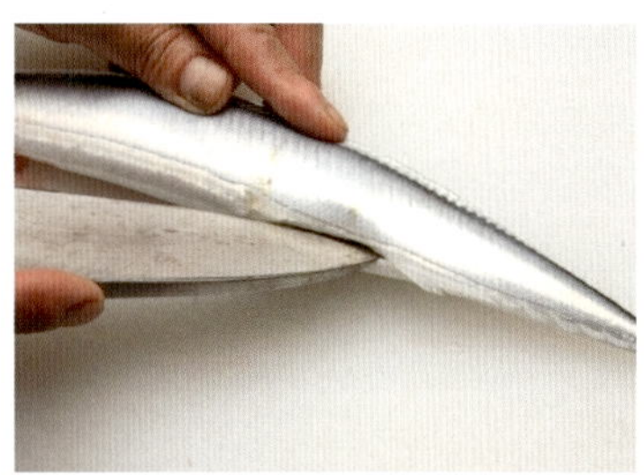

2 항문에서 머리방향으로 배를 가른다.

3 내장을 긁어내고 흐르는 물로 잘 씻는다.

4 껍질 색을 보기 좋게 만들고 신선도를 유지하기 위해, 얼음을 넣은 3% 소금물에 담근다.

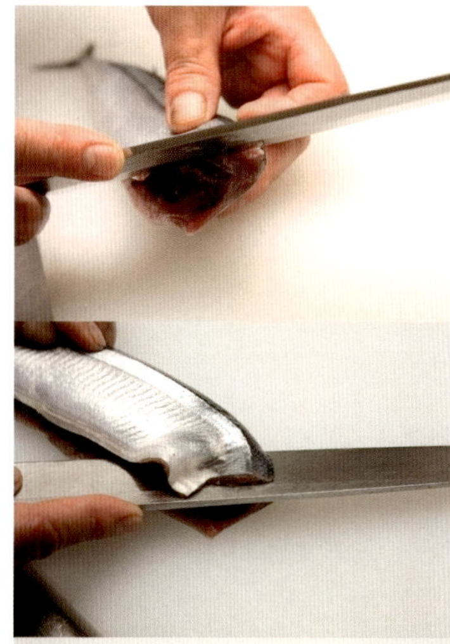

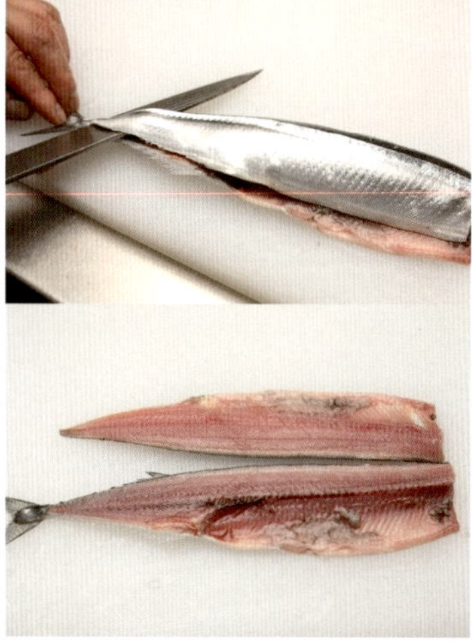

5 회칼로 등뼈 위를 사진과 같이 머리에서 꼬리방향으로 한 번에 자른다. 회칼처럼 칼날이 얇은 칼을 사용하는 것이 편리하다.

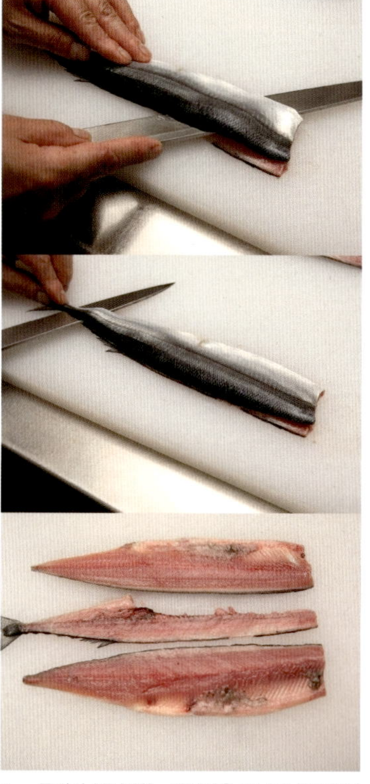

6 등뼈가 붙어 있는 생선살을 머리가 오른쪽을 향하게 놓고, 등뼈 위에 칼을 넣어 가운데뼈를 따라 자른다.

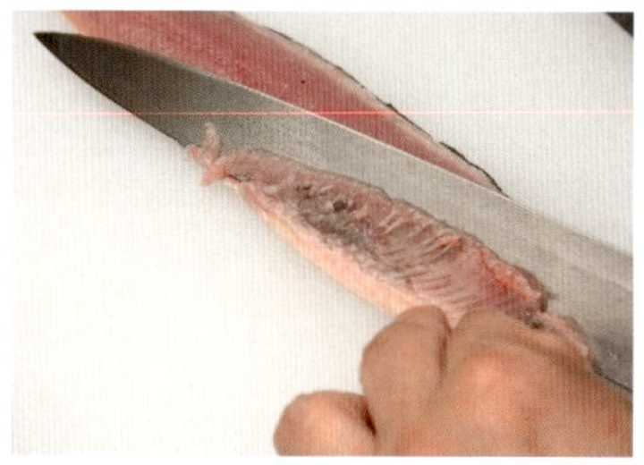

7 배뼈를 잘라낸다.

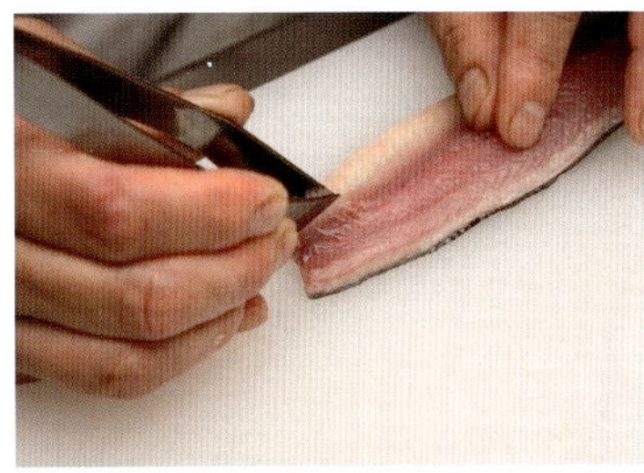

8 잔가시를 제거한다.

9 소금을 넣은 얼음물(p.228 염수법 참조)에 생선을 20분 정도 담가둔다.

10 물기를 뺀다.

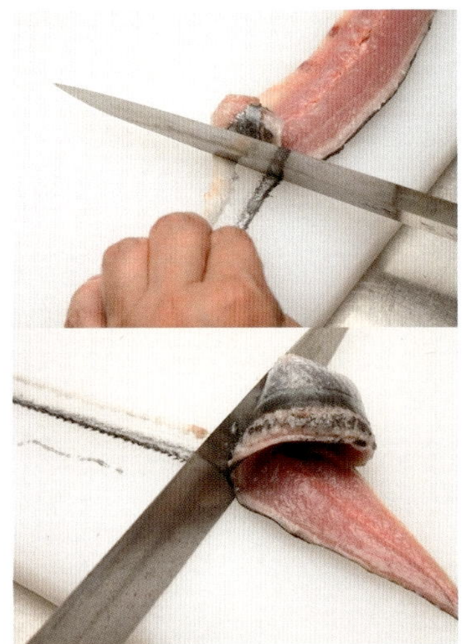

11 스시용으로 손질할 때는 껍질을 벗긴다. 머리쪽부터 껍질과 살 사이에 칼등을 넣고 도마를 누르면서 껍질을 왼손으로 잡아당겨 벗겨낸다.

12 차가운 식초물(식초 10 : 물 3)에 담가서 살에 붙어 있는 지방을 씻어낸다.

데비라키(손으로 펼치기)

정어리나 청어처럼 작고 부드러우면서 등뼈에 잔가시가 많은 생선은 손으로 펼쳐서 벌리는 데비라키로 손질하는 것이 좋다.

등뼈를 이용하여 잔가시도 함께 제거하면서 생선을 갈라서 펼치는데, 칼을 사용하지 않기 때문에 펼친 면이 매끄럽지 않다. 여기서는 정어리를 손으로 펼치는 기술을 소개한다.

1 머리를 잘라내고 내장을 제거한 정어리를 물로 씻는다. 꼬리는 왼쪽, 배는 앞쪽으로 놓고, 항문에 칼을 넣어 등뼈 위를 따라 꼬리까지 자른다.

2 꼬리는 오른쪽, 배는 앞쪽으로 돌려놓고, 꼬리에서 항문까지 등뼈 위를 따라 자른다.

3 사진처럼 도톰한 뼈가 남는다.

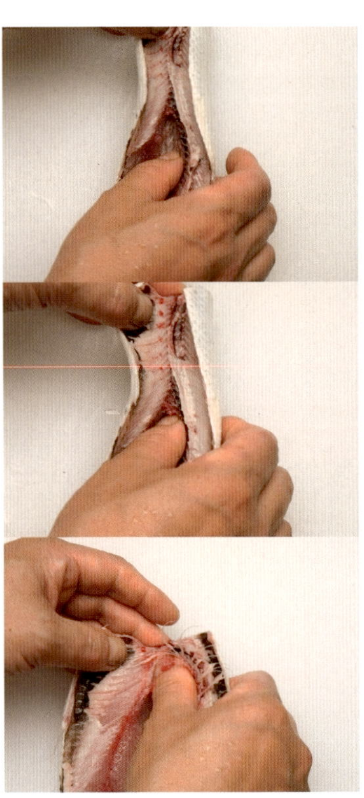

4 왼쪽이나 오른쪽 칼집 사이로 엄지를 넣고, 등뼈에 붙어 있는 잔가시를 같이 잡고 빼내면서 머리방향으로 펼쳐 올라간다.

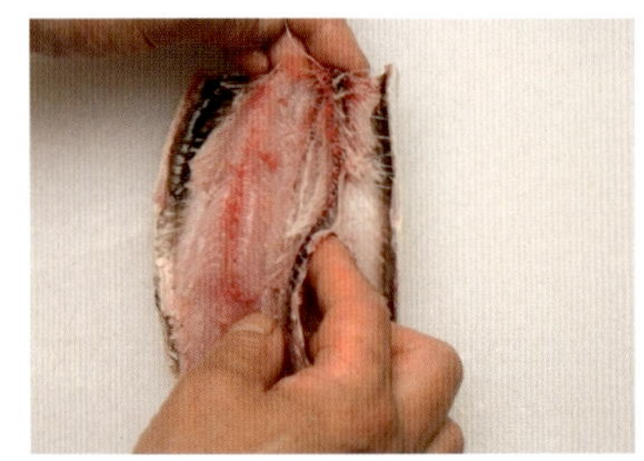

5 다른쪽 칼집에 손가락을 넣이서 등뼈를 조금 들어올린다.

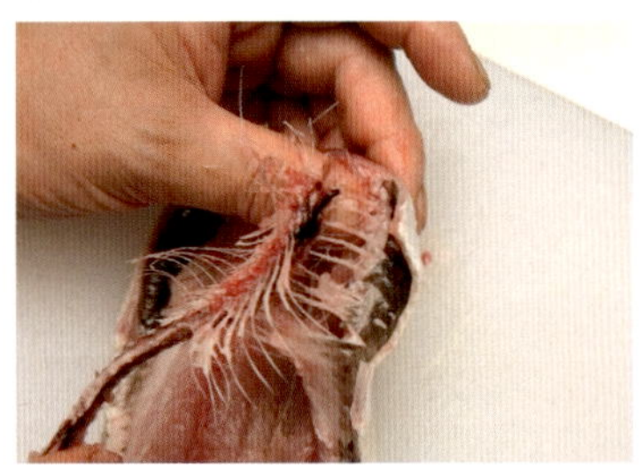

6 왼손 엄지로 살을 누르면서 머리방향으로 움직여 잔가시와 배뼈를 함께 분리한다.

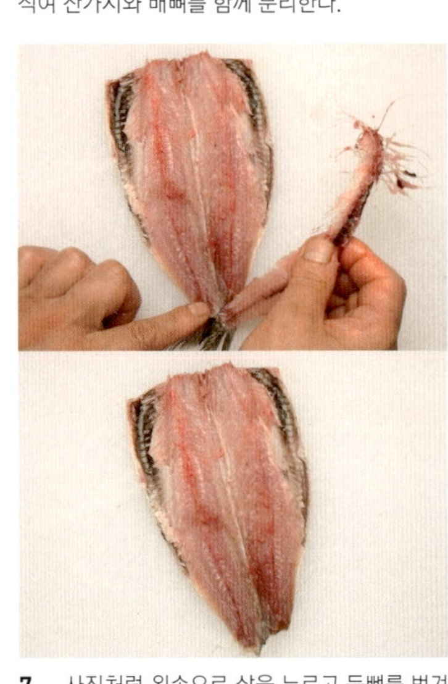

7 사진처럼 왼손으로 살을 누르고 등뼈를 벗겨낸다. 꼬리도 같이 벗겨낸다.

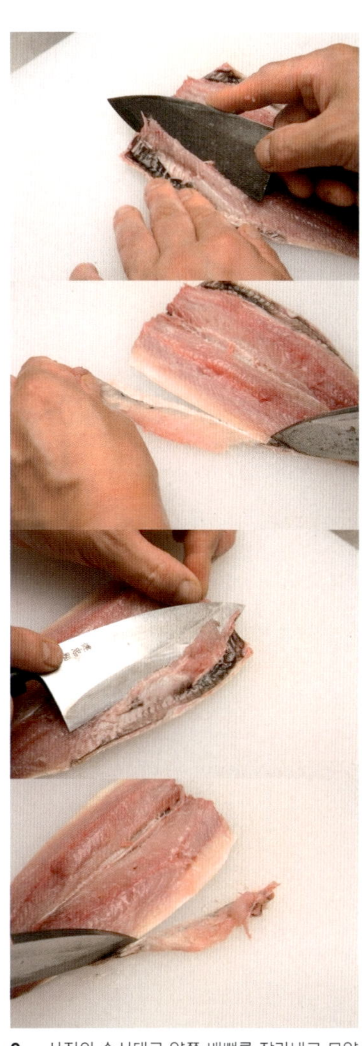

8 사진의 순서대로 양쪽 배뼈를 잘라내고 모양을 정리한다.

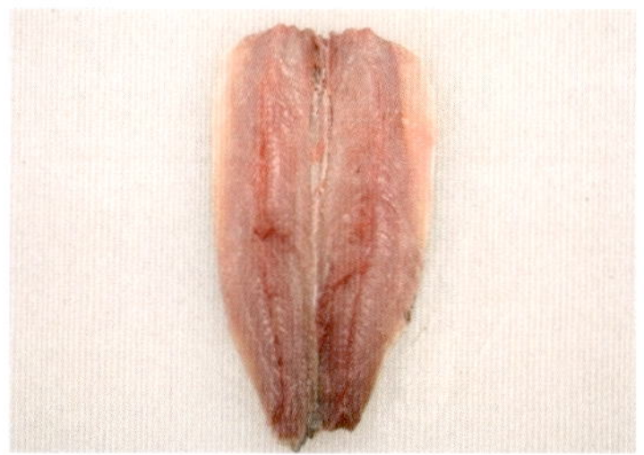

9 데비라키 완성.

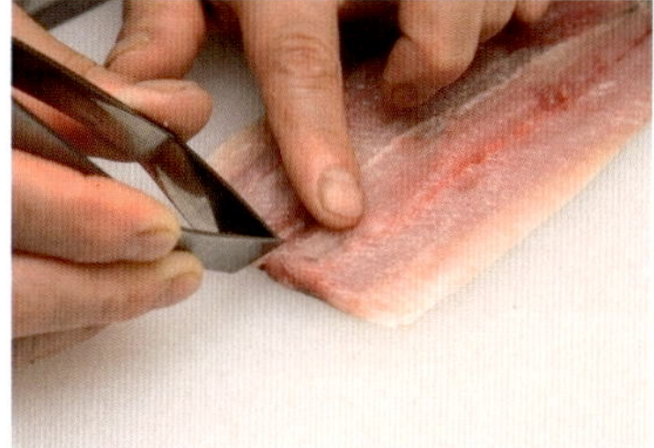

10 핀셋으로 남아있는 잔가시를 꼼꼼히 뽑는다.

고마이오로시(5장뜨기)

생선을 도마에 올렸을 때 윗면의 등살과 뱃살, 아랫면의 등살과 뱃살을 각각 잘라서 펼치는 기술이다. 주로 광어나 가자미 등에 사용한다. 크기가 큰 참치도 고마이오로시로 손질한다.

등살과 뱃살을 조심스럽게 분리하여 살이 떨어져 나가는 것을 방지한다. 여기서는 광어를 이용하여 고마이오로시를 설명한다.

1 회칼을 앞뒤로 움직이면서 꼬리에서 머리방향으로 비늘을 벗긴다.

2 가슴지느러미 주변의 비늘도 벗긴다.

3 비늘을 쉽게 벗기기 위해 등지느러미와 배지느러미를 들어올려 칼날과 각도를 맞춘다.

4 반대쪽도 같은 방법으로 비늘을 제거한다. 중간에 비늘이 끊어지면 일단 멈춘 후, 조금 앞쪽으로 되돌아가서 다시 벗기는 것이 좋다.

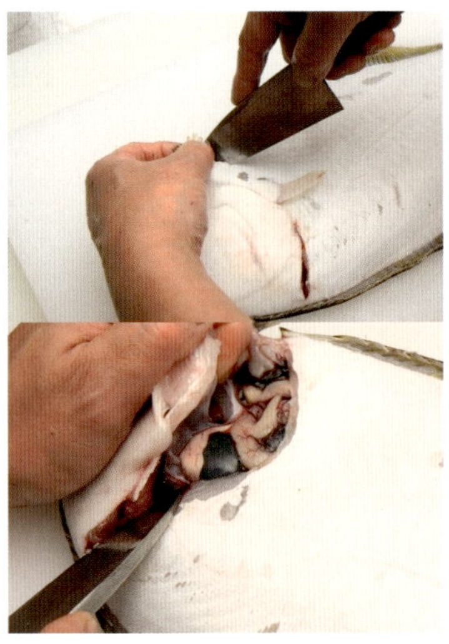

5 배지느러미 아래에 칼을 어슷하게 넣고 가슴지느러미 옆을 통과해서 머리를 자른다. 이때 녹색의 담낭이 터지지 않도록 왼손으로 머리를 들어 올린 상태로 보면서 자른다.

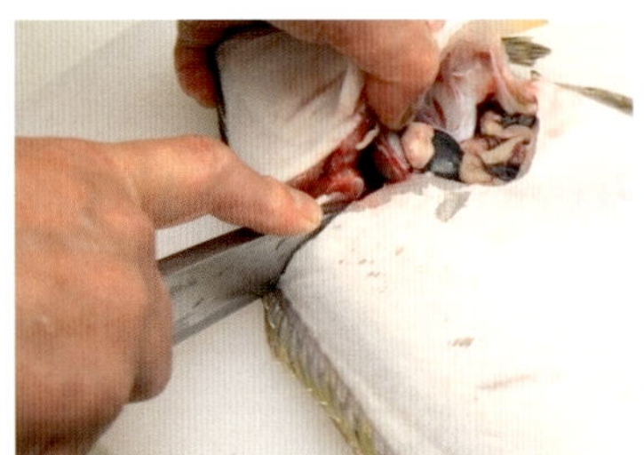

6 칼을 세워서 등뼈를 자른다.

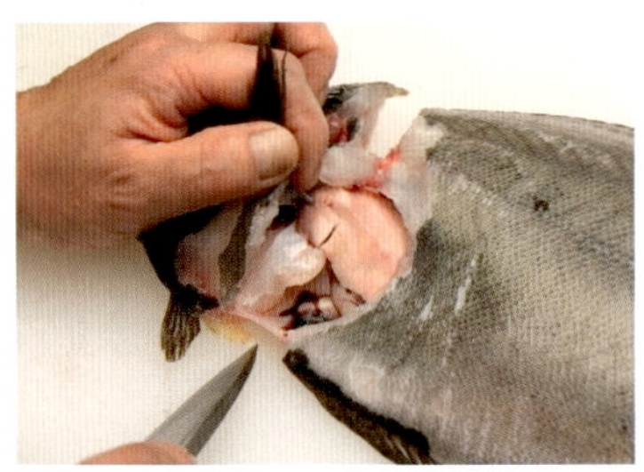

7 반대쪽도 같은 방법으로 머리가 붙어 있는 곳부터 가슴지느러미 아래를 통과하여 배지느러미까지 칼을 넣는다.

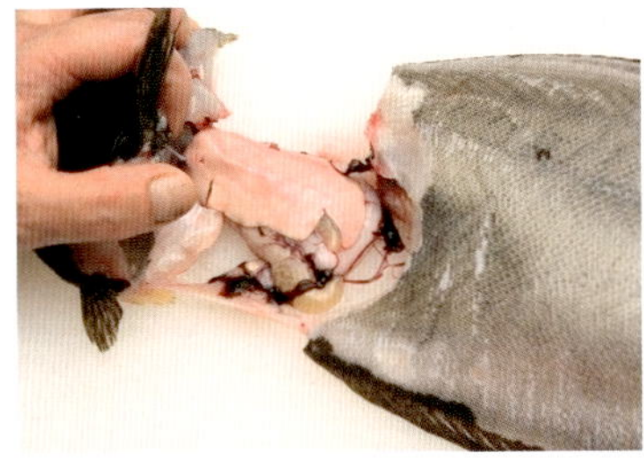

8 머리와 함께 내장을 떼어낸다.

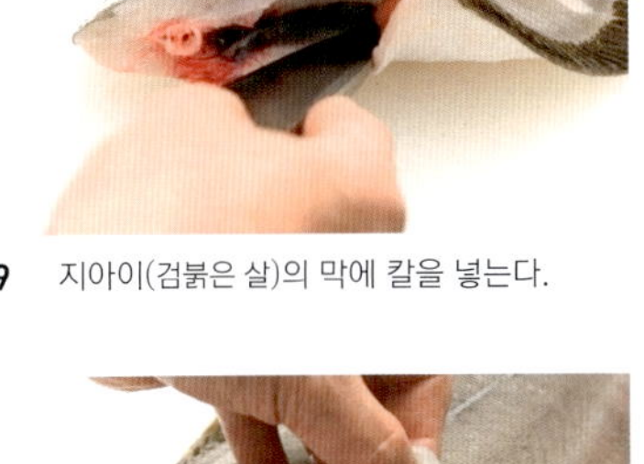

9 지아이(검붉은 살)의 막에 칼을 넣는다.

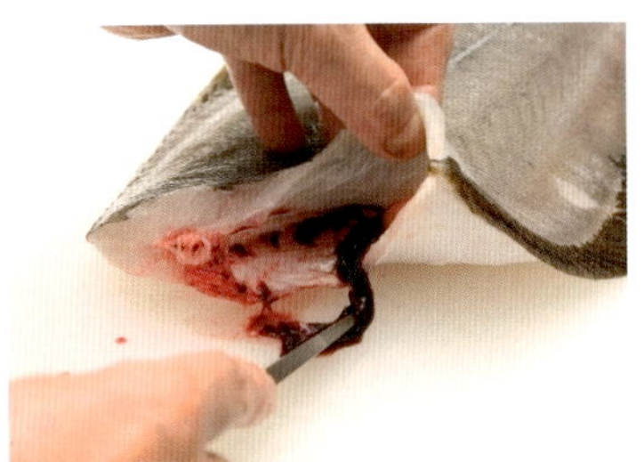

10 칼날로 지아이(검붉은 살)를 긁어낸다.

11 흐르는 물로 배 안을 씻고, 남아있는 지아이(검붉은 살)와 막 등을 칫솔로 깨끗이 제거한다. 깨끗이 씻지 않으면 비린내가 날 수 있다.

12 물기를 닦아내면 밑손질이 끝난다.

13 머리를 왼쪽에 놓고 꼬리 앞에 칼집을 낸다.

14 꼬리를 앞쪽으로 놓고, 사진의 순서대로 꼬리에서 머리방향으로 지느러미가 붙어 있는 곳을 따라 칼등으로 칼집을 낸다. 뒤집어서 반대쪽도 같은 방법으로 칼집을 낸다.

15 머리에서 꼬리방향으로 등뼈 위를 자른다.

16 배뼈가 붙어 있는 부분을 등뼈에서 자른다.

17 등뼈를 따라 칼을 움직이면서 살을 잘라낸다.

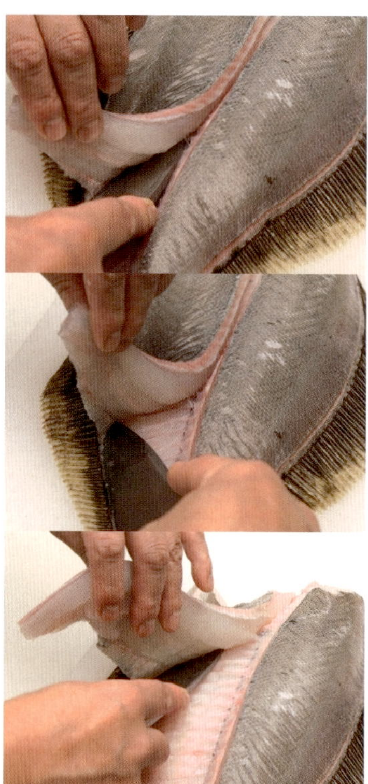

18 사진 순서대로 가운데뼈를 따라 칼을 넣어 뱃살을 분리한다. 이때 가장자리에 뼈가 남지 않도록 주의한다.

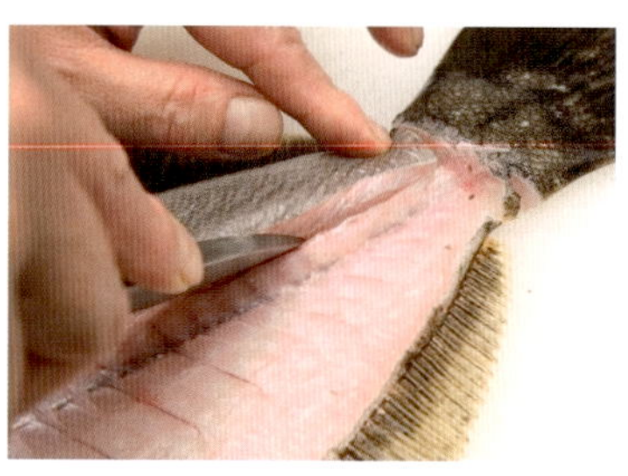

19 생선의 방향을 바꿔서 꼬리쪽부터 등뼈를 따라 살을 잘라낸다.

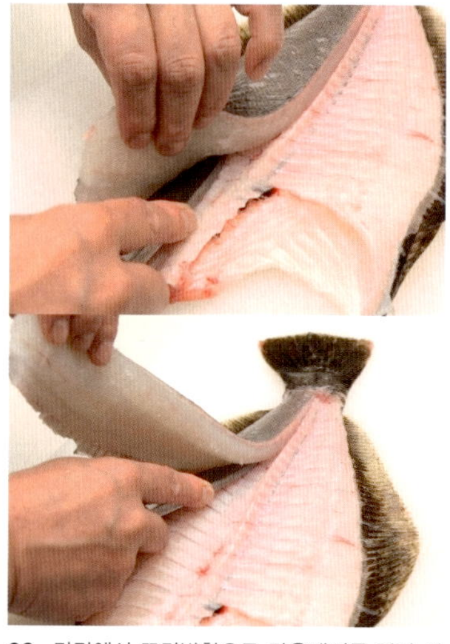

20 머리에서 꼬리방향으로 가운데뼈를 따라 칼을 넣어 등살을 잘라낸다.

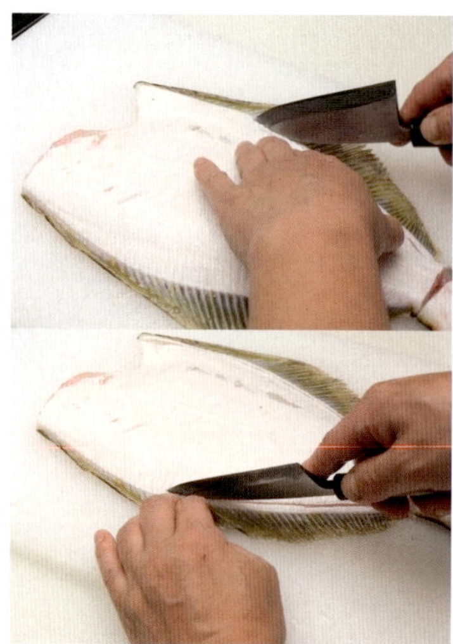

21 생선을 뒤집어서 같은 방법으로 양쪽 지느러미가 붙어 있는 곳에 칼등으로 칼집을 낸다.

22 머리에서 꼬리방향으로 등뼈 위를 자른다.

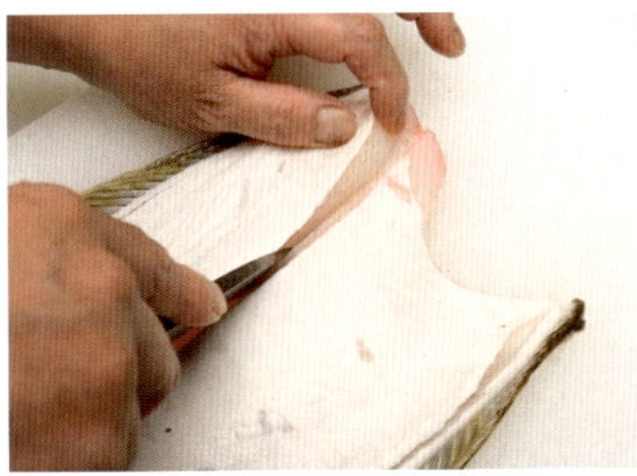

23 등뼈를 따라 칼을 움직여서 살을 잘라낸다.

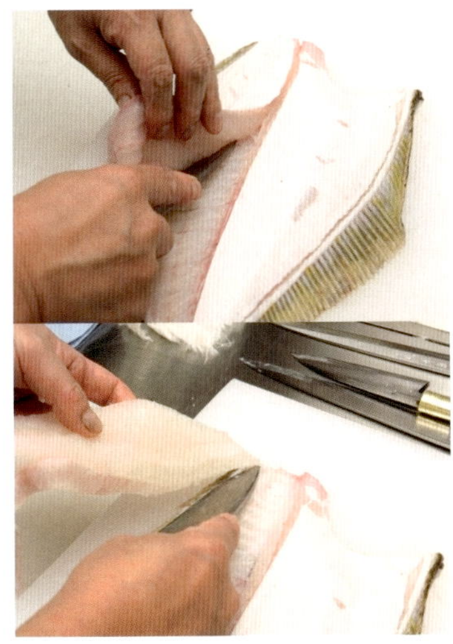

24 꼬리에서 머리방향으로 칼을 움직이면서 가운데뼈를 따라 살을 잘라낸다.

25 생선의 방향을 바꾸고, 꼬리부터 배 방향으로 등뼈에 붙어 있는 살을 잘라낸다.

26 배뼈가 붙어 있는 부분을 잘라낸다.

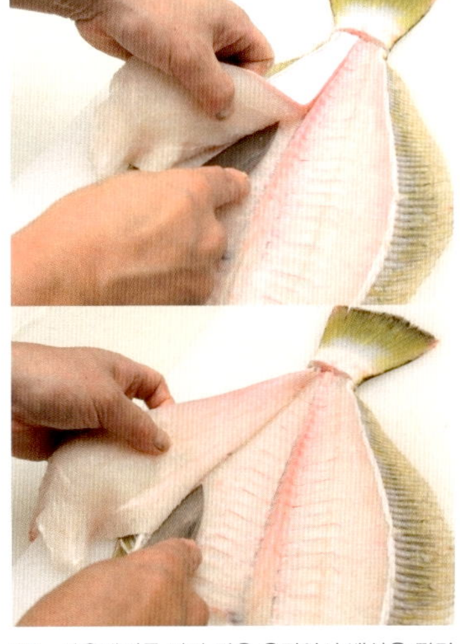

27 가운데뼈를 따라 칼을 움직여서 뱃살을 잘라낸다.

광어의
이케지메(신경죽이기)와
다시마절임은
p.72 참조

썰기의 기본 기술

참치 썰기

참치살에는 결이 있는데 반드시 결과 반대방향으로 썰어야 한다. 결대로 썰면 결이 겉으로 드러나서 보기에도 안 좋고, 식감도 떨어진다.

참치는 살이 부드러워서 흰살생선보다 좀 더 도톰하게 썬다.

참고로 참치 중에서도 눈다랑어는 맛이 담백하므로 조금 도톰하게 썰고, 남방참다랑어와 참다랑어는 맛이 강해서 얇게 써는 것이 맛을 살리는 포인트이다.

남방참다랑어 썰기

1 왼쪽이 데자쿠(p.37 참조)로 손질한 아카미(붉은살), 앞쪽이 나가자쿠(p.37 참조)로 손질한 주토로(옆구리살), 뒤쪽이 나가자쿠로 손질한 오토로(대뱃살)이다.

2 아카미(붉은살) 썰기. 지아이(검붉은 살)를 잘라낸 쪽이 왼쪽에 오도록 도마와 평행이 되게 놓는다. 왼손 엄지, 검지, 중지의 끝으로 자른 참치가 흐트러지지 않게 잘 잡으면서 회칼의 칼턱부터 칼날까지 전체를 사용하여 어슷하게 썬다.

3 마지막은 도마와 수직이 되도록 칼을 세워서 잘라낸다. 이때 보기 좋게 각을 살리는 것이 중요하다.

4 나가자쿠로 손질한 오토로(대뱃살) 썰기. 껍질쪽 단단한 부분은 잘라낸다.

5 잘라낸 껍질 부분이 뒤로 가게 놓고, 결과 반대로 회칼의 칼턱부터 칼날까지 전체를 움직여서 폭에 맞춰 어슷하게 썬다. 결대로 썰지 않도록 주의한다.

6 마지막에 칼을 세우고 보기 좋게 각을 살려서 잘라낸다.

point

결대로 썰면 결이 보이고, 식감이 질겨진다. 반드시 결과 반대방향으로 썰어야 한다.

데자쿠

생선을 스시용으로 손질했을 때 기준이 되는 길이(약 7.5㎝)를 말한다. 스시집에서는 사쿠도리(덩어리 자르기)를 하거나 스시를 만들기 위해 생선을 썰 때 자대신 새끼손가락부터 검지까지 4개의 손가락으로 이 길이를 측정한다.

나가자쿠

참치를 사쿠도리(덩어리 자르기)할 때 세로방향으로 길게 자른 모양을 말한다. 폭은 데자쿠 정도이거나 그보다 살짝 좁다. 스시를 만들기 위해 썰 때는 데자쿠에 맞춰 어슷하게 썰어서 사용한다.

청새치 썰기

1 데자쿠로 손질한 청새치를 준비한다.

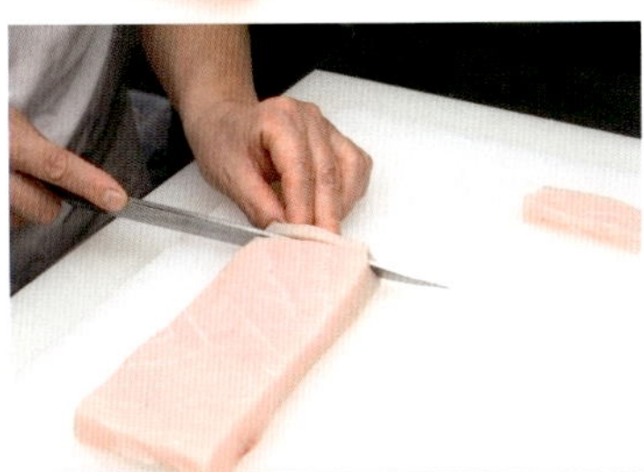

2 회칼의 칼턱부터 칼날까지 전체를 사용하여 어슷하게 썬다. 반드시 결과 반대로 칼을 넣는다.

3 청새치를 썬 다음 가장자리를 살짝 집어서 왼쪽에 각을 맞춰서 포개놓는다.

4 칼로 밑을 받치고 앞쪽으로 돌려서 눕힌다.

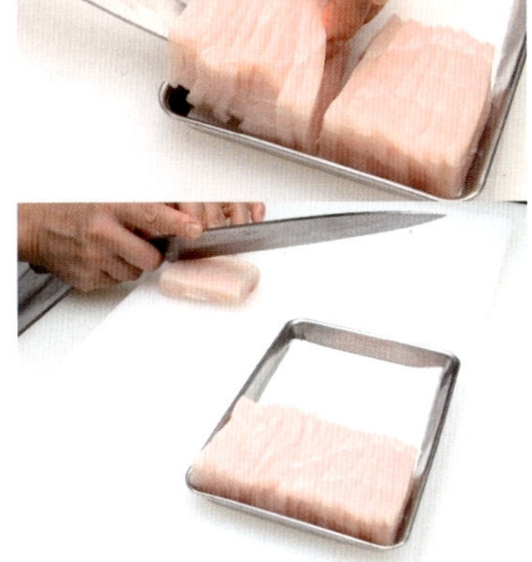

5 그대로 트레이에 옮긴다. 이렇게 하면 겉면이 앞쪽을 향하기 때문에 스시를 쥘 때 사용하기 편하다.

흰살생선 썰기

흰살생선은 살이 단단하기 때문에, 참치보다 얇게 썬다.

생선 썰기는 생선을 도마에 올렸을 때 위로 오는 윗면의 배, 아랫면의 배, 윗면의 등, 아랫면의 등과 같이 써는 부위와 써는 방법에 따라 생선을 놓는 방향이 달라진다. 예를 들어, 윗면 배를 꼬리쪽부터 썰 때는 꼬리는 왼쪽, 살이 얇은 쪽이 앞, 살이 도톰한 쪽은 뒤로 가게 놓고 써는 것이 좋다.

기본적으로 칼턱부터 칼날까지 한 번에 움직여서 써는데, 마지막에 칼을 도마에 수직으로 세워서 각이 보기 좋게 살도록 잘라낸다.

윗면 배 _ 꼬리쪽부터 써는 방법

1 꼬리는 왼쪽, 배는 앞쪽, 살이 도톰한 등은 뒤로 가게 놓는다.

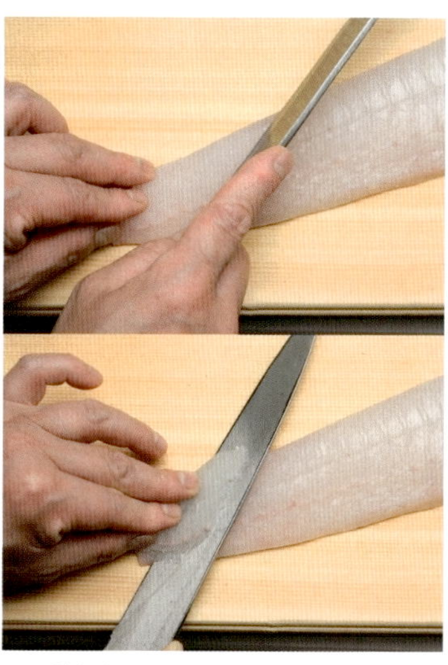

2 왼손의 엄지와 중지로 재료를 누르고, 칼턱부터 칼날까지 전체를 사용하여 어슷하게 썬다.

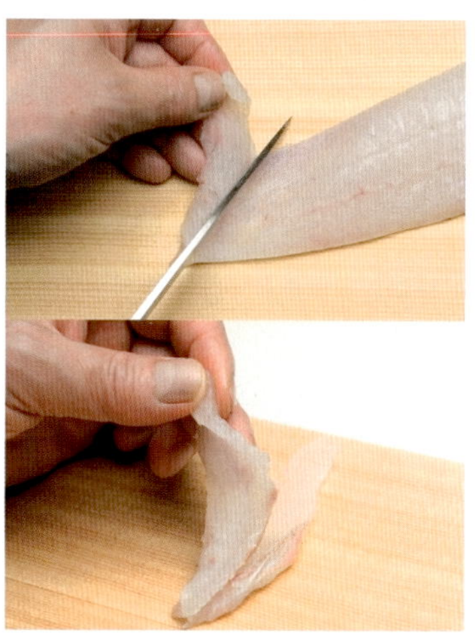

3 마지막에 각을 세워서 잘라낸 다음, 엄지와 검지로 집어서, 자른 면이 일정하도록 포개서 정리한다.

아랫면 배 _ 머리쪽부터 써는 방법

1 꼬리는 오른쪽, 살이 얇은 배는 앞쪽, 살이 도톰한 등은 뒤쪽으로 놓는다. 칼턱부터 칼날까지 칼 전체를 사용하여 사진과 같은 방향으로 칼을 움직인다.

2 마지막은 각을 세워서 자른다.

3 가장자리를 잡고 자른 면이 위로 오게 포개서 정리한다.

윗면 등_머리쪽부터 써는 방법

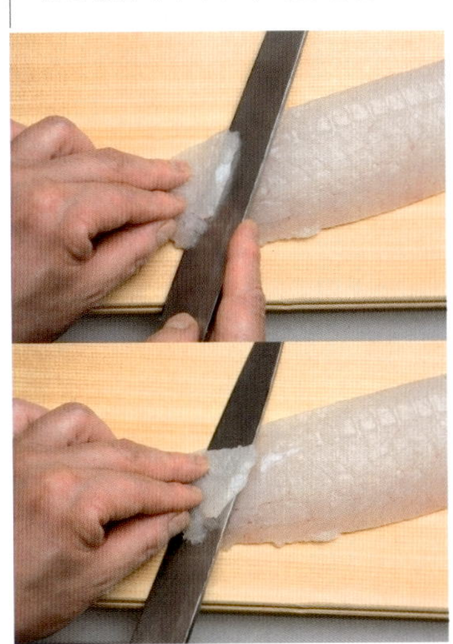

1 꼬리는 오른쪽, 살이 도톰한 부분을 뒤쪽, 살이 얇은 등을 앞쪽으로 놓는다. 머리쪽부터 칼턱과 칼날 전체를 사용하여 어슷하게 썬다.

2 사진 순서로 썰고 마지막은 각을 세워 자른 다음, 엄지와 검지로 잡고 자른 면이 위로 오게 포개서 정리한다.

생선을 놓는 방향

써는 사람을 기준으로, 뒤쪽은 높고 앞쪽은 낮게 놓는 것이 기본이다. 꼬리를 왼쪽에, 껍질을 밑으로 가게 놓으면 어슷하게 썰기 편하다. 반대로 뒤쪽과 왼쪽이 높고 꼬리를 오른쪽에 놓으면 칼을 앞쪽으로 움직여서 어슷하게 썰어야 한다. 또한 껍질이 위로 오게 놓고 써는 방법도 있다. 기본적으로 썰기 편하고, 자른 면이 깔끔하며, 효율적으로 썰 수 있게 놓는 것이 중요하다.

아랫면 등

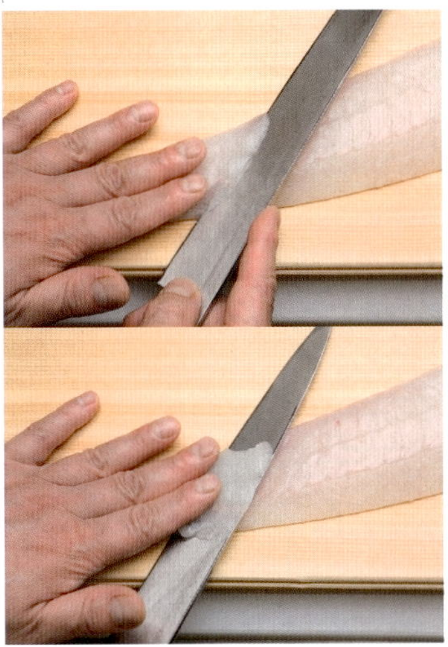

1 꼬리를 왼쪽, 살이 도톰한 부분을 뒤쪽, 얇은 등살을 앞쪽으로 놓는다. 머리쪽부터 칼턱과 칼날 전체를 사용하여 어슷하게 썬다.

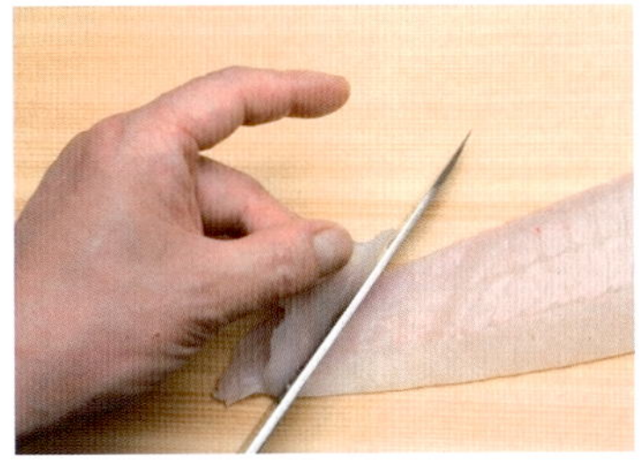

2 마지막에 각을 세워서 자른 다음, 엄지와 검지로 집어서 자른 면이 일정하도록 맞춰서 왼쪽에 놓는다.

3 자른 면이 위로 오게 포개놓는다.

샤리를 만드는 기술

갓 지은 밥을 주걱으로 저으면서 초대리를 섞어서 샤리(스시용 밥)를 만든다. 이때, 밥을 자르듯이 섞으면서 초대리를 넣어 버무리기 때문에 샤리를 자른다는 의미로 '샤리키리(シャリ切り)'라고 한다. 밥과 초대리가 잘 어우러지는 데 필요한 시간은 1~2시간 정도이다. 초대리가 고르게 잘 섞이도록 주의해야 하고, 누룽지가 섞여서도 안 된다.

1 쌀은 물에 들어가자마자 수분을 흡수하기 때문에 처음부터 깨끗한 정수나 천연수에 준비한 분량의 쌀을 넣는다.

2 살짝 저어서 쌀에 붙어 있는 불순물이 떨어지게 한다.

3 물을 버린다.

4 쌀을 주물러서 씻는다. 쌀 표면을 비비듯이 살짝 주무른다. 재빨리 씻는 것이 포인트이다.

5 충분한 물로 3회 반복하여 헹군다.

6 깨끗한 정수나 천연수를 넣는다. 불릴 때 온도는 지하수와 비슷하게 12~13℃ 정도로 맞춘다. 40분 정도 불리는데, 효소제(p.300 참조)를 넣으려면 이때 넣어야 한다.

7 샤리를 섞을 때 사용하는 나무통과 주걱을 물에 적신 후 물기를 잘 닦아낸다.

8 밥이 완성되면 효소제를 넣은 경우에는 30분, 넣지 않은 경우에는 25분 정도 뜸을 들인 다음, 밥과 솥을 분리하듯이 주걱으로 젓는다. 사진처럼 밥에 구멍이 많이 생기면 잘 된 밥이다.

9 밥을 나무통 가운데에 산모양으로 옮겨 담는다.

10 주걱을 이용해 초대리를 골고루 뿌린다.

11 산모양의 밥을 섞으면서 앞쪽으로 모은다.

12 초대리는 아래쪽으로 흐르기 때문에, 밥을 아래에서 위로 들어 올리듯이 섞는다.

13 주걱을 조금 세워서 덩어리가 생기지 않도록 세로로 자르면서 섞는다. 이때 주걱을 눕혀서 저으면 샤리에 찰기가 생긴다.

14 완성된 샤리.

15 샤리의 아래위를 주걱으로 뒤집으면서 섞어 남은 열을 식힌다.

16 보관용 밥통이나 보온밥솥에 옮겨 담는다.

맛있는 샤리 만드는 기술

스시장인, 샤리에 대해 말하다

● 참가자

요로시쿠스시(도쿄도 이나기시) 메구로 히데노부
노토즈시(도쿄도 고쿠분지시) 나카다 히데토
후지즈시(도쿄도 하치오지시) 가토 마사요시
오쓰카약품공업(스이한미오라) 후카이시 미쓰오
하야시바라(토레하) 사이토 노리유키

요로시쿠스시 / 메구로 히데노부

'샤리'는 스시용 밥이다. 스시 요리사에게 '맛있는 샤리'는 영원한 숙제이다. 3명의 베테랑 스시 요리사와 오랫동안 스시집을 비롯하여 여러 음식점을 운영하며 맛있는 밥에 대해 연구해 온 2명의 전문가가 모여서 정말 맛있는 샤리 만드는 기술에 대해 깊이 있는 이야기를 나누었다. 샤리에 대해 고민하고 있었다면 반드시 읽어보자.

쌀 씻기, 밥 짓기, 뜸 들이기, 초대리 넣고 섞기, 식히기

메구로 예전에는 '사사니시키' 품종의 쌀이 샤리를 만들기에 적당하다고 했지만 요즘은 생산되지 않고, 계속 새로운 품종이 나오는 가운데 어떻게 맛있는 샤리를 만들지가 과제입니다. 우리는 '고시히카리'를 개량한 '고시이부키'라는 쌀을 사용하고 있습니다. 식어도 단맛이 있고, 냄새도 적어서 스시용으로 적당합니다.

나카다 제가 좋아하는 쌀은 '고시히카리'인데, 문질러서 씻는 것보다 좀 더 부드럽게 씻어서 채반에 밭쳐 1시간 정도 물기를 뺍니다.

메구로 물기를 완전히 빼나요?

나카다 완전히 뺍니다. 그 다음, 겨울에는 40분, 여름에는 30분~1시간 정도 물에 불리는데, 예전에 지하수 정도의 온도가 적당하다고 들은 적이 있어서 마지막 10분 정도는 비닐에 얼음을 담아서 넣고 온도를 내린 다음 밥을 짓습니다. 그리고 밥을 지을 때는 스이한미오라(p.302 참조)를, 초대리에는 토레하(p.300 참조)를 넣습니다. 이렇게 만들면 아침에 지은 밥이 저녁까지도 맛있습니다.

메구로 샤리의 보온은 어떻게 하나요?

나카다 나무밥통에 넣어둡니다. 경험상 샤리는 역시 상온에 두는 것이 가장 맛이 좋습니다.

가토 온도가 너무 높으면 식초의 맛이 변하지요. 온도는 사람 체온 정도가 적당합니다.

메구로 밥은 무엇으로 짓습니까?

나카다 가스밥솥입니다. 자동으로 밥이 되지만, 대략 취사시간 20분, 뜸 들이는 시간 20분 정도입니다. 뜸 들이는 시간이 짧으면 밥이 밥솥에 들러붙기 쉽고, 반대로 너무 길면 된밥이 됩니다.

메구로 뜸을 너무 오래 들이면 초대리와 밥이 잘 섞이지 않습니다.

가토 우리는 밥솥에 조절 스위치가 있어서 약 50분 정도로 시간을 맞춰놓고 밥을 짓습니다. 대개 20~25분 정도 취사를 하고, 27~28분 정도 뜸을 들입니다. 뜸 들이는 시간이 짧으면 쌀에 따라서 딱딱한 심이 남을 수도 있습니다.

메구로 저는 예전에 배운 대로 25분 정도 뜸을 들입니다.

나카다 물에 따라서도 밥맛이 달라지지요. 아버지가 권해주신 후지산 지하수를 계속 사용하는데, 역시 맛이 전혀 다릅니다.

메구로 우리는 먼저 쌀을 알칼리수로 1분 안에 재빨리 씻습니다. 어쨌든 휘젓는 시간은 최대한 짧게 하고, 3번 정도 헹굽니다. 쌀을 씻을 때는 전화가 와도 받지 않습니다(웃음). 이렇게 씻은 쌀을 채반에 밭쳐 1시간 정도 물기를 빼고, 다시 1시간 정도 물에 불립니다.

가토 앞에서 하던 이야기로 돌아가면, 우리도 쌀은 '고시이부키'를 사용하고 있습니다. 그리고 쌀을 문지르지 않고 부드럽게 씻는 것이 기본입니다. 쌀은 여성을 대하듯이 부드럽게 다루어야 합니다(웃음).

메구로 헹구는 정도로 씻고 있습니까?

가토 예전에는 3·2·3이라고 배웠습니다. 3번 헹구고, 2번 문질러 닦고, 다시 3번 헹구는 겁니다.

메구로 우리는 1·1·3입니다. 1번 헹구고, 1번 문질러 닦고, 3번 헹굽니다.

가토 그런데 같은 쌀이어도 씻는 방법이 다른 경우가 있지요?

후카이시 쌀의 생산지가 같더라도 수확하는 날이 다르거나, 정미기의 회전이 빠르면 열이 더해져서 쌀이 쉽게 깨지기도 합니다.

메구로 쌀을 씻을 때는 채반을 사용하나요?

가토 밥솥에 넣고 씻은 다음 채반에 건져놓습니다.

나카다 우리는 쌀 씻는 채반을 이용해서 살살 씻는데, 이렇게 하면 쌀이 잘 부서지지 않습니다.

사이토 그런데 앞에서 밥을 짓기 전에 '얼음을 넣어서 밥 짓는 물의 온도를 내린다'는 이야기를 했는데, 쌀은 논에서 자란 살아있는 식물이기 때문에 물의 온도는 낮지도 높지도 않은 15~20℃ 정도가 적당합니다. 너무 차면 쌀이 부서지기 쉬워요.

메구로 지하수의 온도가 대체로 12~16℃ 정도인데, 이 정도가 밥 짓는데 적당하다고 들었습니다. 저도 이 온도로 밥을 짓는데, 시간이 지나도 쌀 입자가 그대로 살아있는 느낌입니다.

후지즈시 / 가토 마사요시

노토즈시 / 나카다 히데토

하야시바라 / 사이토 노리유키

나카다 가토씨가 스시를 배울 때는 샤리를 만든 다음 선풍기로 빨리 식히라고 배웠나요?

가토 그건 배우지 않았습니다.

나카다 저는 '샤리는 빨리 식힐수록 윤기가 흐른다'고 배웠습니다만, 샤리는 상온에서 자연스럽게 식히는 것이 더 좋은 것 같습니다. 나무밥통에 넣어두면 가게 영업이 끝날 때까지 맛이 유지됩니다.

가토 샤리를 만들 때 사용하는 나무통에서 식히는 것이 맞는 방법인 것 같습니다.

메구로 관서지방의 스시나 일본요리에서 식초로 밥을 양념할 때는 샤리를 자르듯이 섞은 다음, 자연스럽게 식혀서 밥알 사이사이까지 식초가 스며들게 하는 방법을 사용합니다. 하지만 저는 매우 바쁜 식당에서 일을 배웠기 때문에, 하루에도 몇 번씩 샤리를 만들기 위해서는 바람을 맞혀서라도 빨리 식힐 수밖에 없었습니다.

밥 안에 식초가 흡수되기 위해서는 자연스럽게 식히는 것이 좋겠지만, 스시를 만들기 위해 빨리 식히려고 쌀의 단맛과 윤기를 살릴 수 있도록 부채나 선풍기 등을 사용하게 되었습니다.

맛있는 밥 짓기

메구로 이번에는 후카이시씨가 밥을 맛있게 짓는 방법을 알려주시지요.

후카이시 쌀은 수분이 적을수록 갈라지기 쉽습니다. 일반적으로 쌀에 들어있는 수분의 양은 14~15% 정도이지만, 마트 등에서 진열하는 시간이 길어지면 13% 정도로 줄어들지요. 쌀을 불릴 때 물을 한꺼번에 흡수하여 갈라지는 경우가 자주 있는데, 그래서 쌀은 가능한 한 최근에 정미한 것을 사용하는 것이 좋습니다.

메구로 맛있는 밥을 지으려면 어떻게 씻어야 하나요?

후카이시 여러분이 모두 하고 있는 것처럼 문질러서 씻는 것보다는 살짝 씻는 것이 이상적입니다. 힘을 줘서 문지르다 보면 쌀의 표면에 상처가 생기고, 쌀에서 영양분이나 감칠맛이 빠져나가게 됩니다. 가능하면 빠르고, 간단하고, 부드럽게 씻는 것이 가장 좋습니다.

나카다 불리는 시간은 어느 정도가 좋습니까?

후카이시 우선 씻은 쌀을 채반에 밭치는 것은 별로 추천하고 싶지 않습니다. 채반에 밭쳐놓는 시간이 길면 길수록 물을 흡수한 쌀이 마르면서 쌀이 갈라지기 쉽습니다. 가능하면 씻은 쌀은 바로 밥솥에 넣고 불리는 것이 좋습니다. 그리고 쌀은 씻을 때 한꺼번에 수분을 흡수하고, 그 후에는 서서히 수분을 흡수하여 일정한 선까지 수분을 간직합니다. 그런데 채반에 밭쳐 놓으면 마르면서 수분이 빠져나갑니다.

나카다 그러면 가장 먼저 사용하는 물을 좋은 물로 사용하는 것이 좋겠네요?

후카이시 그렇습니다. 우선 처음에는 시중에서 판매하는 좋은 물로 헹구고, 그 다음에 수돗물을 사용한 후에 다시 좋은 물로 밥을 짓는 것이 좋습니다. 쌀은 최대 30% 정도의 물을 흡수하는데, 처음 5분 안에 한꺼번에 20% 정도의 물을 흡수하기 때문입니다.

메구로 불리는 시간은 어느 정도가 좋습니까?

후카이시 계절에 관계없이 약 45분 정도 쌀을 불립니다. 너무 오래 불리면 전분이나 영양분이 물에 녹아서 흘러나오기 때문에, 밥을 지으면 흘러나온 전분과 영양분이 풀처럼 엉겨서 밥 주위가 질척해집니다.

사이토 불리는 시간의 경우 햇쌀과 묵은쌀 등 쌀의 종류에 따라 달라지지 않습니까?

후카이시 쉽게 설명하면, 예를 들어 1㎏의 쌀을 채반에 넣고 10분 정도 물에 불린 후 무게를 측정하면 무게가 조금 늘어나 있습니다. 이것을 몇 번 반복하면 어느 순간 무게가 늘어나지 않게 됩니다. 40분 정도 지나서 무게가 늘어나지 않으면 그 쌀은 40분 정도 불리는 것이 적당한 거지요.

메구로 지금 사용하는 쌀에 적합한 불리는 시간을 재보는 것도 좋겠네요.

후카이시 그리고 불린 쌀로 밥을 지으면 서서히 온도가 올라가서 약 20분 정도면 밥이 완성됩니다.

메구로 그렇습니다. 지금 사용하는 가스밥솥으로는 아마 15~16분이면 밥이 완성될 겁니다.

후카이시 밥을 지은 다음에는 20~30분 정도 뜸을 들이는 것이 좋습니다. 여러분 모두 약간의 차이는 있지만 맛있는 샤리를 만들고 있네요. 참고로 뜸 들이는 시간이 15분이 안 되면 물이 흡수되지 않고 남아서, 밥이 밥솥에 붙어 잘 떨어지지 않습니다. 뜸 들이는 시간은 최소 20분 이상 필요하고, 30분 정도가 이상적입니다.

메구로 예로부터 스시집에서는 밥 짓는 일이 가장 중요한 일이었습니다. 젊었을 때 굉장히 바쁜 스시집에서 일을 했기 때문에 하루에 10번 정도 샤리를 만들었습니다. 그러면서 샤리를 만들기에 적당한 물의 양을 터득하게 되었습니다. 그래서 자연스럽게 작은 차이까지 조절할 수 있게 되었지요.

오쓰카약품공업 / 후카이시 미쓰오

후카이시 완성된 밥의 굳기나 점도를 측정하는 기계도 있지만, 쌀은 살아있는 식물이므로 그때 그때 스시를 만드는 사람의 감각으로 직접 느끼는 것이 가장 정확합니다.

메구로 여담이지만, 지금 세대는 전기밥솥이 대중화되어 모두가 부드러운 밥에 익숙해져 있습니다. 전에는 샤리가 부드럽다고 클레임을 받았지만, 지금은 샤리가 딱딱하다고 말하는 경우가 많습니다. 그러니까 옛날 샤리는 좀 더 단단하고, 지금은 약간 부드러워졌다는 것을 알 수 있지요.

후카이시 옛날 스시집은 점도가 낮은 '사사니시키' 쌀을 사용하는 것이 일반적이어서, '고시히카리'를 사용한다고 말하면 매우 놀랄 정도였습니다. 지금은 고시히카리를 많이 쓰지요.

메구로 햄버거나 빵에 익숙해져 씹는 즐거움을 모르게 된 것은 아닌지, 이것도 시대의 변화라고 할 수 있지요.

미오라와 토레하의 효과

나카다 저는 '스이한미오라'를 사용하고 있습니다만, 밥맛이 좋아지는 이유는 무엇입니까?

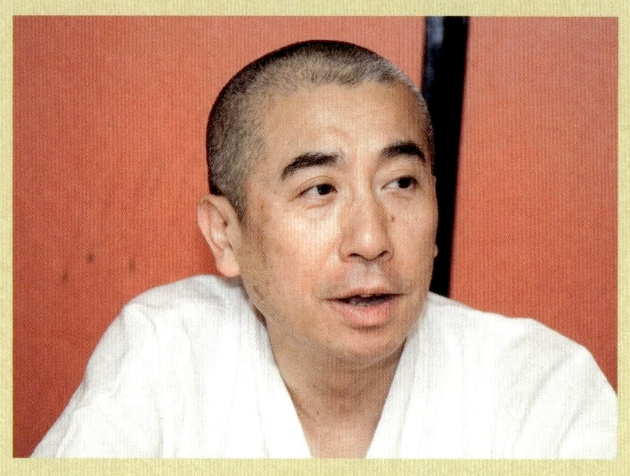

후카이시 쌀에는 '알파 아밀라제'라는 전분을 분해하는 효소가 들어있는데, 쌀이 오래되면 효소의 효과가 점점 약해지게 됩니다. 그런데 '스이한미오라'로 효소를 보충해주면 쌀의 전분이 당으로 변하게 됩니다. 간단히 말하면 쌀의 찰기를 만드는 성분을 액체상태의 당으로 변화시켜서 찰기는 적어지고 단맛은 증가하게 되는 거지요.

메구로 '고시이부키'의 찰기가 걱정되서 미오라를 사용했더니 찰기가 적어졌어요. 그런 이유 때문이군요.

후카이시 극단적인 예로 '스이한미오라'를 실수로 너무 많이 넣으면 밥이 지나치게 고슬고슬해져서 스시를 만들 수 없겠지요?(웃음)

메구로 저는 '토레하'도 사용하고 있습니다. 처음에는 밥을 짓기 시작할 때 넣었는데, 그냥 밥으로 먹을 때는 맛이 좋았지만 스시로 만들면 찰기 때문에 별로 좋지 않았습니다.

가토 그래서 어떻게 하셨나요?

메구로 초대리에 설탕과 토레하를 함께 사용해보았습니다. 그렇게 해서 대성공을 거두었지요. 갓 지은 밥에 토레하를 넣은 초대리를 섞었더니 시간이 지나도 맛이 변하지 않았습니다. 보통 샤리는 시간이 지나면 식초 특유의 냄새가 나기 마련이지만, 그런 냄새도 없어지고 밥알도 끈적이지 않아 매우 놀라웠습니다.

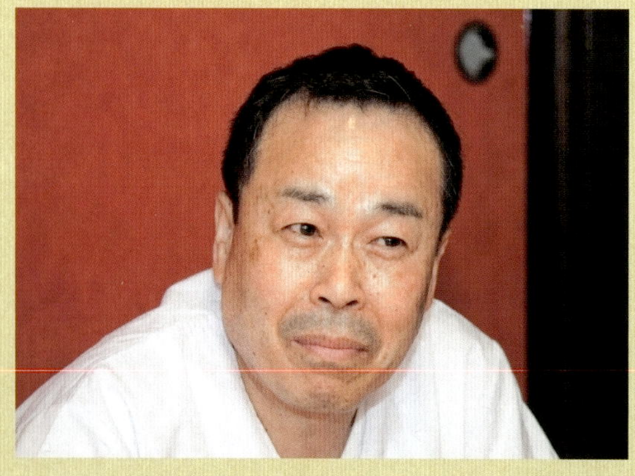

사이토 보통 밥으로 먹을 때는 쌀 분량의 2% 정도 되는 토레하를 넣고 밥을 지으면 맛이 좋아집니다. 밥을 지은 후 시간이 지나면 쌀의 전분이 노화로 인해 딱딱해지거나 윤기도 없어집니다. 하지만 토레하에는 수분을 보존하고 전분의 노화를 늦추는 효과와 냄새를 억제하는 효과가 있어서, 시간이 지나도 부드러운 맛을 유지할 수 있습니다.

메구로 샤리를 만들 때는 제 방법이 괜찮은 건가요?

사이토 메구로씨의 방법대로, 설탕의 일부를 토레하로 대체해도 괜찮습니다. 토레하를 사용함으로써 식초 특유의 자극적인 냄새가 억제되고, 수분 보존 효과에 따라 윤기가 오래 가는 등 시간이 지나도 맛있는 샤리를 먹을 수 있게 됩니다.

메구로 몇 년째 샤리에 토레하를 사용하고 있고, 토레하를 소개한 스시 요리사들은 모두 만족하였습니다. 단지 주의해야할 점은 토레하를 넣은 초대리를 미리 만들어 놓고, 몇 일동안 안정시킨 후 사용해야 효과를 볼 수 있다는 것입니다.

사이토 토레하는 설탕보다 잘 녹지 않습니다. 그래서 미리 섞어두는 것이 좋습니다.

초대리는 미리 만들어둔다

메구로 이 좌담회에서 나눈 대화를 참고해서 밥을 짓고 초대리를 만든다면, 정말 맛있는 샤리를 만들 수 있겠네요.

가토 예전에 스시 요리사들이 모여서 초대리에 대해 이야기를 나누었는데, 초대리 만드는 방법은 십인십색으로 매우 다양하고, 초대리를 미리 만들어두는 것은 저뿐이었습니다.

메구로 샤리에 섞기 직전에 초대리를 만드는 사람도 많은데, 초대리의 맛을 안정시키기 위해서 미리 만들어두는 것이 좋습니다.

나카다 저는 대개 3% 정도의 비율로 토레하를 넣고 초대리를 만듭니다. 냄비에 천일염과 설탕, 토레하, 식초를 넣고, 끓지 않을 정도의 불로 살짝 가열하며 섞습니다. 식으면 유리병에 넣어 냉장고에 보관합니다. 이것이 가장 안정적인 방법이라고 생각합니다.

메구로 저도 초대리를 만들 때는 설탕을 10% 정도 줄이고, 줄인 설탕 분량의 2.2배 분량의 토레하를 넣습니다. 이것으로 단맛은 변하지 않습니다. 밥을 지을 때 스이한미오라를 넣고, 초대리에 토레하를 넣기 시작하면서 샤리의 맛이 매우 안정되었습니다.

사이토 지금 메구로씨가 말한 것처럼, 토레하는 밥을 지을 때 말고 초대리에 넣어도 효과를 볼 수 있습니다. 밥은 시간이 지나면 냄새가 나고, 식초를 넣을 경우에는 특유의 자극적인 냄새가 납니다.

스시 전문 요리사들은 이런 점을 오랫동안 고민해왔는데, 토레하의 마스킹(masking) 효과로 냄새 문제가 상당부분 개선되었습니다. 또한, 수분을 유지하는 효과도 높아서 밥을 지은 후 윤기가 떨어지는 것을 억제하고, 밥이 딱딱해지는 것도 막아주는 등 여러 가지 효과를 기대할 수 있습니다.

메구로 옛날 스시 요리사들은 초대리의 온도를 일단 50℃까지 올린 후 얼마간 두어서 안정시킨 다음 밥에 섞었다고 합니다. 이런 작은 수고로 샤리의 문제를 해결했던 거지요.

하지만 지금은 전체적으로 쌀의 당도가 높아지고, 토레하 등을 넣은 초대리를 잘 사용하면 시간이 흘러도 샤리의 맛을 지킬 수 있게 되었습니다.

이 좌담회로 제가 지금까지 해온 방식들이 옳은 방법이었는지, 개선할 점은 무엇인지 확인할 수 있었습니다. 앞으로도 맛있는 샤리 만들기를 목표로, 항상 연구를 게을리하지 않겠습니다. 오늘 모여서 좋은 말씀해주신 여러분께 감사드립니다.

스이한미오라

스이한미오라골드

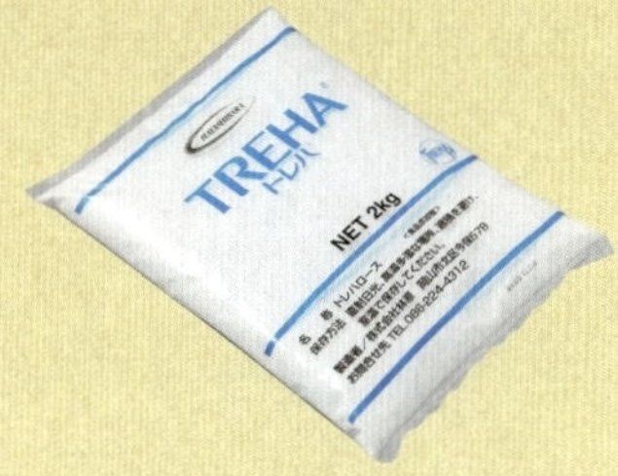

토레하

초대리

스시 맛은 50% 이상이 샤리(스시용 밥)에 의해 결정된다고 할 수 있다. 그러므로 밥을 짓는 방법은 물론 밥에 섞는 초대리도 매우 중요하다.

에도마에즈시(도쿄식 스시)의 시작은 술지게미로 만든 식초에서 비롯되었는데, 이것은 술지게미를 원료로 숙성시킨 독특한 향과 감칠맛이 있는 식초이다. 현재는 쌀식초와 쌀식초에 술지게미로 만든 식초를 섞은 것을 많이 사용한다.

초대리를 만들 때는 식초와 소금의 배합으로 먹기 좋은 맛을 만드는 것이 가장 중요하다. 어떤 곳은 소금과 식초만으로 초대리를 만들기도 한다.

식초와 소금의 양은 큰 차이가 없으며, 여기에 설탕을 첨가한다. 설탕은 당의 수분을 유지하는 힘 때문에, 샤리가 식어도 딱딱해지는 것을 막아주는 역할을 한다. 단맛을 내는 역할도 하지만, 시간이 지나면 효과가 떨어진다. 그렇기 때문에 단맛이 강한 간사이즈시는 샤리를 지을 때 다시마 육수를 넣어 단맛을 보충한다. 또, 설탕보다 순도가 높은 토레하(p.300)를 초대리에 넣으면 샤리의 맛이 변하는 것을 막을 수 있다. 여기서는 일반 스시집에서 초대리를 만드는 비율을 참고자료로 소개한다.

● 초대리 만드는 방법과 참고분량 〈일본 관동지방과 관서지방에서 만드는 초대리의 예〉

평균적인 범위				
쌀 1되(1.8L)	식초 180~230cc	설탕 40~130g	소금 40~50g	
예1. A점(관동)	식초(쌀)…180cc	설탕 70g	소금 40g	
예2. B점(관동)	식초(쌀+지게미)…180cc	설탕 55g	소금 45g	
예3. C점(관동)	식초(쌀+지게미)…270cc	설탕 80g	소금 40g	토레하 8g
예4. D점(관동)	식초(쌀+지게미)…200cc	설탕 47g	소금 39g	토레하 10g
예5. E점(관서)	식초(쌀)…200cc	설탕 130g	소금 50g	
예6. F점(관서)	식초(쌀)…200cc	설탕 100g	소금 50g	

※ 위의 분량으로 만들어도 사용하는 쌀과 물의 양, 효소제의 사용, 특히 사용하는 식초에 따라 맛이 달라진다. 또한 다시마추출 화학조미료의 사용에 따라서도 맛이 달라진다.

초대리는 식초에 조미료를 잘 녹여서 맛이 잘 섞이고 안정되게 만들면, 샤리에 넣었을 때 맛이 변하는 속도를 늦추는 효과가 있다. 미리 만들어두거나, 50℃ 정도까지 온도를 올려도 같은 효과가 있다.

생선 초절임의 비법

생선을 식초물에 절일 때는 먼저 소금에 절인 다음 식초에 담근다. 소금은 삼투압 효과로 생선 비린내를 제거하고, 감칠맛을 끌어내며, 효소의 활동을 억제시켜 부패를 늦추는 효과가 있다. 식초는 초산이 갖고 있는 살균작용과 정균작용으로 부패를 방지하고 비린내를 없애준다. 그렇게 소금과 식초를 배합하여 생선을 천천히 절이면 거슬리는 맛은 없어지고, 입에 딱 맞는 맛이 만들어진다.

소금에 절일 때 온도가 높으면 빨리 절여지므로, 되도록 온도를 낮춰서 천천히 절이는 것이 좋다. 생선은 흐르는 물에 살짝 씻은 후 식초에 절인다. 등푸른생선은 신맛이 약한 니반즈(한 번 사용한 식초)를 물로 희석한 것으로 씻어서 지방과 표면의 비린내를 제거한다. 생선을 절일 때는 식초 10 : 얼음 3의 비율로 섞어서 얼음이 거의 녹은 것을 사용하거나, 식초 10 : 물 3의 비율로 섞어서 차갑게 식힌 것을 사용한다. 식초를 물에 희석해서 사용하지 않으면 생선 표면만 단단하게 절여지고, 속까지 식초의 효과가 전달되지 않는다. 또 여름철 기온이 높을 때는 식초의 온도가 높아져 껍질이나 생선살이 부드러워진다. 식초를 희석시켜서 차갑게 식힌 것을 사용하는 이유가 여기에 있다.

식초의 산도는 3.3~3.7도 정도로 맞추고, 온도는 낮춘다. 초절임을 한 후 냉장실에서 천천히 숙성시키면 맛이 좋아진다. 지방이 많은 생선은 숙성되는 것보다 지방의 산화가 빠르기 때문에 주의해야 한다.

식초의 산도 계산

식초의 산도는 4.2~5.0도 정도이다. 촛물을 3.3~3.7도로 만들기 위해서는 산도 4.5도의 식초에

10% 분량의 물을 넣으면
4.5 ÷ 1.1 = 4.09
20% 분량의 물을 넣으면
4.5 ÷ 1.2 = 3.75
30% 분량의 물을 넣으면
4.5 ÷ 1.3 = 3.46
이 된다.

2 니기리즈시

생선

나마미스시(날생선스시)[생강, 산파]

가다랑어

かつお(가쓰오)

다타키스시[생강, 싹파]

깊고 깨끗한 바다에 사는 가다랑어는 계절에 따라 맛이 달라지는데, 봄에 잡은 가다랑어는 지방이 적고 살에 탄력이 있어 은색 껍질을 벗기지 않고 회로 먹어도 맛이 좋다. 가을에 잡은 가다랑어는 지방이 많아서 회로 먹거나, 겉만 불에 살짝 구워서 다타키로 먹으면 좋다. 일본어로는 '가쓰오'이고, 말려서 얇게 포를 뜬 것을 '가쓰오부시'라고 한다.

스시를 만들 때는 껍질을 벗긴 살이나 구운 것을 많이 사용하는데, 구우면 비린내가 사라지고 구수한 냄새가 나서 맛있게 먹을 수 있다. 양념으로는 차즈기, 생강 간 것, 실파, 와사비 등을 올린다. 가다랑어는 살이 부드럽고 뱃살쪽에 배뼈와 지아이(검붉은 살)의 뼈가 붙어 있기 때문에 손질할 때 먼저 등쪽을 덩어리째 잘라놓아야 생선살이 부서지지 않는다. 가다랑어 중에서도 가을에 회귀한 가다랑어는 살이 부드러우므로 특히 조심해서 다루어야 한다. 등쪽은 짙은 푸른색을 띠고, 배쪽은 줄무늬가 선명하며, 껍질이 까칠까칠하고, 살이 오른 것을 고른다.

1 가슴지느러미 안쪽까지 단단한 껍질을 벗겨낸다.

2 등쪽의 검은 껍질도 벗겨낸다.

3 가슴지느러미 밑에 있는 희고 단단한 껍질도 벗겨낸다.

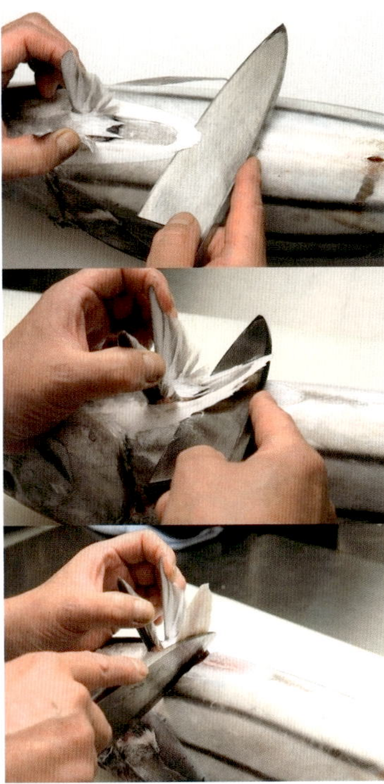

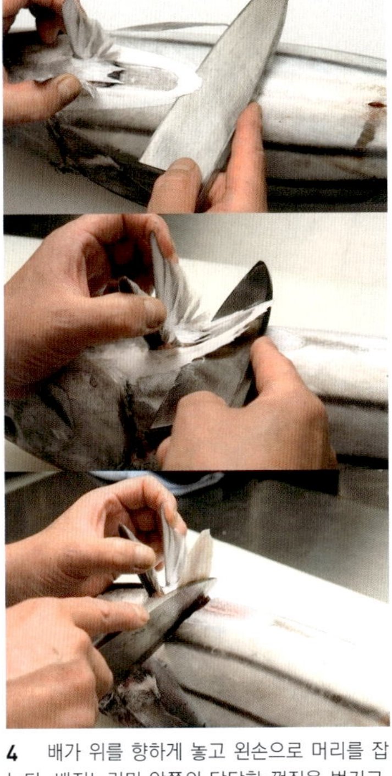

4 배가 위를 향하게 놓고 왼손으로 머리를 잡는다. 배지느러미 안쪽의 단단한 껍질을 벗기고, 사진과 같이 칼집을 낸다.

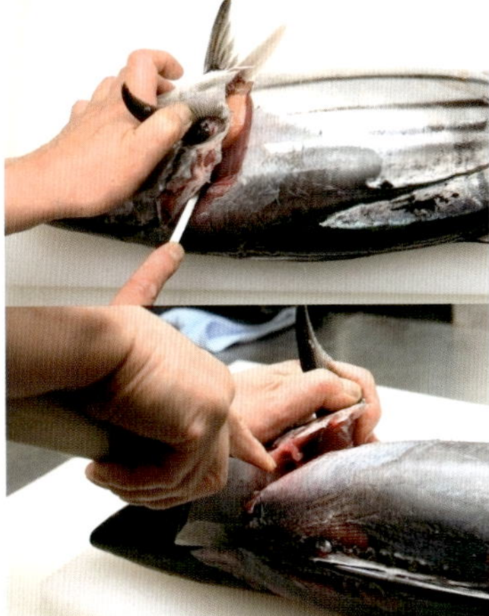

5 생선을 옆으로 눕히고, 칼집을 낸 부분에 칼을 넣어 가슴지느러미 아래를 통과한 후, 칼을 똑바로 세워 등뼈를 잘라낸다.

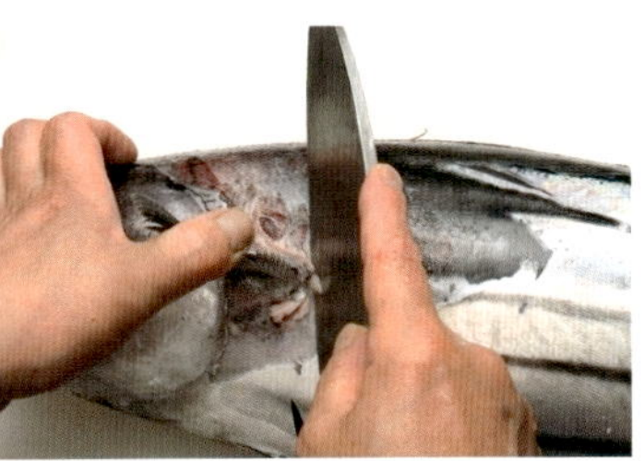

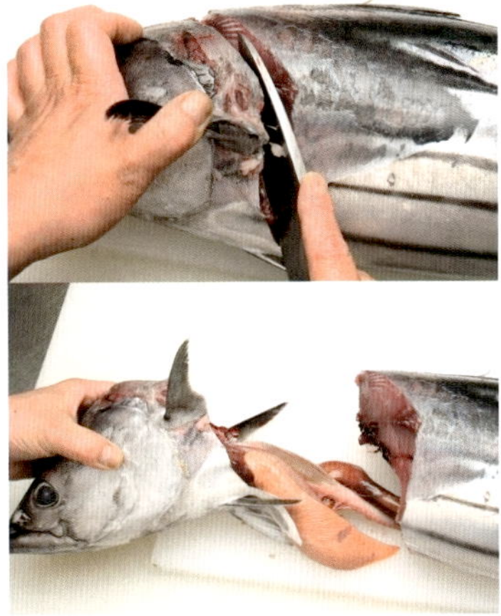

6 생선을 뒤집어서 머리가 붙어 있는 곳부터 가슴지느러미 주변을 통과하면서 머리를 잘라낸다. 머리와 함께 내장도 뺀다.

7 배를 잘라서 열고 내장을 꺼낸다. 지아이(검붉은 살)를 떼어내기 쉽도록 막에 칼집을 낸다.

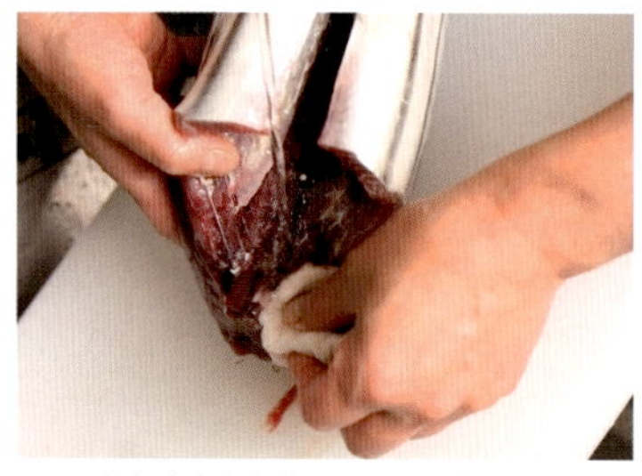

8 살이 갈라지지 않도록 부드러운 면보를 사용하고, 내장과 지아이(검붉은 살)를 흐르는 물에 깨끗이 씻어낸다.

9 물기를 닦는다.

10 머리는 오른쪽, 등은 앞쪽으로 놓고, 꼬리 앞에 칼집을 낸다.

11 등지느러미를 따라 칼등을 넣어서 등지느러미 위를 지나 머리방향으로 칼집을 낸다.

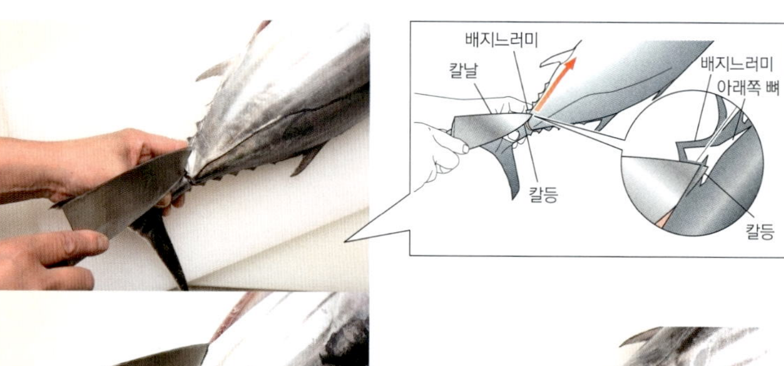

12 배쪽도 같은 방법으로, 배지느러미 아래쪽 뼈에 칼등을 넣어 머리방향으로 칼집을 낸다.

13 생선을 뒤집어서 꼬리 앞에 칼집을 낸다.

point

가다랑어 살은 부드럽기 때문에 생선을 도마째 비스듬히 돌려놓고, 등지느러미 아래쪽 뼈에 칼등을 넣어서 머리방향으로 칼집을 낸다.

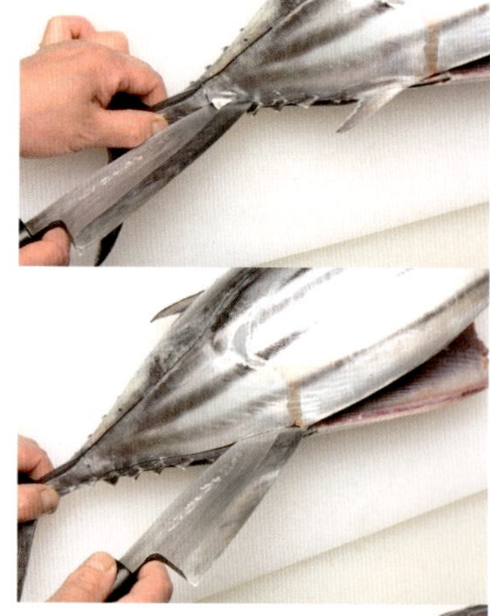

14 반대쪽도 같은 방법으로 칼집을 낸다.

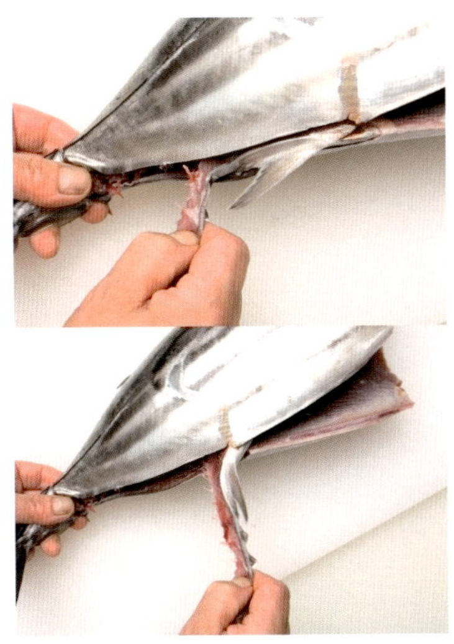

15 꼬리를 잡고 배지느러미를 떼어낸다.

16 등지느러미도 같은 방법으로 뗀다.

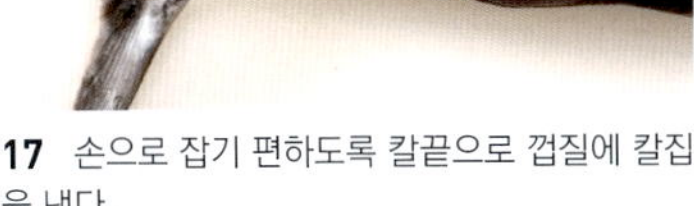

17 손으로 잡기 편하도록 칼끝으로 껍질에 칼집을 낸다.

18 칼끝이 등뼈에 닿게 넣어서 가운데뼈를 따라 꼬리까지 자른다.

19 칼등으로 배뼈가 붙어 있는 곳을 잘라서 분리한다.

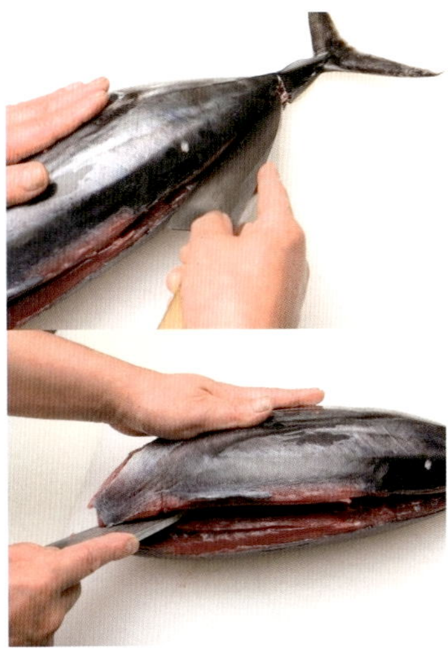

20 도마에 올린 채 꼬리가 오른쪽, 배가 앞쪽으로 오게 돌린 후, 칼을 가운데뼈 위로 넣어 꼬리에서 머리방향으로 자른다.

21 가다랑어같이 큰 생선은 **20**에서 칼끝이 등뼈까지 닿지 않았기 때문에, 2회에 나눠서 칼끝이 등뼈에 닿게 자른다.

22 사진의 순서대로, 꼬리쪽에 칼집을 낸 부분의 살을 왼쪽 손가락으로 잡고, 꼬리에서 머리방향으로 칼을 수평으로 넣고 움직이면서 살과 뼈를 분리한다.

23 손질한 생선살이 갈라지지 않도록, 지아이(검붉은 살)의 뼈를 따라 머리에서 꼬리방향으로 칼집을 낸다.

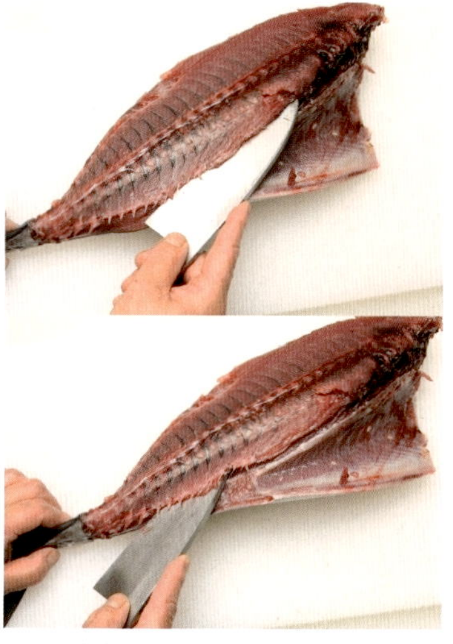

24 도마째 생선의 방향을 돌려서 머리가 오른쪽, 배가 앞쪽에 오게 놓는다. 배뼈가 붙어 있는 부분부터 꼬리까지 가운데뼈를 따라 칼끝이 등뼈에 닿게 넣어서 자른다.

25 칼등으로 배뼈가 붙어 있는 부분을 머리방향으로 잘라서 등뼈와 분리한다.

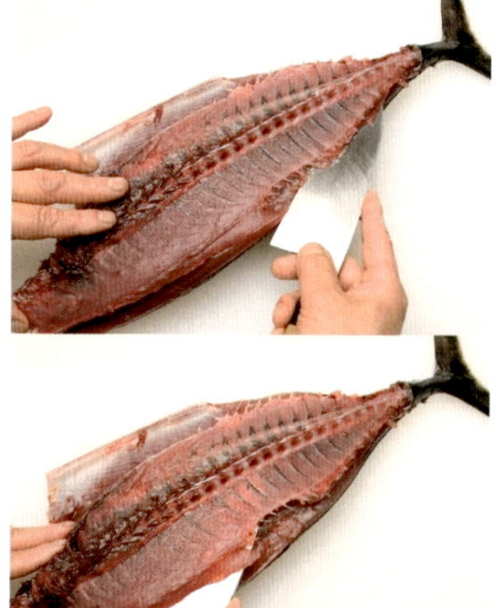

26 도마째 생선의 방향을 돌린 다음, 가운데뼈 밑으로 칼끝이 등뼈에 닿게 넣어서, 꼬리에서 머리방향으로 잘라서 펼친다.

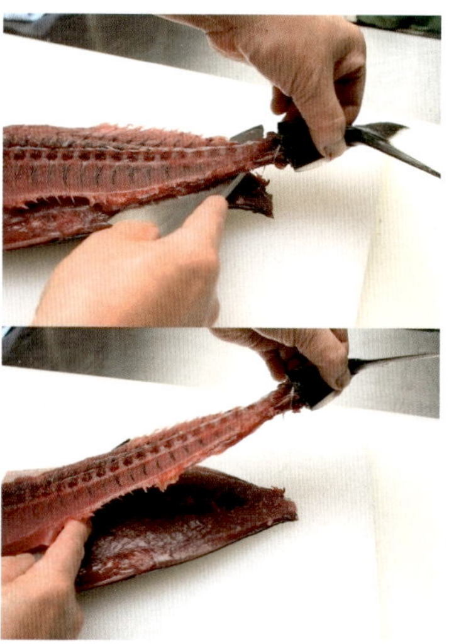

27 왼손으로 꼬리를 잡고, 등뼈 아래에 칼을 넣어 자르면서 살을 분리한다.

28 23과 같은 방법으로 칼집을 낸다.

29 먼저 등쪽 살을 자른다. 지아이(검붉은 살)에 있는 뼈의 등쪽에 칼을 넣고 꼬리까지 잘라서 분리한다.

30 다음은 지아이(검붉은 살)에 있는 뼈의 배쪽에 칼을 넣고 꼬리까지 잘라서 분리한다.

31 사진과 같이 배뼈를 자른다.

32 가장자리를 잘라서 정리한다.

33 꼬치나 핀셋 등을 이용하여 배에 붙어 있는 벌레를 제거한다.

34 남은 지아이(검붉은 살)를 잘라낸다.

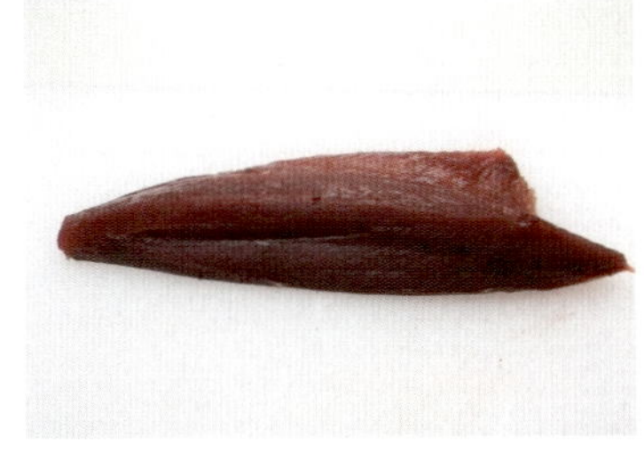

35 사쿠도리(덩어리 자르기)완성. 회로 사용할 경우에는 껍질을 벗긴다.

아부리(구이)

1 석쇠 위에 손질한 가다랑어를 껍질이 위로 오게 올리고 소금을 뿌린다.

2 소금이 스며들면 토치로 직접 껍질을 굽는다. 구운 가다랑어를 찬물로 식히는 방법도 있지만, 자연스럽게 식히면 향을 즐길 수 있다.

일품요리

가다랑어 다타키

실파, 생강, 양하, 영귤 등을 올리고 간장이나 폰즈소스를 뿌린다.

노랑가자미 나마미스시(날생선스시)

가자미

가레이
かれい

문치가자미

노랑가자미

범가자미 윗면(위), 아랫면(아래)

가자미는 종류가 다양해서 문치가자미, 노랑가자미, 참가자미, 도다리, 돌가자미, 범가자미, 버들가자미 등이 있다. 가자미는 광어와 비슷하지만 눈이 오른쪽에 붙어 있고, 입이 작아서 광어(넙치)와 구별할 수 있다(p.72 참조).

문치가자미는 한국 모든 연안에 분포하며, 제철인 여름에는 살이 밝은 갈색으로 변한다. 겨울에는 알을 밴 가자미를 잡을 수 있는데, 튀기거나 조리면 맛이 좋다. 노랑가자미는 지느러미에 줄무늬가 있는 것이 특징으로, 한국, 일본, 쿠릴열도, 사할린섬, 오호츠크해 등지에 분포한다. 어획량이 감소하여 일본에서는 양식이나 방류가 성행하고 있으며, 자연산은 찾아보기 어렵다. 맛이 좋아서 범가자미와 함께 최고급 생선으로 취급된다.

가자미는 광어와 마찬가지로 고마이오로시(5장뜨기_p.32 참조)로 손질한다. 가자미에는 영귤이 잘 어울리며, 범가자미는 맛이 담백해서 날것으로 스시를 만들어 소금을 뿌려 먹어도 맛있다. 가자미는 살이 두툼하고, 눈이 맑으며, 윤기 나는 것을 고른다.

범가자미 나마미스시(날생선스시) [소금, 영귤]

노랑가자미 다시마절임 스시

문치가자미 나마미스시(날생선스시)

일품 요리

노랑가자미 니코고리

노랑가자미의 조린 국물을 굳혀서 묵처럼 보이는 요리

초절임 스시

각시송어

ひめます 히메마스

연어목 연어과의 생선. 어릴 때는 민물에서 살다가 자란 후에 바다로 돌아가는 홍연어가 다 자란 후에도 바다로 돌아가지 않고 계속 민물에서 살게 된 육봉형(陸封型) 홍연어를 '각시송어', 영어로는 'Kokanee salmon', 일본어로는 '히메마스'라고 한다.

각시송어는 크기가 홍연어보다 훨씬 작다. 초여름이 제철이고 가을에 산란기를 맞는데, 깨끗한 물에서만 살기 때문에 맛이 순하고 고급스럽다. 신선도가 떨어지기 쉬우며, 신선한 것만 스시나 회로 먹을 수 있다. 뮈니에르나 튀김 등 양식요리에 사용해도 좋다.

일본 홋카이도의 시코쓰 호수와 아오모리현의 도와다 호수 등이 각시송어로 유명하다.

스시의 기술

다이묘오로시(평형 자르기)

1 칼로 비늘을 긁어 제거한다.

2 가슴지느러미 안쪽으로 칼을 넣어서 머리를 자른다.

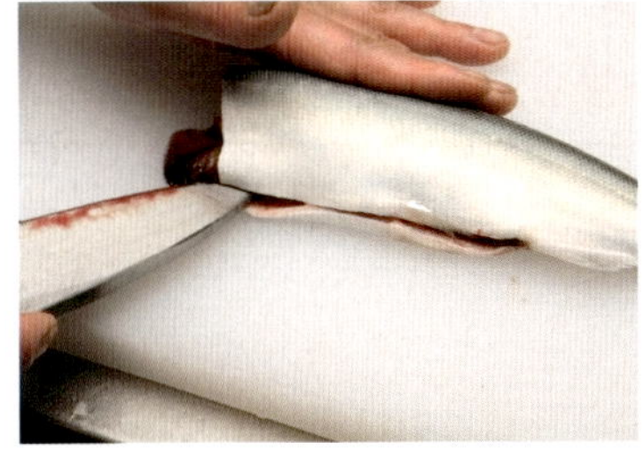

3 항문에서 머리방향으로 배를 갈라 연다.

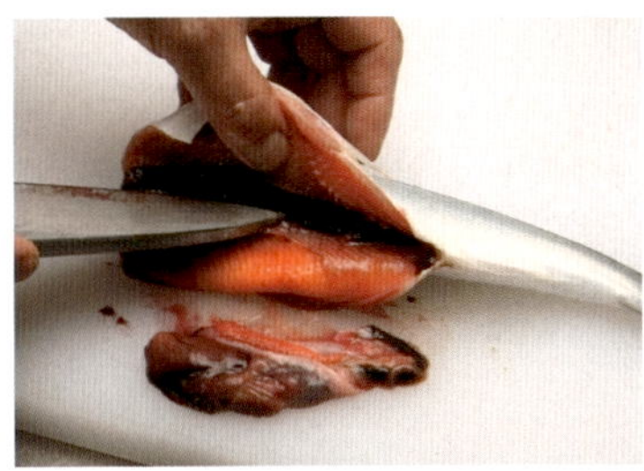

4 내장을 칼로 긁어내고 지아이(검붉은 살)를 제거한 다음, 흐르는 물로 깨끗이 씻는다.

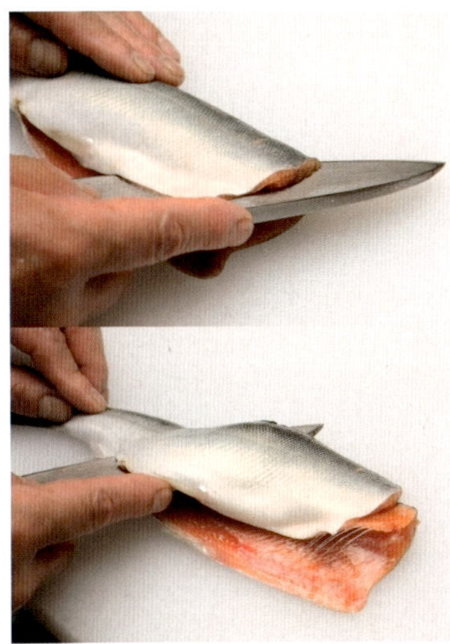

5 머리는 오른쪽, 배는 앞쪽으로 놓고, 사진과 같이 등뼈 위에 칼을 넣어 가운데뼈를 따라 꼬리까지 한 번에 자른다.

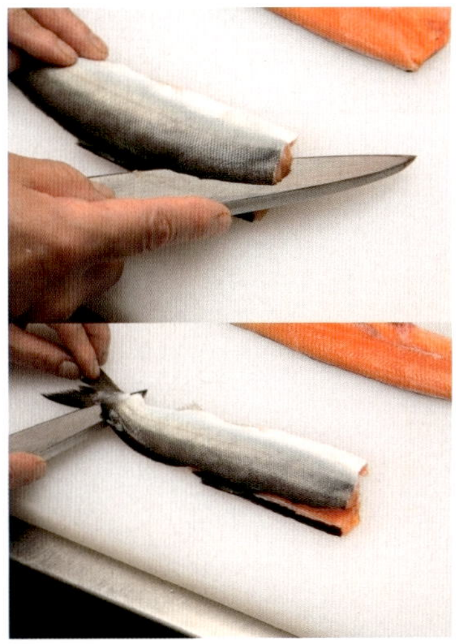

6 반대쪽도 같은 방법으로 자른다.

7 다이묘오로시(평형 자르기) 완성.

8 배뼈를 잘라내고, 배지느러미를 잘라서 모양을 정리한다. 핀셋으로 잔가시를 제거한다.

9 젖은 채반 위에 소금을 뿌리고 껍질이 아래로 가게 올린 후, 다시 소금을 뿌려서 18분 정도 둔다.

10 얼음을 넣은 식초물(식초 10 : 물 3)에 7분 정도 절인다. 키친타월로 물기를 닦아 보관한다.

나마미스시(날생선스시)

갈치

たちうお
다치우오

갈치는 몸길이가 1.5m에 이르는 것도 있을 정도로 긴 생선이다. 비늘이 없고, 은백색 광택이 있어서 그 모습이 칼을 닮았다는 데서 '도어(刀魚)' 또는 '칼치'라고도 불렀으며, 일본에서는 긴 칼(다치)을 닮았다는 의미로 '다치우오'라고 부른다.

한국 연근해(특히 서해와 남해)와 일본, 동중국해 등 세계의 온대 또는 아열대 해역에 분포하며, 7~10월이 제철이다. 눈이 선명하고 몸에 탄력이 있으며 은색의 껍질이 벗겨지지 않은 것이 좋고, 몸길이가 1m 정도 되는 것이 지방이 많이 올라서 맛이 가장 좋다.

껍질을 벗겨서 스시를 만들거나, 껍질에 칼집을 내서 구워도 맛이 좋다. 구이나 조림을 할 때는 토막을 내는데, 이때 등지느러미나 뒷지느러미 밑에 양쪽으로 칼을 넣어 지느러미 아래쪽 뼈를 함께 잘라서 분리하면 잔가시가 없어서 먹기 편하다.

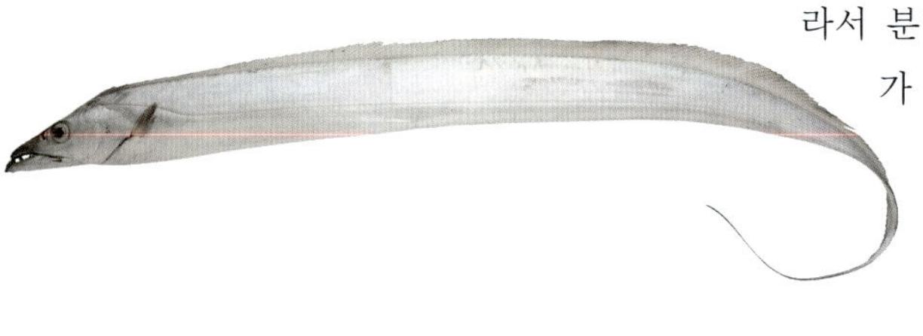

스시의 기술

1 기본적으로 산마이오로시(3장뜨기)로 손질하는데(p.20 참조), 여기서는 포인트만 소개한다. 가슴지느러미 옆으로 칼을 넣어 머리를 어슷하게 잘라낸다.

2 머리에서 항문쪽으로 배를 갈라 연다.

3 내장을 칼로 긁어내고 물로 씻는다.

4 물기를 잘 닦는다.

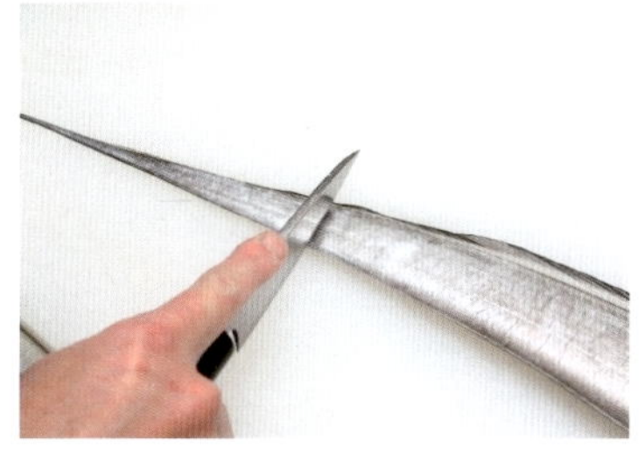

5 꼬리를 자른다.

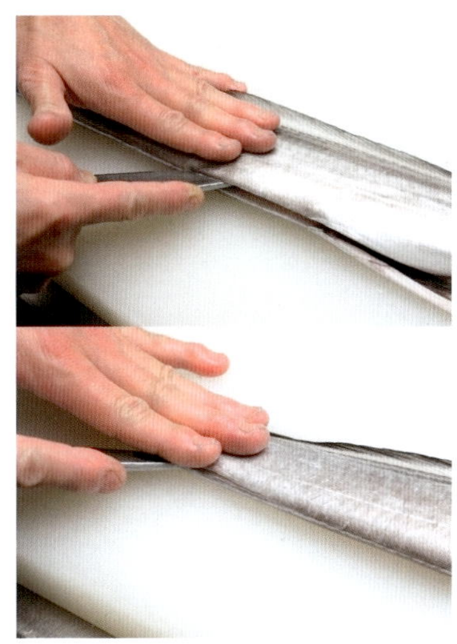

6 머리를 오른쪽에 놓고, 등뼈에 칼끝이 닿게 넣어 배부터 꼬리까지 잘라서 연다.

7 생선의 방향을 돌리고, 꼬리에서 머리방향으로 같은 방법으로 자른다.

8 꼬리쪽 살을 왼손으로 잡고, 등뼈 위로 칼을 넣어 살을 잘라서 분리한다. 반대쪽 살도 같은 방법으로 분리한다.

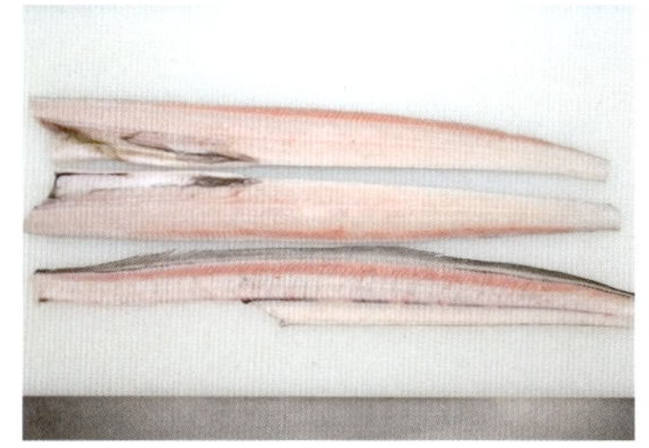

9 산마이오로시(3장뜨기) 완성.

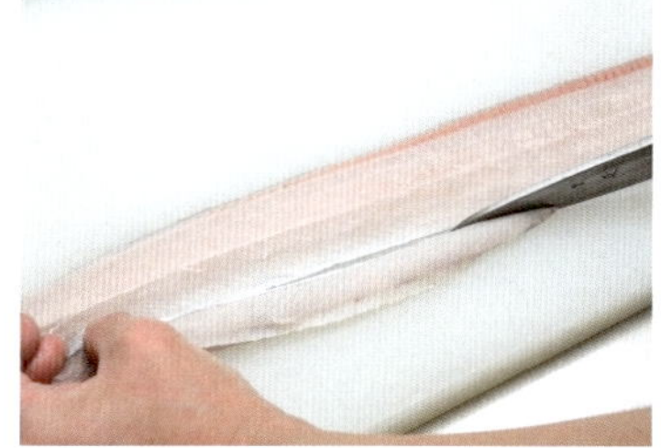

10 배뼈를 잘라내고, 반대쪽도 같은 방법으로 자른다.

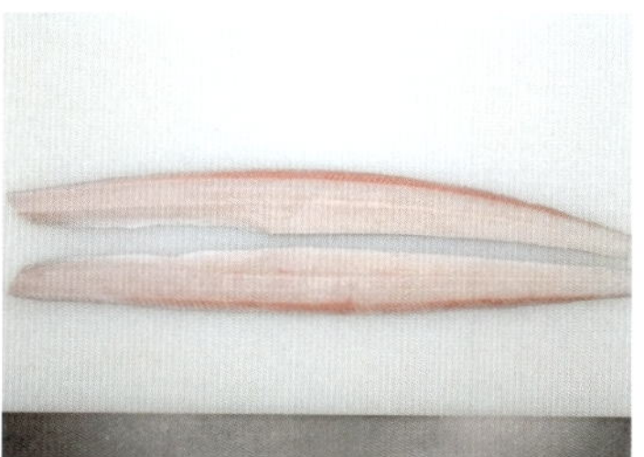

11 완성.

12 껍질을 벗긴다.

아부리스시(불에 구운 스시)

유비키스시(데친 스시)[매실]

갯장어

はも 하모

한국 남해와 서해, 일본과 중국 인근 해역 등에 분포하는 갯장어는 몸길이가 2m 정도로 색깔이나 모습이 붕장어와 닮았지만, 붕장어보다 입이 크고 등지느러미가 길며 배지느러미는 없다.

갯장어 회[매실식초]

제철은 장마가 시작되는 6월부터 8월까지이다. 일본 관서지방에서는 예로부터 구운 갯장어로 '하코즈시(상자스시)', '보즈시(봉스시)' 등을 만들어 먹었다. 최근에는 끓는 물에 살짝 데친 갯장어로 '유비키스시(데친 스시)'를 만들어서 매실 과육을 곁들여 먹는 방법이 인기를 끌고 있고, 그밖에 갯장어맑은국, 갯장어매실무침 등의 일품요리도 많이 먹는다. 손질할 때는 흐르는 물로 씻으면서 껍질에 있는 점액질을 수세미로 깨끗이 제거한 다음 손질해야 한다. 몸 전체에 딱딱한 뼈가 많기 때문에 뼈 절단용 칼(p.307 참조)을 사용하여 잔가시와 뼈를 꼼꼼하게 잘라야 한다. 껍질에 가까운 부분까지 잔가시가 있기 때문에 촘촘하게 칼을 넣어야 먹을 때 걸리지 않는다. 고를 때는 눈이 선명하고, 윤기가 나며, 껍질에 점액질이 있고, 전체적으로 탄력 있는 것을 고른다.

1 흐르는 물로 씻으면서 수세미로 표면의 점액질을 제거한다.

2 머리는 오른쪽, 배는 앞쪽으로 놓고, 항문에 칼등을 넣어 입 아래까지 배를 갈라서 연다. 내장이나 알이 찢어지지 않도록 주의한다.

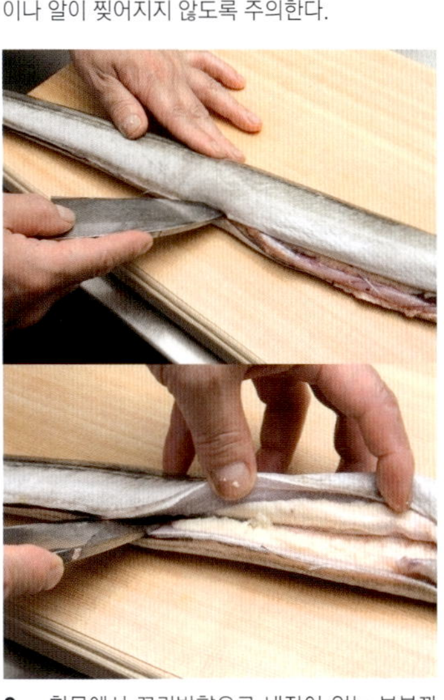

3 항문에서 꼬리방향으로 내장이 없는 부분까지 잘라서 연다.(약 10㎝)

4 칼을 사용하여 지아이(검붉은 살)와 내장을 긁어낸다.

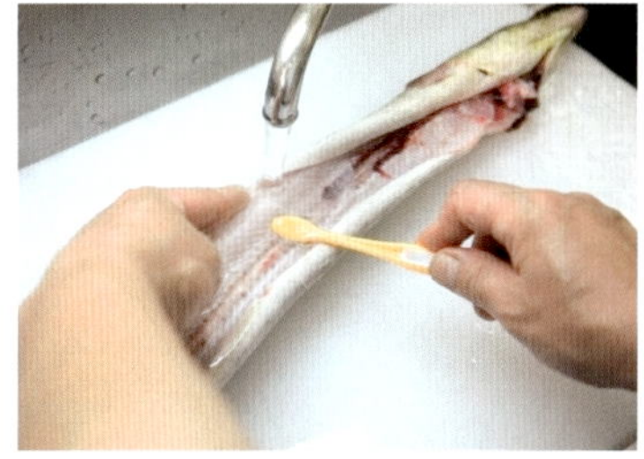

5 흐르는 물에 칫솔로 갯장어의 몸 안을 깨끗이 씻어내고 물기를 닦는다.

6 사진처럼 머리를 송곳으로 고정시키고, 가슴지느러미 위에 칼을 넣어 등뼈에 닿을 때까지 수직으로 자른다.

7 등뼈의 각도에 맞춰 칼을 넣는다.

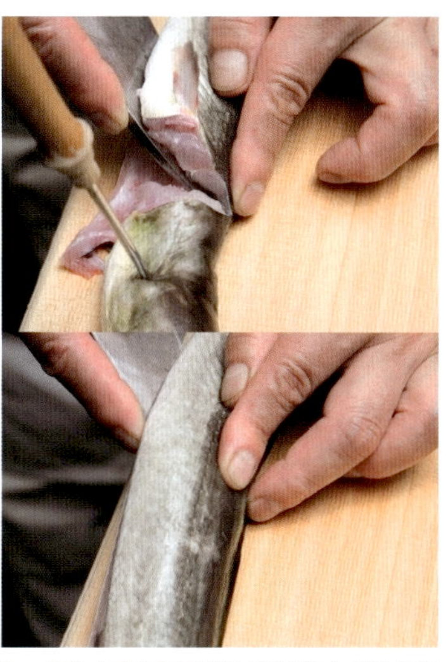

8 왼쪽 손끝으로 칼날의 움직임을 느끼면서 꼬리방향으로 자른다.

갯장어 보즈시(봉스시)

9 등뼈가 평평해지는 곳까지 자른 다음, 칼의 각도를 눕히고, 왼손 검지로 칼날의 움직임을 느끼면서 엄지로 칼등을 꼬리 끝까지 밀어서 자른다.

10 사진과 같이 머리를 잘라낸다.

11 꼬리는 오른쪽, 껍질은 위를 향하게 놓고, 꼬리 끝부터 뒷지느러미 위로 칼을 수평으로 넣어서 왼손 손끝으로 칼날의 움직임을 느끼면서 등뼈를 따라 자른다.

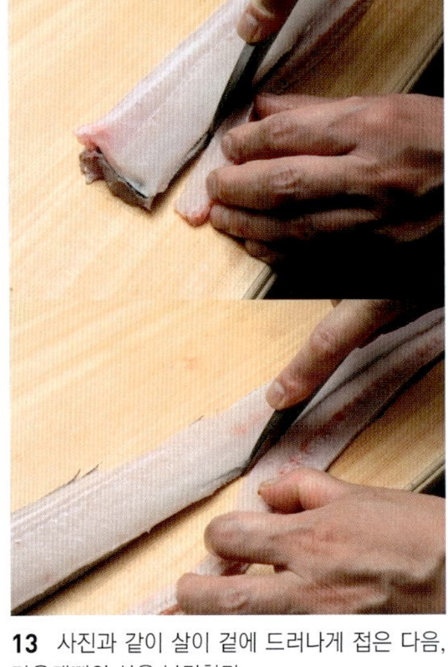

13 사진과 같이 살이 겉에 드러나게 접은 다음, 가운데뼈와 살을 분리한다.

14 꼬리를 잘라낸다.

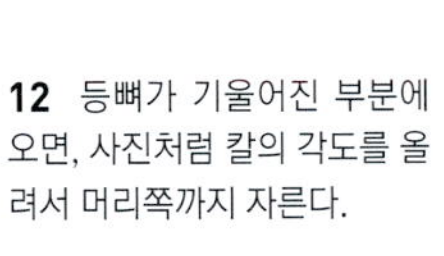

12 등뼈가 기울어진 부분에 오면, 사진처럼 칼의 각도를 올려서 머리쪽까지 자른다.

15 왼쪽 배뼈를 머리쪽부터 아래로 잘라낸다.

16 반대쪽도 칼의 방향을 바꿔서 배뼈에 칼집을 내는데, 뼈가 없는 곳에서 멈춘다.

17 꼬리에서 머리방향으로 얇은 껍질과 배뼈를 같이 잘라낸다.

18 꼬리쪽 등지느러미에 칼집을 내고, 칼턱으로 등지느러미를 누른다.

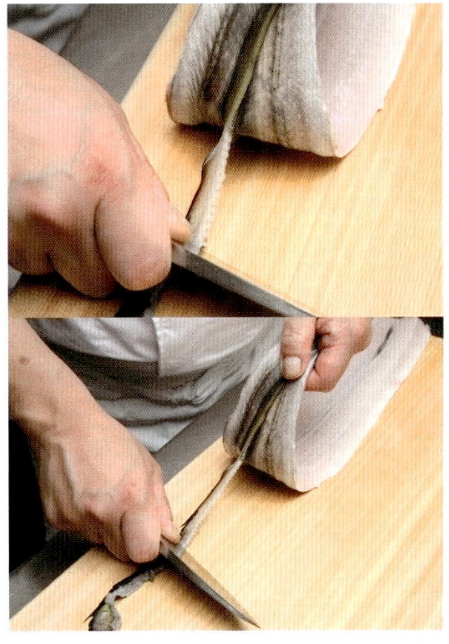

19 사진과 같이 살을 잡아당겨서 등지느러미를 떼어낸다.

20 가슴지느러미를 잘라낸다.

갯장어 오시즈시(누름 스시)

뼈 자르기

21 뼈 절단용 칼을 사용한다. 왼손으로 살이 움직이지 않게 누르면서, 살이 완전히 잘라지지 않을 정도로 칼의 무게를 이용하여 리듬미컬하게 움직여서 1㎜ 간격으로 칼집을 낸다. 이때 뼈를 자르는 소리가 난다.

양념구이

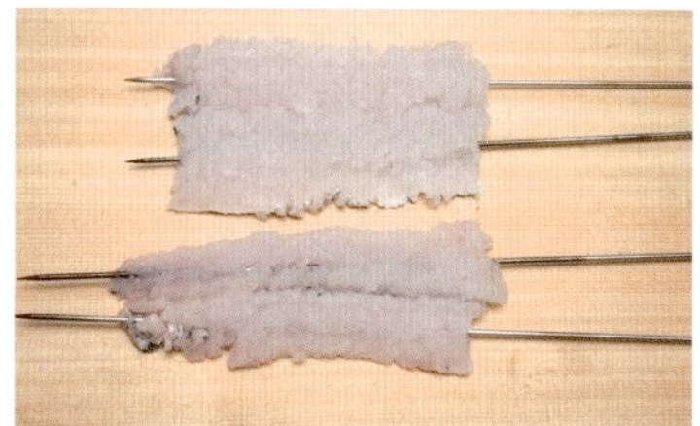

1 뼈를 자른 살에 금속 꼬치를 꽂는다.

2 껍질쪽을 먼저 굽는데, 살이 오므라들 정도로 굽는다.

3 살쪽을 굽는다.

4 양념장을 2번 발라서 굽는다.

5 따뜻할 때 꼬치를 돌려서 뺀 후, 껍질이 위를 향하게 놓는다.

유비키(데치기)

1 뼈를 자른 다음 2㎝ 폭으로 썰어서 유비키를 준비한다.

2 껍질이 아래로 가게 망에 넣고 끓는 물에 담근다. 칼집을 낸 살이 꽃모양으로 벌어지면 꺼내서 얼음물에 넣고 식힌다.

고등어 초절임 스시

고등어

さば(사바)

대표적인 등푸른생선인 고등어 종류에는 고등어와 망치고등어 등이 있다. 스시나 회로는 참고등어라고 부르는 고등어를 많이 먹는다. 그러나 망치고등어도 신선하면 스시나 회로 먹을 수 있다. 고등어 제철은 9~11월이며, 망치고등어는 여름에 맛이 가장 좋다. 망치고등어는 배쪽에 검은색 반점들이 퍼져 있어서 고등어와 구별되며, 부산에서는 점고등어라고 부르기도 한다.

일본에서는 오이타현 사가노세키에서 잡히는 고등어를 '세키사바'라고 하여 고급품으로 친다. 이 지역은 수온의 변화가 적고 먹이가 풍부하며 조류가 빨라서, 이곳에서 잡히는 고등어는 살이 단단하고 맛도 좋다.

고등어는 신선도가 떨어지기 쉬우므로 고등어를 고를 때는 신선한 것을 고르는 것이 중요하다. 또, 살이 부드럽고 지방이 많아서 초절임을 만들어서 사용하는 경우가 많다. 횟감으로 쓸 때는 아침에 손질하여 하루 안에 모두 사용하는 것이 좋지만, 초절임을 할 경우에는 다음날 먹으면 간이 배어서 더 맛있게 먹을 수 있다. 고등어는 살이 부드러워서 부서지기 쉬우므로, 고등어를 손질할 때는 가능하면 칼을 적게 대고, 단숨에 재빨리 잘라야 살이 부서지지 않고 깔끔하게 손질할 수 있다.

1 칼을 적게 대고 재빨리 산마이오로시(3장뜨기)를 한다. 먼저 비늘을 칼로 긁어낸다.

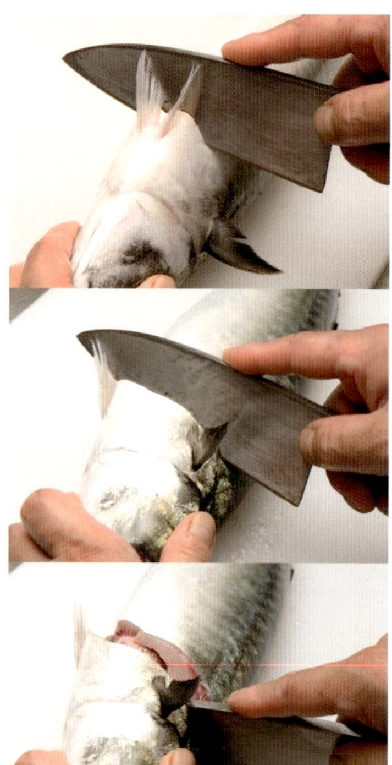

2 배지느러미 아래부터 가슴지느러미 아래를 통과하도록 칼을 넣어서 등뼈를 자른다.

3 생선의 방향을 바꿔서 같은 방법으로 자른다. 이때 내장은 자르지 않는다.

4 머리와 같이 내장을 떼어낸다.

5 배를 갈라서 연다.

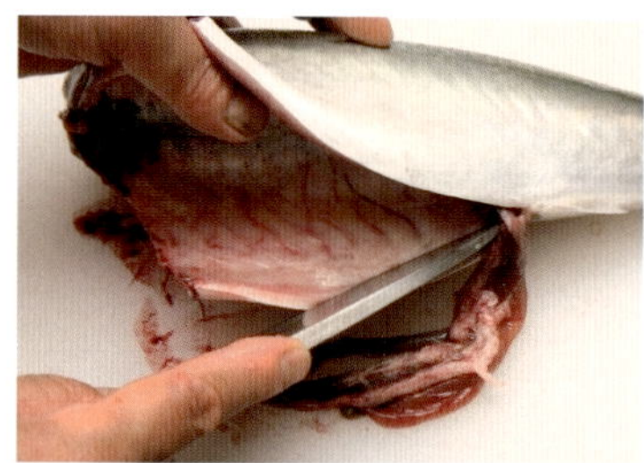

6 남은 내장을 칼로 긁어낸다.

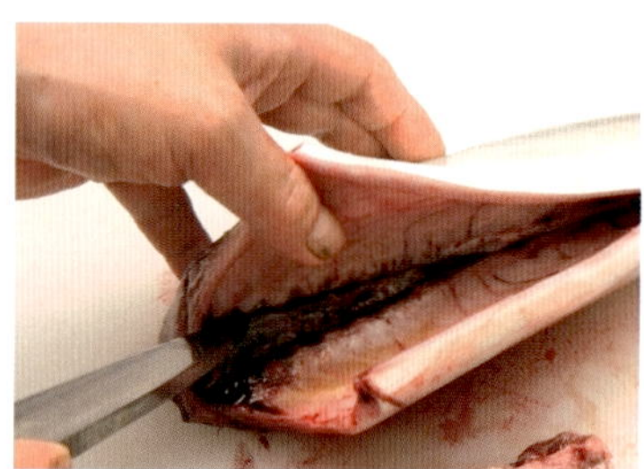

7 지아이(검붉은 살)의 위아래에 있는 막에 칼집을 낸다.

망치고등어 초절임 스시

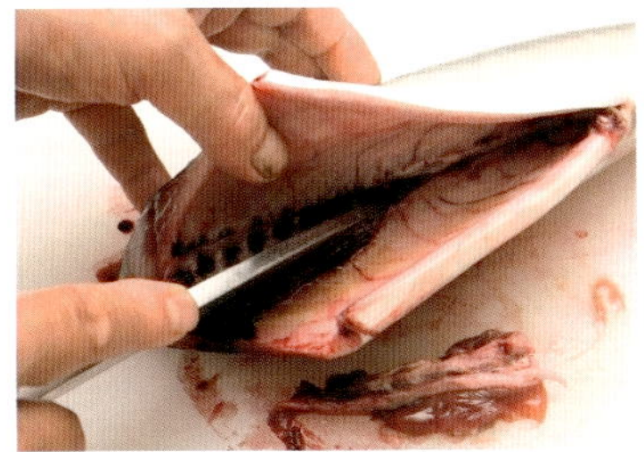

8 지아이(검붉은 살)를 긁어낸다.

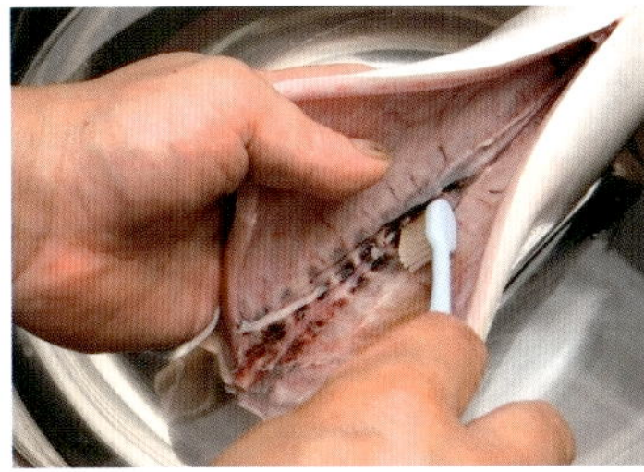

9 물로 잘 씻고 칫솔로 남은 찌꺼기를 긁어낸 다음 물기를 닦는다.

10 산마이오로시(3장뜨기)를 한다. 머리를 오른쪽에 놓고, 칼날이 등뼈에 닿고 칼턱은 뒷지느러미 위에 오게 칼을 넣어서, 꼬리까지 한 번에 자른다.

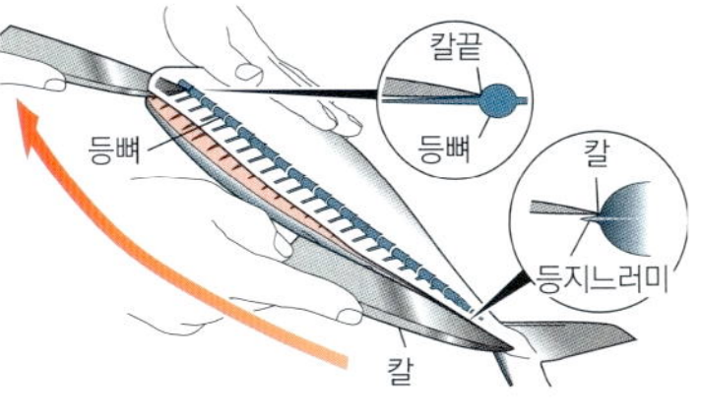

11 꼬리를 오른쪽에 놓고 사진과 같이 등지느러미 위로 칼을 수평으로 넣는다. 칼날이 등뼈에 닿게 하면서 곡선을 그리듯이 머리방향으로 자른다.

12 칼날이 꼬리를 향하게 넣고, 왼손으로 꼬리를 잡는다. 칼의 방향을 바꿔서 단숨에 등뼈 위를 자른다.

13 칼의 방향을 바꿔서 꼬리에 붙어 있는 살을 자른다.

14 뼈가 붙어 있는 살을 머리가 오른쪽으로 오게 놓고, 등지느러미 위로 칼을 넣어 칼날을 등뼈에 대고 곡선을 그리듯이 꼬리까지 단숨에 자른다.

15 꼬리를 오른쪽으로 놓고 사진 순서대로 자른 다음, 꼬리쪽 살도 자른다.

16 신마이오로시(3장뜨기) 완성.

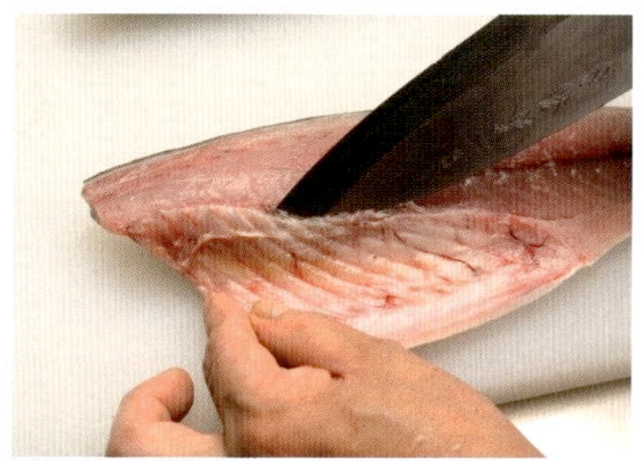

17 초절임 후에 배뼈를 제거하기 쉽도록 배뼈가 붙어 있는 부분에 칼등으로 칼집을 낸다.

18 트레이 위에 소금을 깔고 껍질이 아래로 가게 생선을 올린 다음, 소금을 충분히 뿌린다.

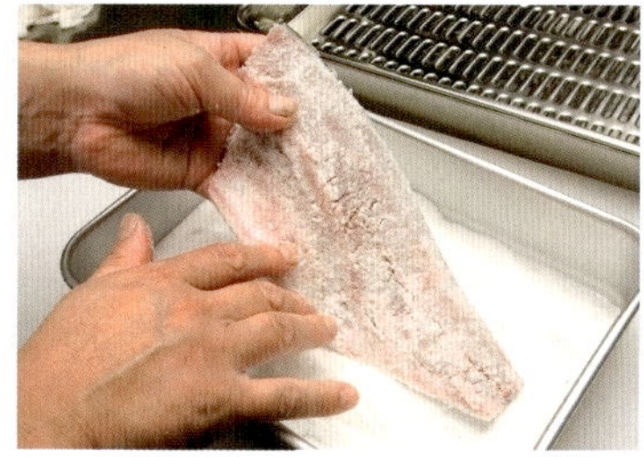

19 살 위에 뿌린 소금은 살짝 털어내고, 껍질쪽은 소금을 털지 않고 그대로 두는 것이 좋다.

20 물기를 뺄 수 있는 트레이 위에 올려서 3시간 정도 둔다.

21 얼음을 넣은 식초물(식초 10 : 얼음 3)로 50분 정도 절인다.

point

소금에 절이는 시간은 고등어의 크기나 지방함유량, 온도에 따라 달라진다. 시간이 지나면 물로 소금을 씻어내고, 니반즈(흰살생선 등을 한 번 절인 식초)를 넣은 물로 다시 씻어서 지방을 제거한다. 흰살생선은 식초물로 씻지 않고 바로 절인다.

point

고등어 다루는 방법

고등어는 살이 부서지기 쉬우므로 꼬리와 머리부분을 잡는다.

손질한 살은 배뼈가 있던 부분을 잡는다.

일품요리 망치고등어 초회

나마미스시(날생선스시)

광어

ひらめ 히라메

정식 이름은 '넙치'이지만 '넙적한 물고기'라는 의미에서 흔히 '광어'라고 부른다. 광어는 가자미와 비슷하게 생겼는데, 구별하는 방법은 생선머리를 앞쪽, 꼬리를 뒤쪽으로 놓았을 때 눈의 위치가 왼쪽이면 광어, 오른쪽이면 가자미이다. 그러나 실제로는 그렇지 않은 경우도 있다. 광어는 가자미보다 입이 큰 것이 특징이며, 큰 것은 몸길이가 1m에 이르는 것도 있다.

광어는 9~12월이 제철이며 횟감으로 인기가 많은데, 특히 '히라메 엔가와(지느러미 언저리살)'라고 부르는 등지느러미와 가슴지느러미를 움직이는 방추형 근육이 식감이 좋고 감칠맛이 있어서 좋아하는 사람이 많다.

스시를 만들 때는 활어 또는 이케지메(신경죽이기)한 것을 비늘을 제거하고 고마이오로시(5장뜨기. p.32 참조)한 후 얇게 썰어서 날것 그대로 사용하면 향과 식감이 매우 좋다. 크기가 크고 다소 탄력이 떨어지는 광어의 경우, 다시마절임으로 먹으면 맛있다.

광어 껍질은 끓는 물에 살짝 데쳐서 안주로 먹고, 머리와 가운데뼈, 껍질, 꼬리 등은 조려서 국물을 굳힌 '니코고리'로 많이 먹는다.

윗면은 검은색, 아랫면은 흰색으로 색이 선명하고, 상처가 없으며, 윤기와 탄력이 있는 광어를 고른다. 흰색 껍질에 반점이 있는 것은 양식이거나 양식한 치어를 방류한 것이다.

엔가와스시

이케지메(신경죽이기)

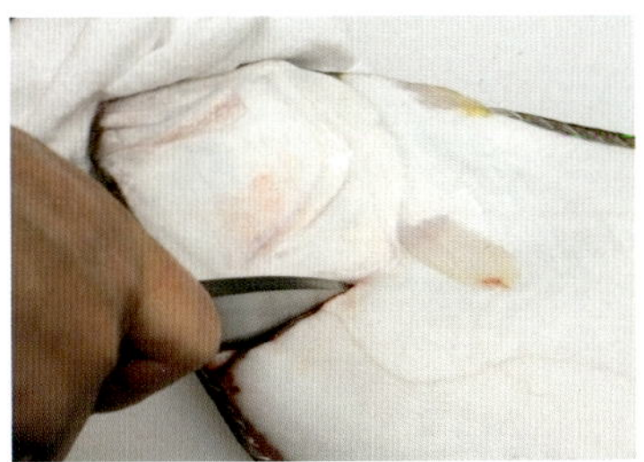

1 머리쪽 등뼈에 칼끝을 꽂아서 등뼈를 자른다.

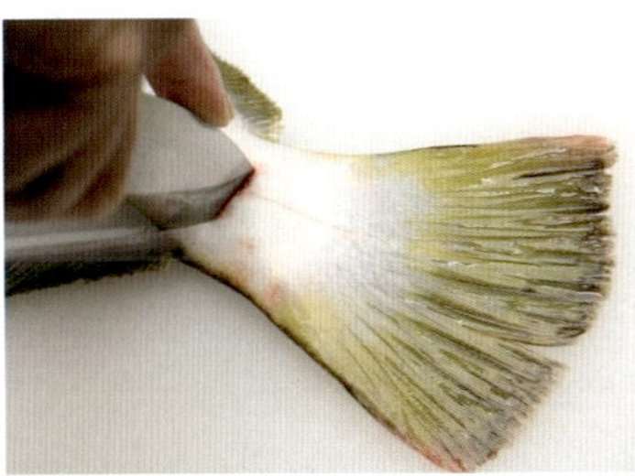

2 꼬리 앞에 칼끝을 찔러 넣고 등뼈를 자른다.

3 사진과 같이 생선을 구부려서 피를 빼낸다.

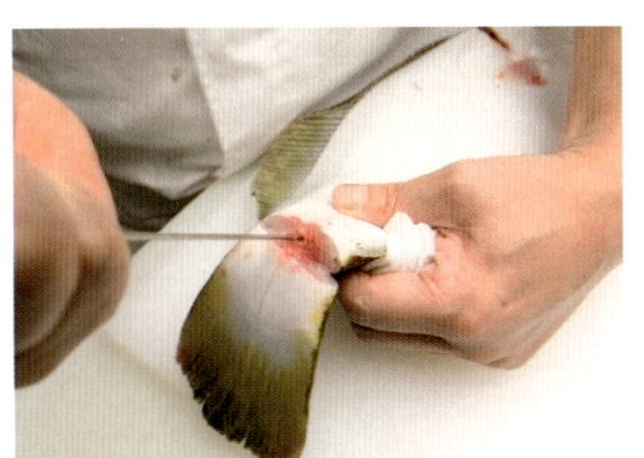

4 꼬리쪽 등뼈에 쇠꼬챙이를 찔러 넣어 신경을 죽인다. 이렇게 하면 시간이 지나도 살의 탄력을 유지할 수 있다.

다시마절임 스시[영귤]

다시마절임

1~2㎏ 정도의 작은 광어에 알맞다.

1 트레이에 소금을 뿌리고 한지를 깐다.

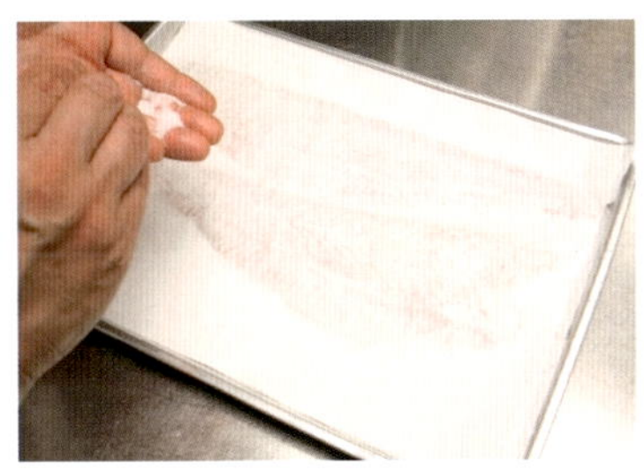

2 한지 위에 생선살을 껍질이 아래로 가게 올리고, 다시 한지를 덮은 후 소금을 뿌린다.

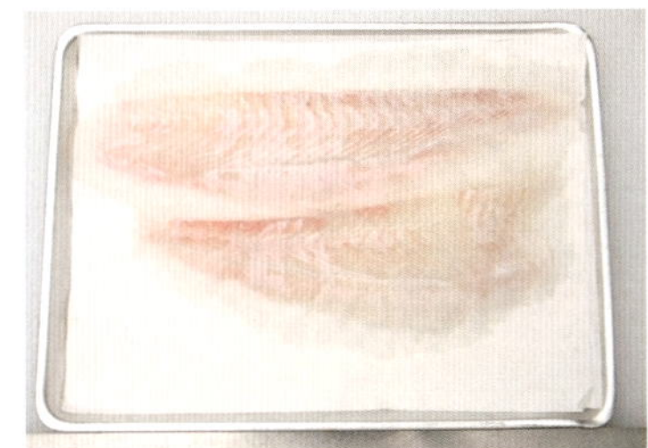

3 수분이 나올 때까지 그대로 둔다. 생선 크기에 따라 20~40분 정도로 시간을 조절한다.

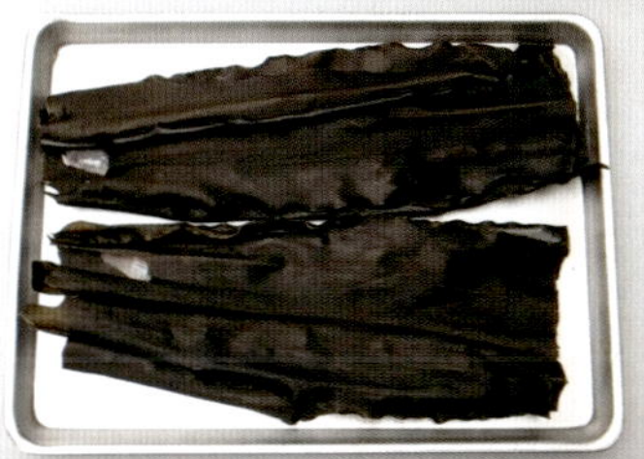

4 식초물(식초 10 : 물 3)에 적신 다시마 사이에 수분을 뺀 광어살을 끼워 넣는다.

5 완성.

탄력을 유지하기 위한 기술, 스마와시

비교적 크기가 큰 생선의 탄력을 유지하는 방법 중에 '스마와시'라는 것이 있다. 생선을 소금에 절인 후, 식초와 식초 양의 30% 정도 되는 물을 섞어서 차갑게 만든 식초물에 생선살을 넣고 3분 동안 절이고, 절인 생선살을 마른 다시마로 싼다. 위에서 식초물에 적신 다시마로 싸는 것은 다시마의 맛이 잘 배게 하기 위한 것으로 시간이 없을 때 좋은 방법이다. 단, 너무 오래 두면 다시마 맛이 지나치게 많이 배기 때문에, 5~6시간 정도 지나면 다시마를 빼야 한다. 큰 생선은 직접 소금을 뿌려서 절인 후 식초물로 씻은 생선살을 마른 다시마로 싸면, 다시마 성분이 천천히 배어들어서 오랫동안 보관할 수 있고 탄력도 유지된다.

다시마로 싼 다음 랩으로 포장하면 1주일 정도 보관할 수 있다. 소금을 뿌릴 때는 넓은 접시에 소금을 충분히 뿌린 다음, 껍질이 아래로 가게 생선을 올리고, 위에는 소금을 살짝 뿌린다. 비스듬히 기울여서 40~60분 정도 두면 물기가 생기는데, 껍질 쪽은 단단하기 때문에 많이 절여지지 않는다.

초절임 스시

꼬치고기

かます 가마스

꼬치고기 종류에는 꼬치고기와 애꼬치 등이 있는데, 흔히 보는 것은 꼬치고기로 가정에서는 보통 소금구이로 먹는다. 일본에서는 '꼬치고기 1마리만 있으면 다른 반찬은 필요 없다'는 말이 있을 정도로 즐겨 먹는 생선이다. 제철이 따로 없고 1년 내내 즐길 수 있다. 큰 것은 껍질을 벗겨서 날것으로 먹어도 좋지만, 수분이 있어서 초절임을 한 다음 스시를 만들면 좋다. 영귤즙을 뿌리면 맛이 더 살아난다.

손질할 때는 보통 산마이오로시(3장뜨기)한 후 잔가시를 빼는데, 가시가 중간에 부러져서 남아 있지 않도록 주의한다. 고를 때는 전체적으로 비늘이 있고, 윤기가 나며, 살이 단단한 것이 좋다.

스시의 기술

1 칼로 비늘을 긁어낸다.

2 가슴지느러미 뒤로 칼을 넣어서 머리를 어슷하게 잘라낸다.

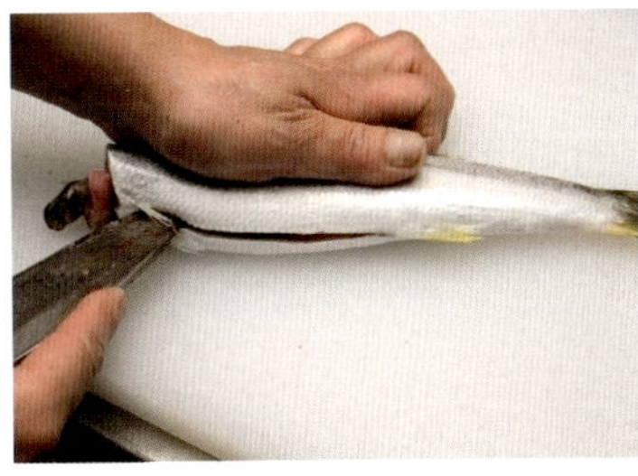

3 항문에서 머리방향으로 칼을 넣어 배를 갈라 연다.

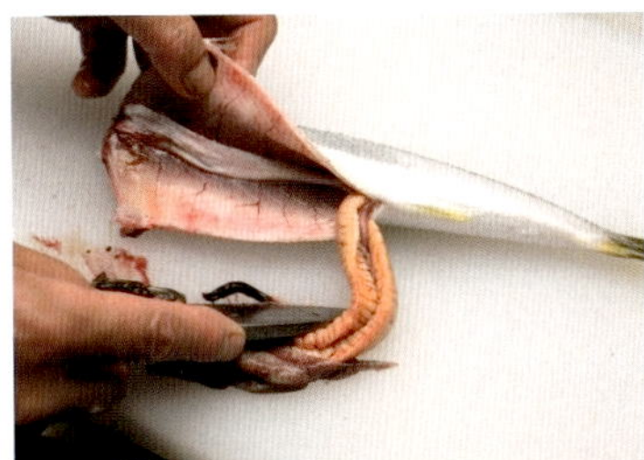

4 내장을 긁어낸다.

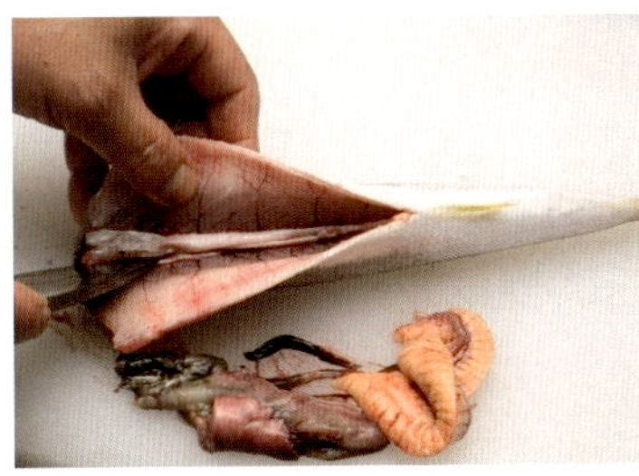

5 지아이(검붉은 살)의 막을 칼끝으로 자르고 물로 씻는다.

6 산마이오로시(3장뜨기)한 살을 채반 위에 올리고, 소금을 뿌려서 7분 정도 둔다.

7 차가운 식초물(식초 10 : 물 3)에 넣고 3분 정도 절인다.

소금구이

스아라이스시(식초로 씻은 스시)[생강, 양파]

꽁치

さんま(산마)

영양이 풍부하고 값이 싸서 사랑받는 꽁치는 한국 동해와 남해, 아시아 및 북아메리카 대륙을 잇는 북태평양 해역에 분포하며, 가을을 대표하는 생선으로 인기가 높다.

꽁치의 제철은 10~11월인데, 이 때 잡히는 꽁치는 지방이 전체의 20%나 되기 때문에 맛이 좋다. 구워서 먹는 것이 일반적인데, 양념을 하거나 소금에 절인 채로 구우면 된다. 그밖에 조림이나 찌개로 먹기도 한다. 꽁치는 껍질과 그 주변의 살에 영양분이 많기 때문에 껍질을 벗기지 않고 요리하는 것이 좋다.

신선한 꽁치는 껍질에 탄력이 있고, 입이 노르스름하며, 눈부실 정도로 윤기가 난다. 전체적으로 몸이 부풀어 오른 것이 지방이 오른 것이다. 부패하는 속도가 빠르기 때문에 스시나 회로 먹을 때는 신선한 것을 골라 껍질을 벗기고 식초로 살을 씻어서 만든다. 생강과 영귤을 곁들이면 잘 어울린다. 스시의 기술은 p.20 참조.

간으로 담근 젓갈을 올린 아부리스시(불에 구운 스시)

스아라이스시(식초로 씻은 스시)[싹파, 산초잎]

나마미스시(날생선스시)

농어

すずき(스즈키)

농어는 여름이 제철인 생선으로, 예로부터 스시집에서 여름철에 많이 보는 흰살생선이다. 일본에서는 성장에 따라 농어의 이름을 다르게 부르는데, 15㎝ 이하를 '곳파', 15㎝ 이상을 '하쿠라', 15～18㎝를 '세이고', 30～60㎝를 '홋코', 60㎝ 이상을 '스즈키'라고 부른다.

30～60㎝ 정도로 자라기까지는 큰 강의 강물과 바닷물이 만나는 기수역보다 위에 살지만, 60㎝ 이상이 되면 기수역에 가까운 바다에서 살기 때문에 날것으로 먹으면 민물생선의 맛에 가깝다.

서양에서는 뫼니에르나 카르파초, 동양에서는 소금구이나 회 등으로 많이 먹는다. 표면이 은색으로 빛나고, 아가미가 선명한 것을 고른다. 맛이 진한 편이기 때문에 스시로 만들 때는 얇게 썰어서 사용한다. 회로 먹을 때는 살을 찬물이나 얼음물에 씻어서 꼬독꼬독하게 만들면 맛있게 먹을 수 있다.

1 비늘제거기로 비늘을 긁어낸다.

2 배가 위를 향하게 잡은 후, 배지느러미 아래에 내장이 잘리지 않도록 얕게 칼집을 넣는다.

3 등이 앞으로 오게 돌려놓고, 가슴지느러미 아래에 칼을 넣어 등뼈를 자른다. 다시 배가 앞쪽으로 오게 돌린 다음, 가슴지느러미 아래에 칼을 어슷하게 넣어 내장을 자르지 않게 주의하면서 머리를 잘라낸다.

4 항문에서 머리방향으로 배를 가르고, 머리와 내장을 함께 떼어낸다. 지아이(검붉은 살)와 내장을 물로 깨끗이 씻어낸다.

5 머리가 오른쪽, 배가 앞쪽으로 오게 놓고, 먼저 꼬리에 칼집을 낸 다음, 배부터 꼬리까지 등뼈에 칼날이 닿게 넣고 잘라서 펼친다.

6 꼬리가 오른쪽, 등이 앞쪽으로 오게 돌려놓고, 칼날이 등뼈에 닿게 넣어서 꼬리쪽부터 등지느러미 위를 통과하면서 자른다.

7 잘라낸 꼬리쪽 살을 왼손으로 잡고, 등뼈를 따라 배뼈까지 잘라서 연다.

8 사진과 같이 꼬리부분을 왼손으로 잡고, 배뼈를 한 번에 잘라서 분리한다.

9 잘라서 분리한 상태.

10 머리가 오른쪽, 배가 앞쪽으로 오게 놓고, 사진과 같이 등뼈쪽으로 칼을 어슷하게 넣어 그대로 등지느러미 위를 지나면서 꼬리까지 자른다.

11 꼬리가 오른쪽, 배가 앞쪽으로 오게 돌려놓고, 꼬리에서 배쪽으로 등뼈에 칼날이 닿게 넣어서 가운데뼈를 따라 뒷지느러미 위를 잘라서 연다.

12 배뼈가 붙어 있는 곳까지 살을 분리한 다음, 왼손으로 뱃살을 잡는다.

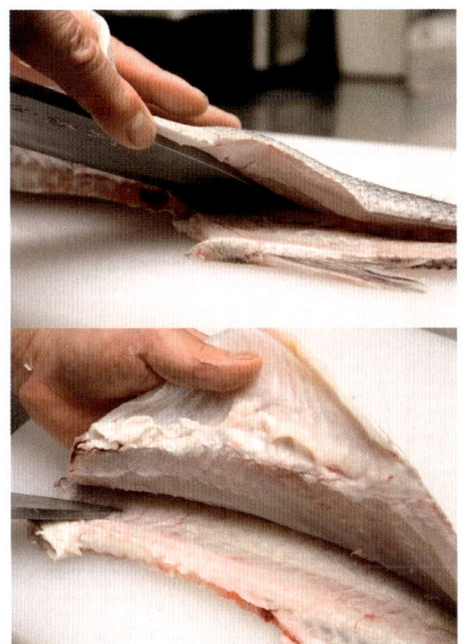

13 사진과 같이 칼을 들어 올려서 배뼈를 한 번에 잘라낸다.

14 산마이오로시(3장뜨기) 완성.

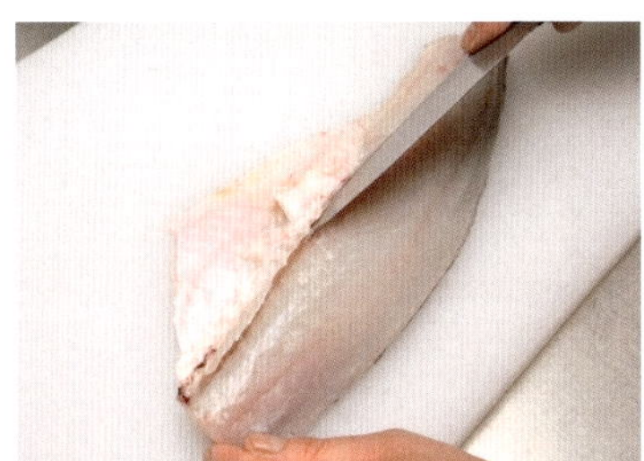

15 칼등으로 배뼈가 붙어 있는 부분에 칼집을 낸다.

16 생선살의 방향을 돌리고, 칼집 낸 부분을 따라 칼을 넣어서 배뼈를 잘라낸다.

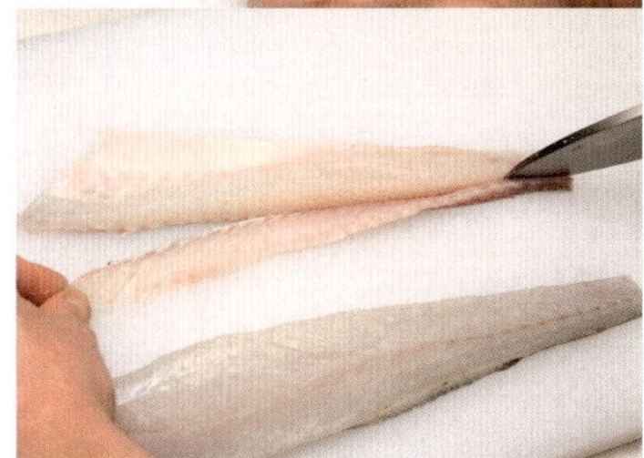

17 사쿠도리(덩어리 자르기)한 다음, 지아이(검붉은 살)의 뼈를 잘라낸다.

18 왼손으로 꼬리쪽 껍질을 잡고 잡아당기면서, 칼로 도마를 누르듯이 껍질을 벗긴다.

나마미스시(날생선스시)

눈볼대

のどぐろ (노도구로)

눈퉁이, 눈뿔다구라고도 하며 길이는 20~40㎝ 정도이지만, 몸에 비해 눈이 큰 것이 특징이다. 등쪽은 붉은색, 배쪽은 은색을 띠며, 입안은 검은색인데, 일본에서는 입안이 검다는 뜻으로 '노도구로'라고 부른다. 한국 서남부해, 일본 홋카이도 이남해역 등에 분포하며, 수심 100~200m의 깊은 바다에서 산다.

가을~겨울이 제철이지만 1년 내내 잡을 수 있으며, 신선한 생선일수록 선명한 붉은색을 띠고 몸에 탄력이 있다. 껍질을 벗기지 않고 뜨거운 물을 부어 살짝 데치는 시모후리로 먹으면 맛있다. 산마이오로시(3장뜨기)로 손질해서 사용한다(p.20 참조).

아부리스시(불에 구운 스시) [소금, 영귤]

나마미스시(날생선스시)

능성어

まはた 마하타

자바리, 다금바리 등과 함께 농어목 바리과에 속하는 고급생선으로, 다금바리와 생김새가 비슷해서 양식 능성어를 자연산 다금바리로 속여서 비싸게 팔기도 한다. 어릴 때는 몸에 7개의 어두운 갈색 가로줄무늬가 선명하지만 점점 희미해지며, 자라면서 암컷에서 수컷으로 성전환을 한다. 한국 남해안 및 제주도, 일본 중부 이남 등에 분포하는데, 수심이 약간 깊고 해조류가 풍부한 지역에 많이 서식한다. 일본에서는 '마하타'라고 부르며 관상용으로 키우기도 한다.

제철은 봄~가을로 스시를 만들면 고운 흰살이 먹음직스러워서 최고급 스시 재료로 꼽힌다. 고를 때는 윤기가 나는 것을 선택한다.

다시마절임 스시[영귤]

대구

たら 다라

대구는 큰 것이 몸길이 1m, 무게가 20kg에 이르는 것도 있는 심해어이다. 세계 각지에서 즐겨 먹는 생선으로 한국 연근해와 일본, 알래스카 등의 북태평양 연안에 분포한다. 산란기를 맞는 겨울에 맛이 가장 좋지만 여름에 잡히는 알이나 이리가 없는 대구도 맛이 좋다. 대구는 살이 부드럽고 수분이 많다. 전체적으로 통통하고 탄력이 있으며, 껍질에 윤기가 있고, 눈이 맑은 것을 고르는 것이 좋다. 신선도가 떨어지기 쉬우므로 손질할 때는 가능한 한 빨리 물로 씻어야 한다.

신선한 대구로 만든 다시마절임 스시도 맛있고, '이리'라고 부르는 수컷의 정소는 초절임, 조림, 된장국 등의 일품요리로 즐길 수 있다. 여기서는 살짝 데친 이리에 폰즈소스를 곁들인 요리와 이리구이를 소개한다.

이리 군함말이 [폰즈 젤리, 모미지오로시, 산파]

일품
요리

폰즈소스를 곁들인 이리

이리를 뜨거운 물에 살짝 데친 다음, 얼음물에 넣어 식힌다.

이리구이

이리에 밀가루를 묻혀서 기름을 약간 두른 프라이팬에 구운 다음, 간장으로 향을 낸다.

나마미스시(날생선스시)

돌돔

いしだい 이시다이

완전히 자란 돌돔은 몸길이 50㎝, 무게 1.5kg 정도이며, 줄무늬가 없어지고 주둥이 부분이 검게 변하며 코 부분은 하얗게 변한다. 한국의 모든 연안과 일본 연안, 중국 연안 등에 분포하며, 새부리처럼 단단한 이빨로 갑각류나 성게, 굴등 등을 먹고 산다.

여름에 가장 맛이 좋으며, 주로 낚시로 잡는데 양식을 하기도 한다. 새끼 돌돔은 몸에 7개의 줄무늬가 선명하게 있어서 줄돔이라고 부르기도 한다. 흰살생선으로 식감이 산뜻해서 스시나 회로 먹으면 맛있다. 윤기와 탄력이 있는 것을 골라 활어로 먹거나, 이케지메(신경죽이기)한 것을 먹어도 맛있다. 신선도가 떨어지면 비린내가 강해지므로 빨리 먹는 것이 좋다. 산마이오로시(3장뜨기)하여 사용한다(p.20 참조).

나마미스시(날생선스시)

돌삼뱅이

めぬけ(메누케)

돌삼뱅이는 한국 동해와 일본 동북 이북, 홋카이도 등에 분포한다. 일본에서는 '눈이 튀어나온 생선'이라는 의미로 '메누케'라고 부르는데, 수심 200~1000m의 깊은 바다에서 서식하기 때문에 어획할 때 급격한 수압의 변화로 눈이 돌출된 것이다.

지방이 많아서 구이나 조림 등으로 먹을 수 있지만, 신선한 것은 날것으로 또는 구워서 스시를 만든다.

나마미스시(날생선스시)

방어

ぶり 부리

일정 크기 이상 자라면 맛이 떨어지는 다른 생선과 달리 방어는 자랄수록 맛이 좋아지는 생선이다. 경북 · 영덕 · 울릉 등지에서는 10㎝ 내외를 '떡메레미', 30㎝ 내외를 '메레미' 또는 '피미', 60㎝ 이상을 '방어'라고 부른다. 일본에서는 성장에 따라 '와카시', '이나다', '와라사', '부리' 등으로 부른다. 한국 동해와 남해, 오키나와를 제외한 일본 각지의 바다에 분포한다.

방어 스시는 핑크색으로 참치 부위 중 최고로 꼽히는 주토로(중뱃살)에도 지지 않는 맛을 자랑하고, 스시 외에도 구이, 조림, 샤부샤부, 아부리 등으로 먹어도 맛있다. 비늘이 자잘하므로 껍질을 얇게 깎아서 제거한다. 눈이 검고 투명하며, 윤기가 있고, 몸통이 둥글고, 살이 두툼한 것을 고르는 것이 좋다.

일본에서는 방어 중에서도 '히미노부리'라는 방어를 최고로 치는데, 이는 12~1월 도야마현 히미 지역에서 잡은 방어를 말한다. 여기서 소개하는 방어요리는 히미노부리를 사용하였다. (스시의 기술은 p.99 부시리 참조)

아부리스시(불에 구운 스시)[영귤 간 것, 유자 간 것]

히미노부리

방어는 봄 ~ 여름에는 북쪽으로, 가을 ~ 겨울에는 남쪽으로 이동하는 남북회유를하는 생선이다. 일본에서는 먹이를 쫓아 홋카이도까지 북상한 방어가 늦은 여름 남하하기 시작하는데, 이렇게 남하한 방어가 9월 중순경 하코다테에서 잡힌 것을 '덴조부리'라고 하며, 11월경이면 사도, 노토반도, 후지만 등에서도 방어가 잡힌다. 그리고 11월 중순~12월이 되면 도야마현 히미시에서도 방어가 잡히는데, 이 방어를 '히미노부리(히미 방어)'라고 한다. 히미노부리는 잡은 즉시 얼음에 재워서 싱싱한 상태로 운반된다.

히미노부리가 특별한 이유는 노토반도의 구로시오해류에서 먹이를 충분히 먹은 방어가 깊고 차가운 바닷속을 먹이를 먹지 않은 채 헤엄쳐서 히미에 도달하면, 살이 단단해지고 차가운 수온으로부터 몸을 지키기 위해 지방을 비축하여 담백하고 단맛이 나기 때문이다. 특히 12㎏ 이상으로 자라면 살에 탄력이 생기고 단맛이 숙성된다.

일품요리

방어 데리야키

나마미스시(날생선스시)

벤자리

いさき
이사키

벤자리는 한국 남부와 일본 남부, 동중국해 등에 분포한다. 부산을 비롯한 남해 동부지방에서는 일본 이름인 '이사키'로 부르기도 한다. 특히 산란기인 여름이 되면 지방이 올라 고소한 맛이 난다.

벤자리 껍질 시모후리

대표적인 요리는 소금구이이고 회로 먹으면 약간 비릴 수 있는데, 이는 해초나 작은 생선 등 먹는 먹이에 따라 달라진다. 신선하기만 하면 회나 스시로 맛있게 먹을 수 있다. 담백하고 기름기가 적어서 회나 물회 등으로 많이 먹는다.

흰살생선 중에서는 도미와 비슷해서, 뜨거운 물을 부어 살짝 데치는 시모후리나 구이로 먹으면 맛이 좋다. 비교적 지방이 많으며, 비늘이 부드러워서 쉽게 제거할 수 있기 때문에 살짝 긁어내서 껍질을 살린다. 전체적으로 둥그스름하고, 윤기가 나며, 살이 단단한 것을 고른다.

1 비늘을 살짝 긁어낸다. 꼬리에서 머리방향으로 긁어내고, 남은 비늘도 칼로 깔끔하게 제거한다.

2 왼손으로 머리를 잡아 배가 위를 향하게 놓고, 배지느러미 아래부터 머리방향으로 어슷하게 칼을 넣는다.

3 머리가 왼쪽, 배가 앞쪽으로 오게 놓고, 머리부터 가슴지느러미 뒤쪽을 통과하면서 어슷하게 칼을 넣는다.

4 칼을 세워서 등뼈를 자른다. 이 때 관절에 칼을 넣으면 쉽게 잘라진다.

5 머리방향은 그대로 두고 생선을 뒤집어서, 가슴지느러미 뒤부터 머리쪽으로 칼을 넣는다.

6 머리를 잘라낸다.

7 배를 앞쪽으로 놓고 항문부터 배 가운데까지 칼을 넣어 배를 가른다.

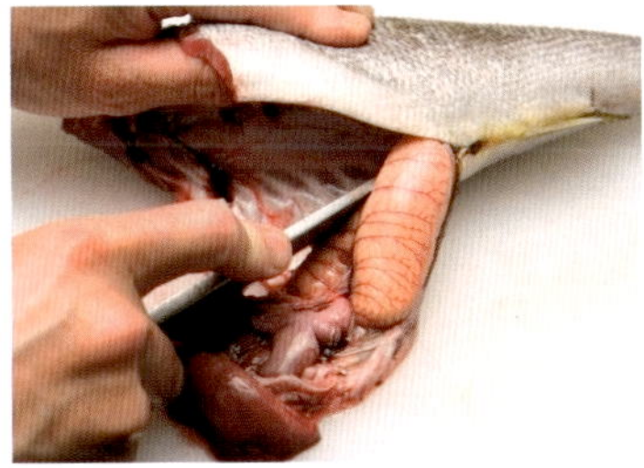

8 칼로 내장을 긁어낸다.

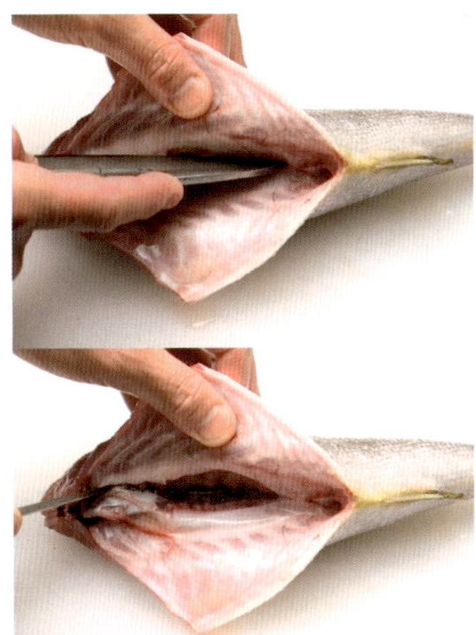

9 지아이(검붉은 살)의 막에 위아래로 칼을 넣어서 씻기 편하게 만든다.

10 칫솔로 지아이(검붉은 살)를 제거한 후, 흐르는 물에 깨끗이 씻는다. 지아이가 남아 있으면 비린내가 나므로 물로 꼼꼼히 씻어내고 물기를 닦는다.

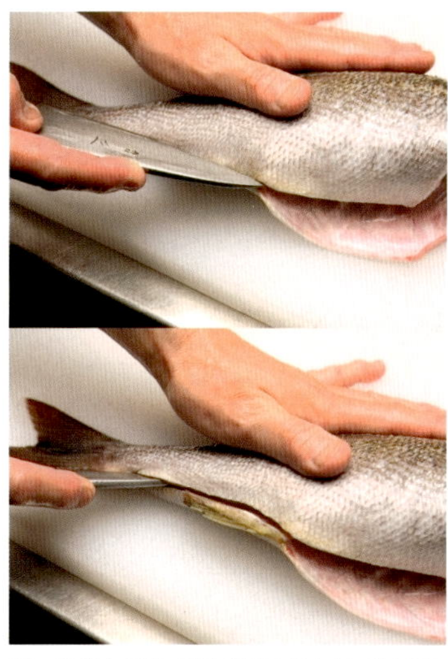

11 꼬리를 왼쪽, 배를 앞쪽으로 놓고, 왼손으로 윗면을 누르면서 뒷지느러미 위를 지나 꼬리방향으로 껍질쪽에 칼집을 낸다.

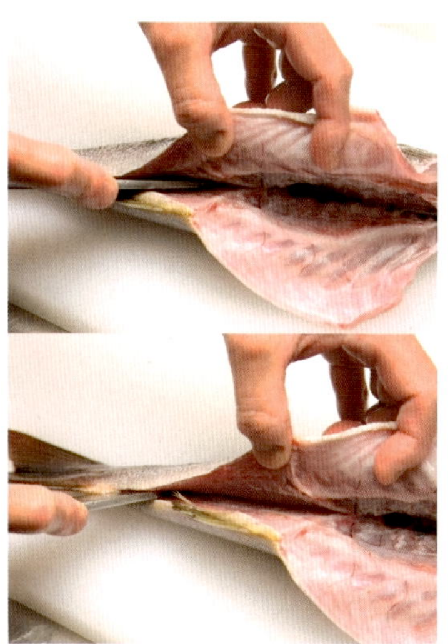

12 칼끝이 등뼈에 닿도록 가운데뼈를 따라 꼬리방향으로 칼을 넣는다.

13 생선을 180° 돌려서 꼬리 앞의 등뼈까지 칼집을 낸다.

14 꼬리부터 등지느러미 위를 따라 껍질이 있는 쪽에 칼집을 낸다. 껍질쪽에 칼집을 낼 때는 칼날의 각도를 세워서 칼이 너무 깊이 들어가지 않도록 주의한다.

15 칼끝이 등뼈에 닿게 칼을 수평으로 넣는다. 가운데뼈를 따라 꼬리에서 머리방향으로 자른다.

16 칼의 방향을 바꿔서 꼬리쪽 살을 잘라낸다. 사진과 같이 왼손으로 잘린 살을 잡은 다음, 살이 붙어 있는 등뼈부분에 칼을 넣고 배까지 자른다.

17 칼을 세워서 살이 손상되지 않게 뼈를 잘라 낸다.

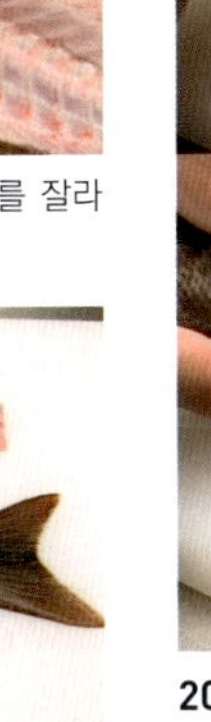

18 2장으로 분리한 상태.

19 뼈가 있는 쪽 살을 뒤집어서 꼬리 앞에 칼집을 낸다.

20 생선을 180° 돌리고 칼을 세워서 등지느러미 위의 껍질에 칼집을 낸다.

21 칼집을 내는 방법은 사진과 같다.

22 가운데뼈를 따라 칼을 수평으로 넣고, 칼끝이 등뼈에 닿게 하여 꼬리까지 자른다.

23 꼬리가 오른쪽, 배가 앞쪽으로 오게 놓고, 꼬리쪽 뒷지느러미 위에 칼집을 낸다.

24 칼끝이 등뼈에 닿게 칼을 넣고, 가운데뼈를 따라 갈라서 연다.

25 **16**과 같은 방법으로 칼의 방향을 바꿔 꼬리 앞에 칼을 넣어서 꼬리쪽 살을 잘라내고, 칼을 수평으로 눕혀서 배까지 자른다.

26 배를 지나면 칼끝을 아래로 기울여서 배뼈와 등뼈를 분리한다. 이때 칼을 수평으로 넣으면 살이 손상되므로 반드시 칼끝을 아래로 기울인다.

27 산마이오로시(3장뜨기) 완성.

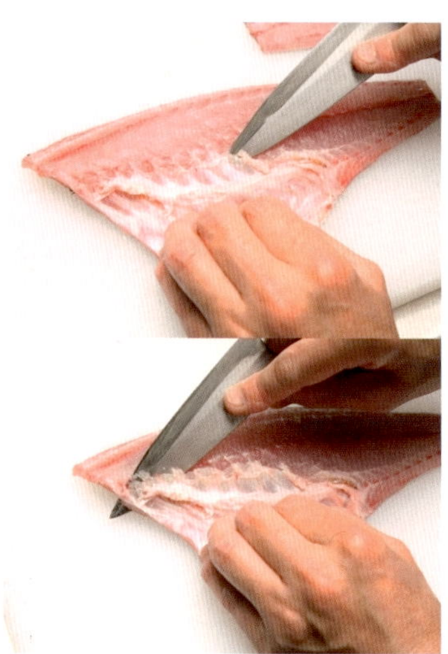

28 배뼈와 등뼈가 붙어 있던 부분에 칼등으로 칼집을 낸다.

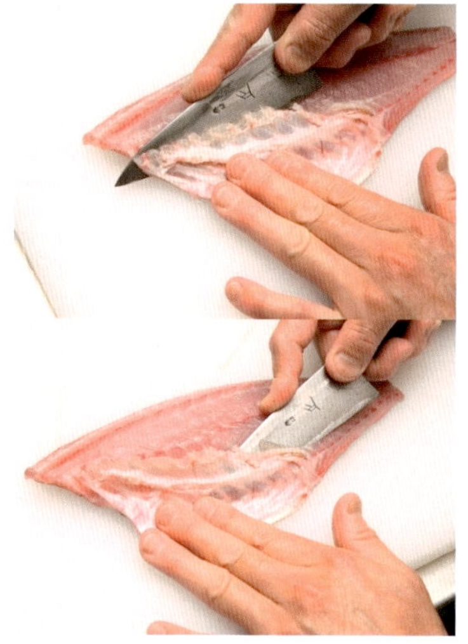

29 사진처럼 배뼈를 잘라낸다.

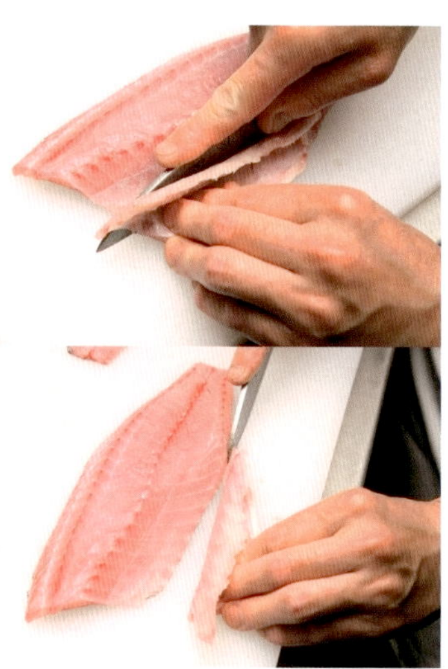

30 칼을 세워서 배뼈와 살을 분리한다.

31 다른 1장의 살도 **28**~**30**과 같은 방법으로 손질한다.

네타 준비

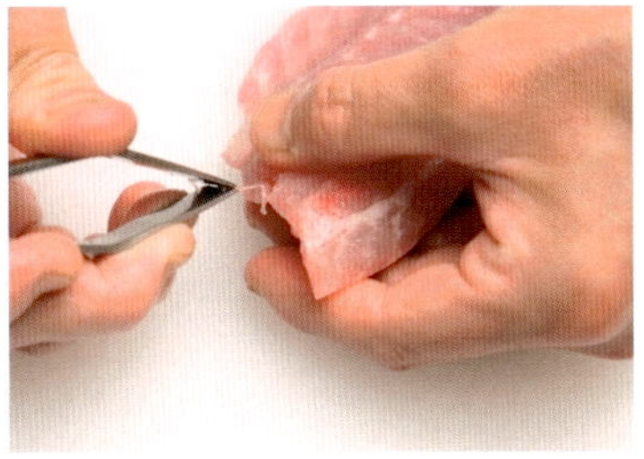

1 핀셋을 사용해서 머리방향으로 잔가시를 뺀다.

2 칼로 꼬리쪽 껍질을 벗겨서 손으로 잡을 곳을 만든다.

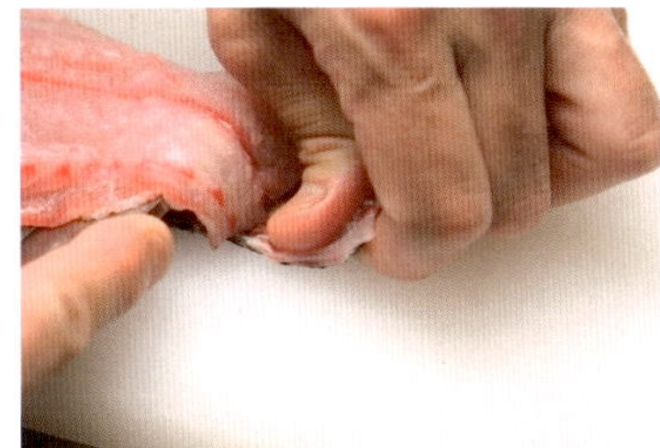

3 왼손으로 껍질을 잡고 칼을 눕혀서 넣은 다음, 껍질을 오른쪽으로 잡아당기면서 벗겨낸다. 칼로 도마를 누르듯이, 껍질을 좌우로 조금씩 움직이면서 벗겨내는 것이 비결이다.

4 껍질을 벗긴 상태.

시모후리 기술

1 채반에 뼈를 제거한 벤자리를 껍질이 위로 오게 올리고, 살짝 소금을 뿌려서 5분 정도 그대로 둔다.

2 키친타월을 덮고 그 위에 뜨거운 물을 붓는다.

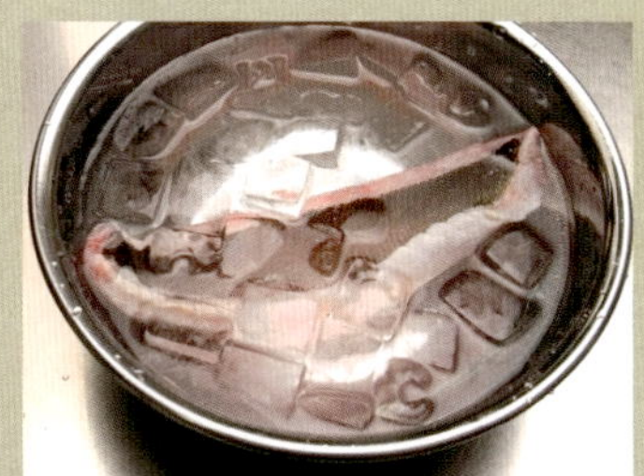

3 바로 얼음물에 넣고 식힌다. 키친타월로 물기를 닦아서 보관한다.

병어

まながつお (마나가쓰오)

나마미스시(날생선스시)

병어는 비늘이 없고 매끄러운 흰살생선으로, 영양이 풍부하며 지방이 적고 소화가 잘 되어 어린이나 노인, 병후 회복기 환자의 기력회복에 좋다. 몸은 평평하고 마름모 모양이며, 5~8월이 제철이다.

상하기 쉬우므로 신선한 것을 스시나 회로 사용한다. 손질할 때는 뼈가 부드러우므로 살에 가운데뼈 등이 남지 않도록 주의한다. 뼈를 말려서 바삭하게 튀기면 안주로도 좋다. 일본에서는 백된장, 맛술, 청주 등으로 절인 다음, 구워서 먹는 '사이쿄야키'로 많이 먹는다.

다시마절임 스시[영귤]

일품요리 병어 사이쿄야키

보리멸

きす 기스

다시마절임 스시

초절임 스시

보리멸 종류에는 보리멸과 청보리멸 등이 있다. 청보리멸은 고운 은백색의 생선으로 최고급 스시 재료로 꼽힌다. 한국의 제주도를 포함한 남해와 동해 남부, 일본 남부, 남중국해 등에 분포하며 봄~가을까지 잡히는데, 살이 하얗고 맛이 담백하며 여름철에 특히 맛이 좋다.

스시를 만들 때는 초절임이나 다시마절임으로 만들면 좋다. 청보리멸은 껍질이 매우 부드러워서 껍질을 잘 벗기면 스시 요리사로서 솜씨를 인정받을 수 있다.

세비라키(등가르기)

1 비늘제거기로 비늘을 벗기고, 남은 비늘은 칼로 꼼꼼하게 제거한다.

2 가슴지느러미 뒤에 칼을 넣어서 머리를 어슷하게 잘라낸다.

3 머리를 오른쪽, 등을 앞쪽으로 놓고, 등지느러미 위에 칼을 넣어 가운데뼈를 따라 등뼈에 닿을 때까지 칼집을 낸다.

4 등뼈 위에 칼을 넣고, 뒷지느러미는 살리면서 꼬리까지 갈라서 펼친다.

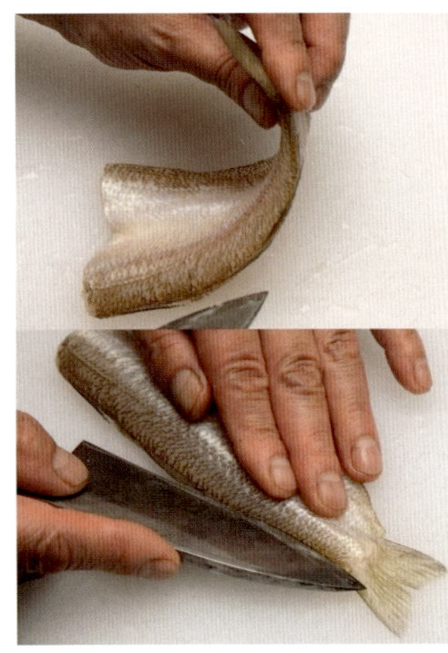

5 생선을 뒤집어서 꼬리부터 머리쪽으로 등지느러미를 따라 등뼈에 닿을 때까지 칼을 넣는다.

6 왼손 검지로 칼날의 움직임을 느끼면서, 뒷지느러미 부분이 1장이 되도록 잘라서 펼친다.

7 가운데뼈와 살을 잘라서 분리한다.

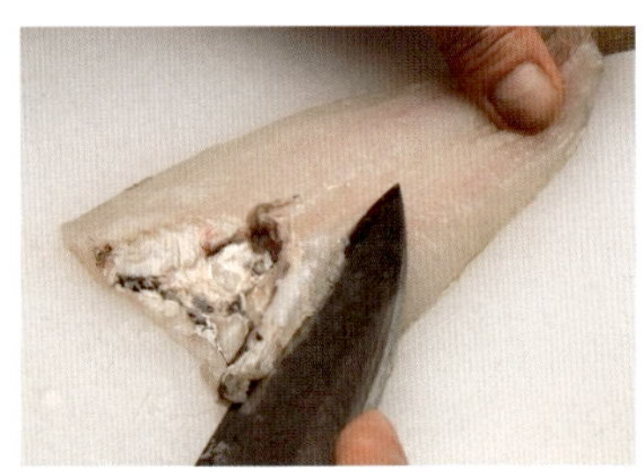

8 사진처럼 배뼈를 잘라낸다.

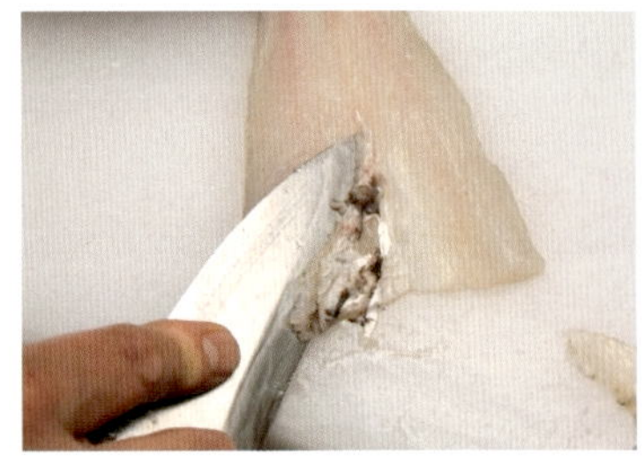

9 반대쪽도 칼의 방향을 바꿔서 반대로 움직여서 배뼈를 잘라낸다.

10 잔가시를 뺀다.

11 꼬리를 자른다.

다시마절임

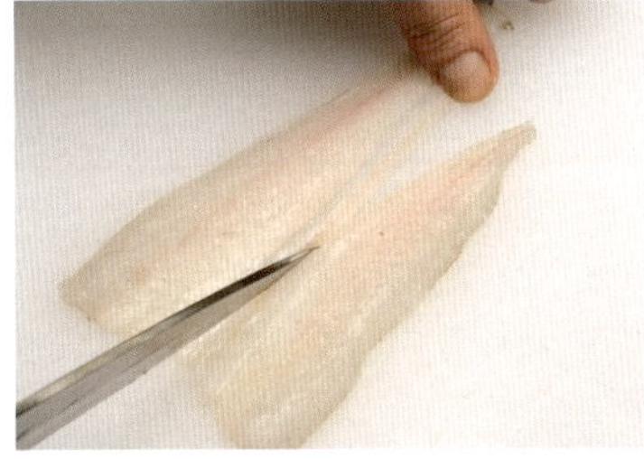

12 살을 반으로 자른다.

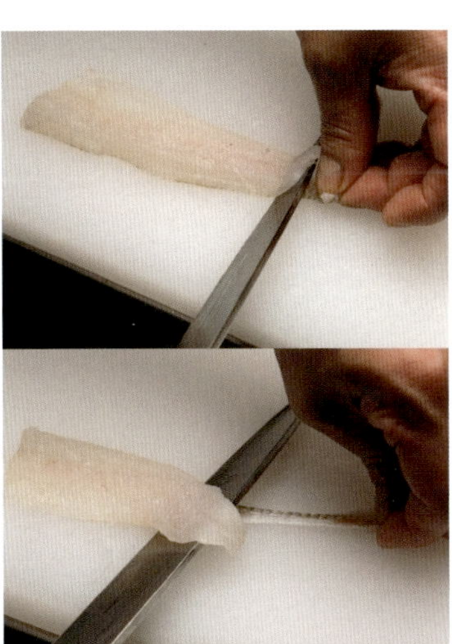

13 사진처럼 껍질을 벗긴다.

1 트레이에 소금을 뿌리고 한지를 깐다. 생선에 물기가 있으면 그대로 올리고, 물기가 없으면 한지 위에 물을 살짝 뿌린다.

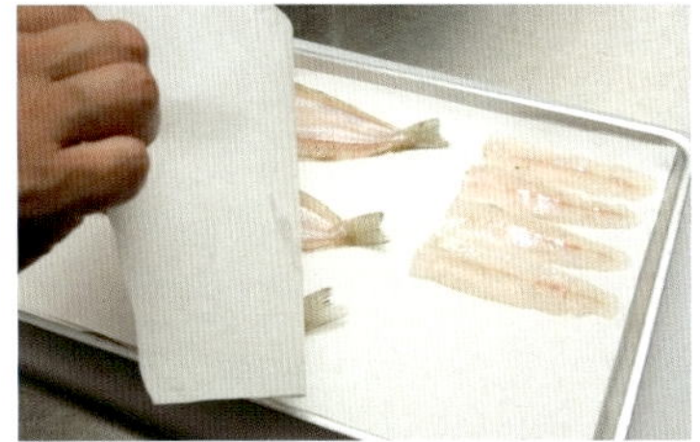

2 한지 위에 보리멸을 나란히 올린 후 다시 한지를 덮는다. 껍질이 있는 쪽이 초절임용, 껍질을 벗긴 쪽이 다시마절임용이다.

3 한지 위에 소금을 뿌리고 7분 정도 둔다.

4 소금을 뿌린 후 한지가 수분을 흡수한 상태.

5 물로 씻어서 얼음을 넣은 식초물(식초 10 : 얼음물 3)에 1분 정도 담근다. 껍질을 벗긴 살은 물로 씻은 다음, 초절임하지 않고 시로이타 다시마로 5시간 정도 싸놓는다.

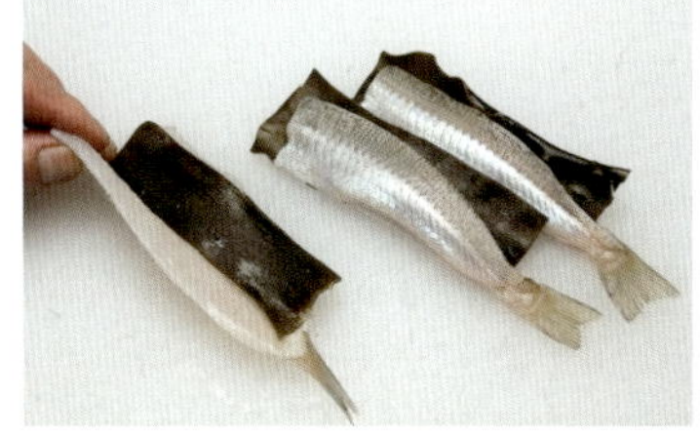

6 껍질이 붙어 있는 살은 식초물에서 꺼낸 다음, 사진처럼 사이에 다시마를 끼워서 보관한다.

한지 위에 소금을 뿌려서 절이는 방법은 살이 얇은 흰살생선 등에 적합하며, 소금을 직접 뿌리는 것보다 고르게 절여진다.

시모후리스시(살짝 데친 스시)

시로이타 다시마로 다시마절임 만들기

시로이타 다시마는 리시리 다시마의 표면을 긁어서 오보로 다시마를 만들고 남은 황백색 부분을 말하는 것으로 얇은 판자 모양이다. 두께가 얇아서 맛이 배기 쉬운 얇은 흰살생선으로 다시마절임을 만들 때 적합하다. 다시마의 강한 맛과 색이 배지 않은 다시마절임을 만들고 싶을 때 사용한다.

볼락

めばる
메바루

나마미스시(날생선스시)

몸에 비해 큰 눈이 특징인 생선으로 한국의 모든 연안과 일본 홋카이도 이남 등지에 분포하며, 3~4월이 제철이다. 종류도 다양해서 누루시볼락, 도화볼락 등 약 30종류가 있다. 주로 회로 먹는데 투명한 흰살의 산뜻한 식감과 부드러운 지방이 진한 여운을 남긴다. 아래 사진의 볼락은 '열기'라고도 부르는 '불볼락'으로, 몸은 전체적으로 붉은색을 띠고 볼락보다는 육질이 무르지만 맛이 좋다.

주로 회로 먹으며, 소금구이나 찌개로 먹기도 한다.

나마미스시(날생선스시)

부시리

ひらまさ 히라마사

방어와 닮았지만 방어보다 몸이 가늘고, 등쪽이 검으며, 몸 가운데에 가로로 선명한 노란 선이 있는 것이 특징이다. 가을이 제철이며, 식감은 방어나 잿방어와 비슷하지만 지방이 적어서 좀 더 산뜻한 맛을 즐길 수 있다.

회는 물론, 소금구이로 먹어도 맛이 좋다. 비늘이 잘기 때문에 껍질을 얇게 벗겨서 비늘이 남지 않도록 손질한다. 배를 갈라서 연 다음 재빨리 물로 씻어내고, 칫솔로 지아이(검붉은 살)를 깨끗이 닦아낸다.

색이 곱고, 탄력이 있으며, 다소 큰 것을 고르는 것이 좋다. 여기서는 산마이오로시(3장뜨기)로 손질하는 기술을 소개한다. 방어(p.86)와 잿방어(p.155)의 스시의 기술은 부시리를 참조한다.

1 등지느러미와 뒷지느러미를 잘라낸다.

2 꼬리에서 머리방향으로 회칼을 이용하여 비늘을 얇게 벗긴다.

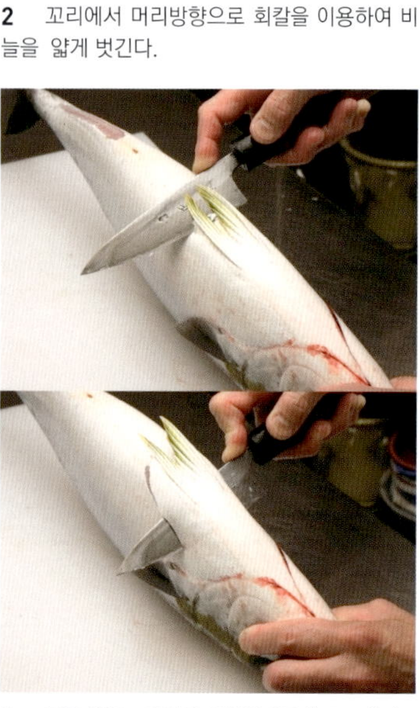

3 등을 앞쪽, 머리를 오른쪽으로 놓고, 배지느러미 아래에 칼을 넣어 머리쪽으로 어슷하게 칼집을 낸다.

4 가슴지느러미 뒤에서 머리쪽을 향해 칼집을 낸다.

5 칼을 세워서 등뼈를 자른다.

6 머리를 왼쪽, 배를 앞쪽으로 놓고, 같은 방법으로 배지느러미 뒤를 지나서 머리쪽으로 칼집을 낸다.

7 배에서 항문까지 가른다.

8 머리와 내장을 함께 떼어낸다.

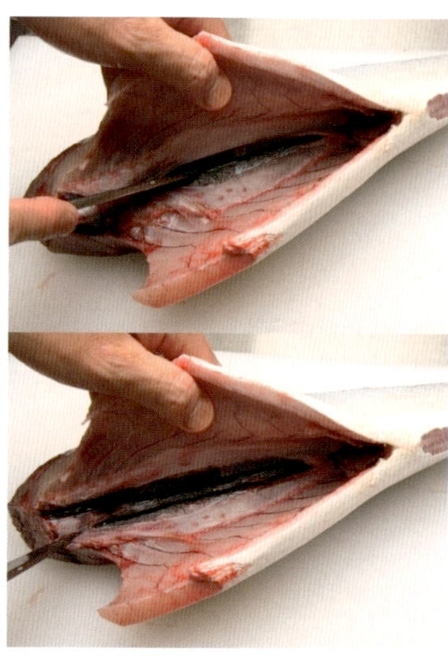

9 지아이(검붉은 살)의 위아래로 칼집을 낸다.

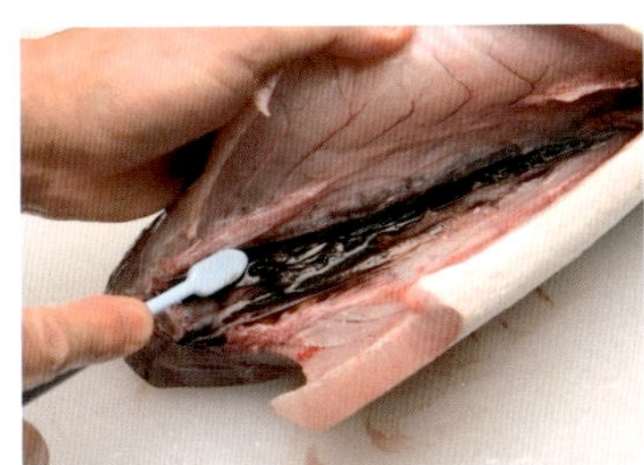

10 칫솔을 사용하여 물로 깨끗이 씻는다.

11 안쪽의 물기를 닦아낸다.

12 산마이오로시(3장뜨기)를 시작한다. 머리를 오른쪽, 배를 앞쪽으로 놓은 후, 머리를 오른쪽 위로 비스듬히 돌린다. 꼬리방향으로 칼집을 낸다.

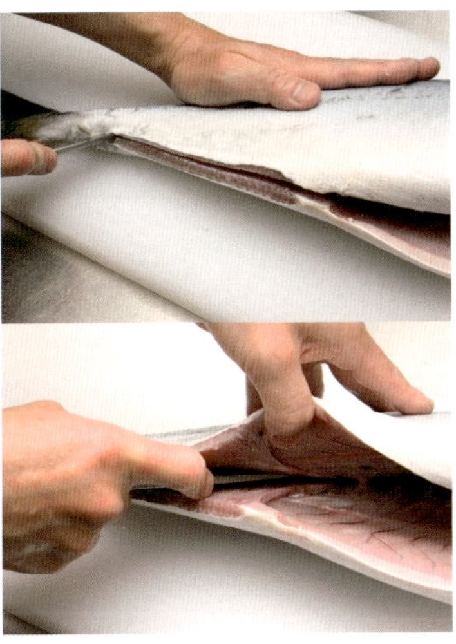

13 가운데뼈를 따라 칼을 수평으로 넣고, 칼끝이 등뼈에 닿도록 하여 꼬리까지 자른다.

14 방향을 돌려놓고 꼬리에서 머리방향으로 등지느러미가 있던 곳을 지나면서 칼집을 낸다.

15 가운데뼈를 따라 칼을 눕혀서 넣고, 칼끝을 등뼈에 닿게 하여 꼬리부터 머리방향으로 자른다.

16 칼날의 방향을 바꿔서 꼬리 앞에 칼을 넣고 꼬리쪽 살을 잘라낸다.

17 왼손으로 잘라낸 꼬리쪽 살을 잡고, 등뼈를 따라 칼을 움직인다.

18 칼이 배뼈에 닿으면 칼을 기울여서 배뼈 각도에 맞춰 한 번에 잘라서 연다.

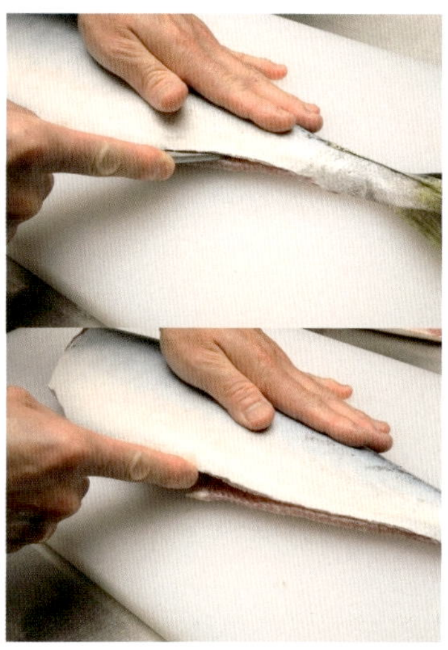

19 뼈가 붙어 있는 살을 뒤집어서 뼈가 아래로 오게 놓고, 뒷지느러미 위를 지나 머리방향으로 칼집을 낸다.

20 칼끝이 등뼈에 닿게 넣어서 가운데뼈를 따라 자른다.

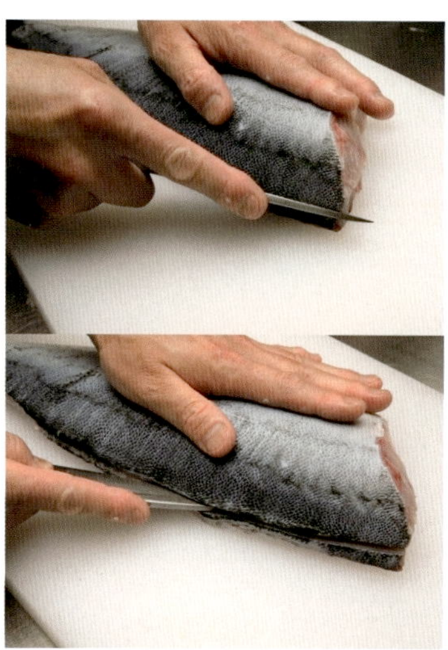

21 머리는 오른쪽, 등을 앞쪽으로 놓고, 등지느러미 위를 지나 머리에서 꼬리방향으로 얕게 칼집을 낸다.

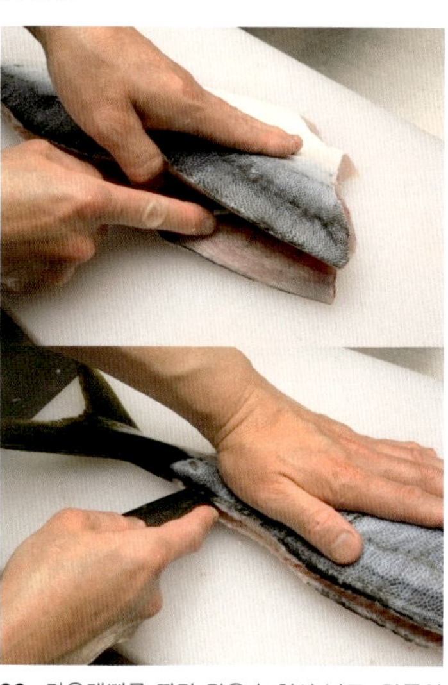

22 가운데뼈를 따라 칼을 눕혀서 넣고, 칼끝이 등뼈에 닿게 하여 꼬리까지 자른다.

23 칼날의 방향을 바꿔서 꼬리 앞에 칼을 넣고 꼬리쪽 살을 자른다.

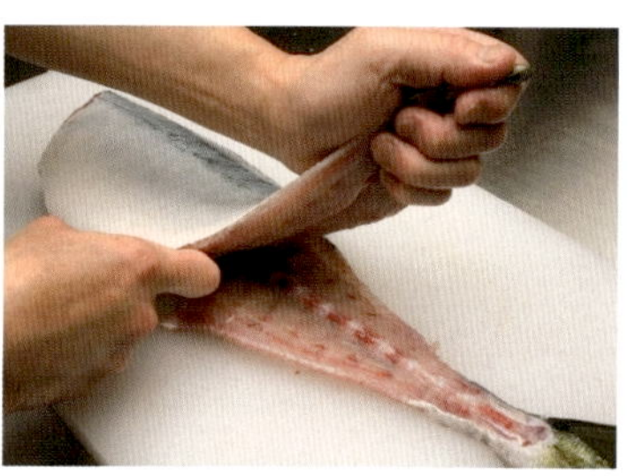

24 꼬리쪽 살을 왼손으로 잡고, 등뼈를 따라 칼을 움직인다.

25 칼이 배뼈에 닿으면 사진처럼 칼을 들어올리면서, 배뼈의 각도에 맞게 한 번에 잘라서 연다.

26 산마이오로시(3장뜨기) 완성.

붕장어조림 스시[참깨, 산초가루]

붕장어

あなご (아나고)

'아나고'라는 일본 이름이 더 익숙한 붕장어는 한국의 모든 연안과 일본, 동중국해 등 북서 태평양에 분포한다. 붕장어의 제철은 여름이지만 1년 내내 맛의 차이가 별로 없다. 붕장어 종류로는 붕장어와 배가 은색인 은붕장어 등이 있는데, 스시에 사용하는 것은 붕장어로 등 부분이 갈색이고, 옆선 위에 흰 점이 1줄로 나있다.

에도마에즈시(도쿄식 초밥)에서는 등을 갈라서 만든 '붕장어 조림'을 사용하는데, 조림국물이 살에 배지 않게 만들어서 속살이 하얀 '나마아게', 조림국물에 담가놓은 채로 식혀서 사용하는 '쓰케코미', 심심하게 조려서 간장색이 배지 않는 '사와니' 등이 있다.

나마아게는 간장의 향과 붕장어의 흰 살을 살리는 방법이고, 쓰케코미는 조림장의 감칠맛이 배게 하는 방법이며, 사와니는 색이 배지 않고 풍미를 살리는 방법이다.

일본 관서지방에서 많이 먹는 오시즈시(누름초밥)에는 배를 가르고 맛간장을 바르면서 구운 붕장어를 사용한다. 붕장어는 등뼈가 배 끝부분까지 삼각형을 이루고 있어서 등뼈의 각도에 맞게 잘라서 여는 것이 중요하다. 각도가 맞지 않으면 뼈에 살이 남아서 깔끔하게 완성되지 않는다.

이케지메(신경죽이기)한 붕장어를 조리면 부드러운 살을 즐길 수 있다. 붕장어를 고를 때는 윤기가 나고, 배가 부풀지 않은 것을 고른다. 배가 부푼 것 중에는 뱃속에 먹이가 남아있는 경우가 있어서 냄새가 날 수 있다.

세비라키(등가르기)

1 붕장어의 머리를 송곳으로 고정한다.

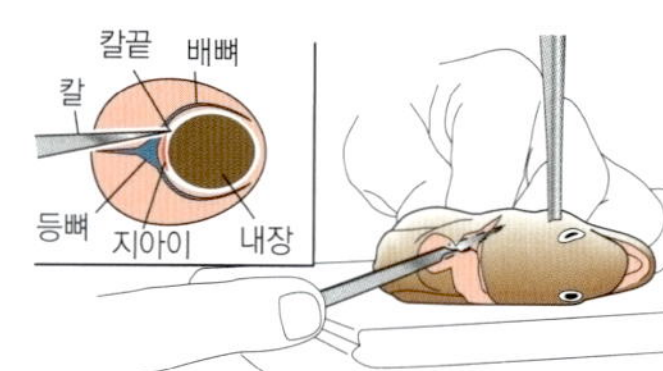

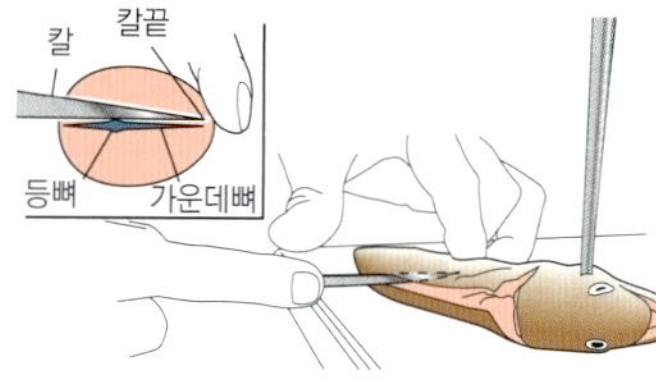

2 이케지메(신경죽이기)로 처리한 붕장어의 가슴지느러미쪽에 칼을 넣고, 붕장어가 움직이지 않게 왼손으로 배쪽을 누르면서 등뼈의 각도에 맞춰 배 끝부분까지 자른다.

3 사진처럼 자른 상태에서, 왼손의 중지나 검지로 칼끝의 움직임을 느끼면서 왼손 엄지로 칼등을 눌러 꼬리까지 자른다. 이때 배부분이 완전히 잘리지 않고 1장이 되게 만든다.

4 등뼈를 자르고 내장을 잡아당겨 빼낸다.

5 배부터 꼬리방향으로 등뼈를 따라 칼등으로 자른다.

6 등뼈 아래에 칼을 넣어 꼬리방향으로 자르는데, 꼬리 끝부분의 뼈는 조금 남긴다.

7 등지느러미 끝에서 등뼈를 어슷하게 자른다.

8 왼손으로 꼬리를 잡고 사진처럼 등지느러미를 잘라낸다.

9 머리를 자른다.

10 살을 접어서 배지느러미가 앞쪽으로 오게 놓고, 왼손으로 배지느러미를 잡아당기면서 자른다. 손이 미끄러울 때는 손끝에 소금을 묻히면 미끄러지지 않는다.

하라비라키(배가르기)

1 배가 앞으로 오게 놓고, 머리를 송곳으로 고정한 다음, 가슴지느러미 쪽에 칼을 넣는다.

2 칼이 등뼈에 닿으면 칼을 옆으로 눕힌다.

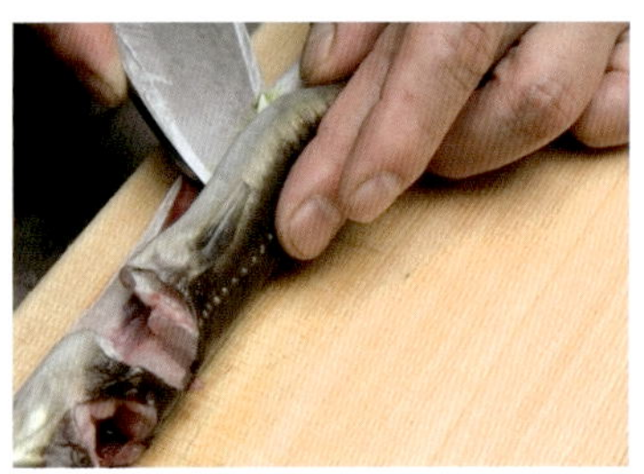

3 등부분이 완전히 잘리지 않고 1장으로 펼쳐지도록 칼을 들어올려서 칼끝을 등뼈 각도에 맞춰 자른다.

4 사진의 위치까지 자른 다음 칼을 눕힌다. 등지느러미쪽 껍질이 완전히 잘리지 않도록 왼손 검지로 칼끝의 움직임을 느끼면서, 왼손 엄지로 칼등을 눌러 꼬리까지 자른다.

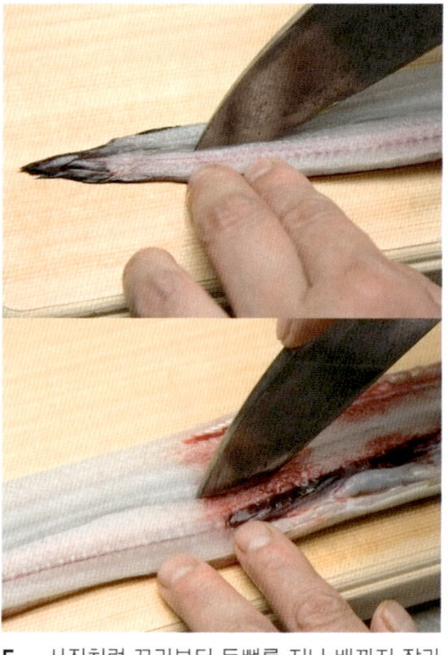

5 사진처럼 꼬리부터 등뼈를 지나 배까지 잘라서 펼친다.

6 등뼈에 칼을 넣고 꼬리쪽으로 내장을 잡아당기면서 빼낸다.

7 사진과 같은 순서로 등뼈를 벗겨낸다.

8 사진처럼 왼손으로 꼬리 끝을 잡고 등지느러미를 잘라낸다.

9 남은 배지느러미를 잘라낸다.

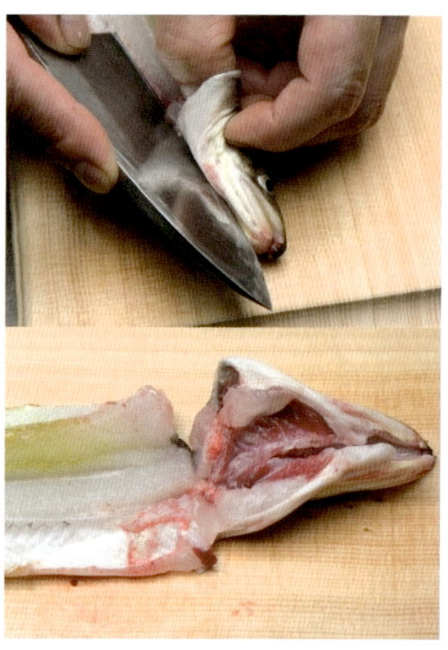

10 머리를 가르고 아가미를 도려낸다.

구이

1 살이 오그라들지 않게 꼬치를 꽂고, 껍질쪽부터 구워지도록 그릴에 올려서 굽는다.

2 껍질쪽이 노릇하게 구워지면 반대로 뒤집어서 살을 굽는다.

3 양념장에 담갔다가 말리듯이 굽는 과정을 2회 반복한다. 다 구워지면 뜨거울 때 꼬치를 돌려서 빼낸다.

기본 양념장(구이용)

기본 재료 : 맛술 1.8L, 간장 1.8L

만드는 방법 : 맛술을 끓인 다음 간장을 넣고, 끓기 시작하면 불을 끄고 식힌다. 줄어들면 새로 만들어서 기존 양념장에 넣어 계속 보충하면서 사용한다. 또한 맛술의 양을 줄이고 청주나 소금을 넣기도 하고, 구운 흰살생선의 뼈와 설탕을 넣고 만든 육수를 사용하는 방법도 있다.

조림

밑손질

1 붕장어를 소금으로 문질러 씻는다.

2 흐르는 물에 깨끗이 헹군다.

3 핀셋으로 남아 있는 지아이(검붉은 살)와 막을 제거한다.

4 껍질 표면이 하얗게 변할 때까지 60℃ 정도 되는 따뜻한 물에 담가놓는다. 온도가 내려가면 따뜻한 물을 보충하여 온도를 유지한다.

5 얼음물에 넣고 식힌다.

6 얼음물에 담근 채로 숟가락 등으로 껍질을 문질러서 표면의 흰 점액질을 제거한다.

다양한 조림의 기술

조림장을 새로 만들어서 조리는 방법

1 다음 재료의 분량은 중간 크기 이상의 붕장어 2㎏에 대한 양이다. 끓인 청주 360cc, 갈색 설탕 100g, 물 540cc, 간장 80cc, 소금 1꼬집. 조림장이 끓으면 냄비 가운데에 껍질이 위로 오게 붕장어를 넣는다.

2 알루미늄포일로 뚜껑을 만들어 덮고, 끓기 직전 작은 기포가 생길 정도의 불로 줄여서 20~25분 정도 졸인다.

3 완성된 상태. 바로 붕장어를 꺼내서 채반이나 트레이 위에 올린다.

재활용 조림장으로 조리는 방법

1 끓는 조림장에 붕장어를 넣는다.

2 거품을 걷어낸다.

3 살이 부서지지 않도록 냄비 속에 쏙 들어가는 뚜껑을 덮어서 20~25분 정도 조린다.

4 조림장 안에 담가놓은 채로 식힌다.

기본 조림장

재료 : 끓여서 알콜성분을 날려보낸 청주 900cc, 굵은 입자의 백설탕 80g, 물 900cc, 간장 100cc, 소금 0.5g, 토레하(생략가능) 25g.
사용 방법 : 남은 조림장은 걸러서 냉동보관한다. 다음에 사용할 때는 양념을 보충하여 맛을 조절한다.

붕장어 조림 아부리스시(불에 구운 스시)

사와니(담백하게 조리기)

1 붕장어 2㎏에 설탕 210g, 국간장 30cc, 청주 1.8L, 물 1.8L, 소금 약간을 넣고 섞은 다음, 차가운 상태에서 껍질쪽이 아래를 향하게 넣는다.

2 냄비 속에 쏙 들어가는 뚜껑을 덮고 끓이기 시작한다.

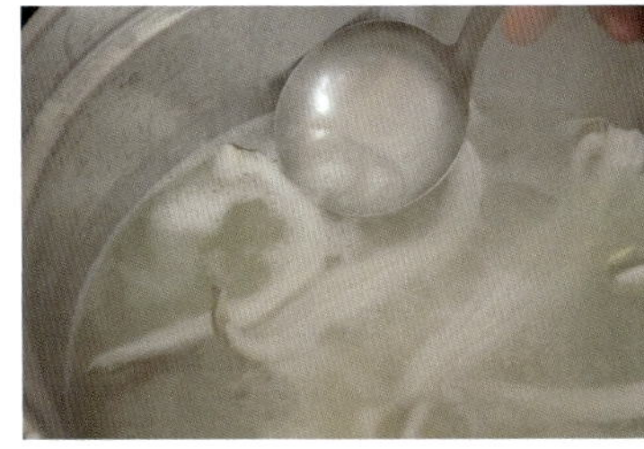

3 끓으면 거품을 걷어낸다.

4 뚜껑을 덮고 약한 불에서 45분 정도 조린다. 사진처럼 작은 기포가 생기는 정도로 불을 줄여서 끓인다.

5 조림장에 담가놓은 채로 잠시 식힌다.

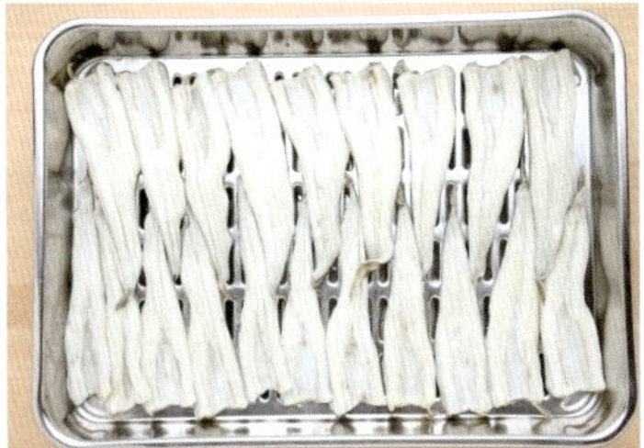

6 트레이에 올려 식힌다.

숯불구이

머리과 꼬리에 꼬챙이를 끼워서 고정한 다음 굽는다.

3종류의 붕장어 사와니[니쓰메 · 유자소금 · 와사비(아부리)]

붕장어 니쓰메

니쓰메는 스시 위에 바르는 양념장으로, 어패류 등을 넣고 조린 조림장을 건더기는 걸러내고 간장, 맛술, 설탕 등을 넣고 졸여서 걸쭉하게 만든 것이다. 붕장어 니쓰메를 만들 때는 붕장어를 3번 이상 조린 조림장의 건더기를 걸러낸 다음, 거품을 걷어내면서 1/3이 될 때까지 조린다. 간장 1.8L, 맛술 1.8L를 넣고 다시 뭉근한 불로 거품을 걷어내면서 1/3이 될 때까지 조린다. 이때 냄비에 그릇을 넣어두면 대류에 의해 거품이 위로 잘 뜬다. 걸쭉해지기 시작하면 일단 불을 끄고 설탕을 넣어 단맛을 조절한다. 다시 뭉근한 불에 올려 계속 저으면서 설탕을 녹인다. 타지 않도록 주의하고, 마무리로 약간의 소금을 넣어 간을 맞춘다.

나마미스시(날생선스시)

빛금눈돔

きんめだい 긴메다이

몸 전체가 선명한 붉은색을 띠는 심해어이다. 이름에 '돔'자가 들어가지만 참돔과는 관계가 없고, 태평양, 지중해 등 전세계 대양에 널리 분포한다. 심해어이기 때문에 1년 내내 맛에 큰 변화가 없으며, 지방이 많아서 조림이나 소금구이, 또는 말려서 먹어도 맛있다.

4~11월이 제철이며 산란기 전인 5~6월에 특히 맛이 좋다. 신선한 것은 회나 스시로 먹는데, 지방이 많아 달고 식감이 좋다. 여기서는 날것, 아부리, 다시마절임으로 만든 스시를 소개한다. 살짝 굽는 아부리의 경우 지방이 배어나와 고소한 맛이 난다. 구입할 때는 낚시로 한 마리씩 잡은 빛금눈돔을 고르는 것이 좋고, 특히 1.5kg 이상 되는 빛금눈돔이 지방을 많이 함유하고 있다. 자투리살도 조림 등에 넣으면 맛있게 먹을 수 있다.

한국에는 빛금눈돔과 같은 과에 속하는 금눈돔이 있는데, 금눈돔도 몸과 지느러미가 선명한 붉은색을 띠고 있어서 빛금눈돔과 매우 비슷한 모습이지만, 두께와 옆줄의 비늘수로 구분할 수 있다.

아부리스시(불에 구운 스시)[소금, 영귤]

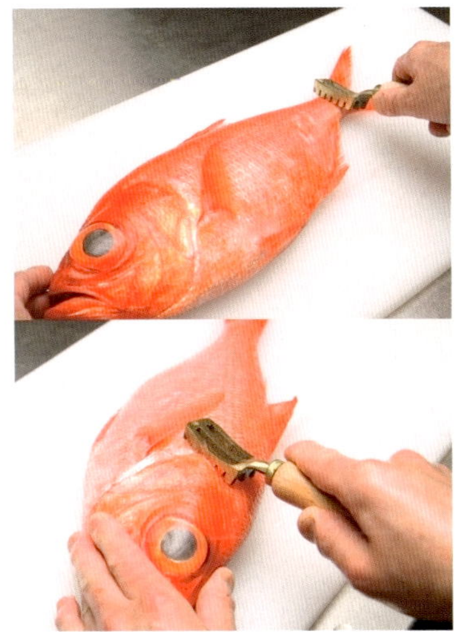

1 비늘제거기로 비늘을 꼼꼼하게 제거한다.

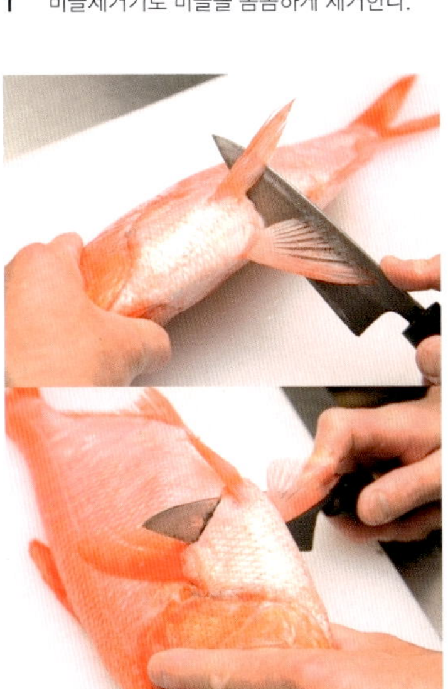

2 사진처럼 배지느러미 아래부터 가슴지느러미까지 어슷하게 칼을 넣는다.

3 가슴지느러미 아래에서 머리쪽으로 칼을 어슷하게 넣는다.

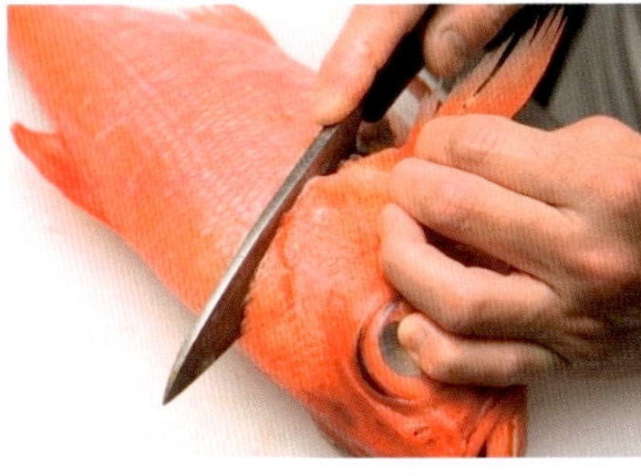

4 칼날이 등뼈에 닿으면 칼을 등뼈에 수직으로 세워서 등뼈를 자른다.

5 등이 앞쪽으로 오게 방향을 돌린 다음, 가슴지느러미 뒤에서 머리쪽으로 어슷하게 칼을 넣어 머리를 잘라내고, 내장도 꺼낸다.

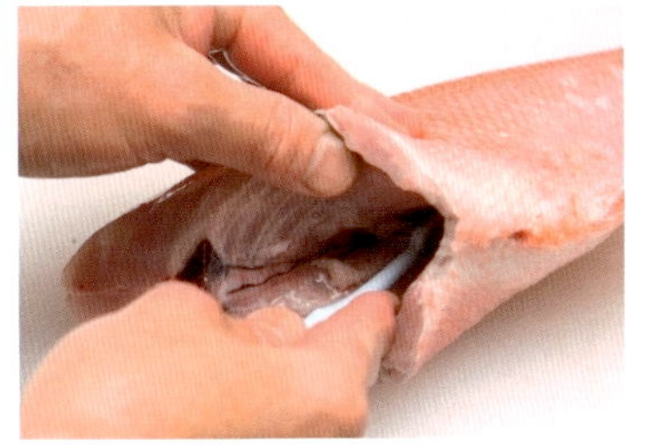

6 칫솔 등으로 지아이(검붉은 살)를 긁어내고, 흐르는 물에 깨끗이 씻는다.

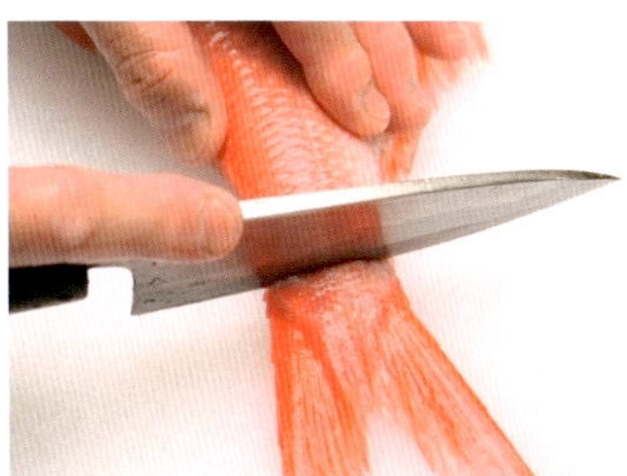

7 꼬리 앞에 칼집을 낸다.

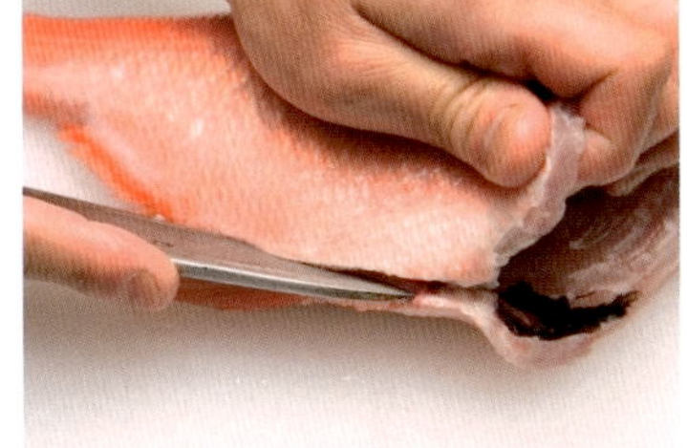

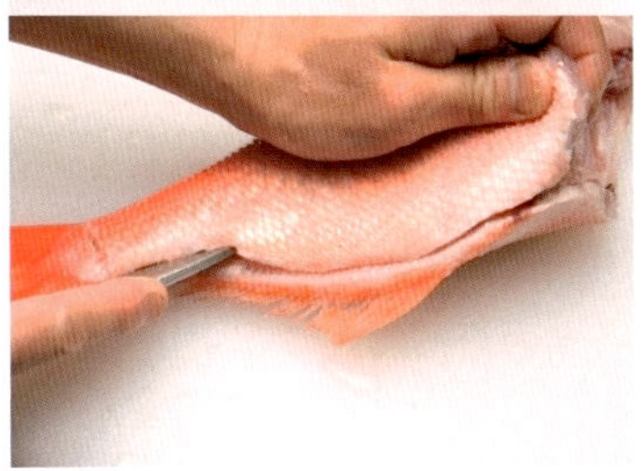

8 머리가 오른쪽, 배가 앞쪽으로 오게 방향을 돌린 후, 꼬리방향으로 뒷지느러미 위를 지나는 칼집을 낸다.

다시마절임 스시[영귤]

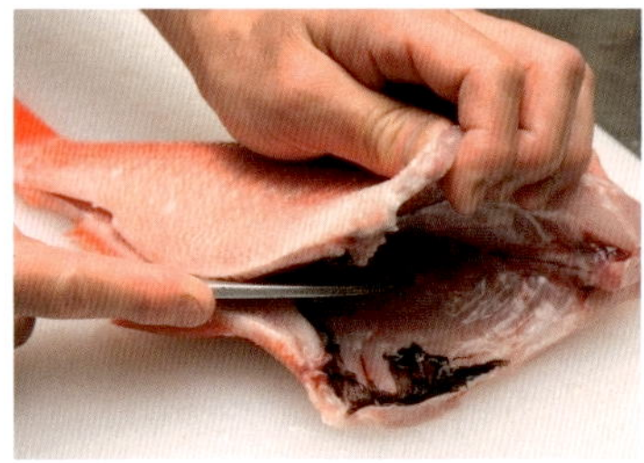

9 왼손으로 뱃살부분을 잡고, 칼끝이 등뼈에 닿도록 칼을 넣는다.

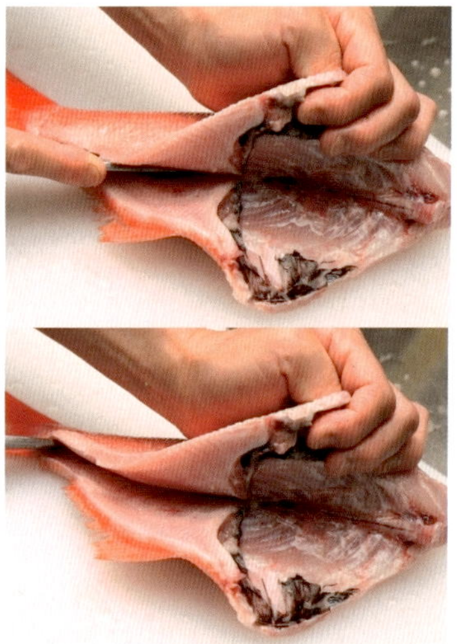

10 칼 전체를 사용하여 등뼈를 따라 꼬리까지 잘라서 연다.

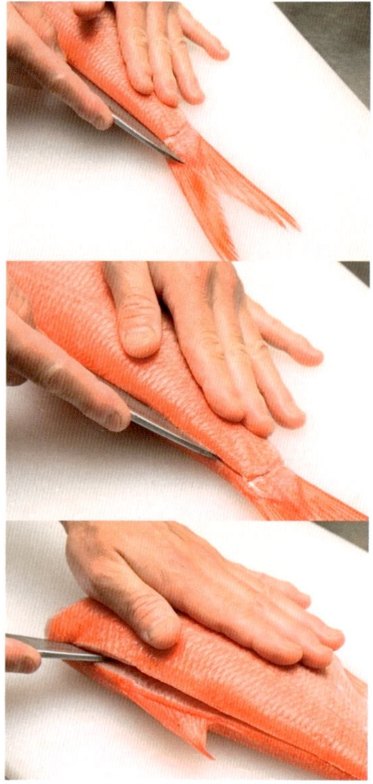

11 꼬리가 오른쪽, 등이 앞쪽으로 오게 생선을 돌려놓고, 꼬리 앞에 칼을 넣어서 등지느러미 위를 지나 머리까지 칼집을 낸다.

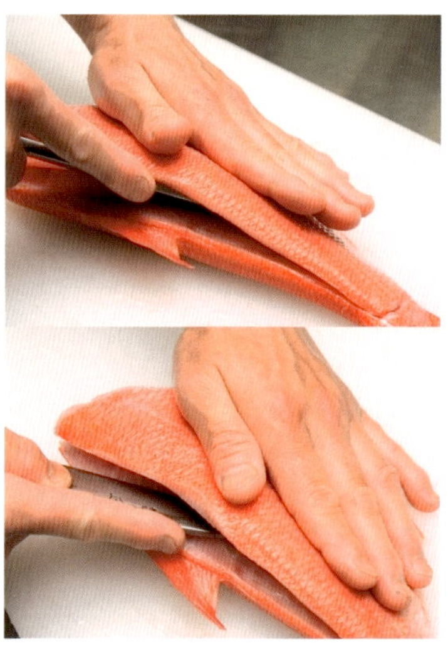

12 칼날이 등뼈에 닿게 칼 전체를 사용하여, 가운데뼈를 따라 머리쪽까지 자른다.

13 꼬리 앞으로 칼을 반대방향로 넣어서 꼬리쪽 살을 자른다.

14 잘라낸 꼬리쪽 살을 왼손으로 잡는다.

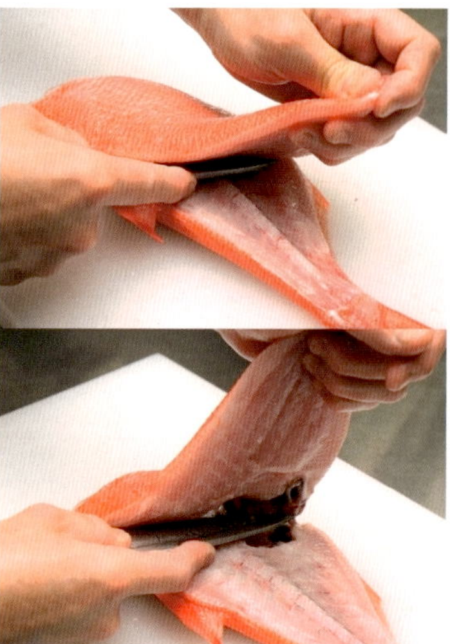

15 살을 잡아당기면서 등뼈를 따라 한 번에 잘라낸다. 이때 등뼈를 따라 칼날을 자연스럽게 움직이면서 자르는 것이 포인트.

16 생선을 뒤집어서 꼬리 앞에 칼집을 낸다.

17 머리가 오른쪽, 등이 앞쪽으로 오게 방향을 돌리고, 등지느러미 위를 따라 꼬리까지 칼집을 낸다.

18 가운데뼈를 따라 칼끝이 등뼈에 닿도록 넣어서 꼬리까지 자른다.

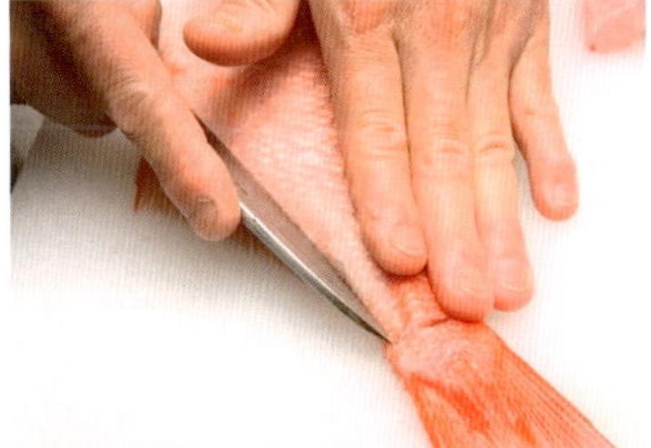

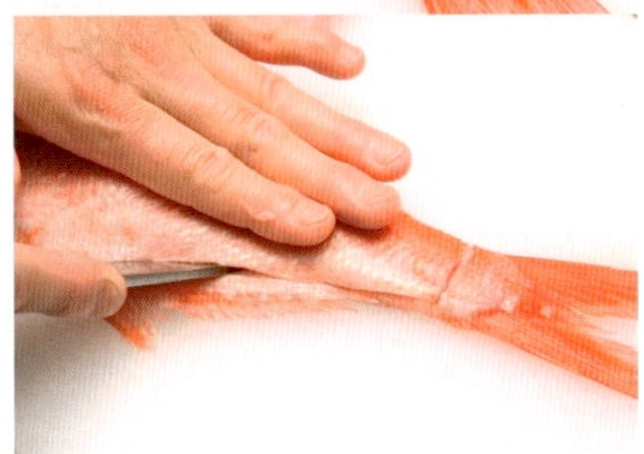

19 꼬리가 오른쪽으로 오게 방향을 돌리고, 꼬리에서 머리방향으로 뒷지느러미 위를 지나는 칼집을 낸다.

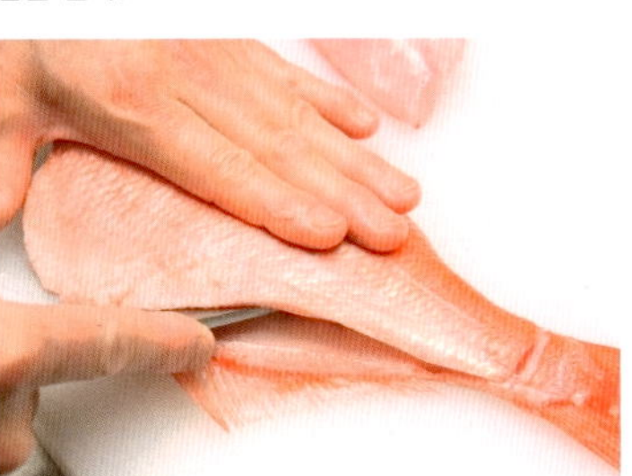

20 칼날이 등뼈에 닿도록 넣어서, 꼬리에서 머리방향으로 가운데뼈를 따라 자른다.

21 칼의 방향을 바꿔서 꼬리쪽 살을 잘라낸다.

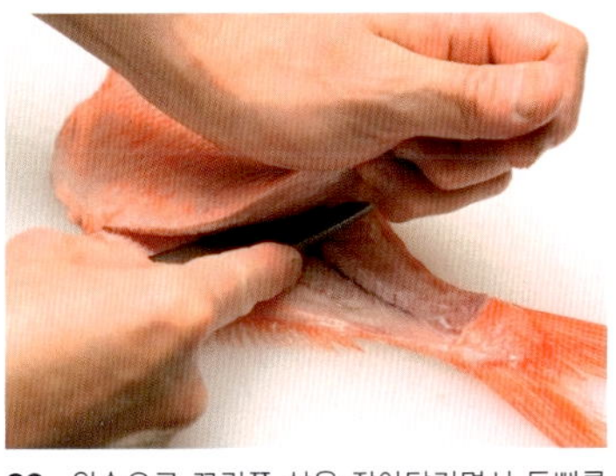

22 왼손으로 꼬리쪽 살을 잡아당기면서 등뼈를 따라 칼날을 움직이면서 자른다.

23 배뼈가 붙어 있는 부분에 칼등을 넣어 칼집을 낸다.

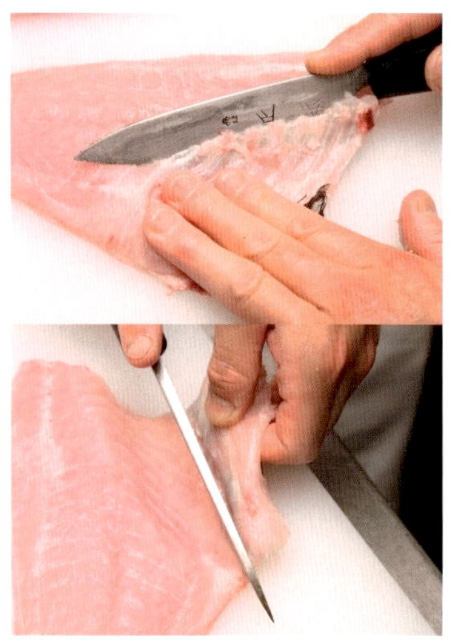

24 방향을 돌리고, 칼집을 낸 부분에 칼을 넣어서 배뼈를 자른다. 가장자리를 잘라서 모양을 정리한다.

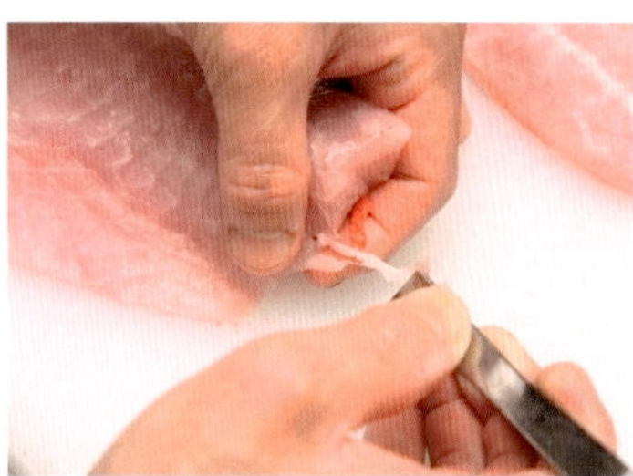

25 빛금눈돔은 가시가 휘어져 있으므로, 먼저 핀셋으로 가시를 뺀 다음 사쿠도리(덩어리 자르기)하는 것이 편하다.

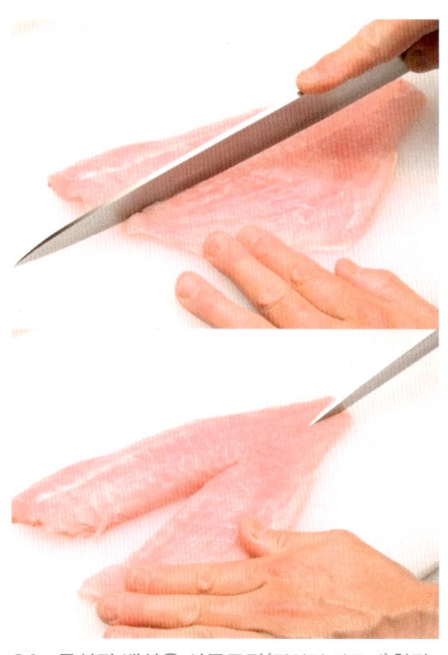

26 등살과 뱃살을 사쿠도리(덩어리 자르기)한다.

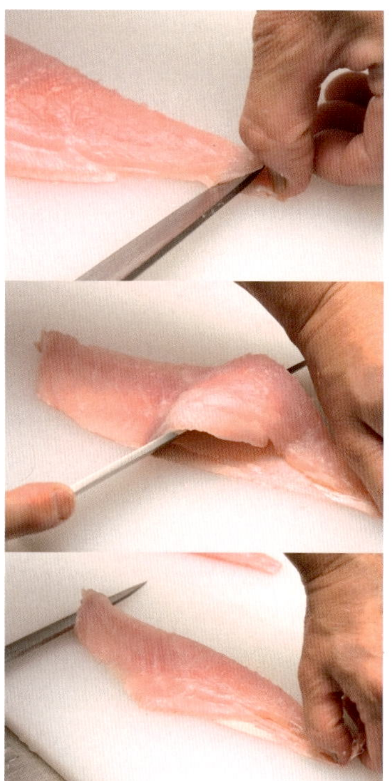

27 왼손으로 꼬리쪽 껍질을 잡아당기면서, 칼을 도마에 대고 누르는 느낌으로 껍질을 벗긴다. 이때 칼날이 도마와 수평이 되도록 하는 것이 비결이다.

28 살과 껍질을 분리한 상태.

썰기

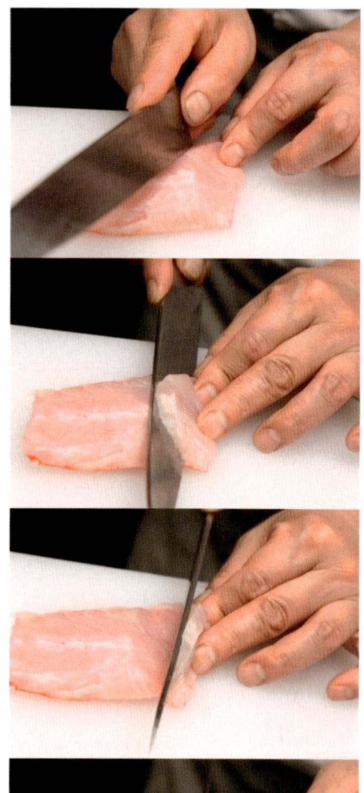

1 사진 순서대로, 칼턱부터 칼을 넣고 칼 전체를 사용하여 썬다. 완전히 잘라지기 직전에 칼을 세워서 자른다.

2 완성.

삼치

さわら 사와라

아부리스시(불에 구운 스시)

고등어, 꽁치와 함께 대표적인 등푸른생선이다. 한국 서해와 남해, 동중국해, 일본의 홋카이도 이남 등 북서태평양의 온대 해역에 분포하며, 제철은 10～2월로 10월부터 지방이 오르기 시작하여 겨우내 맛있게 먹을 수 있다.

한국에서는 주로 구이나 조림으로 먹고, 일본에서는 조림이나 유자로 맛을 낸 간장을 발라서 굽는 유안야키 등으로 많이 먹는다. 삼치는 살이 부드러워서 조심히 다루지 않으면 살이 부서지므로, 숙련된 요리사가 아니면 회를 뜨기 어렵다. 작은 삼치의 경우 다이묘오로시(평형 자르기)를 해도 되지만, 큰 삼치는 산마이오로시(3장뜨기)를 하는 것이 좋다.

생선은 보통 뱃살에 지방이 많아서 맛있는데, 삼치는 꼬리부분에 지방이 많아서 이 부분의 살로 다시마절임을 해서 스시를 만들면 맛있게 먹을 수 있다. 살이 연하고 지방이 많아서 다른 생선에 비해 부패 속도가 빠르므로 식중독에 주의한다.

다시마절임 스시

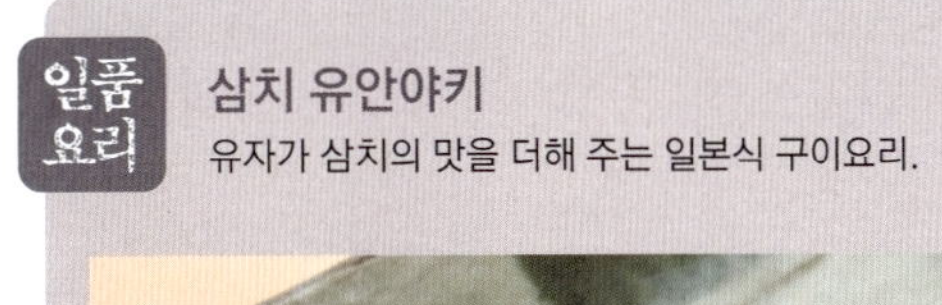

삼치 유안야키

유자가 삼치의 맛을 더해 주는 일본식 구이요리.

유비키스시(데친 스시)

새끼 도미

かすご
가스고

참돔, 붉돔, 황돔 등 도미류의 치어를 일본에서는 '가스고'라고 부르며, 봄을 대표하는 생선으로 귀하게 여긴다. 한국에도 도미류를 대표하는 참돔의 치어를 부르는 이름이 따로 있어서, 전남에서는 '상사리', 제주도에서는 '배들래기', 경남에서는 '고다이'라고 부른다.

서식 지역이나 종류에 따라 산란기가 다르기 때문에 1년 내내 먹을 수 있다. 스시 재료로는 15㎝ 정도로 자란 것이 좋은데, 식초에 절이거나 뜨거운 물로 살짝 데치는 유비키로 먹으면 더욱 맛있다.

껍질이 부드럽기 때문에 껍질과 살 사이의 감칠맛을 살리고, 반으로 가른 살 1장으로 스시 1개를 만든다. 손질할 때 껍질이 마르기 시작하면 3% 소금물에 담가놓는다. 이렇게 하면 비늘을 제거하기 쉽고, 껍질 색깔도 유지할 수 있다. 윤기가 나고 살이 도톰한 것을 고른다.

초절임 스시

1 왼손으로 머리를 잡고, 비늘제거기로 꼬리에서 머리방향으로 비늘을 긁어낸다.

2 머리와 이어진 부분은 가능하면 살이 눌리지 지 않게 주의한다.

3 반대쪽도 같은 방법으로 꼼꼼히 제거한다.

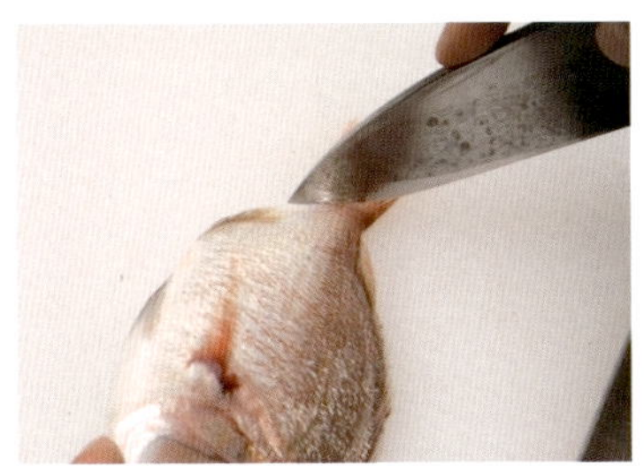

4 비늘이 남아 있는 부분은 칼날을 이용하여 남김없이 제거한다.

5 사진과 같이 칼턱과 칼날을 사용하여 지느러미 주변의 비늘까지 모두 제거한다.

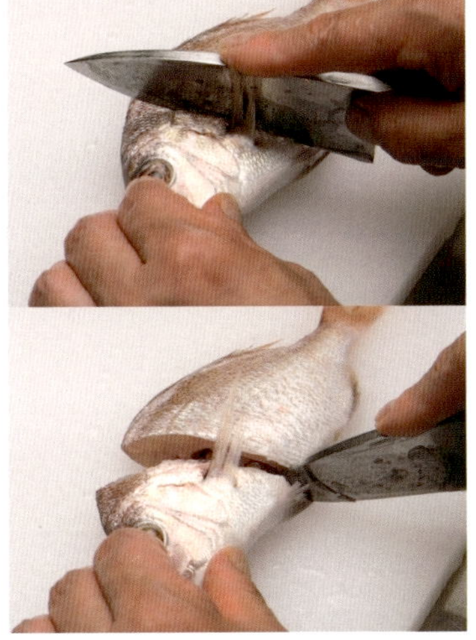

6 머리부터 가슴지느러미 뒤를 지나 뒷지느러미 뒤까지, 칼을 도마에 수직으로 세워서 자른다.

7 칼끝으로 내장을 꺼낸다.

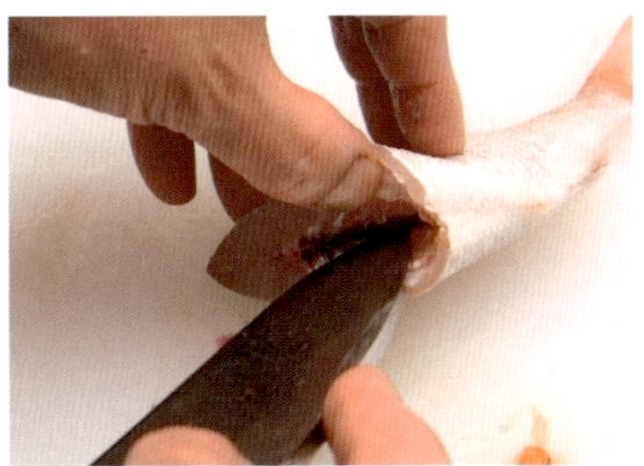

8 지아이(검붉은 살)의 막에 칼집을 낸다.

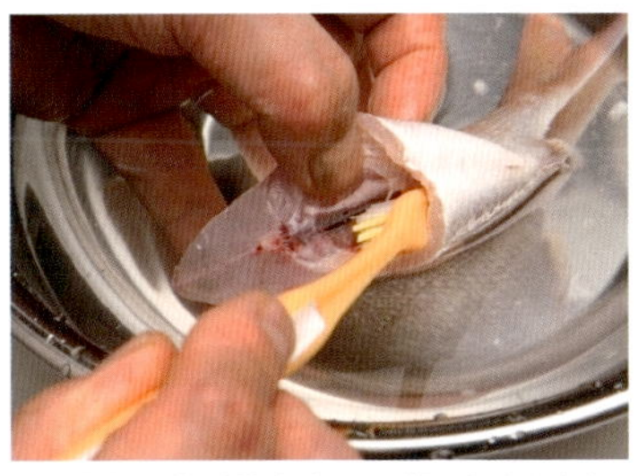

9 칫솔 등을 이용하여 물로 깨끗이 씻어낸다.

10 씻어서 소금을 2% 넣은 얼음물에 바로 담근다. 그냥 찬물에 담그는 것보다 껍질의 색깔이 유지되고, 물기가 많아지는 것을 방지할 수 있다.

11 물기를 닦아내고 꼬리를 왼쪽, 등을 앞쪽으로 놓는데, 왼쪽이 위로 올라가도록 비스듬히 놓는다. 세비라키(등가르기)를 한다.

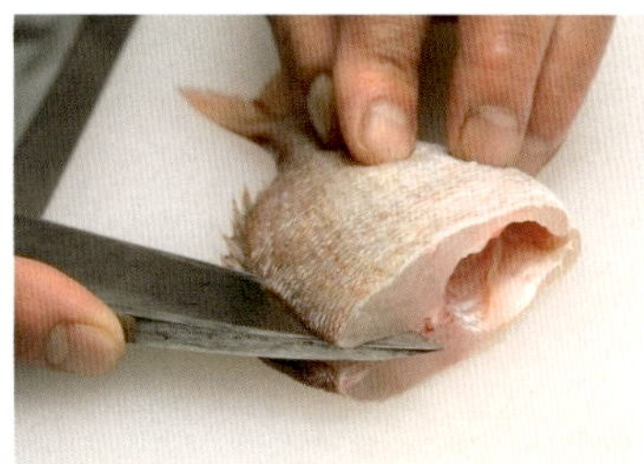

12 등지느러미 옆에서 가운데뼈를 따라 칼끝이 등뼈에 닿도록 칼을 넣는다.

13 꼬리까지 자른다.

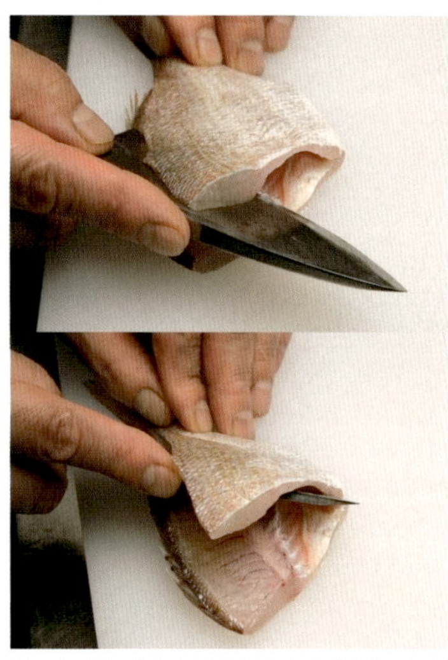

14 등뼈 위에 칼을 넣고 배뼈가 붙어 있는 부분을 자르면서, 꼬리지느러미 바로 앞까지 자른다. 새끼 도미는 살이 부드럽기 때문에 가능하면 살을 많이 누르지 않도록 주의한다.

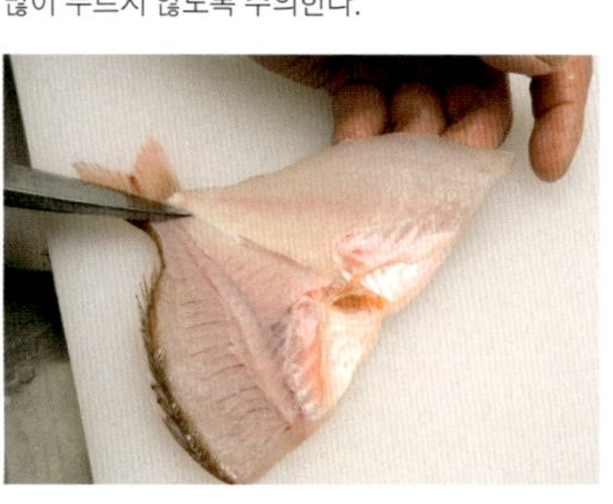

15 1장으로 펼친 상태.

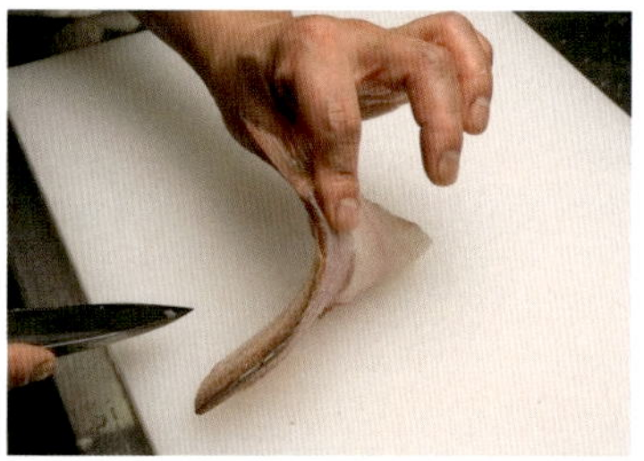

16 꼬리를 잡고 뒤집어서 껍질이 위로 올라오고, 꼬리는 오른쪽 위를 향하게 비스듬히 놓는다.

17 등지느러미 옆을 꼬리쪽부터 가운데뼈를 따라 칼끝이 등뼈에 닿도록 넣어서 자른다.

18 이때 칼날을 등뼈에 수평으로 넣으면 잘라서 펼친 면의 살이 손상되지 않은 채 깔끔하게 완성된다.

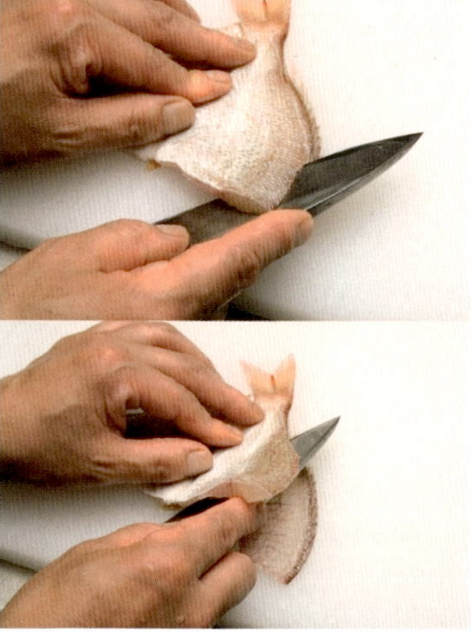

19 꼬리가 뒤로 가도록 세로로 길게 놓고, 칼로 등뼈 위를 지나 배뼈가 붙어 있는 부분까지 누르면서 자른다.

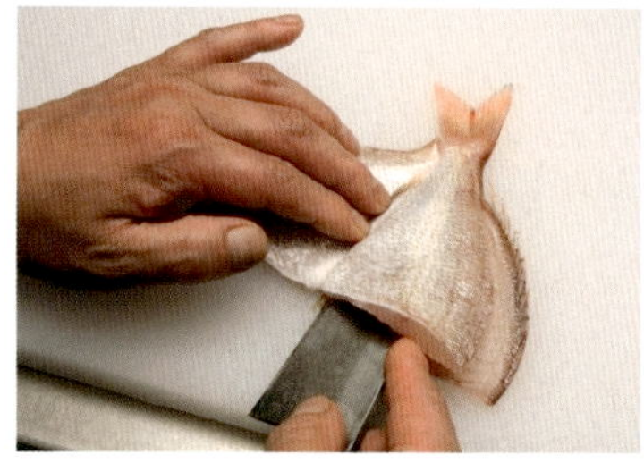

20 뒷지느러미 바로 옆까지 자른다.

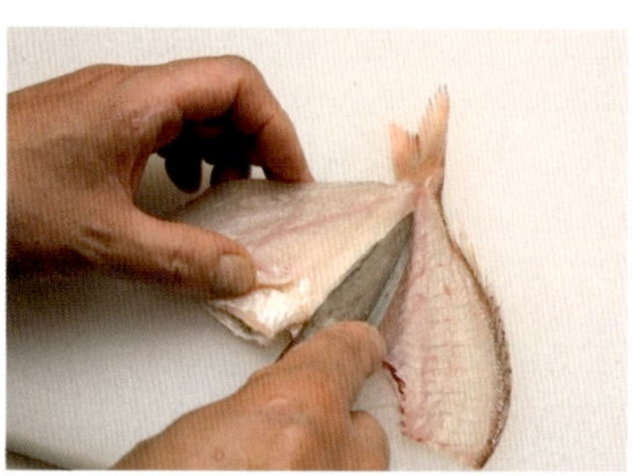

21 자른 살의 껍질부분이 겹쳐지게 접는다.

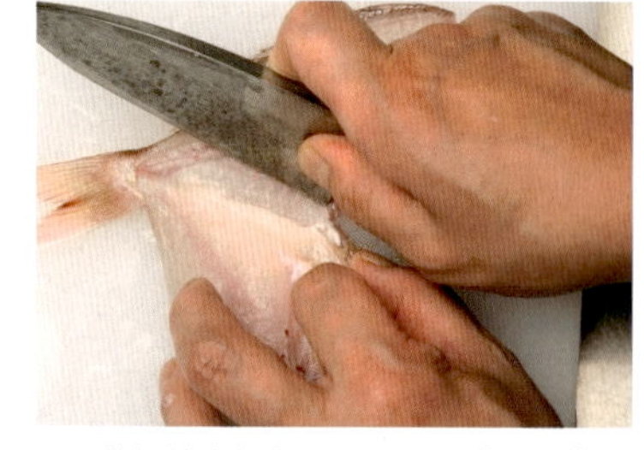

22 왼손 엄지와 검지로 뱃살의 얇은 부분을 잡고, 칼턱으로 뒷지느러미쪽에 있는 가운데뼈를 누른다.

point

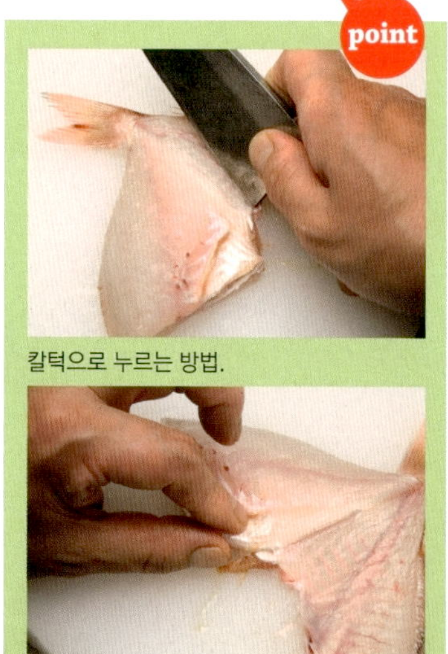

칼턱으로 누르는 방법.

살을 잡는 방법.

23 칼을 잡은 손을 살짝 오른쪽 위로 당기면서, 껍질에서 뒷지느러미와 가운데뼈를 벗겨낸다.

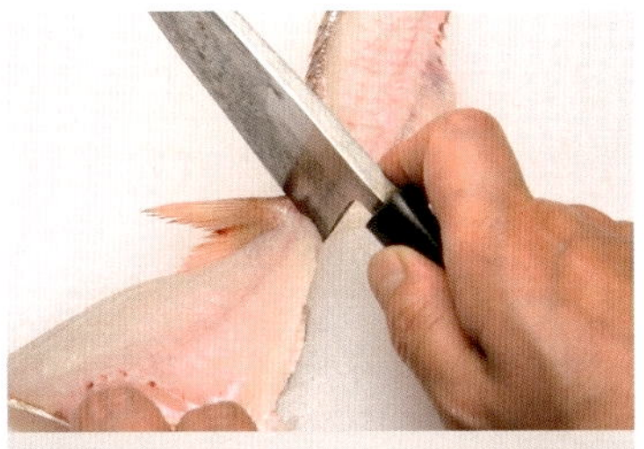

24 꼬리는 살쪽에 남긴 채 가운데뼈를 잘라서 분리한다.

25 오른쪽 배뼈를 자른다.

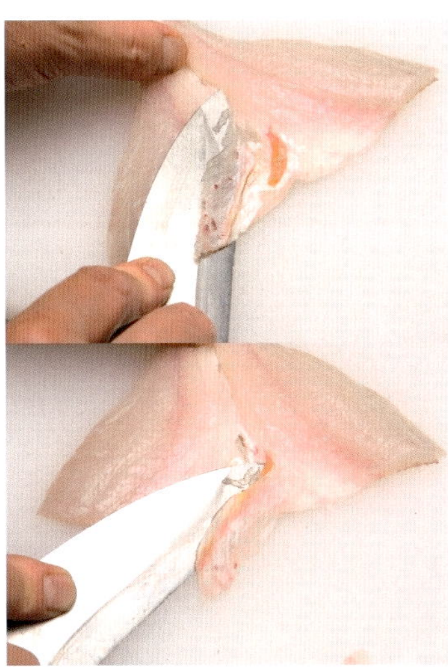

26 왼쪽의 배뼈도 칼의 방향을 바꿔서 자른다.

유비키(물에 살짝 데치기)

1 물에 적신 채반에 소금을 살짝 뿌린다. 껍질이 위로 오게 생선살을 올리고, 다시 소금을 살짝 뿌린다.

2 3분 정도 그대로 둔다.

3 68℃의 따뜻한 물을 준비한다.

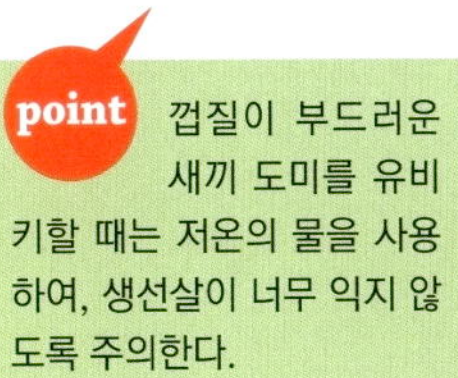

point 껍질이 부드러운 새끼 도미를 유비키할 때는 저온의 물을 사용하여, 생선살이 너무 익지 않도록 주의한다.

4 껍질이 약간 수축될 정도로 따뜻한 물을 충분히 붓는다.

5 얼음물에 넣고 식힌다.

6 껍질과 살에 남아 있는 점액질을 흐르는 물에 씻어낸다.

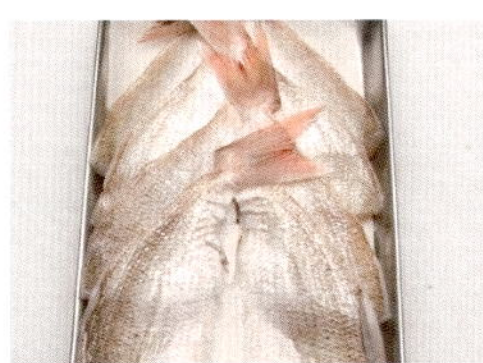

7 물기를 닦아서 가지런히 놓은 후, 뼈를 제거한다.

초절임

1 물에 적신 채반에 약간의 소금을 뿌린다.

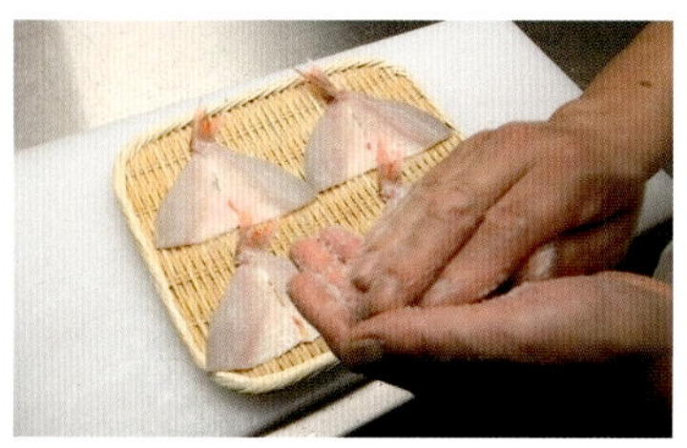

2 살이 위로 가게 놓고, 소금을 조금씩 고르게 뿌린 다음 3분 정도 그대로 둔다(생선의 크기에 따라 시간을 조절한다).

3 흐르는 물에 씻은 후 물기를 뺀다.

4 식초 10 : 얼음 3의 비율로 식초를 차갑게 희석한다. 얼음이 거의 녹을 때쯤 생선을 넣고, 표면이 하얗게 변하면 건져낸다(약 1분).

5 채반 위에 올려 물기를 뺀 후 뼈를 제거한다.

6 식초와 물을 같은 비율로 섞어서 만든 식초물에 적신 다시마를 생선 크기에 맞게 자른 다음, 사진처럼 사이에 끼워서 나란히 놓는다.

7 보관한다.

남은 뼈 손질

1 머리가 위를 향하게 놓고, 가운데를 수직으로 잘라서 쪼갠다.

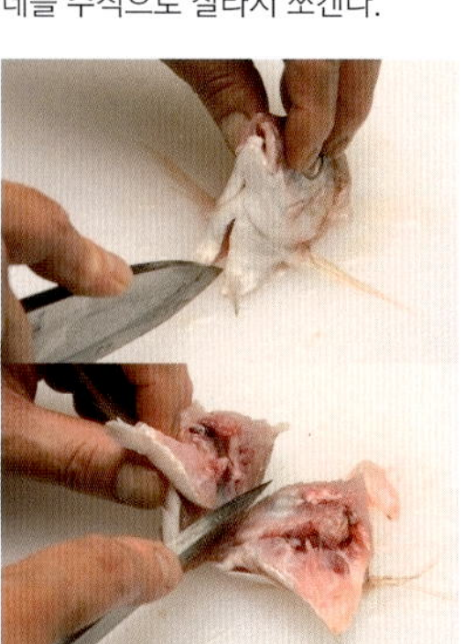

2 남은 배지느러미를 잘라낸다.

3 가운데뼈를 반으로 자른다.

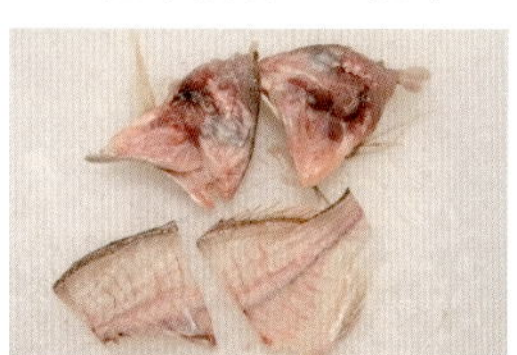

4 뼈 가르기 완성.

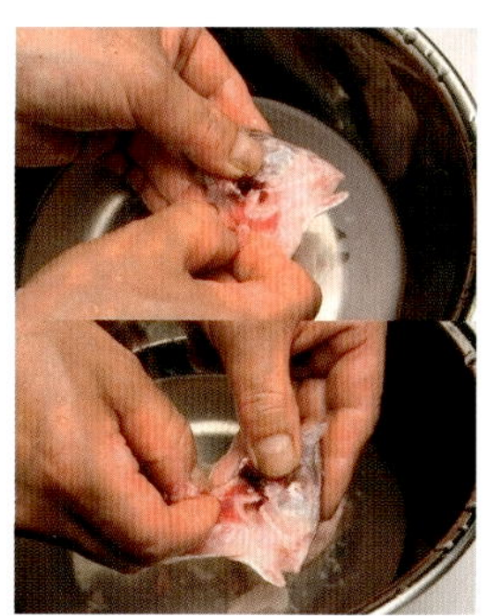

5 남은 지아이(검붉은 살)와 내장을 꼬치 등을 사용하여 빼낸다.

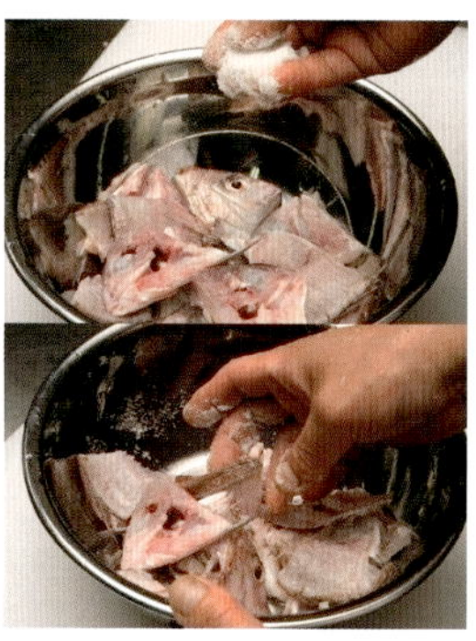

6 뼈를 볼에 넣고 소금을 조금 뿌려서 주무른 후 40분 정도 둔다.

7 흐르는 물로 소금을 씻어낸다.

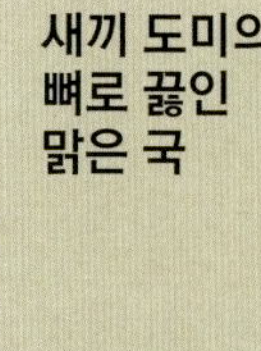

새끼 도미의 뼈로 끓인 맑은 국

소금을 씻어낸 뼈에 뜨거운 물을 충분히 부어서 표면이 하얗게 되면 얼음물에 넣고 식힌다. 대파의 녹색부분과 둥글게 썬 생강, 다시마를 넣고 청주를 뿌린 다음, 물을 붓고 끓이다가 끓기 직전에 다시마를 건져낸다. 소금과 간장을 조금 넣어서 간을 맞춘다.

나마미스시(날생선스시)

새끼 연어

けいじ 게이지

러시아 아무르강으로 회귀하는 새끼 연어 중에서 일본 연어 무리에 섞여 홋카이도에서 잡힌 연어를 일본에서는 '게이지'라고 부른다. 게이지는 10만 마리 중 1마리 정도밖에 잡히지 않는 귀한 생선으로 2~3년생 연어인데, 무게는 2~3kg 정도이고 11월경에 잡힌다.

아직 어린 연어로 알을 낳기 전이기 때문에 지방을 많이 함유한 참치의 오도로(대뱃살) 부위처럼 지방이 많고, 매우 고가여서 1마리가 100만원 이상의 가격으로 거래되는 일도 있다. 좀처럼 보기 어렵지만 기회가 생긴다면 반드시 스시로 먹어볼 것을 권한다. 왕연어(p.144 참조)와 마찬가지로 산마이오로시(3장뜨기)로 손질한다.

초절임 스시

샛돔

いぼだい 이보다이

농어목 샛돔과의 생선으로 이름은 샛돔이지만 돔과는 관계가 없으며, 겉모습은 병어와 닮았다. 한국 남·서해, 일본 남부해, 동중국해 등에 분포하며 제철은 가을이다. 비늘이 잘 벗겨지기 때문에, 유통되는 샛돔은 대부분 비늘이 벗겨지고 표면에 점액질이 있는 상태이다. 주로 회나 구이 등으로 먹는데, 일본 도쿠시마현에서는 세비라키(등가르기)로 샛돔의 등을 갈라서 식초로 절인 다음 샤리(스시용 밥) 위에 올려서 만든 '보제 스가타즈시'가 유명하다.

스시를 만들 때는 초절임 스시, 다시마절임 스시, 아부리(불에 구운) 스시 등으로 먹으면 맛있게 먹을 수 있다. 찜, 조림, 소금구이, 데리야키, 튀김 등으로 먹어도 좋다. 살이 부드러우므로 주의해서 손질한다. 껍질은 은색을 띠고, 표면이 코팅된 것처럼 윤기가 나는 것을 고른다.

아부리스시(불에 구운 스시)

나마미스시(날생선스시)

성대

ほうぼう(호보)

큰 지느러미는 갑옷 같고, 네모난 머리는 투구처럼 보이는 겉모습이 달강어와 비슷하다. 가슴지느러미 앞쪽이 발처럼 변한 부분이 있는데, 이것으로 바닷속 모래 위를 걸어다니면서 먹이를 찾기도 한다. 한국의 모든 해역과 일본 홋카이도 중부 이남, 남중국해 등에 분포한다.

함남에서는 '잘대', 전남에서는 '숭대', 포항에서는 '끗달갱이'라 부르는데, 해질 무렵부터 밤동안 가끔 근육으로 부레를 압축시켜 소리를 낸다. 일본에서는 '호우보우'하고 소리를 낸다고 '호보'라고 부른다. 겨울~봄에 맛이 좋으며, 스시로 먹어도 좋지만 회, 소금구이, 조림도 좋고, 프랑스식 해산물 스튜 부야베스를 만들어도 맛있다.

비늘은 잘고 점액질이 있는데, 고를 때는 점액질이 투명하고 몸빛깔이 선명하며 살이 단단한 것이 좋다.

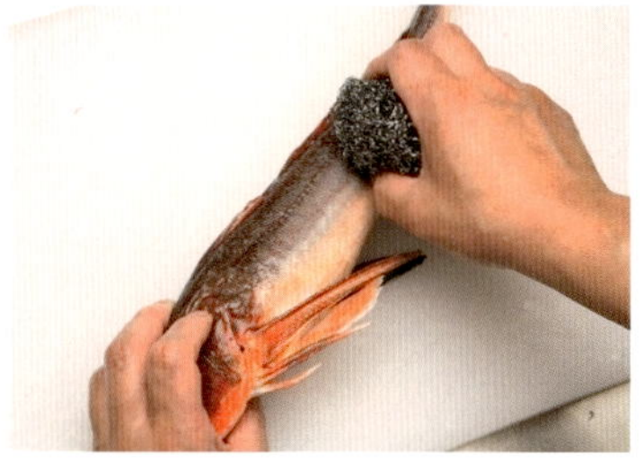

1 수세미로 비늘을 긁어서 제거한다.

2 가슴지느러미 아래에 칼집을 낸다.

3 머리가 붙어 있는 부분까지 칼을 넣고, 칼을 세워서 등뼈를 자른다.

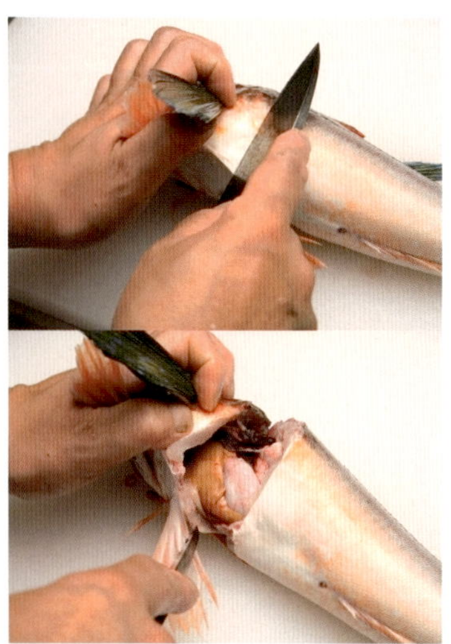

4 반대쪽도 같은 방법으로 가슴지느러미 뒤에서 머리까지 자른다.

5 머리와 함께 내장을 떼어낸다.

6 항문부터 배까지 칼집을 낸다.

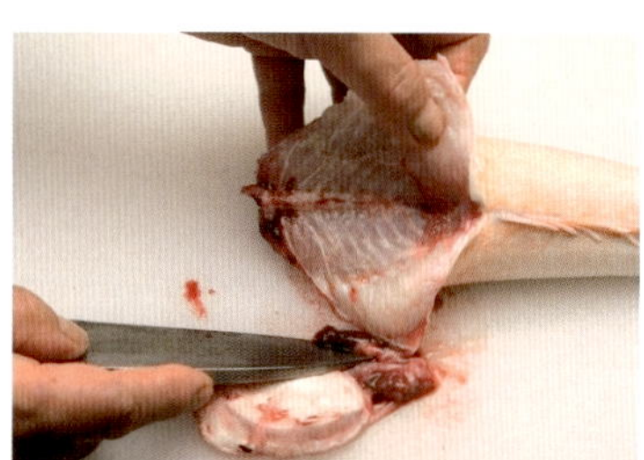

7 남은 내장을 칼로 긁어내고, 흐르는 물에 씻은 다음 물기를 닦아낸다.

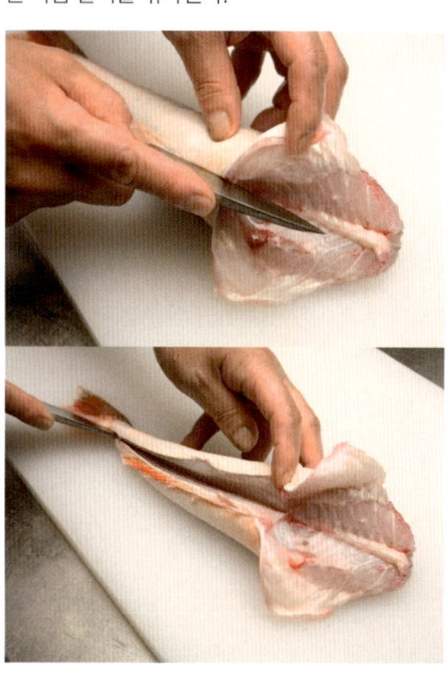

8 머리를 오른쪽, 배를 앞쪽으로 놓고, 배부터 가운데뼈를 따라 칼날이 등뼈에 닿게 넣어 꼬리까지 잘라서 연다.

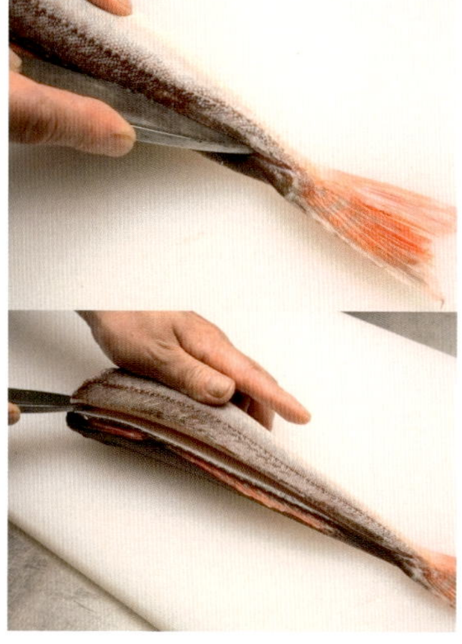

9 머리를 왼쪽, 등을 앞쪽으로 놓고, 꼬리 앞쪽부터 칼날이 등뼈에 닿게 넣어서 가운데뼈를 따라 머리방향으로 자른다.

10 사진과 같이 꼬리쪽에 칼을 넣은 상태에서 칼을 오른쪽으로 돌려 칼날의 방향을 바꾼다.

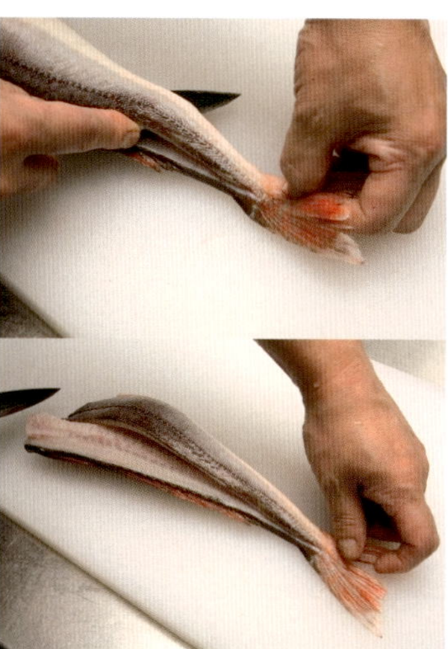

11 왼손으로 꼬리를 잡고, 등뼈 위를 지나면서 한 번에 자른다.

12 꼬리쪽 살을 자른다.

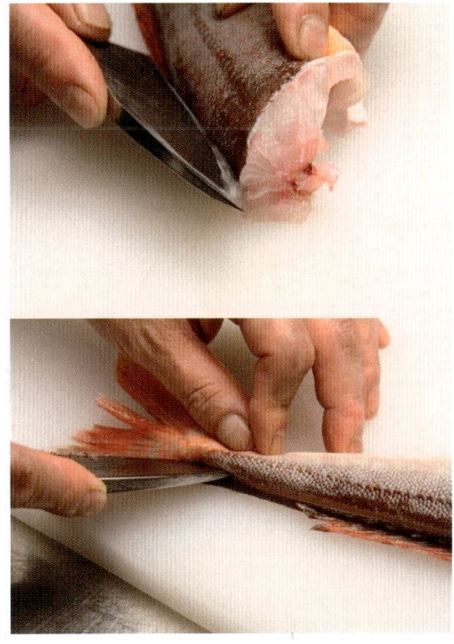

13 뼈가 있는 쪽을 아래로, 등을 앞쪽으로 오게 놓고, 등지느러미를 따라 꼬리까지 자른다.

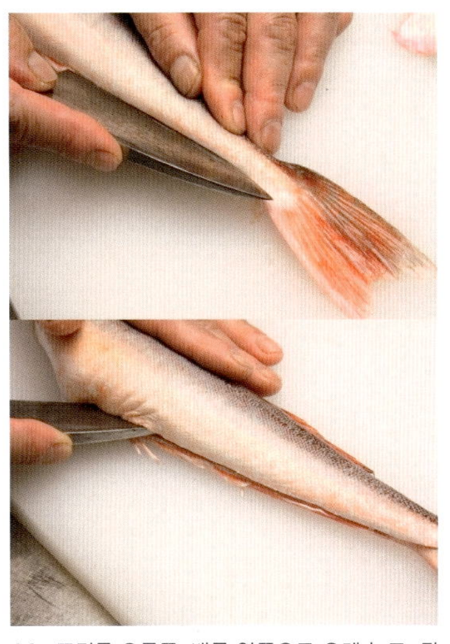

14 꼬리를 오른쪽, 배를 앞쪽으로 오게 놓고, 뒷지느러미를 따라 꼬리에서 머리방향으로 자른다.

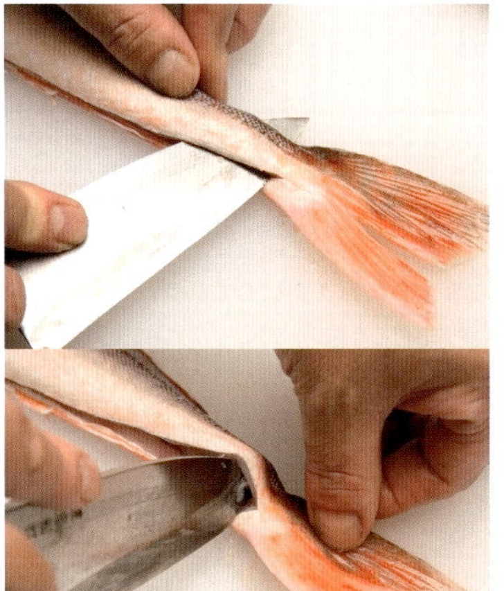

15 **10**과 같은 방법으로 칼의 방향을 돌린다.

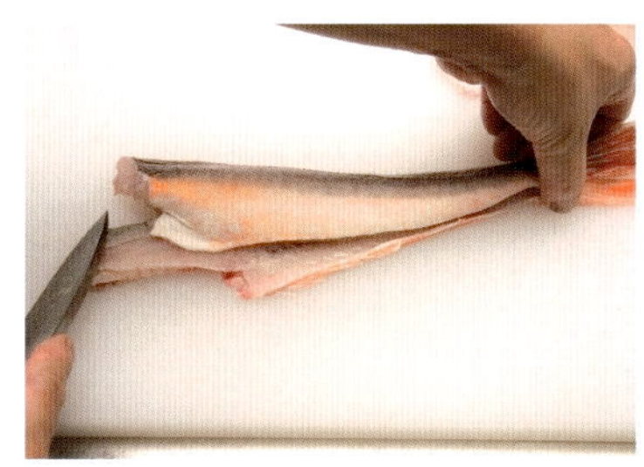

16 **11**과 같은 방법으로 한 번에 잘라서 연다.

17 꼬리쪽 살을 잘라서 분리한다.

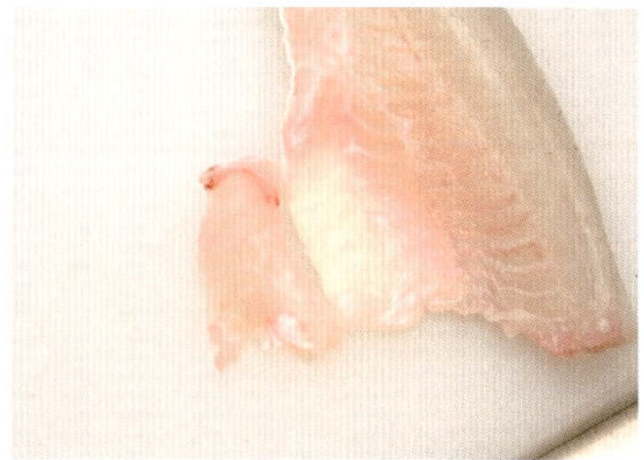

18 배뼈를 잘라낸다.

19 핀셋으로 가시를 제거한다.

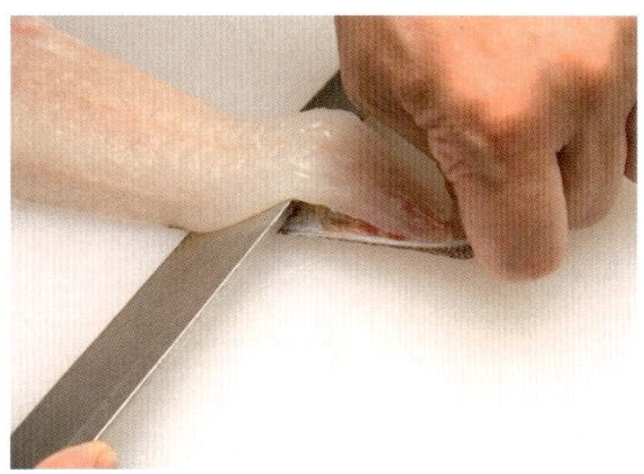

20 왼손으로 껍질을 잡고, 칼을 앞뒤로 움직이면서 껍질을 벗긴다.

21 완성.

나마미스시(날생선스시)

실꼬리돔

いとよりだい
이토요리다이

농어목 실꼬리돔과의 생선으로 전체적으로 붉은색을 띠며, 배쪽으로 갈수록 색이 연해진다. 꼬리지느러미의 위쪽 끝부분이 실처럼 길게 뻗어 있어서 '실꼬리돔'이라는 이름이 붙여졌는데, 반짝반짝 빛나는 줄무늬와 길게 늘어진 지느러미가 우아한 느낌을 주는 생선이다.

겨울부터 이듬해 봄까지가 제철로 참돔과 비교될 만큼 맛이 좋으며, 껍질에 단맛과 향이 있어서 껍질째 뜨거운 물에 살짝 데친 다음 찬물에 헹궈서 스시를 만들면 일품이다. 또 다시마절임으로 스시를 만들어도 맛이 좋다. 살은 부드럽고 부서지기 쉬우며, 뼈는 단단하여 손질하기 어려운 생선이다. 윤기가 있고, 노란 선이 선명한 것을 골라서 산마이오로시(3장 뜨기)로 손질하여 사용한다(p.20 참조).

아부리스시(불에 구운 스시)

나마미스시(날생선스시)

쏨뱅이

かさご(가사고)

겉모습이 매끈한 생선은 아니지만 살은 탄력이 있고 고급스러운 맛이 난다. 연안의 암초지역에 서식하며 몸빛깔은 서식장소에 따라 달라지는데, 일반적으로 얕은 여울에서는 검은색을 띠고 깊은 바다에서는 붉은색을 띤다. 한국의 모든 연안, 일본 연안, 중국, 동중국해 등에 분포한다.

지역에 따라 부르는 이름이 다양해서 부산에서는 '삼베이', 청산도에서는 '복조개', 순천에서는 '삼뱅이', 경기지역에서는 '삼식이' 등으로 불린다. 제철은 10~12월로 고운 흰 살이 탄력이 있고 맛이 좋아서 회나 탕으로 많이 먹는다.

쑤기미(p.128 참조)와 마찬가지로 얇게 포를 뜨듯이 썰어서 스시를 만든다. 소금을 찍어 먹어도 좋고, 영귤 등 감귤류의 즙을 뿌려서 먹어도 맛있다. 일품요리로는 얇게 회를 뜨는 우스즈쿠리, 조림, 찜, 튀김, 소금구이 등이 좋다. 아가미가 깨끗하고 윤기가 나는 것을 골라 산마이오로시(3장뜨기)로 손질하여 사용한다(p.20 참조).

나마미스시(날생선스시)

쑤기미

おにおこぜ

오니오코제

쑤기미는 껍질이 울퉁불퉁하고 험상궂게 생겼지만, 겉모습과는 달리 맛이 담백하고 고급스러워서 얇게 포를 떠서 회로 먹거나, 튀김, 된장국 등으로 먹어도 맛이 좋다. 봄~여름이 제철이지만, 가을~겨울에 잡히는 쑤기미도 살이 단단하고 맛이 좋다. 등지느러미에 독이 있어 조리할 때는 등지느러미를 가장 먼저 잘라내야 한다. 등지느러미에 찔리면 몸이 전체적으로 붓고 아프기 때문에 조심해서 잘라낸다. 비늘은 없지만 껍질에 붙어 있는 불순물을 수세미로 닦아내고 물로 씻어서 손질한다. 살에 탄력이 있고 감칠맛이 있기 때문에 얇게 포를 뜨듯이 썰어서 사용한다.

쑤기미의 간은 소금물에 데쳐서 실파나 모미지오로시 등을 얹고 폰즈소스를 뿌리면 맛있다. 고를 때는 살아있는 것 또는 이케지메(신경죽이기)한 것이 좋으며, 아가미가 깨끗하고 살이 단단한 것을 고른다.

쑤기미 간 스시

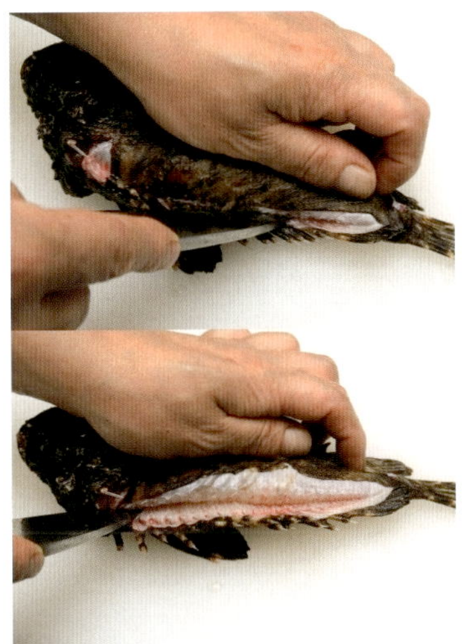

1 등지느러미에 독이 있기 때문에 먼저 등지느러미를 잘라낸다. 등을 앞쪽으로 놓고, 등지느러미 위에 칼을 넣어 머리방향으로 자른다.

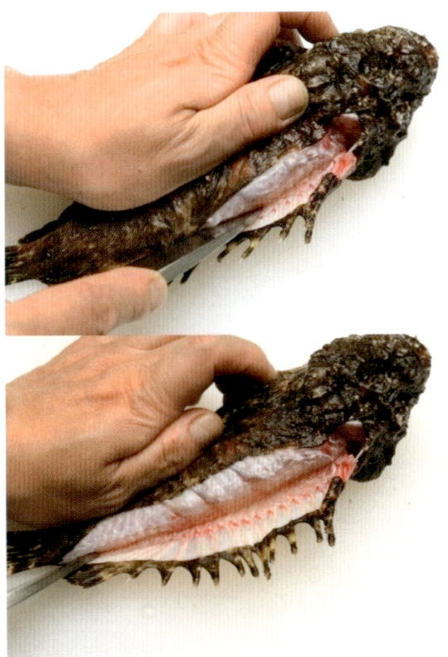

2 머리방향을 반대로 돌리고 생선을 뒤집어서 머리에서 꼬리방향으로 자른다.

3 왼손으로 꼬리를 잡고 칼턱으로 등지느러미를 도마에 대고 누른다.

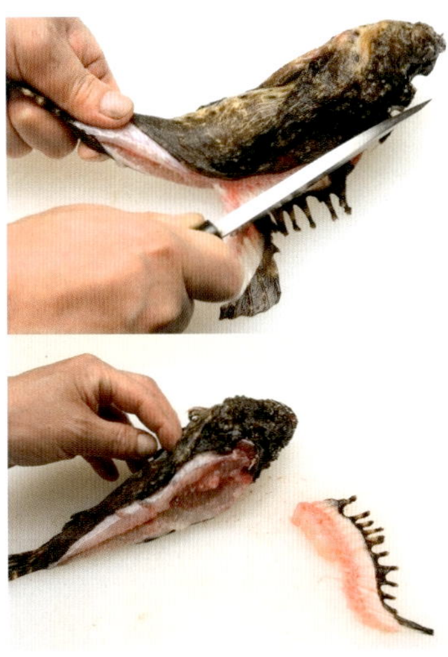

4 사진처럼 등지느러미를 도마에 대고 누르면서 떼어낸다. 등지느러미에 찔리면 독이 퍼지므로 반드시 칼턱을 이용하여 손질한다.

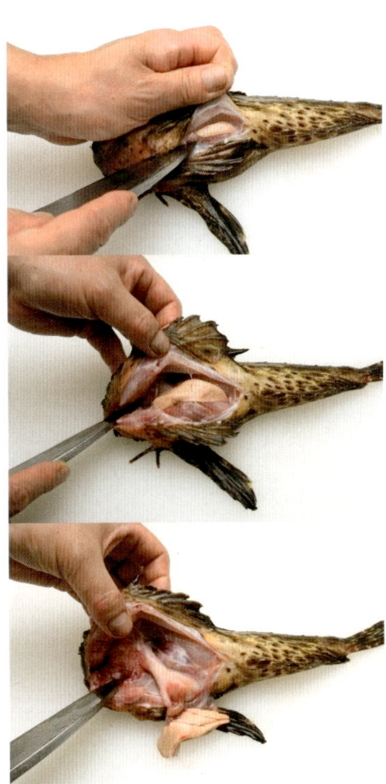

5 항문 주변에 칼을 넣고 턱까지 잘라서 연 다음, 내장을 꺼낸다.

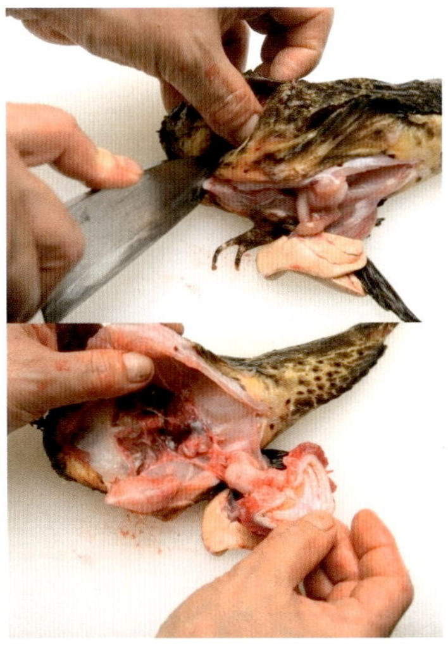

6 아가미가 붙어 있는 부분을 도려낸다.

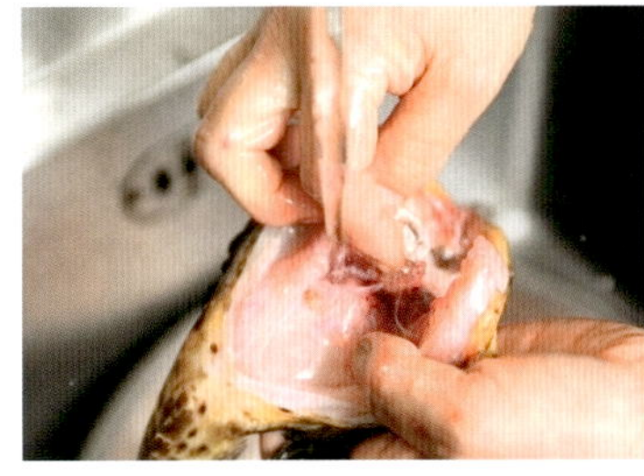

7 배 안을 흐르는 물에 씻고, 남아 있는 지아이(검붉은 살)와 막을 깨끗이 씻어낸다.

8 머리를 잘라낸다.

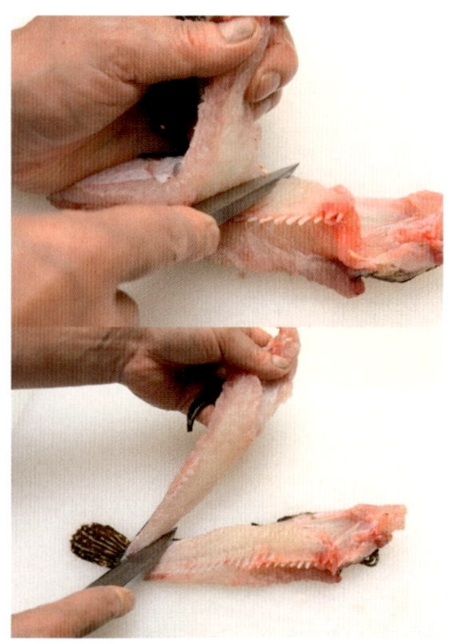

9 머리를 오른쪽에 두고 등뼈를 따라 다이묘오로시(평형 자르기)를 한다.

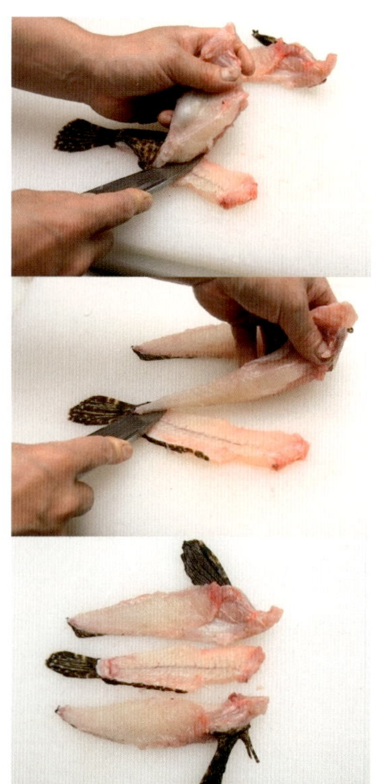

10 생선을 뒤집어서 반대쪽도 다이묘오로시(평형 자르기)를 한다.

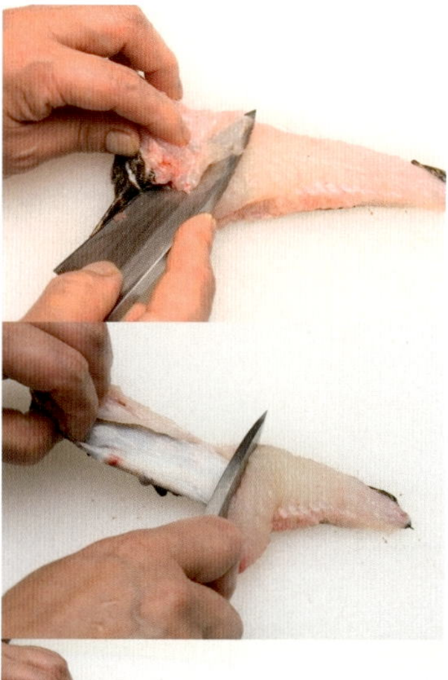

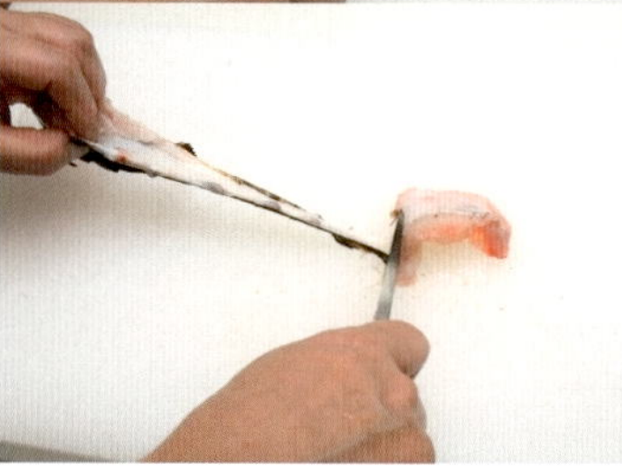

11 배뼈에 칼을 넣어서 완전히 자르기 전에, 가슴지느러미와 껍질을 배뼈와 함께 잡아당겨서 두꺼운 껍질까지 벗겨낸다.

12 반대쪽도 같은 방법으로 껍질을 벗긴다.

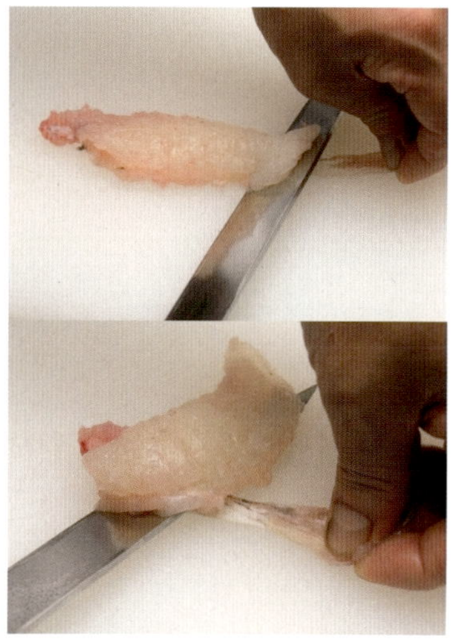

13 왼손으로 꼬리쪽 껍질을 잡고, 회칼을 조금씩 움직이면서 얇은 껍질을 벗긴다.

14 트레이에 키친타월을 깔고 손질한 생선살을 올려서 보관한다.

일품요리 쏘기미 뼈튀김

간이나 껍질은 익혀서 폰즈소스 또는 간장을 뿌려서 먹고, 뼈는 튀김으로 먹는다.

아귀

あんこう (안코)

아귀 볼살 스시

한국에서 잡히는 것은 아귀와 황아귀 2종류가 있는데, 황아귀와 아귀를 구별하지 않고 흔히 아귀라고 부른다. 한국의 모든 연안과 일본 홋카이도 이남, 동중국해 등에 분포하며 1년 내내 잡히는데, 주로 아귀찜과 탕의 재료로 이용된다. '아귀'라는 이름은 불교에서 탐욕이 많았던 사람이 죽은 후에 굶주리는 벌을 받아서 귀신이 되었다는 '아귀(餓鬼)'에서 비롯된 것으로, 입이 크고 흉하게 생긴 모습과 자신의 몸집만한 물고기도 잡아먹는 식성 때문에 이런 이름을 갖게 되었다. 예전에는 흉측한 생김새 때문에 아귀가 잡혀도 먹지 않고 버릴 만큼 꺼리는 생선이었다고 한다.

작은 것은 15kg, 큰 것은 30kg 정도인데 20kg 전후의 것이 맛이 가장 좋으며, 12~2월이 제철이다. 여기서는 살아있는 아귀를 낚시바늘에 걸어놓고 손질하는 기술을 소개한다.

흰 살은 스시는 물론 회, 찜, 탕 등으로도 먹을 수 있고, 껍질과 위장도 탕이나 안주로 먹으면 좋으며, 간은 쪄서 즐기는 등 버릴 것이 없는 생선이다. 특히 볼부분은 살이 단단해서 회나 스시의 좋은 재료가 된다. 살이 부드럽고 물기가 많아서 다시마절임을 만들어서 사용한다. 아귀를 고를 때는 껍질에 점액질이 있고, 윤기가 나며, 살에 탄력이 있고, 비린내가 없는 것을 고른다. 신선도가 떨어지면 점액질이 없어진다.

아귀 간을 올린 스시

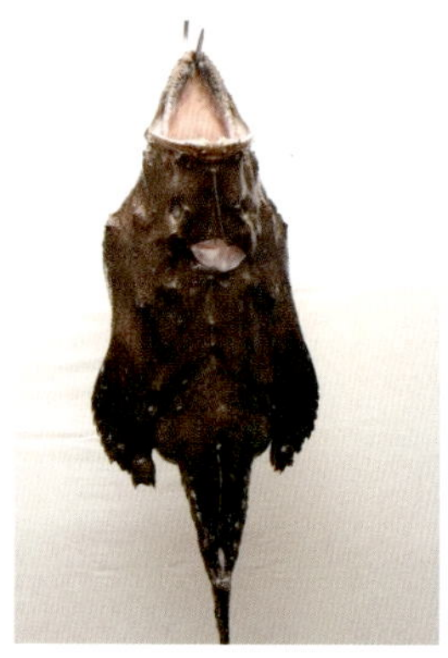

1 아귀의 아래턱 부분을 낚시바늘에 끼워서 개수대 위에 매단다.

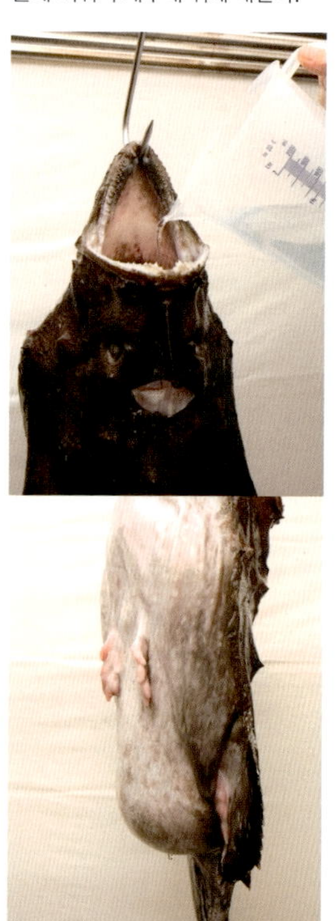

2 입에 물을 넣어서 사진처럼 위장을 크게 부풀린다. 무게가 어느 정도 나가야 매달아 놓고 손질하기가 편하다.

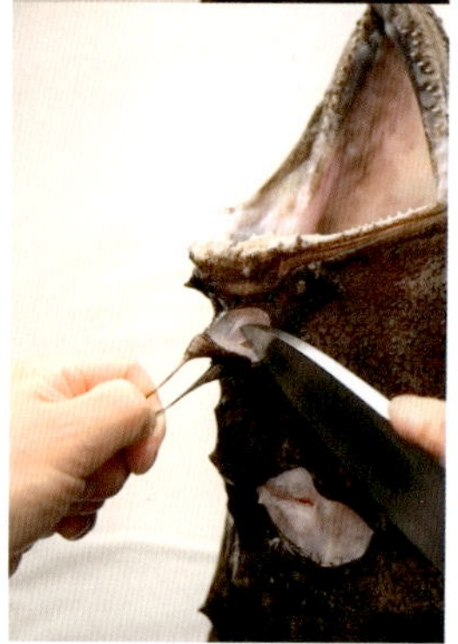

3 머리쪽에 있는 안테나 모양의 촉수를 손으로 잡아당겨서 칼로 잘라낸다.

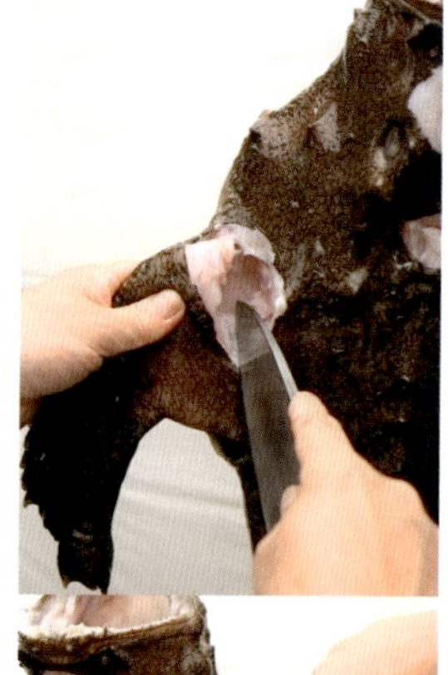

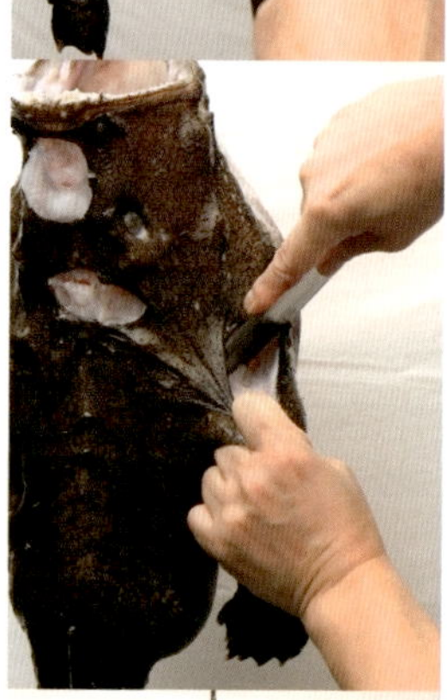

4 사진의 순서대로, 좌우에 있는 지느러미를 모두 잘라낸다.

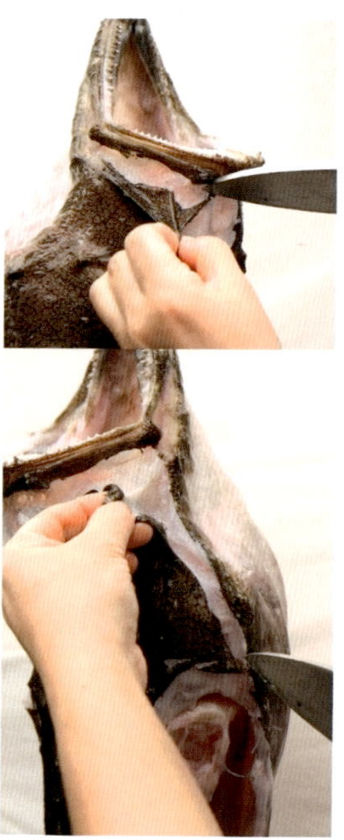

5 입 주변에 칼집을 얕게 넣는다.

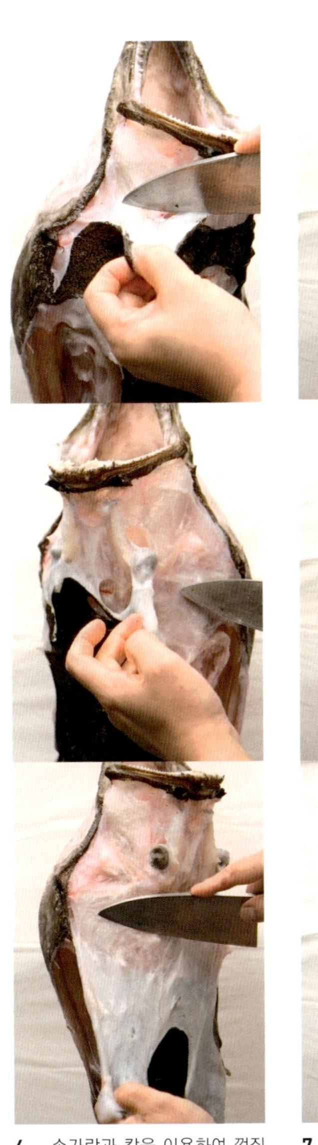

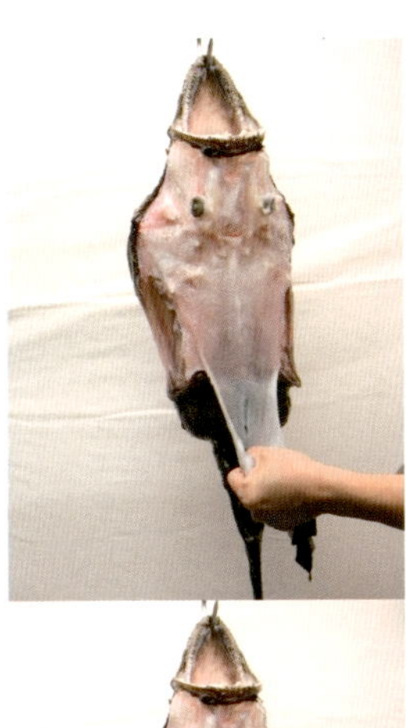

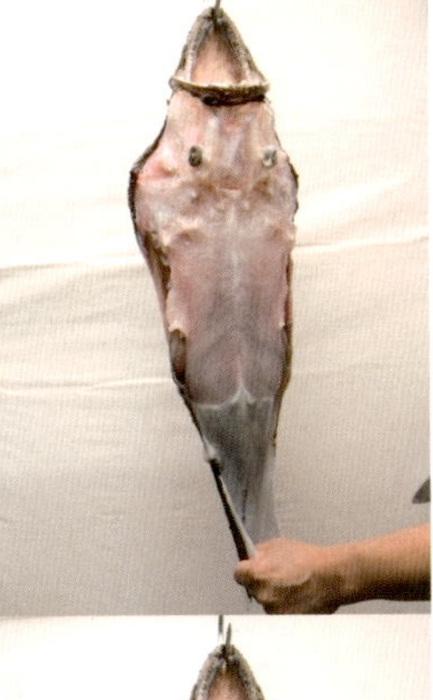

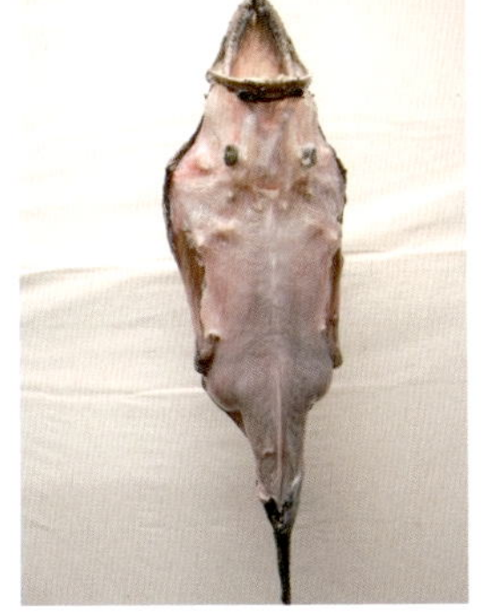

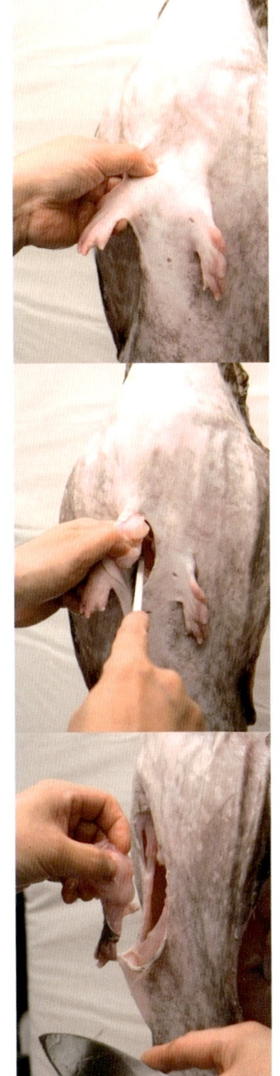

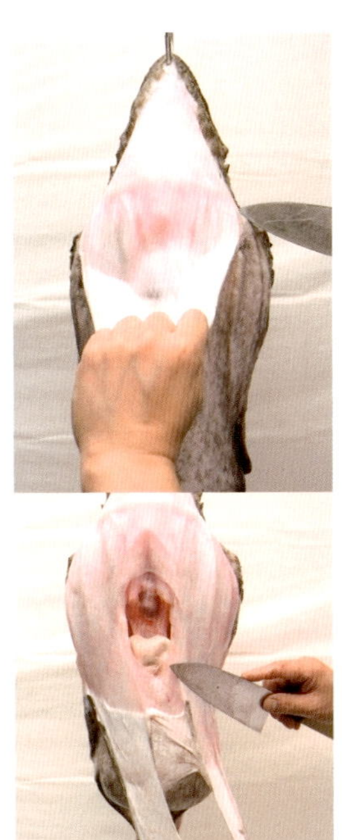

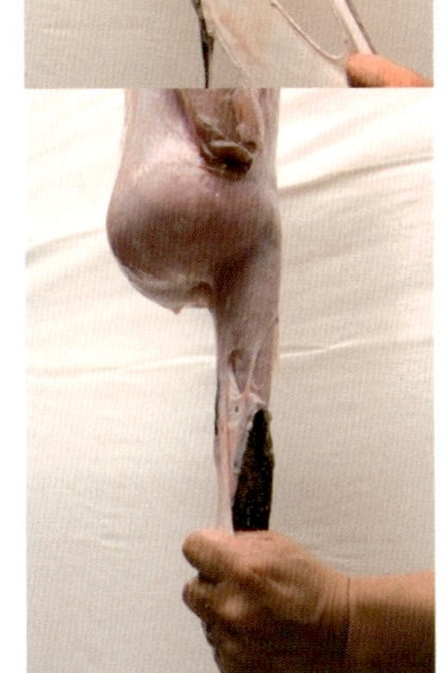

6 손가락과 칼을 이용하여 껍질을 벗긴다.

7 사진의 순서대로 꼬리까지 껍질을 벗긴다.

8 배쪽의 좌우 지느러미도 모두 잘라낸다.

9 입 주변에 칼집을 얕게 넣고, 왼손으로 껍질을 당기면서 벗긴다.

아귀 니코고리

아귀의 7가지 부위(살, 간, 위장, 난소, 아가미, 지느러미, 껍질)에 다시마육수를 넣고 조려서 묵처럼 굳힌 것.

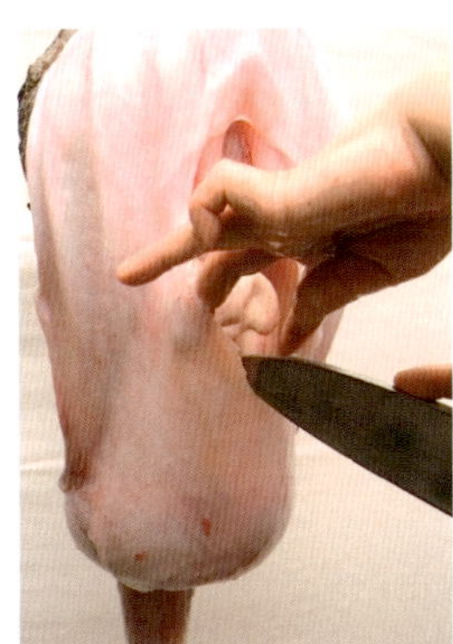

10 배에 칼을 얕게 넣어서 연다.

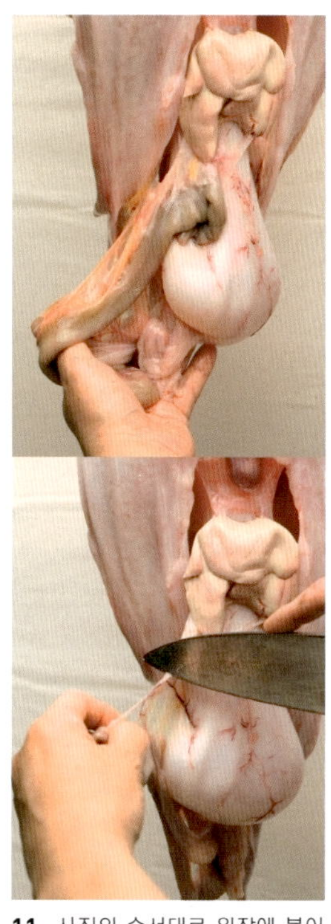

11 사진의 순서대로 위장에 붙어 있는 막을 잘라낸다.

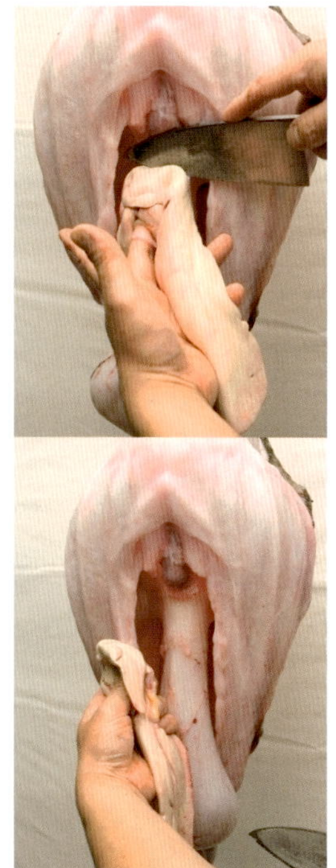

12 간을 조심스럽게 떼어낸다.

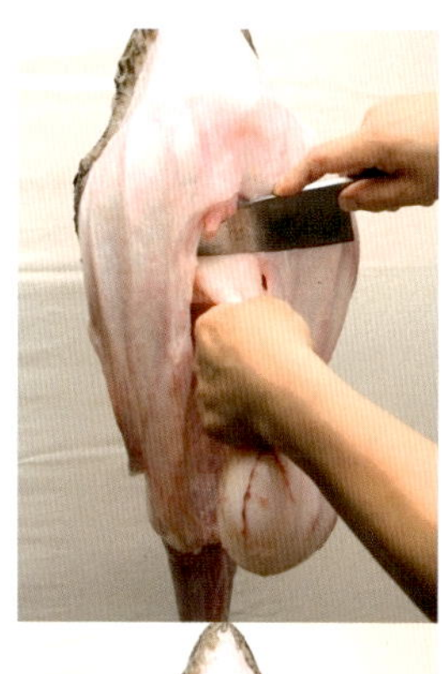

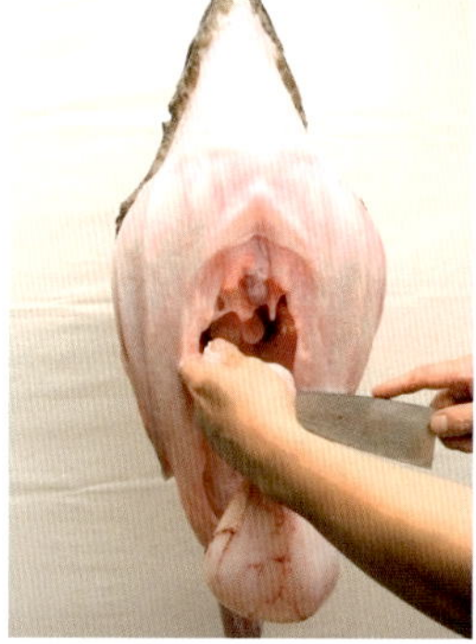

13 위장을 잡고 붙어 있는 부분을 잘라서 분리한다.

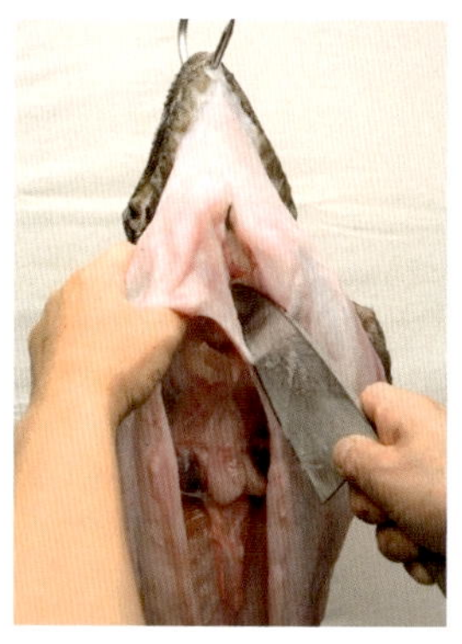

14 턱에 칼을 넣고 몸을 좌우로 잘라서 연다.

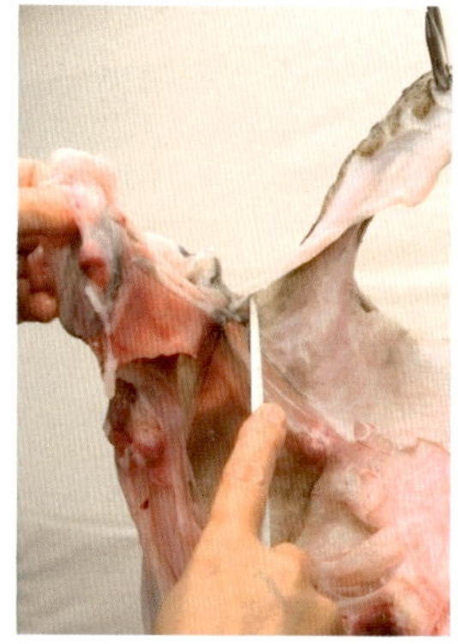

15 다음은 왼쪽 아가미를 자른다.

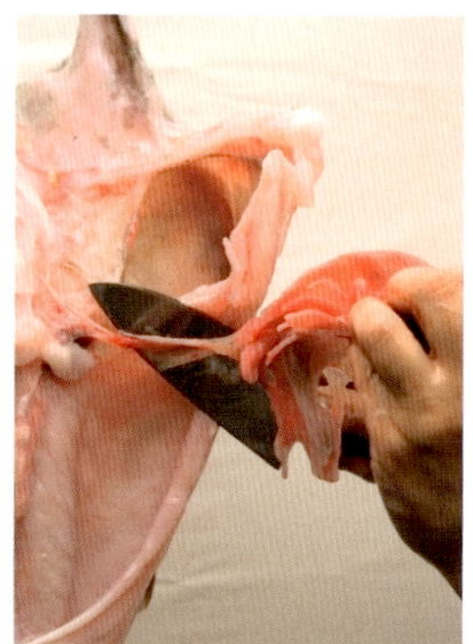

16 오른쪽 아가미를 자른다.

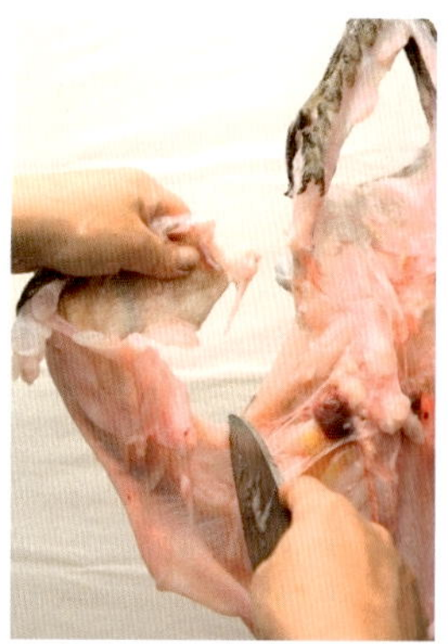

17 왼쪽 아가미 뼈를 잘라서 분리한다.

일품 요리

오카치리

아귀의 7부위(p.133 참조)를 다시마육수에 끓인 요리.

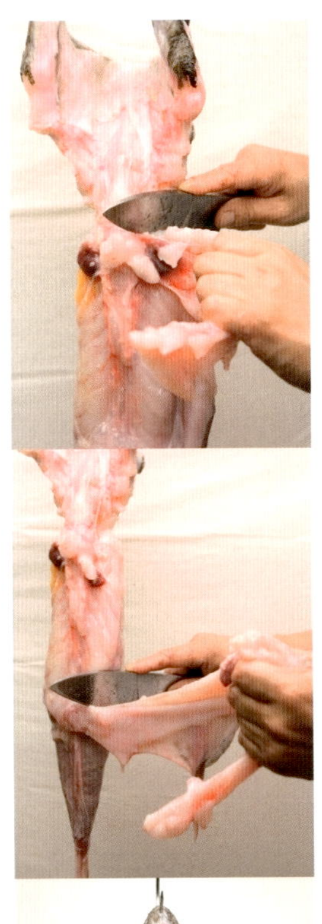

18 반대쪽 아가미뼈도 같은 방법으로 잘라낸다.

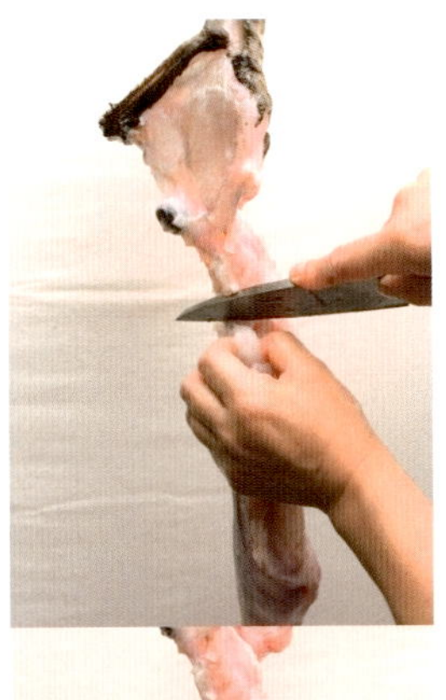

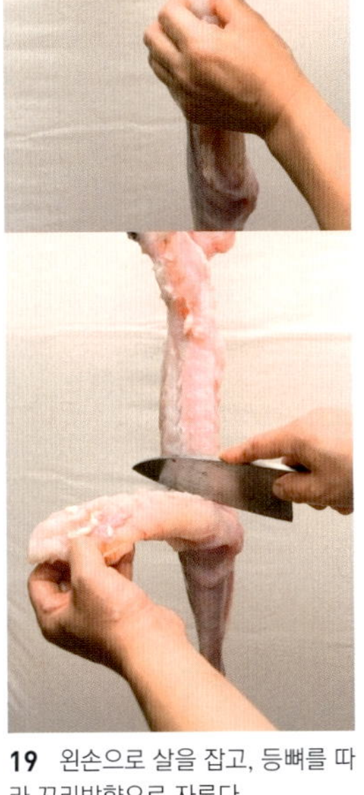

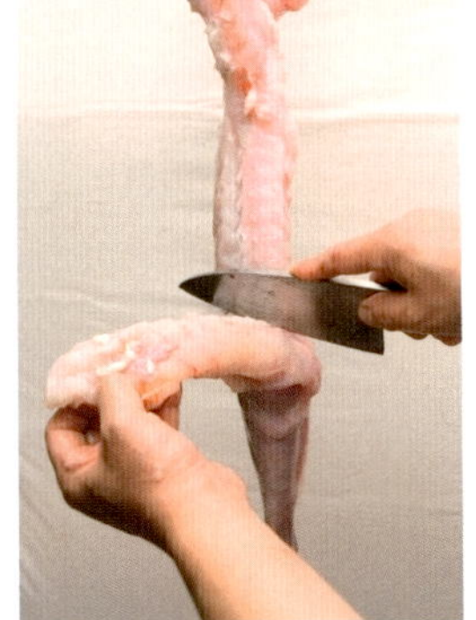

19 왼손으로 살을 잡고, 등뼈를 따라 꼬리방향으로 자른다.

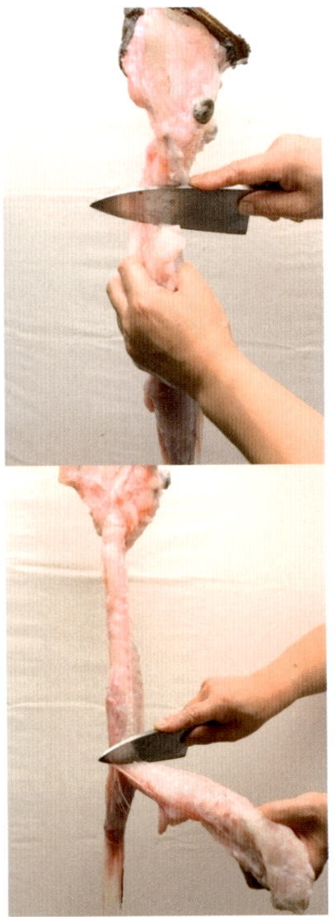

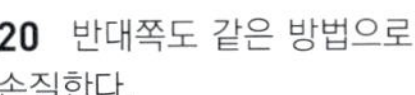

20 반대쪽도 같은 방법으로 손질한다.

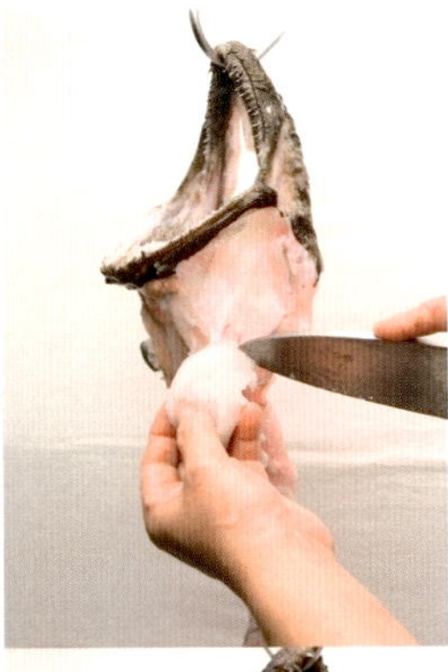

21 양쪽 볼살을 칼로 잘라낸다.

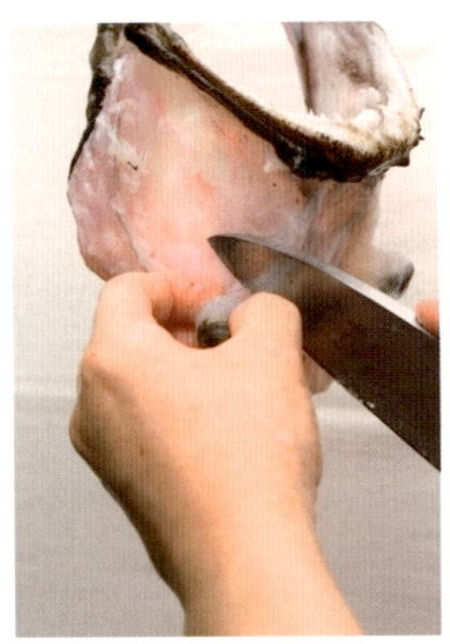

22 눈을 도려낸다.

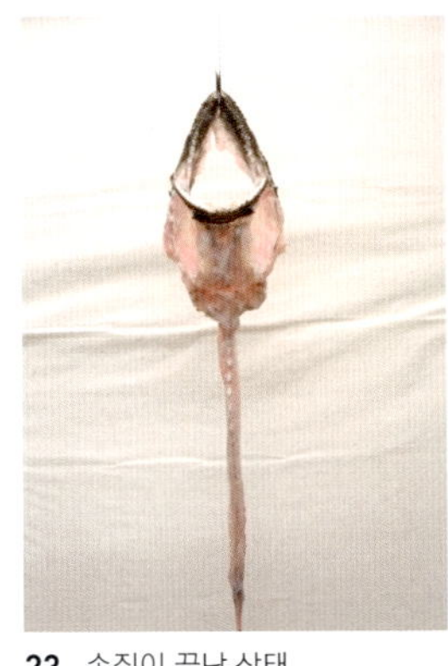

23 손질이 끝난 상태.

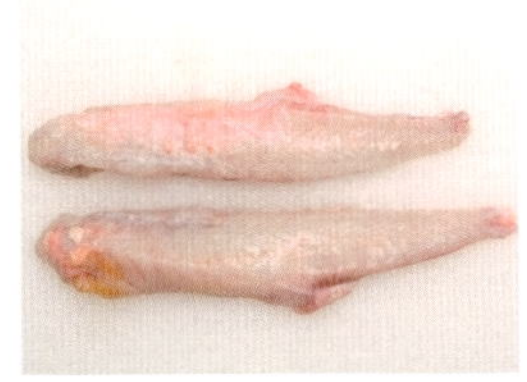

24 살을 사쿠도리(덩어리 자르기)한 상태.

밑손질(탕 또는 안주용)

위장을 잘라서 열고 안쪽을 칼로 긁어낸 후 물에 담근다. 난소는 물에 씻어서 점액질을 제거하고, 아가미와 껍질도 물에 씻어서 점액질을 제거한 후 물에 담근다. 이렇게 손질한 부위를 끓는 물에 넣었다 바로 꺼내서 얼음물에 담가 식힌 다음, 다시 물에 씻으면서 점액질을 꼼꼼하게 제거한다.

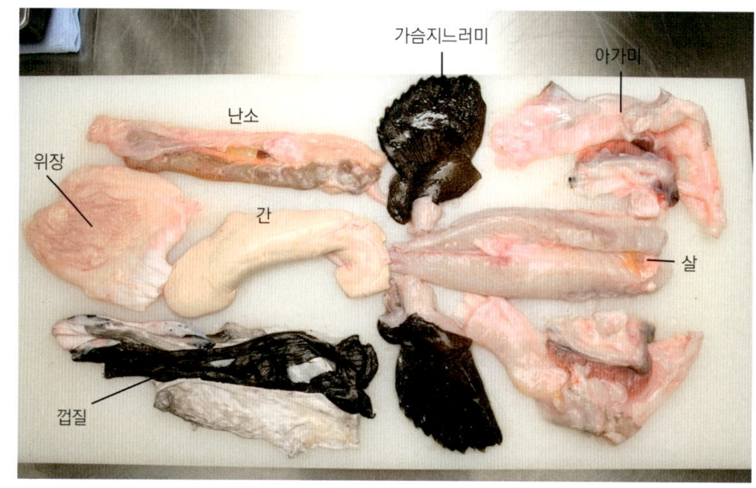

아귀간 찌는 방법

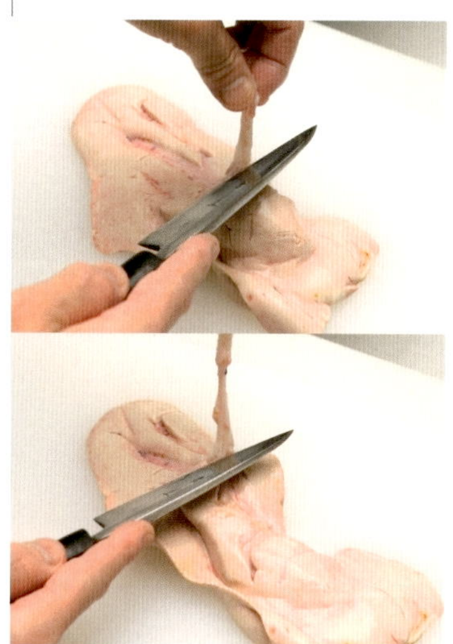

1 왼손으로 혈관을 잡고 칼로 잘라서 제거한다. 표면의 얇은 막을 제거하고, 남은 핏덩어리 등도 제거한 다음, 물에 담가둔다.

2 3% 소금물에 20분 정도 담가놓는다.

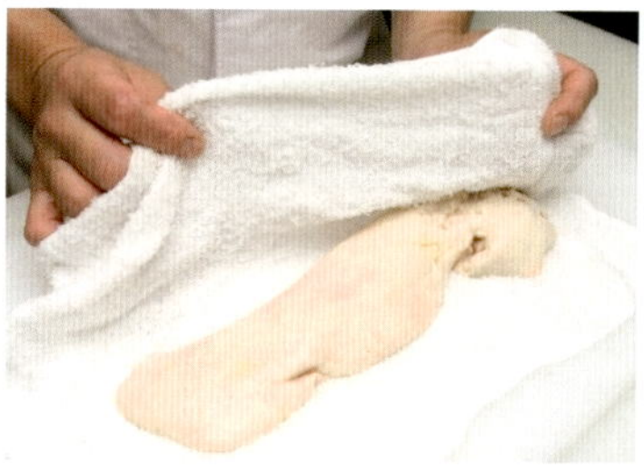

3 물기를 닦아낸다.

4 김발 위에 키친타월이나 면보를 겹쳐놓고, 아귀간을 올려서 먼저 키친타월로 만다.

5 김발로 다시 말아서 모양을 정리한 후, 양옆을 고무줄로 묶는다.

6 약한 불로 2시간 정도 뭉근하게 찐다.

일품요리 **아귀간 찜**
아귀간을 찐 후 모미지오로시나 폰즈소스 등을 뿌린다.

나마미스시(날생선스시)

양초꼬리돔

はまだい 하마다이

농어목 통돔과의 생선으로 인도양~태평양 중부에 분포한다. 수심 200~500m에서 서식하는 심해어로, 등이 붉고 배는 하얀색을 띠며 꼬리지느러미가 위아래에 길게 늘어져 있다. 긴 꼬리지느러미 때문에 일본에서는 길다는 의미로 '오나가'라고도 부른다. 봄~여름이 제철이고 가을~겨울에도 잡히는데, 맛에는 별다른 차이가 없으며 담백하다. 도미와 마찬가지로 껍질이 곱기 때문에 비늘을 긁어낸 후 뜨거운 물에 살짝 데쳐서 유비키를 하는데, 껍질이 단단하기 때문에 약간 강하게 유비키를 해도 좋다.

고를 때는 눈이 선명하고, 윤기가 있으며, 전체적으로 몸에 탄력이 있는 것을 고른다. 스시나 회는 물론 소금구이나 조림 등으로 먹어도 맛있다.

한국에는 같은 통돔과에 속하는 물통돔, 꼬리돔, 자붉돔 등이 분포한다.

나마미스시(날생선스시)

양태

こち (고치)

한국 서해와 제주도를 포함한 남해와 일본 중부 이남, 타이완 등에 분포하며, 여름철 자연산은 농어 이상 가는 고급생선으로 꼽힌다. 수심 20 ~ 200m의 바닥이 모래와 진흙으로 이루어진 연안에 서식하며, 모래와 비슷한 색의 보호색을 갖고 있어서 눈에 잘 띄지 않는다.

이케지메(신경죽이기)한 것을 회로 먹으면 맛이 일품이고, 복어와 마찬가지로 얇게 썰어서 폰즈소스를 뿌려 먹어도 좋다. 신선도가 빨리 떨어지고 살의 탄력도 떨어지기 쉬우므로, 구입한 뒤에는 빨리 손질해야 한다. 양태는 살이 희고 단단해서 회뿐만 아니라 매운탕, 지리, 어묵으로도 많이 먹는다. 스시의 기술은 성대와 같다(p.123 참조).

나마미스시(날생선스시)

연어병치

めだい (메다이)

한국 남해, 일본 홋카이도 이남, 동중국해, 서태평양 등에 분포한다. 어릴 때는 떠다니는 해조류 아래에 서식하다가 다 자라면 수심이 100m 이상 되는 깊은 바다에 주로 서식한다. 몸은 긴 달걀형이고, 머리는 둥그스름하며, 눈이 큰 것이 특징이다. 몸빛깔은 등쪽이 회색을 띤 청색이고, 배쪽은 회백색을 띤다.

일본에서는 유자를 넣은 간장을 발라서 굽는 유안야키나 미소된장에 절이는 사이쿄즈케로도 많이 먹는다. 특히 겨울에는 살이 단단하고 지방이 많아서 회나 다시마절임 등으로 먹으면 맛있고, 카르파초나 뫼니에르 등 서양식으로 즐겨도 좋다.

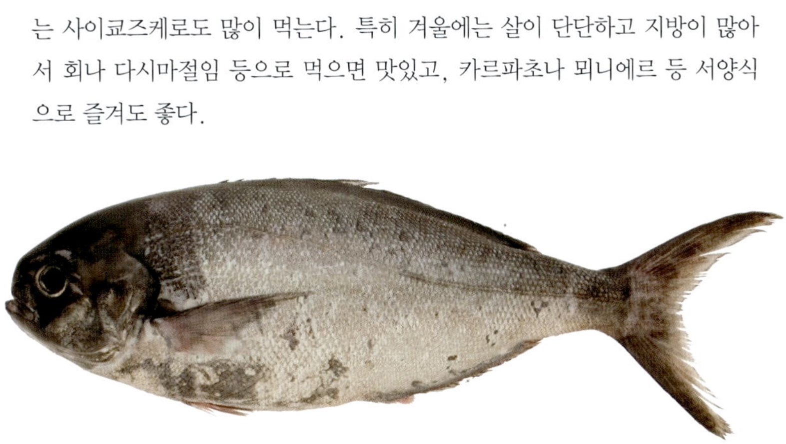

나마미스시(날생선스시) [소금 · 영귤]

옥돔

あまだい 아마다이

농어목 옥돔과의 생선으로 이름과 달리 도미 종류는 아니지만, 도미보다 값이 비싸고 살이 담백하며 감칠맛이 있는 고급 생선이다. 옥돔과에는 옥돔, 황옥돔, 옥두어 등이 있는데, 많이 먹는 것은 옥돔이다. 옥두어는 옥돔보다 수심이 깊은 곳에서 서식하고 지방이 더 많다. 한국 제주도와 남해, 일본 중부 이남, 남중국해 등에 분포하는데, 제주도에서는 옥돔만 생선이라 부르고 다른 생선은 고유 이름으로 부를 만큼 옥돔을 생선 중에 으뜸으로 친다. 냉동 · 건조시킨 상품이 제주도 특산물로 유통되며, 옥돔구이와 옥돔미역국 등이 유명하다.

옥돔은 살이 부드럽고 비늘도 잘 벗겨지지 않기 때문에 비늘을 얇게 깎아서 벗긴 다음, 가다랑어와 마찬가지로 가운데뼈를 위쪽으로 놓고 산마이오로시(3장뜨기)한다. 소금을 뿌리고 다시마로 싸서 절이면 스시나 회로 맛있게 먹을 수 있다.

옥돔은 눈이 맑고 움푹 들어가 있지 않으며, 색깔이 선명하고 윤기가 있는 것, 배가 단단한 것을 고른다. 뱃살부터 신선도가 떨어지기 쉬우므로 주의한다.

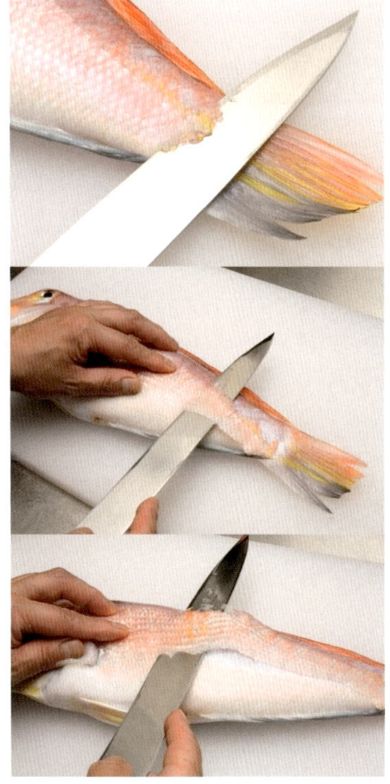

1 비늘을 깎아서 제거한다. 머리를 왼쪽에 놓고, 꼬리에서 머리방향으로 회칼을 앞뒤로 조금씩 움직이면서 비늘을 얇게 제거한다.

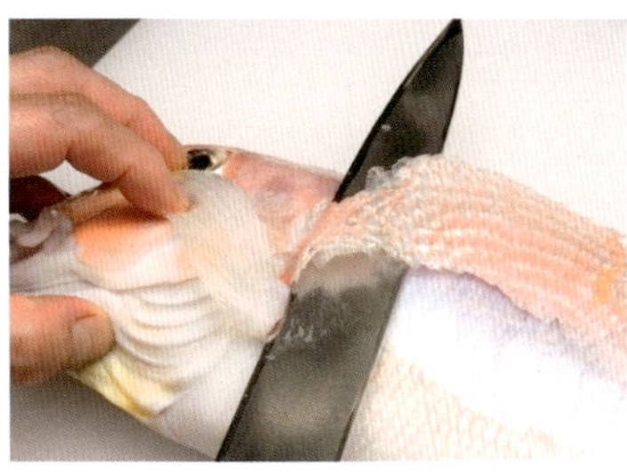

2 가슴지느러미 주변까지 벗긴다.

3 같은 방법으로 등지느러미와 배지느러미 주변까지 비늘을 없앤다.

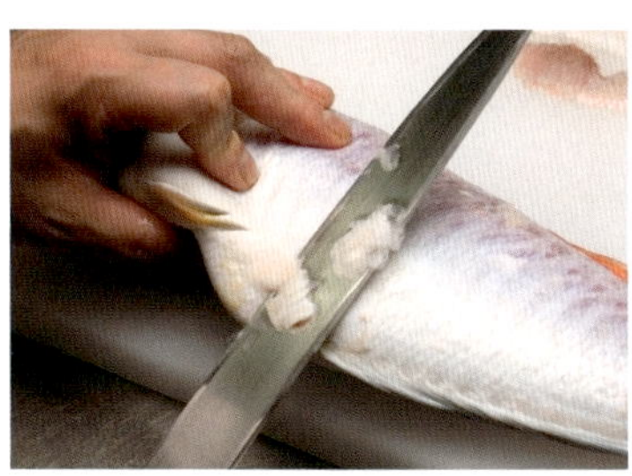

4 배 아랫부분은 왼손으로 머리를 잡고 살짝 들어서 배지느러미 아래까지 없앤다.

5 왼손으로 머리를 잡아서 배가 위를 향하게 놓고, 배지느러미 아래에 칼을 넣는다.

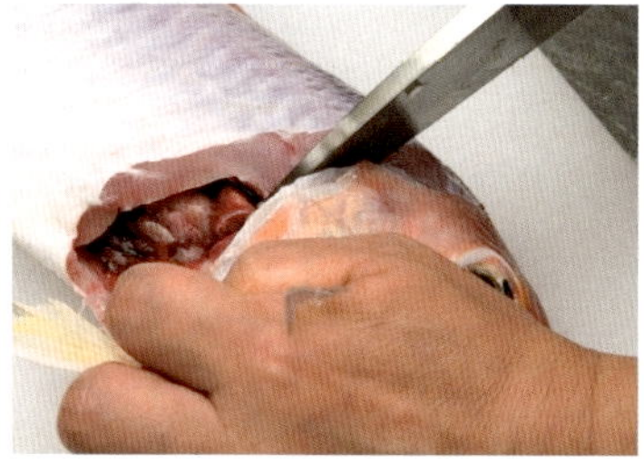

6 배를 뒤쪽으로 놓고, 배지느러미를 지나 머리까지 칼을 넣어서 등뼈를 자른다.

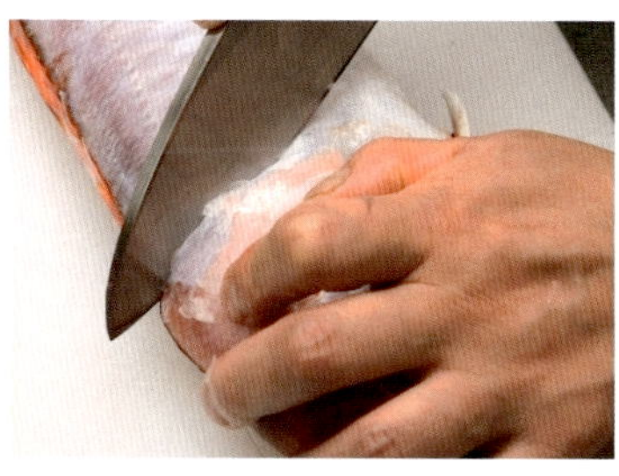

7 뒤집어서 머리가 붙어 있는 부분부터 가슴지느러미를 지나 배지느러미 아래 칼집을 낸 부분까지 자른다.

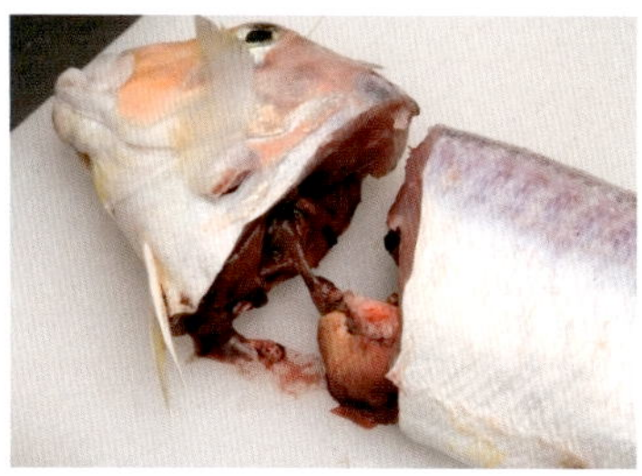

8 머리를 떼어낸다.

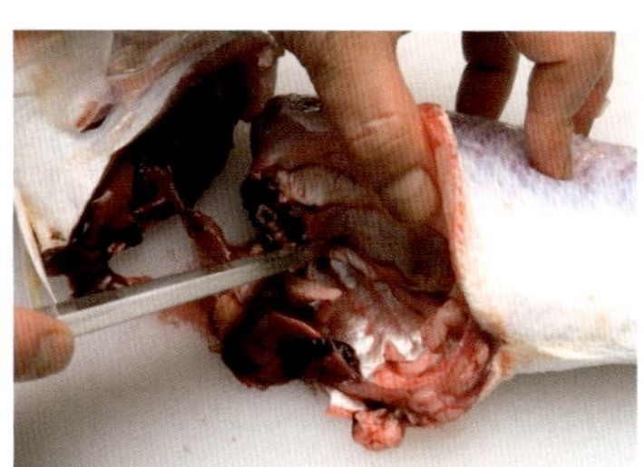

9 항문쪽부터 배를 갈라서 열고, 칼끝으로 내장을 빼낸다.

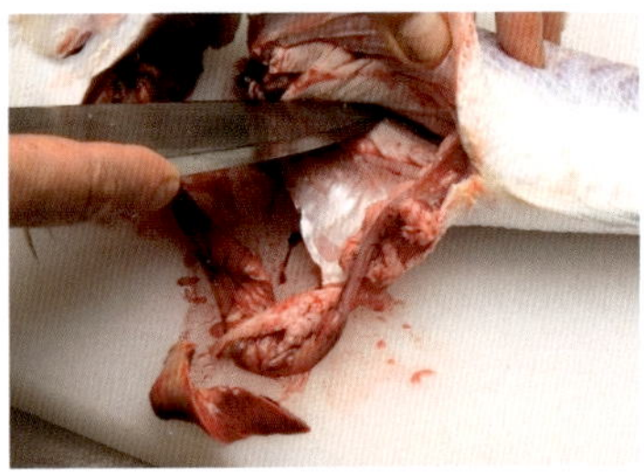

10 지아이(검붉은 살)의 막에 아래위로 칼집을 내서 긁어낸다. 남은 지아이와 피는 흐르는 물에 깨끗이 씻어낸다.

11 꼬리를 왼쪽, 등을 앞쪽으로 놓고, 꼬리 앞에 칼집을 낸다.

12 사진과 같이 머리쪽을 오른쪽 위로 비스듬히 놓고, 등지느러미를 따라 꼬리까지 칼집을 얕게 낸다.

13 그대로 꼬리를 오른쪽으로 돌려서 꼬리부터 배까지 칼집을 얕게 낸다.

14 꼬리가 왼쪽, 배가 앞쪽으로 오게 놓고, 꼬리 앞에 칼집을 낸다.

15 꼬리방향으로 뒷지느러미를 따라 배쪽에 칼집을 얕게 낸다.

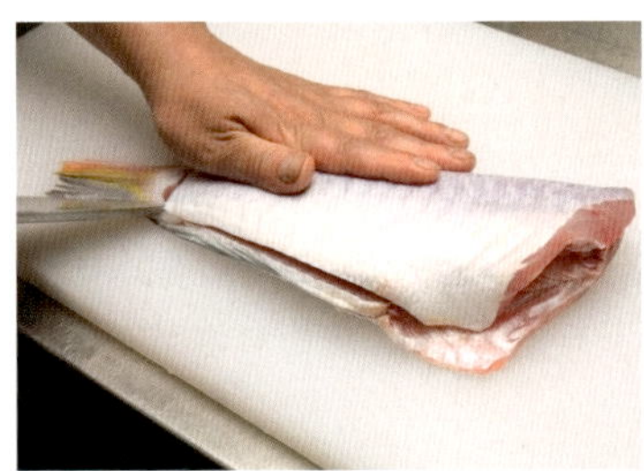

16 칼끝이 등뼈에 닿게 넣고, 가운데뼈를 따라 배부터 꼬리까지 자른다.

17 꼬리를 오른쪽, 배를 앞쪽으로 놓고, 꼬리부터 등지느러미를 따라 칼집을 얕게 낸다.

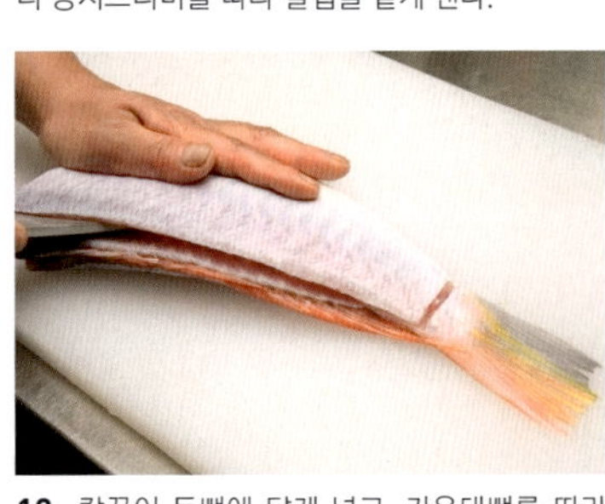

18 칼끝이 등뼈에 닿게 넣고, 가운데뼈를 따라 꼬리까지 자른다.

19 왼손으로 꼬리쪽 살을 잡고 칼을 수평으로 넣어서, 배뼈가 붙어 있는 부분까지 등뼈와 살을 잘라서 분리한다.

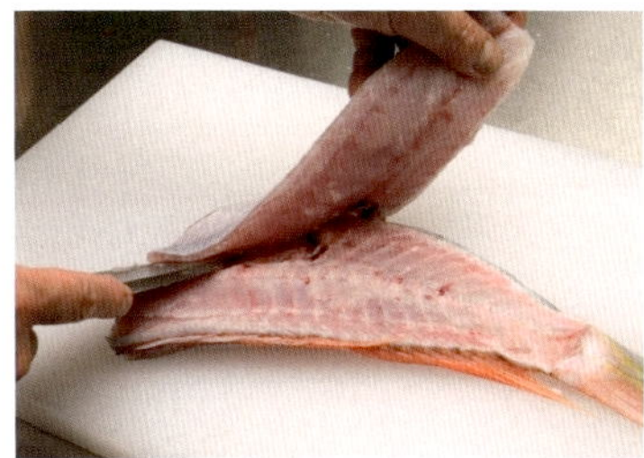

20 배뼈가 붙어 있는 부분부터는 칼날을 밑으로 기울여서 한 번에 잘라낸다.

21 가운데뼈가 위에 있는 상태에서, 꼬리는 왼쪽, 배는 앞쪽으로 오게 놓는다. 칼집을 낸 부분부터 가운데뼈를 따라 칼끝이 등뼈에 닿게 칼을 넣어 꼬리방향으로 자른다.

22 꼬리를 오른쪽, 배를 앞쪽으로 놓고, 칼집을 낸 부분부터 가운데뼈를 따라, 칼끝이 등뼈에 닿게 칼을 넣어 머리방향으로 자른다.

23 왼손으로 꼬리를 잡고 칼을 등뼈와 살 사이에 넣는다. 등뼈를 따라 배뼈가 붙어 있는 곳까지 자르는데, 배뼈를 자르는 각도에 맞게 칼날을 위로 올려서 한 번에 자른다.

24 배뼈를 제거하면 완성.

25 껍질을 벗긴 상태. 뼈와 머리는 생선국을 끓일 때 넣으면 좋다.

point

옥돔이나 가다랑어 등과 같이 살이 부드러워서 부서지기 쉬운 생선은 다른 생선과 다르게 가운데뼈가 위를 향하게 놓고 뼈를 제거한다.

다시마절임 스시

나마미스시(날생선스시)

왕연어

ますのすけ (마스노스케)

영어로는 '킹새먼', 일본어로는 '마스노스케'라고 한다. 일본 중부 이북, 오호츠크해, 베링해, 미국 남부 등에 널리 분포한다. 태평양에 분포하는 연어류 중 가장 커서, 몸길이가 90~150㎝, 무게는 20㎏ 정도이다. 어획 시기는 봄~초여름으로 5월경이 제철인데, 지방이 가장 많아 맛이 좋은 시기이다. 그러나 일본에서도 홋카이도나 동북지역의 태평양 연안에서 조금밖에 잡히지 않는 귀한 생선으로 가격도 매우 비싸다.

스시집에서 먹는 연어는 노르웨이산 양식 연어가 일반적이지만, 보다 산뜻하고 입안에서 살살 녹는 듯한 식감을 맛보고 싶다면 왕연어를 먹어보기 바란다.

큰 생선은 빨리 상하지 않기 때문에, 손질해서 토막을 낸 다음 냉동하거나 키친타월로 감싸서 보관한다.

1 비늘이 잘고 부드럽기 때문에 수세미로 문질러서 비늘을 제거한다.

2 머리를 자른다.

3 칼을 세워서 등뼈를 자른다.

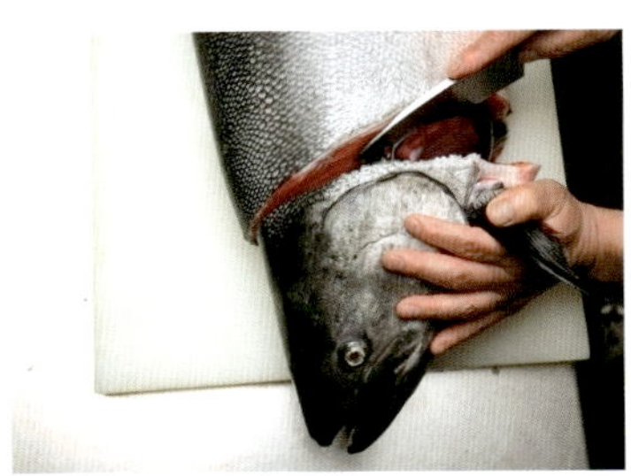

4 생선을 뒤집어서 머리를 잘라낸다.

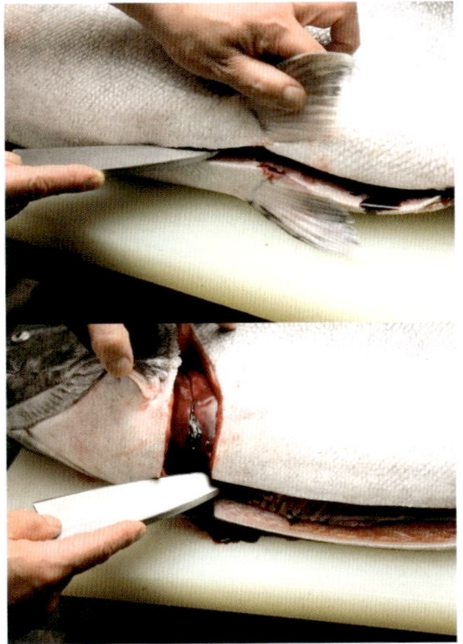

5 항문에 칼을 넣고 배를 잘라서 연다. 이 때 알이 있을 수도 있으므로, 알이 손상되지 않도록 주의해서 자른다.

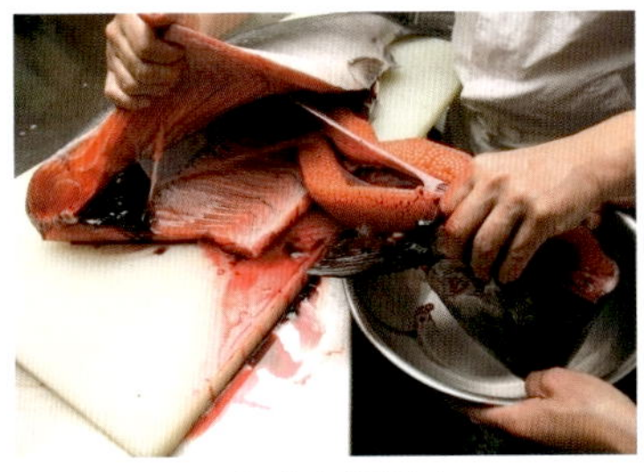

6 머리와 내장을 같이 떼어낸다.

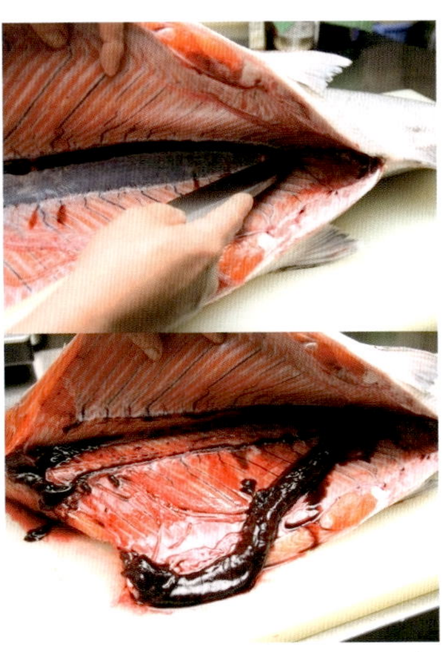

7 지아이(검붉은 살)의 막에 칼집을 내서 지아이를 긁어낸다.

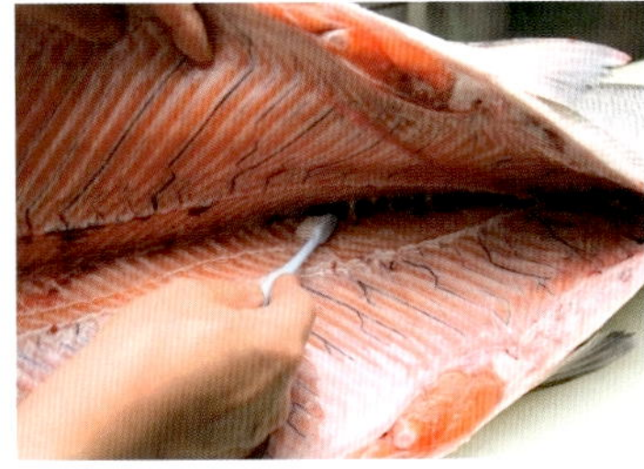

8 칫솔로 남은 지아이를 긁어내고, 물로 깨끗이 씻는다.

9 꼬리 앞에 칼집을 낸다.

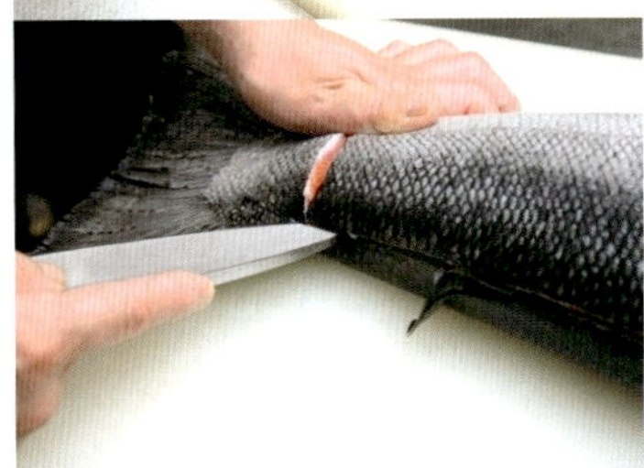

10 머리를 오른쪽, 등을 앞쪽으로 놓고, 등을 따라 껍질에 칼집을 낸다.

11 꼬리가 오른쪽, 배가 앞쪽으로 오게 생선의 방향을 바꾼 다음, 배지느러미를 따라 꼬리에서 배쪽으로 칼집을 낸다.

12 생선을 뒤집어서 반대쪽 꼬리 앞에도 칼집을 낸다.

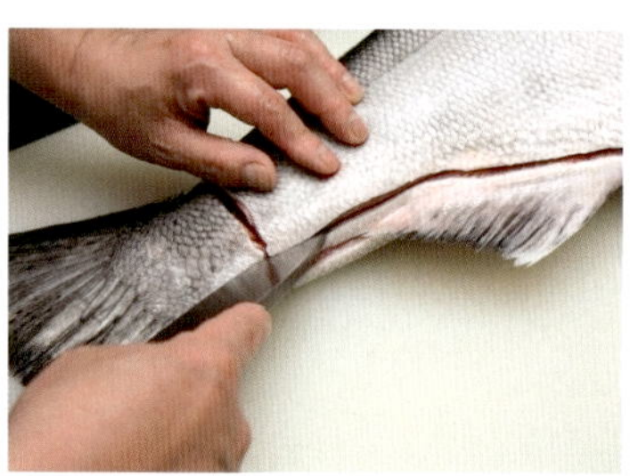

13 머리를 오른쪽, 배를 앞쪽으로 놓고, 배지느러미를 따라 칼집을 낸다.

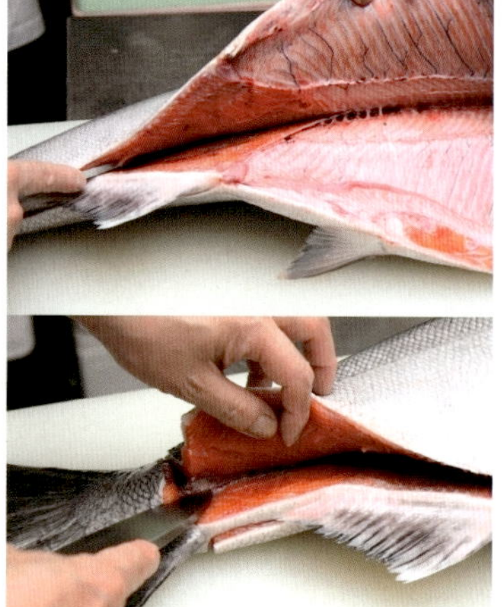

14 칼끝이 등뼈에 닿게 넣어서 가운데뼈를 따라 배부터 꼬리까지 잘라서 연다.

15 꼬리를 오른쪽, 등을 앞쪽으로 돌려놓고, 등지느러미를 따라 칼집을 낸다.

16 꼬리부터 칼끝이 등뼈에 닿게 넣고 가운데뼈를 따라 잘라서 연다.

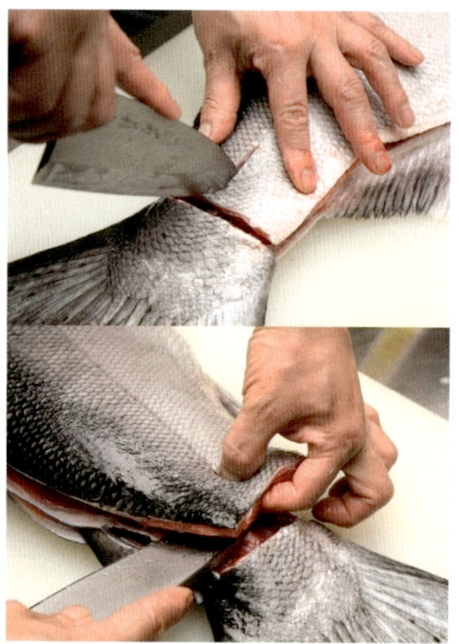

17 왕연어는 크기 때문에 잡기 편하도록 사진처럼 꼬리 앞쪽에 칼집을 내두면 손질하기 편하다.

18 꼬리쪽부터 등뼈를 따라 칼을 움직이면서 살을 잘라낸다.

19 머리를 오른쪽, 배를 앞쪽으로 돌린 다음, 가운데뼈가 위에 있는 상태에서, 배뼈가 붙어 있는 부분부터 꼬리방향으로 칼끝이 등뼈에 닿게 넣고 가운데뼈를 따라 자른다.

20 꼬리가 오른쪽, 등이 앞쪽으로 오게 돌린 다음, 꼬리부터 머리방향으로 등뼈에 칼끝이 닿게 넣어서 가운데뼈를 따라 자른다.

21 꼬리부터 등뼈 아래에 칼을 넣어 등뼈를 잘라서 분리한다.

22 배 아래쪽의 기름이 많은 부위인 하라스를 잘라낸다.

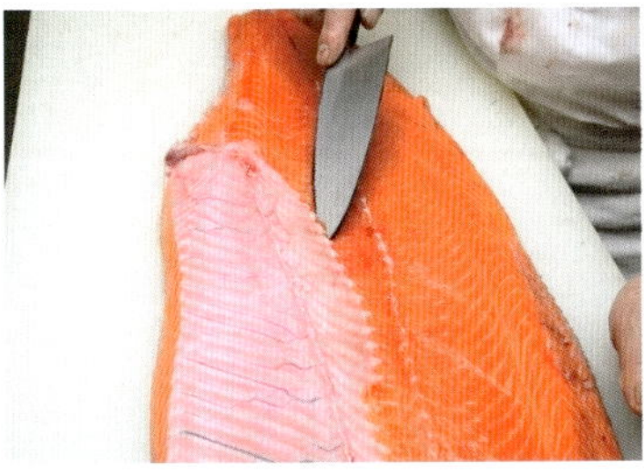

23 배뼈를 제거하는 작업. 칼등으로 배뼈가 붙어 있는 부분에 칼집을 낸다.

24 칼로 배뼈를 따라서 배의 내막과 배뼈를 함께 잘라낸다.

25 연어류는 등살에 가시가 있으므로, 손으로 가시를 찾아서 핀셋으로 제거한다.

26 살을 세로로 2등분하여 뱃살과 등살을 분리한다.

27 데자쿠(손가락 4개) 폭으로 토막을 낸다.

28 껍질을 벗긴다.

29 썰기 편한 크기로 나눈다.

나마미스시(날생선스시)

우럭

そい 소이

'우럭'의 정식 이름은 조피볼락으로 쏨뱅이목 양볼락과에 속하는데 볼락류 중에는 가장 커서 몸길이가 60㎝ 이상 되는 것도 많다. 생김새는 볼락과 비슷하고, 몸빛깔은 짙은 회갈색이지만 배쪽은 연한 색을 띤다. 수심이 10～100m 되는 연안의 암초지대에서 주로 서식하며, 가을과 겨울에 남쪽으로 이동하여 월동하는 계절회유를 한다. 한국의 모든 연안과 일본의 홋카이도 이남 및 중국의 북부 연안에 분포한다.

횟집에서 가장 흔하게 접할 수 있는 생선으로, 광어와 함께 대표적인 양식 어종이어서 매년 많은 양을 방류한다. 회나 탕으로 많이 먹고, 작은 것은 튀겨서 먹어도 좋다. 스시로 먹으면 흰살생선 특유의 담백한 식감을 즐길 수 있다. 윤기가 있고, 전체적으로 탄력이 있는 것을 고른다.

은어 보즈시

은어

あゆ(아유)・ちあゆ(지아유)

은어는 초여름~여름까지가 제철이다. 다른 생선과는 달리 독특한 향이 나기 때문에 중국에서는 향어라고 부른다. 중국, 타이완, 일본을 비롯하여 한국 전역에 분포하는데, 물이 맑은 하천과 하구에 서식하며, 강 밑바닥에 자갈이 깔려 있는 곳을 좋아한다.

은어 스시는 예로부터 소금에 절인 은어를 밥 위에 올려 유산발효 시킨 '나래즈시'가 유명하며, 현재는 은어 한 마리를 갈라서 펼친 다음, 식초에 절인 살을 샤리(스시용 밥) 위에 올려서 만드는 '보즈시(봉초밥)'를 주로 먹는다. 또, 생선 본래의 모양을 그대로 살려서 만든 스가타즈시와 활어를 썰어서 만든 스시도 있다. 은어의 비늘은 작고 촘촘하게 나있어서 칼끝으로 꼼꼼하게 제거해야 한다.

일본에서는 부화한 지 얼마 안 된 은어의 치어를 '지아유'라고 하는데, 바다에서 강으로 거슬러 올라와서 봄이 되면 시장에서 볼 수 있다. 스시의 기술은 전어(p.157 참조)와 동일하며, 살이 부드러워서 잘 드는 칼로 깔끔하게 잘라야 한다. 윤기가 있고 살에 적당한 탄력이 있는 것을 고르고, 새끼 은어인 지아유는 신선도가 떨어지면 가슴지느러미 주변의 뱃살

이 찢어지기 쉬우므로 주의한다.

아유(은어)

지아유(새끼 은어)

지아유(새끼 은어) 2장으로 만든 초절임 스시

스시의 기술

은어

1 칼날로 비늘을 긁어낸다.

2 사진의 순서대로 꼬리지느러미를 제외한 모든 지느러미를 자른다.

3 항문부터 머리방향으로 배를 잘라서 연다.

4 내장은 칼날로 긁어낸다.

5 머리를 오른쪽, 배를 앞쪽으로 놓고, 등뼈 위에 칼날을 넣는다.

6 사진과 같이 등쪽 껍질이 찢어지지 않도록 칼을 넣고, 왼손 검지로 칼끝의 움직임을 느끼면서 꼬리까지 자른다.

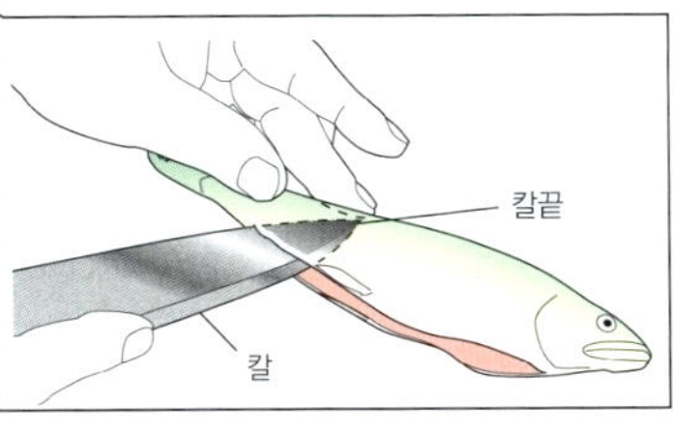

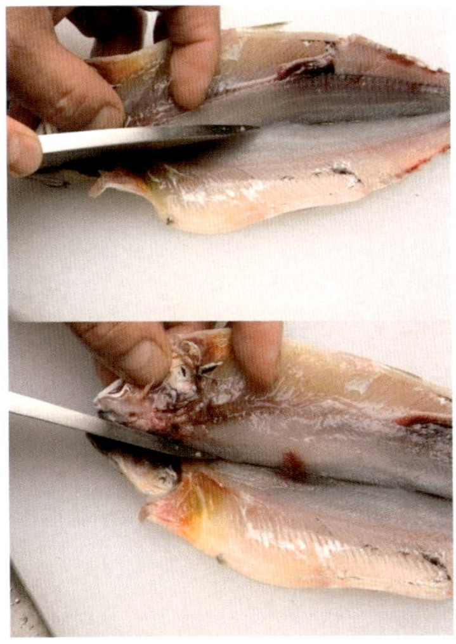

7 생선의 방향을 돌려서 머리부분을 자르고 펼친다.

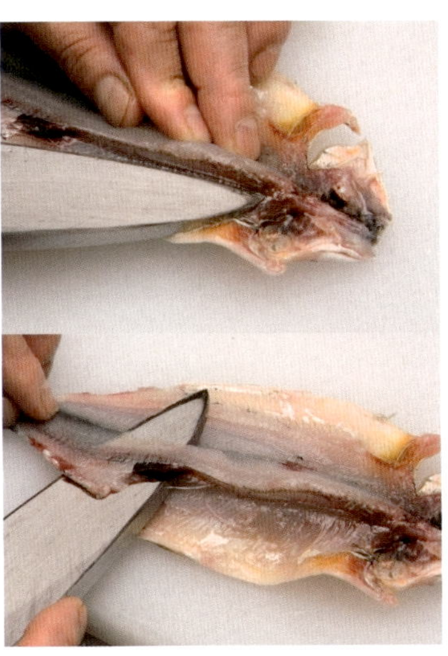

8 다시 생선의 방향을 돌린 후, 머리가 붙어 있는 부분의 등뼈 아래에 칼날을 넣어서 살과 분리되도록 자른다. 사진처럼 가운데뼈도 자르면서 꼬리까지 자른다.

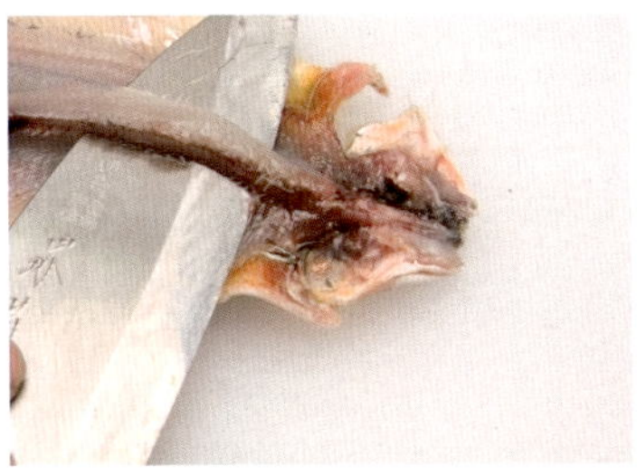

9 칼의 방향을 반대로 돌려서 머리쪽에 붙어 있는 등뼈를 잘라서 분리한다.

10 꼬리를 살쪽에 남기고, 등뼈를 잘라낸다.

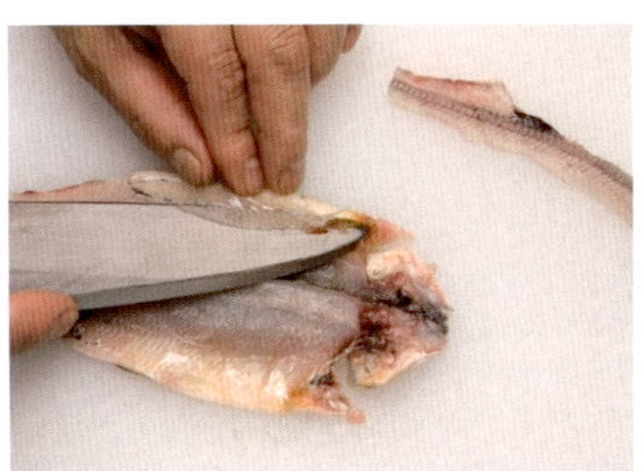

11 배뼈를 자른다.

12 가장자리 살을 다듬어서 정리한다.

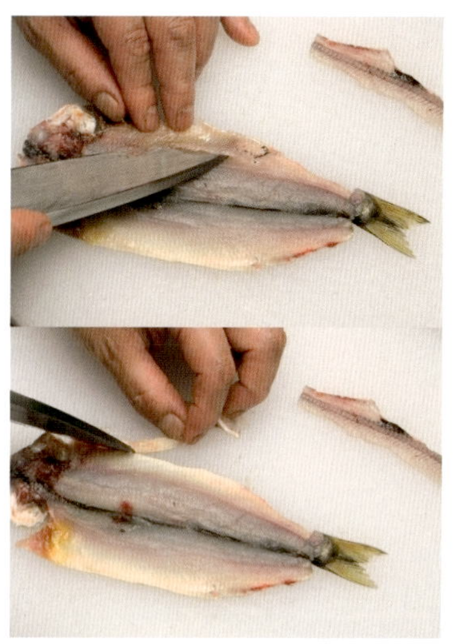

13 반대쪽도 같은 방법으로 손질한다.

14 뼈를 제거한 상태.

15 물을 적신 채반 위에 소금을 뿌린 후, 살이 위로 오게 나란히 올려서 40분 정도 둔다.

16 물로 씻고, 식초 10 : 얼음 3의 비율로 식초를 희석시켜서, 얼음이 거의 녹으면 생선살을 넣고 약 50분 정도 둔다. 물기를 뺀 후 냉장고에 넣어 숙성시킨다.

스가타즈시

스가타즈시(p.292 참조)는 생선의 모양을 그대로 살려서 만드는 스시를 말한다. 아래 사진은 삶은 달걀의 노른자를 으깨서 설탕과 소금을 넣은 다음 중탕으로 물기 없이 볶은 기미오보로를 사이에 넣고 만든 은어 스가타즈시.

새끼 은어 초절임

손질방법은 전어(p.157 참조)와 같다.

1 6% 소금물에 7분 정도 담가둔다.

2 소금기를 씻어낸 후, 식초 10 : 얼음 3의 비율로 식초를 희석한다. 얼음이 거의 녹은 식초물에 생선살을 넣어서 표면이 하얗게 변하면 꺼낸다(약 7분).

나마미스시(날생선스시) [소금, 영귤]

자바리

くえ 구에

시중에서 볼 수 있는 것은 길이 1m, 무게 10kg 전후의 자바리이지만, 큰 것은 몸길이가 1.5m, 무게는 30kg 정도까지 나가는 것도 있다. 같은 바리과에 속하는 능성어(p.81 참조)와 마찬가지로 자연산은 매우 귀해서 고급생선으로 취급된다. 한국 제주도를 포함한 남해와 일본 남부, 중국, 필리핀 등에 분포하며, 제철은 겨울이다. 살은 투명해 보이는 흰색으로 열을 가하면 지방이 배어나와 진한 맛이 느껴진다. 회나 탕, 구이 등으로 이용하며, 버리는 부분 없이 내장부터 뼈와 눈알까지 전부 먹을 수 있다. 제주도 등지에서 '다금바리'라고 불리기도 하지만 다금바리와는 다른 종류이다.

몸집이 큰 생선은 빨리 상하지 않아서 오래 보관할 수 있기 때문에 자바리도 신경을 마비시켜서 이케지메한 것은 약 2주 정도 보관할 수 있다. 비늘이 단단하여 얇게 깎아내야 한다. 머리가 몸의 1/3 정도로 매우 크기 때문에 청주를 넣고 머리찜을 만들어도 맛있다. 이빨, 등지느러미, 아가미 등이 매우 단단하므로 손질할 때 다치지 않도록 주의한다. 산마이오로시(3장뜨기)로 손질한다(p.20 참조).

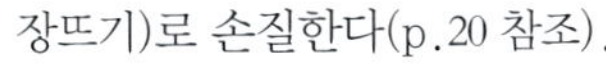

아부리스시(불에 구운 스시)

나마미스시(날생선스시)

자붉돔

ひめだい 히메다이

농어목 퉁돔과의 생선으로 몸길이가 40~45㎝ 정도 되는 것이 많으며, 가늘고 옆으로 납작하다. 몸빛깔은 옅은 자줏빛이며, 배쪽은 하얗다. 수심 180~360m의 바닥이 암초이거나 산호초인 지역에서 주로 서식하는데, 한국 남부에서 하와이, 호주 북부에 이르는 태평양 및 아프리카 동부를 포함하는 인도양에 널리 분포한다. 어획량이 많지 않아 고급생선으로 취급된다.

생선살은 담백하고 단맛이 있어서 스시나, 회, 국물요리에 이용하면 참돔과 구별하기 어려울 정도로 맛이 좋다. 돔과 마찬가지로 껍질이 곱기 때문에 뜨거운 물에 살짝 데치는 유비키를 해서 껍질째 먹는다.

나마미스시(날생선스시)

잿방어

かんぱち 간파치

따뜻한 물을 좋아하는 남방계 어류로 한국 동해와 제주도를 포함한 남해안, 일본, 동중국해, 타이완, 인도네시아 등 온대 및 열대해역까지 널리 분포하며, 양식도 활발히 이루어지고 있다. 일본에서는 크기에 따라 부르는 이름이 달라서 60㎝가 넘는 것은 '간파치'라고 부르고, 그 이하를 관동지방에서는 '숏코' 또는 '쇼고'라고 부른다.

방어 종류 중에서도 크기가 큰 편으로 큰 것은 몸길이 1.5m, 몸무게 50㎏에 이르는 것도 있지만, 맛은 2~3㎏ 정도 되는 것이 가장 좋다. 제철은 여름이고, 자연산은 살이 옅은 분홍색을 띠고 양식은 흰색을 띤다. 적당히 지방이 오른 단단한 살을 회나 스시로 먹으면 맛이 좋다.

손질할 때는 배쪽에 은색이 남도록 껍질을 벗긴다. 윤기가 나고 눈이 맑은 것을 골라, 산마이오로시(3장뜨기)로 손질하여 사용한다(p.99 부시리 스시의 기술 참조).

나마미스시(날생선스시)[생강, 대파]

전갱이

まあじ (마아지)

전갱이과에는 갈고등어와 새가라지 등 몇 가지 종류가 있지만, 가장 흔한 것은 '전갱이' 이다. 전갱이는 여름이 제철이지만 봄부터 가을까지 잡히며, 산란기가 지역에 따라 다양하기 때문에 가을에도 지방이 풍부한 전갱이를 먹을 수 있다.

지역에 따라 부르는 이름이 달라서 경남에서는 '전광어', 부산에서는 '메가리', 완도에서는 '가라지', 함남에서는 '빈쟁이', 제주에서는 '각재기', 전남에서는 '매생이' 등으로 부른다. 포항, 마산 등지에서는 일본 이름 그대로 '아지'라고 부르기도 한다. 몸은 방추형이며, 모비늘(방패비늘)이라고 부르는 전갱이 특유의 가시 같은 비늘이 꼬리 앞부분까지 이어진다. 등푸른생선이지만 정어리나 고등어에 비해 맛이 담백하고 지방이 적당히 있어서 스시로 먹기도 하고 가정에서도 반찬으로 많이 먹는 생선이다.

전체적으로 은색에 가까운 광택이 있고, 눈이 투명하며, 몸이 휘어 있는 것이 신선하다.

여름 전갱이는 지방이 풍부해서 기온의 영향을 받아 상하기 쉬우므로 바로 손질하는 것이 좋다. 식초에 절여서 와사비를 곁들이거나, 날것에는 생강을 곁들이면 잘 어울린다. 살짝 구워서 다타키 등으로 먹어도 훌륭하다.

초절임 스시

전어

しんこ(신코)・こはだ(고하다)

신코 초절임 스시[5장 사용]

고하다 초절임 스시[반쪽 사용]

작은 전어 신코의 손질 포인트

4~6㎝ 크기의 작은 전어 신코는 작아서 온도가 올라가기 쉽고 상하기도 쉬우므로, 자르기 전이나 자른 후에도 낮은 온도를 유지하는 것이 중요하다. 비늘이 붙어 있는 상태에서 얼음물에 넣은 다음, 물속에서 머리를 제거하고 내장을 빼낸다. 손질한 전어는 소금을 조금 넣은 얼음물에 넣어둔다. 더 확실하게 하려면 스테인리스 볼에 얼음을 넣고, 그 위에 다른 볼을 올려서 손질한 전어를 담아두는 것이 좋다.

전어는 시집살이가 힘들어서 집을 나간 며느리가 시어머니의 전어 굽는 냄새에 못이겨 다시 집으로 돌아온다는 이야기가 있을 만큼 맛좋은 생선으로 유명하다. 일본에서는 성장에 따라 '신코(약 4~6㎝)', '고하다(약 10~14㎝)', '나카즈미(약 15㎝)', '고노시로(약 17㎝ 이상)' 라고 부른다.

초봄~초여름까지가 산란기로 초여름에 4~6㎝로 자란 작은 전어 신코가 시장에 출하되기 시작한다. 10~14㎝의 큰 전어 고하다는 잔가시가 많고 살이 부드러워서 날로 먹지 않고 초절임을 해서 먹는 것이 일반적인데, 소금으로 잘 절인 후 차가운 식초물에 다시 절이면 비린내를 없앨 수 있다. 지방이 없는 시기의 고하다는 냉장고에 넣고 오래 절이는데, 단백질 분해효소가 많기 때문에 효소의 활동을 늦추기 위해 저온에서 소금과 식초로 절여 감칠맛을 숙성시키는 것이다.

지방이 많은 시기의 고하다는 지방이 산화되기 쉬우므로 식초물로 씻어서 지방을 제거하고, 가능하면 빠른 시간 안에 손질하는 것이 좋다. 제대로 절이지 않으면 비린내가 날 수 있으므로 주의한다. 크기가 작은 신코는 많은 양이 필요하므로, 손질하는 사이에 생선의 온도가 올라가지 않게 주의해야 한다. 윤기가 있고 배에 상처가 없는 것을 고른다.

스시의 기술

작은 전어 신코(고하다보다 초절임 시간을 짧게 한다)

1 등지느러미를 자른다.

2 칼로 비늘을 긁어낸다.

3 머리를 자른다.

4 배를 세로로 길게 잘라낸다.

5 내장을 긁어낸다.

6 껍질을 보기 좋게 만들고, 비린내를 제거하기 위해 얼음을 넣은 소금물에 넣는다.

7 등지느러미의 삼각형 부분에 칼날을 넣어서 배를 가른다(p.160, **8** 참조). 칼날을 등 중심에 넣어야 한다.

8 펼친 상태에서 가운데뼈를 제거한다. 생선이 작기 때문에 움직이지 않게 잡고 자르는 것이 포인트이다.

9 꼬리를 잘라낸다.

10 칼날의 방향을 바꿔서 배뼈를 얇게 잘라낸다.

신코 초절임 스시[3장 사용]

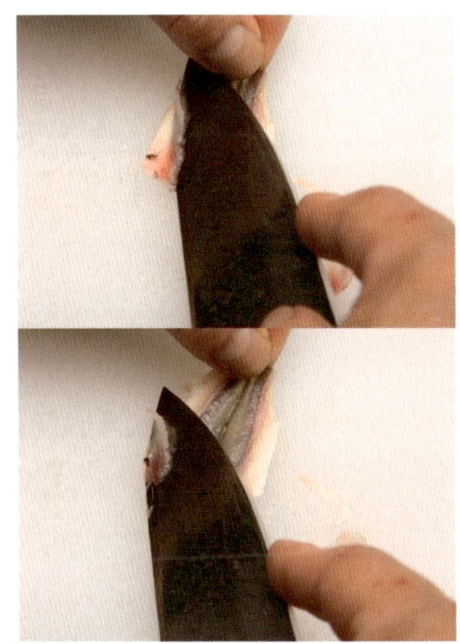

11 반대쪽도 같은 방법으로 손질한다.

12 배뼈를 제거한 후 사진과 같이 가장자리를 잘라서 보기 좋게 정리한다.

13 얼음 위에 볼을 올려놓고 손질한 생선을 1장씩 올리면서 작업을 진행하면 신선도를 유지할 수 있다.

신코 초절임 스시[1장]

14 얼음을 넣은 6% 소금물에(p.228 참조) 15분 정도 담가서 절이고, 물로 씻어서 소금기를 제거한다.

15 차가운 식초물(식초 10 : 얼음물 3)에 약 10분 정도 절인다. 양이 많을 때는 조금 더 오래 절이는데, 그날 모두 사용할 수 있는 분량이라면 시간을 줄여도 좋다.

16 채반에 올려서 물기를 뺀다.

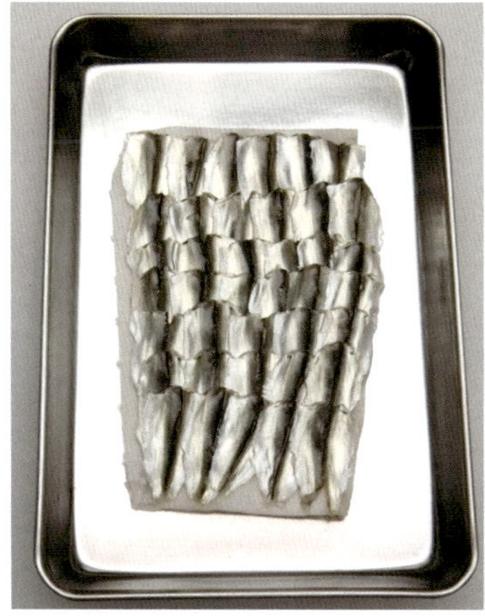

17 트레이에 키친타월을 깔고 올린다.

신코 1장으로 스시를 만드는 경우

1 소금을 뿌린 채반에 나란히 올려 7분 정도 둔다.

2 식초물에 넣고 10분 정도 절인다.

3 트레이에 키친타월을 깔고 올려서 보관한다.

큰 전어 고하다

1 비늘을 제거하기 쉽게 얼음물에 담가둔다.

2 등지느러미를 자른다.

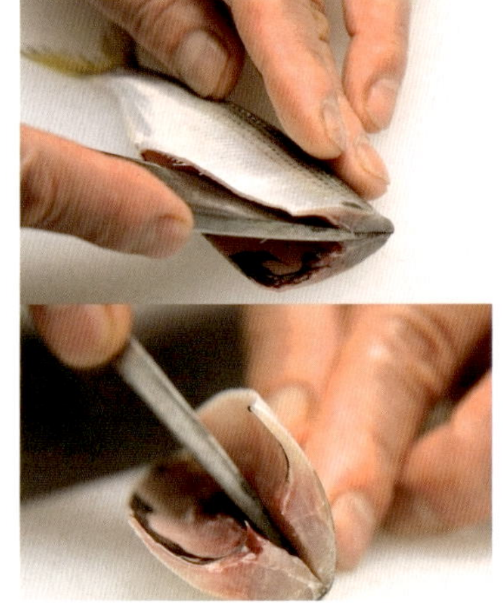

3 비늘을 칼날로 긁어서 꼼꼼히 제거한다.

4 머리를 어슷하게 잘라낸다.

5 사진과 같이 배 앞부분을 세로로 똑바르게 자른다.

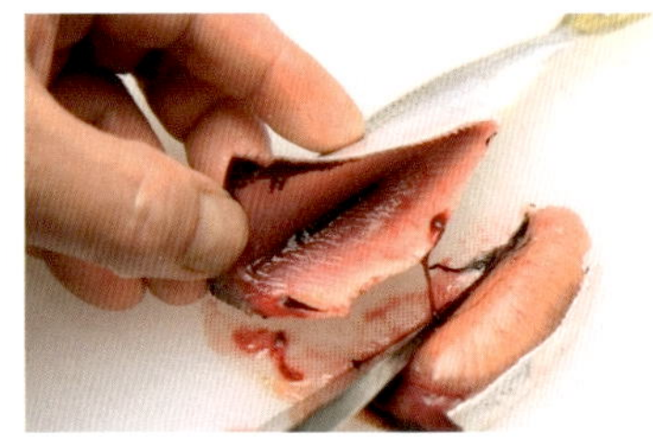

6 내장을 긁어낸다.

7 얼음을 넣은 2% 소금물에(p.228 참조) 담가서 절이면 껍질이 보기좋게 된다.

8 사진처럼 등지느러미의 삼각형 부분에 칼날을 세워서 넣고, 배뼈가 붙어 있는 부분까지 자른다. 사진이 올바른 칼의 각도.

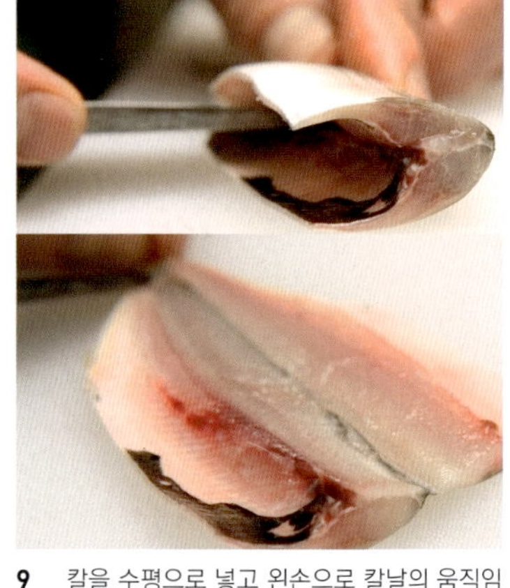

9 칼을 수평으로 넣고 왼손으로 칼날의 움직임을 느끼면서 꼬리까지 잘라서 펼친다. 완전히 자르지 않고 1장으로 만들기 위해 왼손 검지로 칼끝의 움직임을 느끼면서 자르는 것이 중요하다.

10 껍질이 위로 오게 살을 뒤집은 후, 등뼈 위에 칼을 넣어서 자른다.

point

올바른 칼의 각도.

11 칼날로 등뼈를 누르고, 왼손으로 살을 당기면서 분리한다.

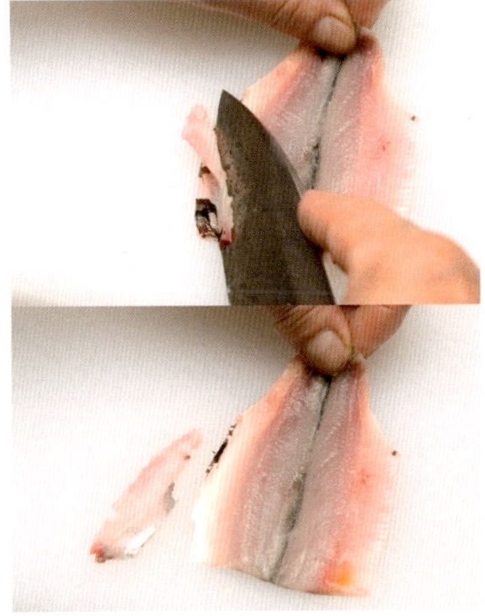

12 배뼈를 자른다.

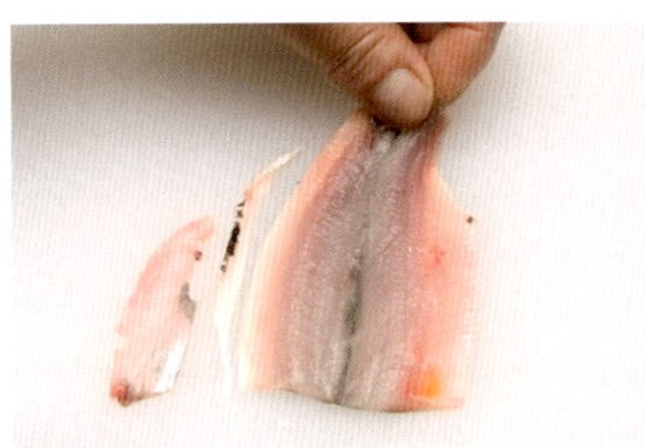

13 꼬리에서 머리방향으로, 깔끔한 곡선이 되도록 잘라서 모양을 정리한다.

14 반대쪽도 칼날의 방향을 바꿔서 배뼈를 자른다. 반대쪽도 같은 방법으로 손질한다.

15 젖은 채반 위에 소금을 뿌린다.

16 껍질은 아래로, 꼬리는 가운데를 향하게 올린다. 소금을 뿌리고 생선 크기와 지방이 오른 정도, 기온에 따라 30~45분 정도 둔다. 소금에 절여서 생선의 수분을 줄이기 위한 과정이다.

17 물로 씻어서 소금을 제거한다.

18 니반즈(한 번 사용한 식초)와 물을 섞어서 생선을 씻는다(니반즈 1 : 물 2).

19 차가운 식초물 (식초 10 : 물 3)에 넣어 40~55분 정도 절인다.

point 소금을 너무 많이 뿌리지 말고, 저온의 식초물에 담가서 천천히 절이는 것이 비결이다.

20 채반에 올려 물기를 제거한다. 그 후 용기에 나란히 담아서 냉장고에 넣고 숙성시킨다.

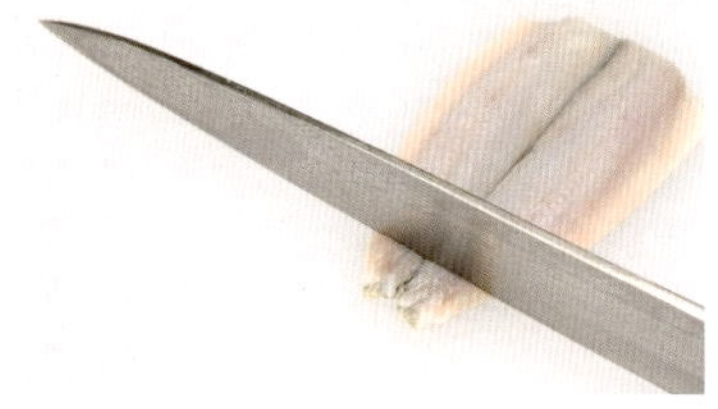

21 꼬리를 잘라서 정리한다.

22 살의 왼쪽부분을 등지느러미를 따라 잘라서 분리한다.

23 등지느러미에 남아 있는 딱딱한 부분에 칼을 어슷하게 넣은 다음 칼을 세워서 자른다.

point

장식용 칼집을 낸다. 장식이 될 뿐 아니라 식감이 좋아지는 기능도 한다.

나마미스시(날생선스시)[생강, 대파]

정어리

まいわし (마이와시)

청어과에 속하는 등푸른생선으로 제주도 동남방 해역에서 겨울을 나고, 봄이 되면 북쪽으로 이동하며, 여름에는 동해 전역에 걸쳐 서식하고, 가을이 되면 남쪽으로 이동한다. 한국, 중국, 일본 등지에 분포하며, 고등어나 꽁치 등에 비해 크기는 작지만 영양분이 많은 건강식품이다. 알을 낳기 직전인 9~10월에 가장 맛이 좋다. 정어리는 빨리 상하는 생선이기 때문에, 신선하지 않은 것은 스시에 사용할 수 없다.

신선한 정어리는 비린내가 없고, 생강이나 파와 잘 어울리며, 살짝 식초에 절여도 맛있다. 잔가시가 많고 살이 부드러워서 칼로 자르면 살에 뼈가 많이 남기 때문에, 손으로 갈라서 펼치는 데비라키 기술로 손질하는 것이 기본이다. 살에서 뼈를 벗겨내듯이 손으로 재빨리 갈라서 펼치고, 뼈가 없는 꼬리쪽은 칼을 사용하여 깔끔하게 가를 수 있다(p.30 데비라키 참조). 눈이 선명하고, 껍질에 윤기가 나며, 살이 두툼한 것을 고른다.

초절임 스시

나마미스시(날생선스시)

줄무늬전갱이

しまあじ 시마아지

정식 이름은 '흑점줄전갱이'로 큰 것은 몸길이가 1m에 이르는 것도 있다. 꼬리 가까이에 전갱이 종류가 갖고 있는 특유의 단단한 모비늘이 있고, 몸이 넓적한 것이 특징이다. 동부 태평양을 제외한 태평양 해역과 대서양, 인도양 등의 온대해역에 광범위하게 분포하는데, 한국에서는 거의 잡히지 않는다.

전갱이과 생선 중에서도 맛이 좋기로 유명하며, 제철은 여름~가을이다. 일본에서 유통되는 것은 대부분 양식이고, 자연산은 일본 이즈제도와 태평양 연안, 가고시마에서 잡히지만 그 수가 매우 적으며, 그 중에서 가장 맛이 좋은 것은 이즈제도산 줄무늬전갱이이다. 여름에 잡히는 몸길이 30~40㎝ 정도의 줄무늬전갱이가 가장 고급스럽고 맛도 좋다. 스시나 회로 먹으면 흰살생선의 고급스러운 식감과 등푸른생선 특유의 감칠맛이 어우러져서 담백한 맛이 난다. 시장에서는 상당히 높은 가격으로 거래된다.

1 모비늘을 도려낸다.

2 수세미로 문질러서 비늘을 긁어낸다.

3 머리를 자르고, 배를 갈라서 내장을 씻어낸 다음, 얼음을 넣은 소금물에 담가서 절인다. 산마이오로시(3장뜨기)를 한다(p.20 참조).

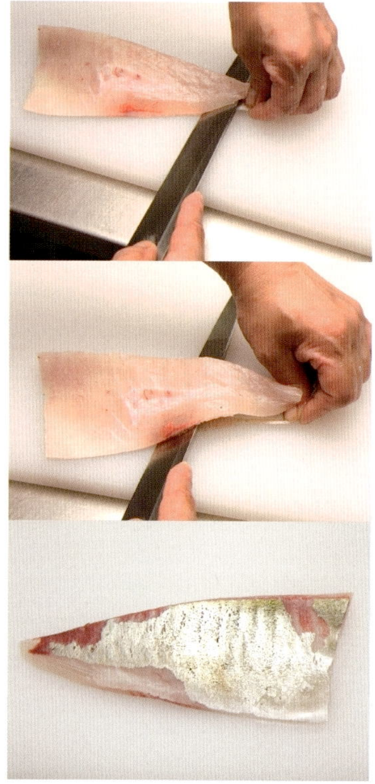

4 왼손으로 꼬리 끝부분의 껍질을 잡고 그 사이에 칼을 넣는다. 껍질을 당기면서 칼을 앞뒤로 조금씩 움직여서 벗기는 것이 비결.

5 손으로 껍질을 벗길 때는 먼저 트레이에 식초를 적신 키친타월을 깔고 껍질이 아래로 가게 올려서 식초가 배게 한다.

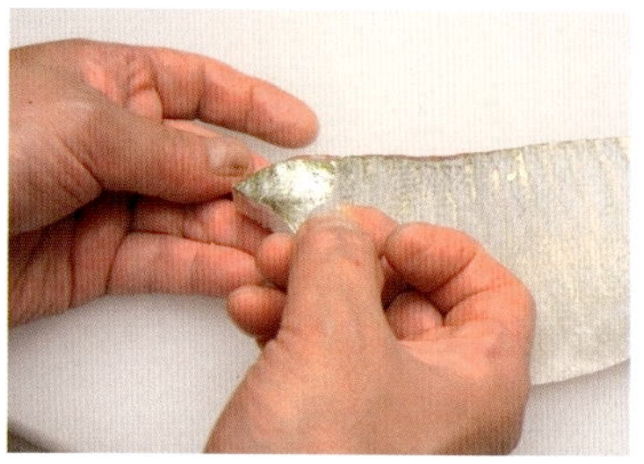

6 머리쪽 가장자리부터 껍질을 벗긴다.

7 껍질과 살 사이에 엄지손가락을 넣어서 조금씩 벗긴다.

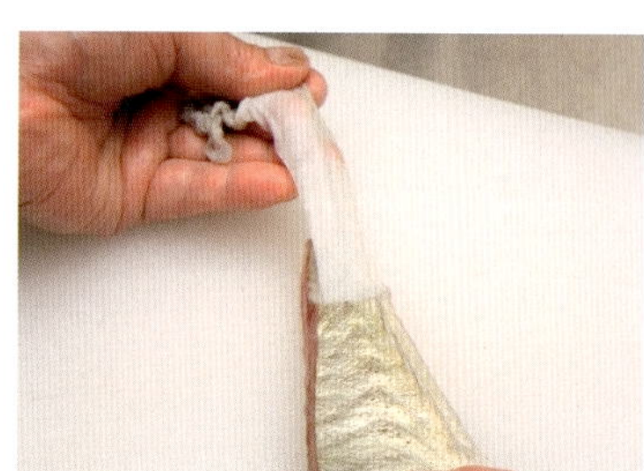

8 꼬리까지 벗기고 그 다음은 단숨에 벗긴다.

9 손으로 벗긴 상태.

나마미스시(날생선스시)

쥐노래미

あいなめ
아이나메

노래미와 비슷하게 생겼지만 노래미에 비해 배가 하얗고, 꼬리지느러미 가장자리가 약간 파여 있으며, 서식장소에 따라 옅은 검은색에서 갈색까지 몸빛깔이 다양하다. 몸은 가늘고 길며, 비늘은 잘고 표면에 점액질이 있다. 한국의 모든 해역과 일본 홋카이도 이남, 동중국해 등에 분포하며 양식을 하기도 한다. 겨울이면 산란한 알을 수컷이 지키고 은어처럼 고유의 영역을 갖는 특성이 있다. 시장에서는 사계절 모두 볼 수 있지만 제철은 봄이다.

살은 크림색으로 지방이 적당히 올라서 담백한 맛이 나지만, 쉽게 상하기 때문에 이케지메(신경죽이기)하여 빨리 사용하는 것이 좋다. 회, 소금구이, 튀김, 탕의 재료로 이용한다. 갯장어처럼 뼈를 잘라서 먹기도 하며, 일반적으로 산마이오로시(3장뜨기)로 손질한다(p.20 참조).

다시마절임 스시[산초잎]

나마미스시(날생선스시) [간, 모미지오로시, 산파]

쥐치

かわはぎ (가와하기)

쥐포의 재료이기도 한 쥐치는 한국 전 연안과 일본 홋카이도 이남, 동중국해 등에 분포하며, 요즘은 잘 잡히지 않아 고급어종에 속한다. 몸이 납작하여 껍질을 벗겨서 포를 뜨기 쉬우며, 포를 뜬 것을 포개서 조미하여 말린 것이 쥐포이다. 뼈가 연하여 뼈째 썰어서 회로 먹으며, 간도 회로 먹는데 껍질이 쉽게 벗겨져 요리하기 편하다.

위의 사진은 쥐치 살 위에 익힌 간과 실파, 모미지오로시(무와 고추를 함께 간 것)를 올려서 만든 스시이고, 샤리와 쥐치 살 사이에 익힌 간을 끼워 넣어도 입안에서 간과 샤리가 잘 어우러져 절묘한 맛을 즐길 수 있다. 또, 간과 간장, 모미지오로시를 섞어서 만든 양념장에 회를 찍어 먹어도 맛있다. 입에서 꼬리방향으로 껍질을 벗겨 조리하는데, 내장을 제거할 때 담낭이 터지지 않도록 주의한다(p.167 8 참조).

쥐치를 고를 때는 눈이 투명하고, 껍질무늬가 고우며, 살이 단단하고, 껍질이 까칠까칠한 것을 고른다.

소금과 영귤 스시

1 머리의 뿔을 제거한다.

2 껍질을 벗기기 위해 칼집을 내기 전에 입을 먼저 잘라낸다.

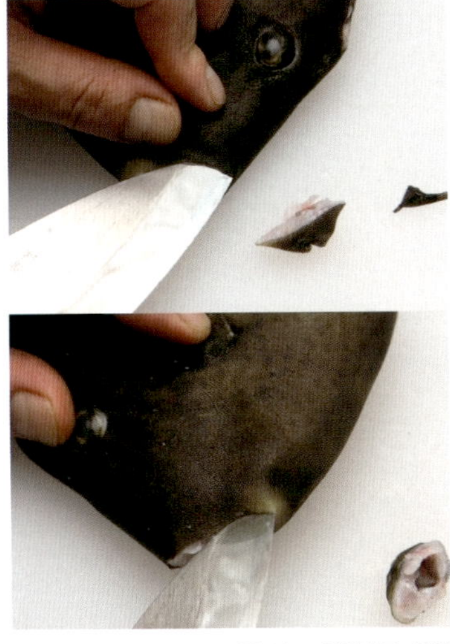

3 사진과 같이 입에 칼을 넣고 위아래로 칼집을 낸다.

4 머리에서 꼬리방향으로 손으로 껍질을 잡아 당겨서 벗긴다.

5 반대쪽도 같은 방법으로 껍질을 벗긴다.

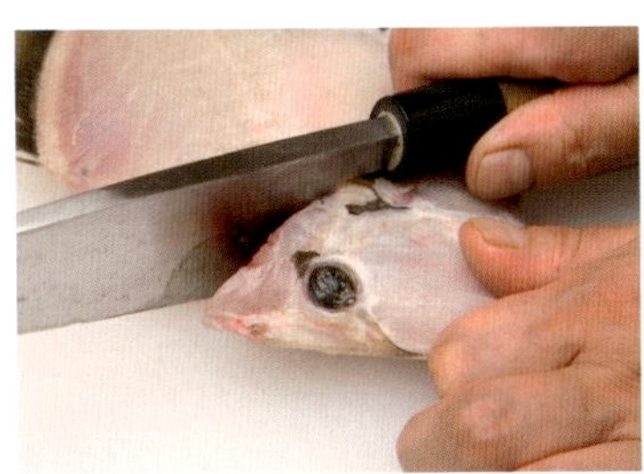

6 칼턱으로 등뼈와 머리가 붙어 있는 부분을 자른다.

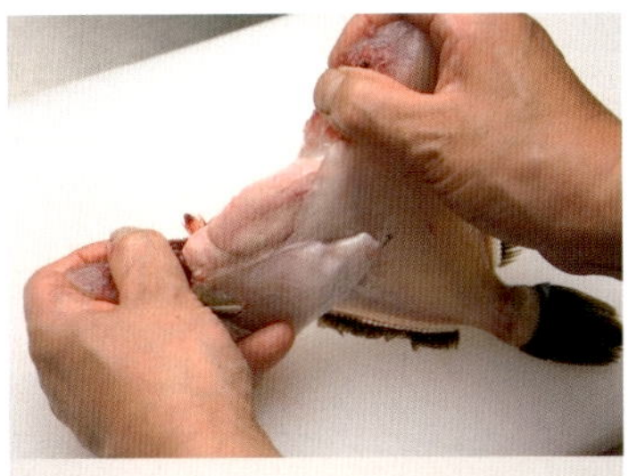

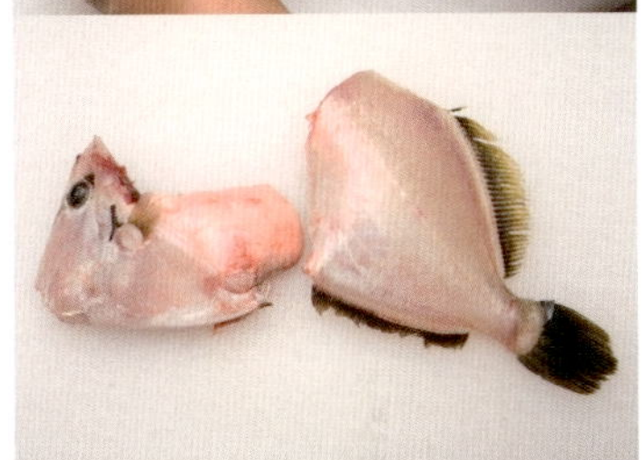

7 칼을 사용하지 않고 왼손으로 머리를 잡고 간이 망가지지 않게 주의하면서 내장과 살을 분리한다.

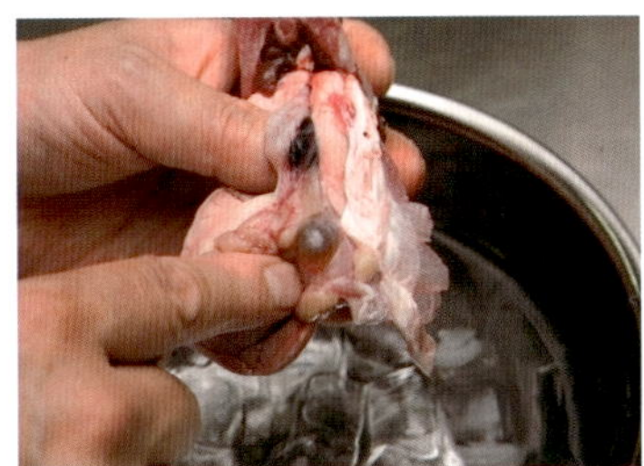

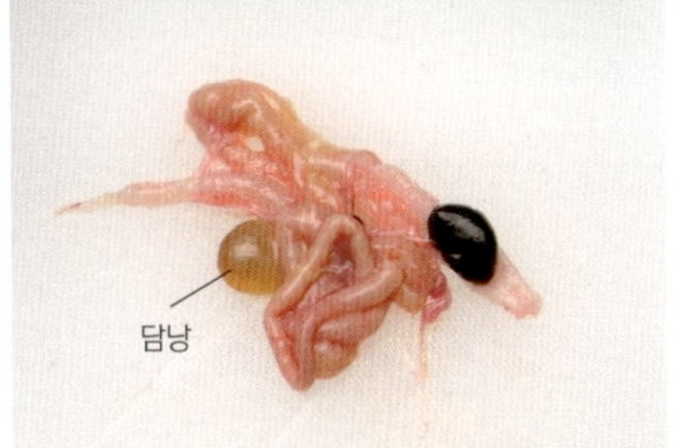

8 살에 붙어 있는 내장을 물로 깨끗이 씻어내는데, 내장 속에 있는 담낭이 터지지 않도록 주의한다. 터지면 쓴맛이 난다.

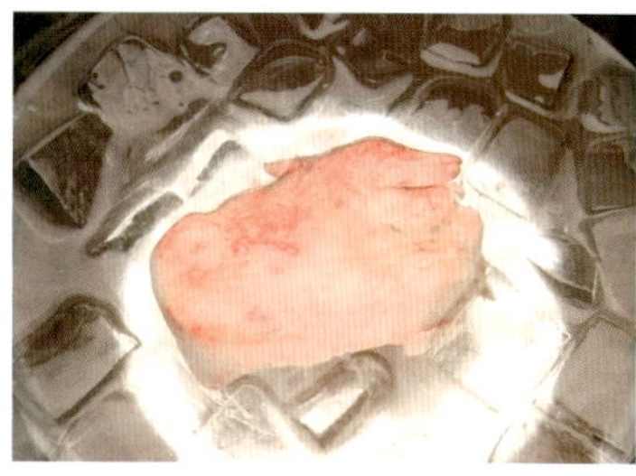

9 머리에서 간을 조심스럽게 꺼낸 다음, 얼음을 넣은 물에 30분 정도 담가서 피를 뺀다.

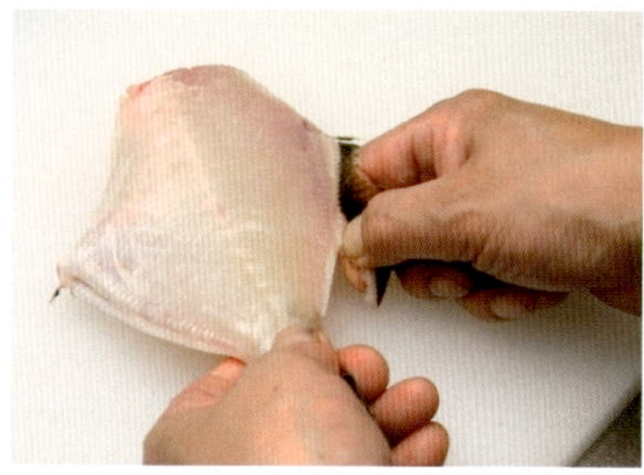

10 등지느러미와 배지느러미를 손으로 잡고 떼어낸다.

11 산마이오로시(3장뜨기)를 시작한다. 먼저 배에서 꼬리방향으로 자른다.

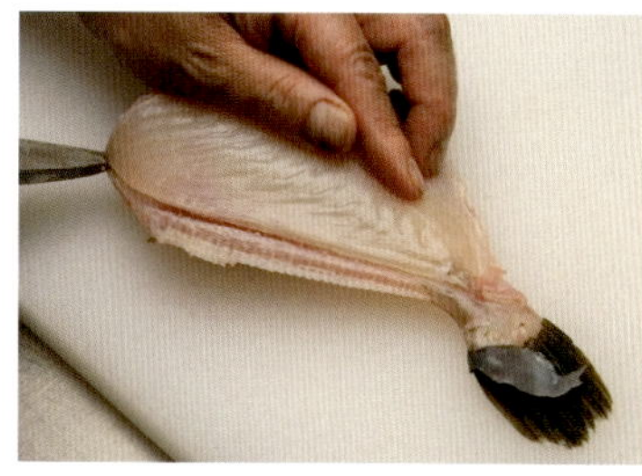

12 생선의 방향을 바꿔서 등지느러미를 따라 칼집을 낸다.

13 칼집을 따라 꼬리에서 등뼈까지 칼을 넣고 잘라서 연다.

14 꼬리쪽 껍질을 남기고, 사진처럼 칼을 넣어서 왼손으로 꼬리를 잡고 등뼈를 따라 살을 잘라서 분리한다.

15 꼬리쪽에 붙어 있는 껍질을 칼날의 방향을 바꿔서 자른다.

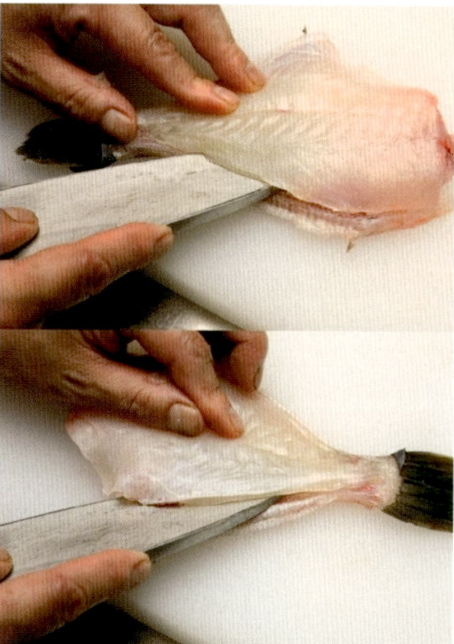

16 생선을 뒤집어서 등지느러미를 따라 살을 자른다. 반대쪽도 같은 방법으로 손질한다.

17 왼손으로 꼬리를 잡고 살을 잘라낸다.

18 마지막으로 꼬리쪽 껍질을 자른다.

19 사진과 같이 배뼈를 자른다.

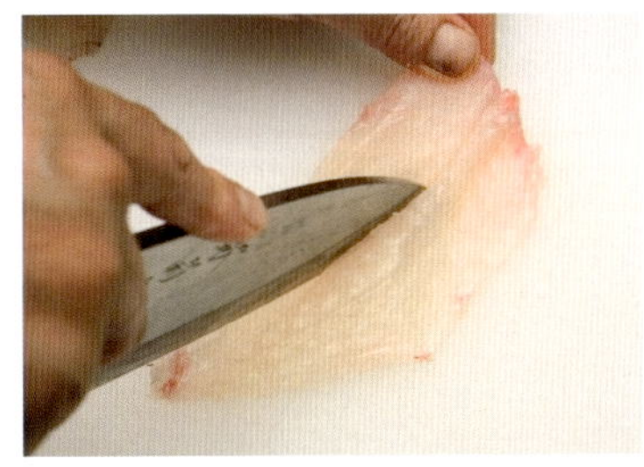

20 뱃살과 등살을 잘라서 분리한다.

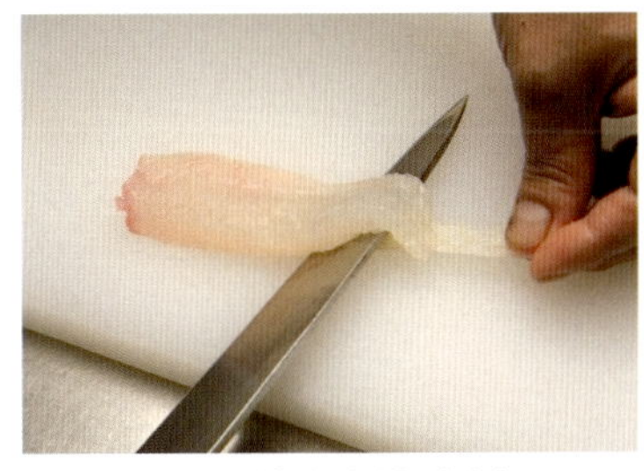

21 꼬리쪽부터 얇은 속껍질을 벗긴다.

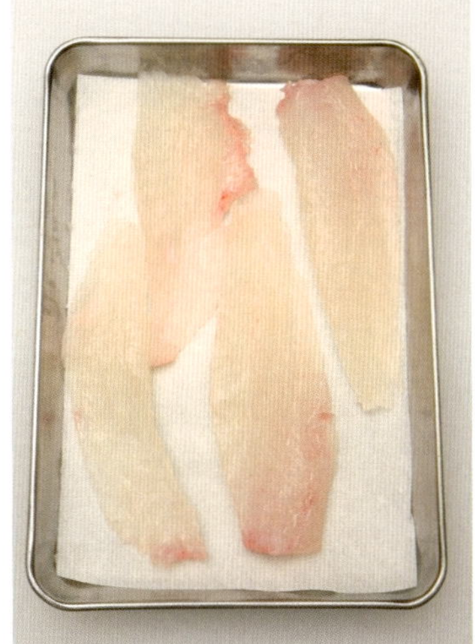

22 트레이 위에 올려 보관한다.

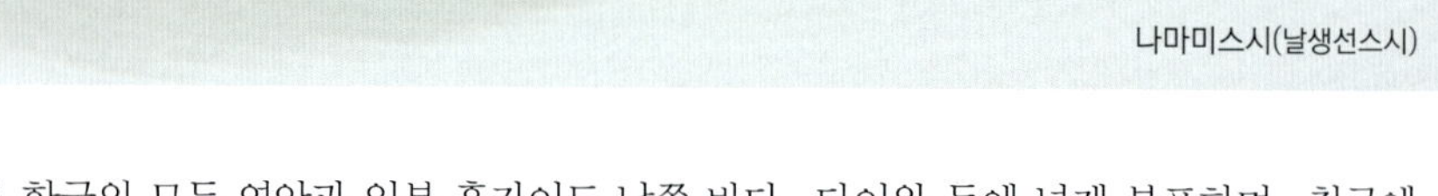

나마미스시(날생선스시)

참돔 まだい(마다이)

참돔은 한국의 모든 연안과 일본 홋카이도 남쪽 바다, 타이완 등에 넓게 분포하며, 최근에는 양식 참돔도 많이 출하된다. 자연산은 몸이 적갈색이고 배는 은백색을 띠며 등에 코발트색 반점이 있는 반면, 양식 참돔은 전체적으로 몸이 둥그스름하고 거무튀튀한 색을 띠는데, 몸빛깔은 서식지에 따라 크게 달라져서 자연산과 양식을 구분하기 어렵다.

참돔은 예로부터 행운을 주는 생선으로 알려져 있어서 생일이나 회갑 등 잔칫상에 빠지지 않고 올랐으며, 구이, 조림, 회, 찜 등, 여러 가지 요리에 이용할 수 있다. 40~50㎝ 길이의 참돔이 가장 맛이 좋으며, 손질할 때는 신선도를 유지하기 위해 빨리 물로 씻어서 산마이오로시(3장뜨기)를 한다(p.20 참조). 1.5㎏ 정도의 큰 참돔일 경우에는 껍질을 살려서 유비키(물에 살짝 데치기)를 한다.

뼈와 등지느러미가 단단하기 때문에 손질할 때 다치지 않도록 주의한다.

시모후리 스시(뜨거운 물에 데친 스시)

유비키(뜨거운 물에 살짝 데치기)

1　손질한 생선살을 껍질이 위로 오게 채반 위에 올리고, 소금을 뿌려서 잠시 동안 둔다.

2　키친타월이나 면보를 덮은 다음, 꼬리에서 머리방향으로 뜨거운 물을 붓는다.

3　껍질이 붙어 있는 쪽 살이 수축된다.

4　얼음물에 담가 식힌다.

일품요리

참돔 머리찜

맛국물과 청주를 4 : 1 의 비율로 섞은 국물에 살짝 익힌 도미머리와 채소, 버섯을 넣고 끓인다. 마지막에 간장으로 향을 낸다.

참다랑어 오토로(대뱃살) 스시

참치
마구로
まぐろ

참다랑어 くろまぐろ

'다랑어'라고도 부르는 참치 종류는 붉은살생선으로 종류가 다양한데, 그 중에서 스시 재료로 많이 사용하는 것은 참다랑어, 남방참다랑어, 눈다랑어, 황다랑어 등이다. 일반적으로 '참치'라고 하면 '참다랑어'를 말하며 다랑어 종류 중 가장 맛이 좋은 최고급 생선이지만, 자원보존을 위해 세계적으로 어획량이 제한되고 있다.

일본에서는 참다랑어를 '구로마구로'라고 하며, 5~6kg의 새끼 참다랑어는 '메지' 또는 '요코와'라고 부르고, 25kg 정도 되는 것을 '쥬보', 큰 것은 '시비' 또는 '오시비'라고 부르는데, 새끼 참다랑어부터 300kg에 달하는 큰 참다랑어까지 각각의 부위가 모두 스시의 중요한 재료로 사용된다. 일본 최대의 수산시장인 쓰키치(築地) 시장에서는 참다랑어를 '혼마' 또는 '혼마구로'라고 부른다.

참다랑어는 한국 남 · 동해와 일본 및 전 세계의 온대 및 열대 해역에 분포하며, 지방 함량이 높아지는 12~2월에 가장 맛이 좋다. 지방이 많고 살이 탄탄한 것이 좋으며, 세계 각지에서 날것으로 또는 냉동하여 유통된다.

잡는 방법도 중요해서, 외줄낚기나 주낙으로 잡은 참다랑어 중에서 손질과 보관이 잘 된 것을 최고급으로 친다. 냉동된 것은 대서양에서 어획된 대서양산 참다랑어가 좋다.

그밖에 지중해 연안에서 어획된 새끼 참다랑어나 알을 낳은 참다랑어를 양식하여 공급하는 축양 참치도 있다.

참다랑어 사쿠도리(덩어리 자르기)

1 참치는 배의 가장 윗부분을 '하라카미', 가운데 부분을 '하라노 니반테', 꼬리부분을 '하라시모'라고 한다. 사진은 하라노 니반테.

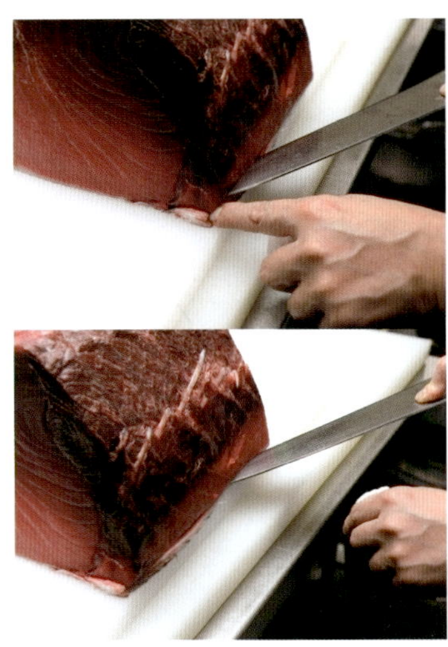

2 지아이(검붉은 살)를 제거한다. 지아이 아래 껍질부분에 칼을 넣고 지아이 아랫부분을 잘라서 분리한다.

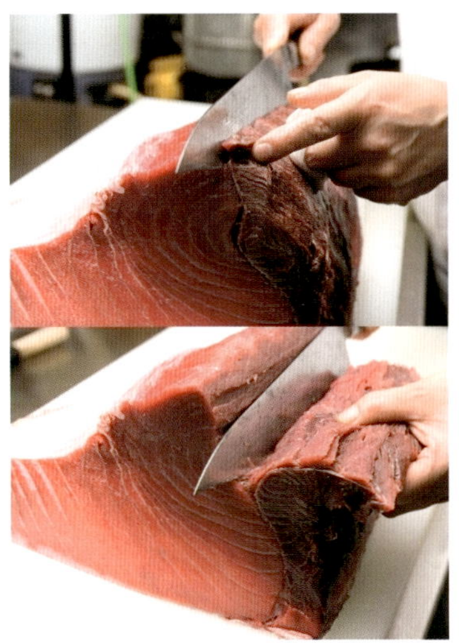

3 살과 지아이(검붉은 살)를 잘라서 분리한다.

4 반대쪽 배 끝부분의 살과 껍질 사이에 칼집을 낸다.

5 배뼈와 배 내막을 잘라낸다.

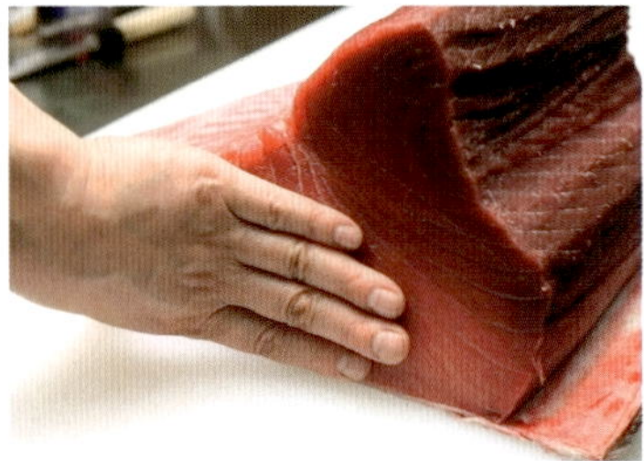

6　데자쿠(손가락 4개) 폭으로 높이를 측정한다.

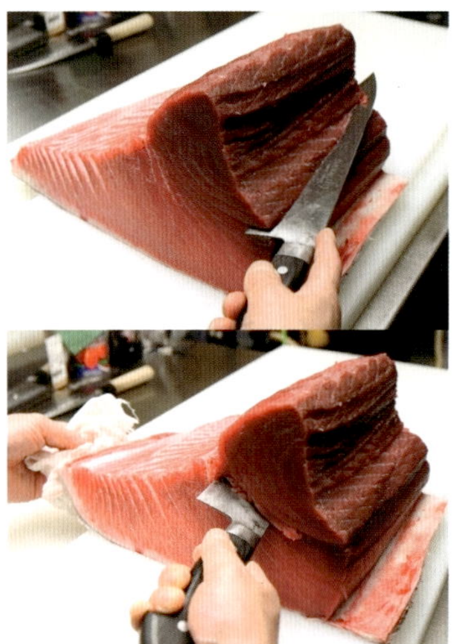

7　아카미(붉은살)를 자른다.

8　도로(뱃살)를 사쿠도리(덩어리 자르기)한다. 살과 껍질 사이에 자를 두께에 맞춰 칼집을 낸다.

9　자르는 두께는 약 2㎝ 정도인데, 용도에 맞게 두께를 조절하여 자른다.

10　다시 자를 두께에 맞춰 껍질과 살 사이에 칼집을 낸다.

11　계속 사쿠도리(덩어리 자르기)한다.

참다랑어 주토로(중뱃살) 스시

12 아카미(붉은 살)를 사진 순서대로 가로로 사쿠도리(덩어리 자르기) 한다.

13 스시용은 약 7.5㎝ 폭으로 자른다.

참다랑어 세토로(등살) 스시

참다랑어 아카미(붉은살) 스시

남방참다랑어 いんどまぐろ

참다랑어와 마찬가지로 자원보존을 위해 어획량이 제한되어 있는 참치이다. 남반구의 인도양 · 남태평양에서 서식한다. 북반구가 여름철이 되면 남반구는 겨울이기 때문에, 남방참다랑어의 제철은 북반구의 여름철이다. 날것으로 항공수송할 때도 있지만 대부분 냉동으로 유통된다. 참다랑어와 비교했을 때 지방부위와 아카미(붉은살)의 경계가 분명하고, 깊은 맛이 나며, 단맛은 강하지만 신맛이 없어서 샤리의 신맛과 잘 어울린다. 아카미(붉은살)의 붉은색이 시간이 지나면 짙어지고, 배뼈가 살 안쪽까지 깊이 들어가 있는 것이 특징이다.

어획 장소와 시기, 어획 방법, 취급 방법에 따라 품질이 결정된다. 오스트레일리아 등에서는 자연산 새끼 남방참다랑어를 포획하여 축양하기도 한다.

남방참다랑어 아부리스시(불에 구운 스시) [소금, 와사비]

남방참다랑어

남방참다랑어 가마토로(가마살) 스시

남방참다랑어 주토로(중뱃살) 스시

남방참다랑어 아카미(붉은살) 스시

남방참다랑어 오토로(대뱃살) 스시

눈다랑어めばちまぐろ

참치 종류 중 가장 눈이 크고 시원스러운 모양을 하고 있는 눈다랑어는 한국 남해와 일본 남부해, 세계의 온대, 열대 해역에 넓게 분포하고 있다. 얼리지 않은 눈다랑어가 항공편으로 유통되기도 하지만 대부분이 냉동이며, 품질에 차이가 많다.

남쪽의 온난한 지역에서 어획된 것은 지방이 없는 아카미(붉은살)인 반면, 수온이 낮은 곳에서 어획된 것은 지방이 올라 맛이 좋다. 또, 물기가 많고 촉촉한 것은 맛이 싱겁고, 아카미(붉은살)의 색도 연하다. 스시용으로 자를 때는 약간 도톰하게 잘라서 샤리와 균형을 맞추는 것이 좋으며, 단단한 부분의 살은 피하는 것이 좋다.

아카미(붉은살)를 간장에 절이면 맛이 산뜻해서 간장과도 잘 어울리고, 육질이 쫀득해서 맛있다.

눈다랑어 아카미(붉은살) 스시

눈다랑어

눈다랑어 간장절임 스시

황새치 나마미스시(날생선스시)

새치류 かじきまぐろ

황새치 아부리스시(불에 구운 스시)

새치는 돛새치과와 황새치과의 바다물고기를 통틀어 이르는 말로, 참치와 비슷하지만 위턱과 아래턱이 뾰족하고 길며, 특히 위턱이 아래턱보다 길게 튀어나와 있는 것이 특징이다. 주로 육지에서 멀리 떨어진 바다에서 서식하는 외양성 어류로 분포지역이 넓으며, 산란기 때는 연안 가까이 다가와 스포츠피싱의 대상이 되기도 한다.

몸집이 크고 계절에 따라 회유하는 것이 참치와 닮았고, 참치 주낙으로 참치를 잡을 때 같이 잡히는 경우가 많기 때문에 참치와 같은 종류로 취급하기도 하지만 다른 종류이다.

'황새치', '청새치', '녹새치', '백새치', '돛새치' 등 세계적으로 10~12종류가 있으며, 주로 볼 수 있는 것은 황새치와 청새치이다. 시장에서는 뾰족한 위턱을 잘라낸 것이나 덩어리로 자른 것이 판매된다.

● 황새치…몸길이가 4m에 이르며, 배지느러미와 비늘이 없다. 먹이를 따라 저온 해역에 들어가기도 한다. 주로 가열요리에 사용하지만, 신선하고 지방이 풍부한 살은 옅은 크림색이 도는 흰색으로 참치와 비슷한 육질을 가지고 있어서 회나 스시로 먹어도 좋다.

● 청새치…푸른색 줄무늬가 있으며 황새치와 마찬가지로 몸길이가 4m에 이른다. 살은 옅은 붉은 색을 띤 귤색으로, 식감이 좋고 새치류 중에 가장 맛있다.

청새치 사쿠도리(덩어리 자르기)

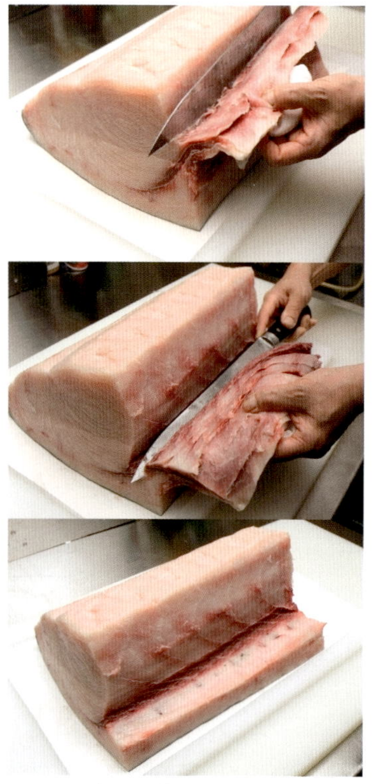

1 지아이(검붉은 살)를 잘라낸다.

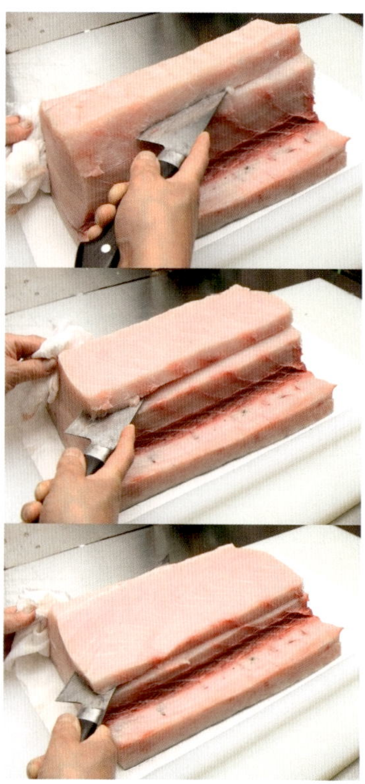

2 사진과 같이 가로방향으로 사쿠도리(덩어리 자르기)한다.

3 지아이(검붉은 살) 아랫부분을 껍질과 함께 세로로 길게 사쿠도리(덩어리 자르기)한다.

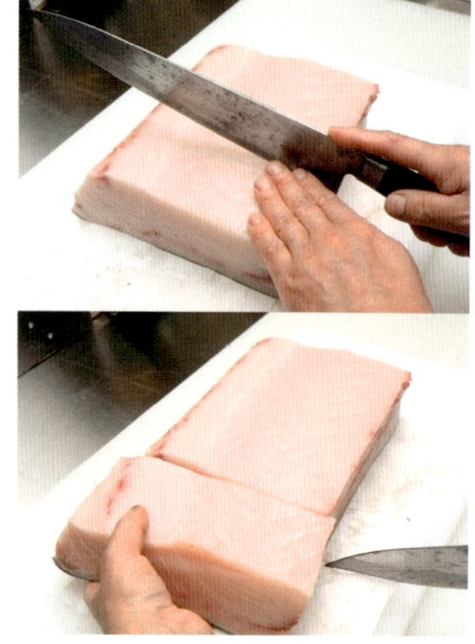

4 아랫부분을 사진처럼 데자쿠(손가락 4개) 폭으로 길이를 재서 껍질과 함께 자른다.

5 껍질이 위로 오게 놓고, 사진과 같이 껍질을 벗겨낸다.

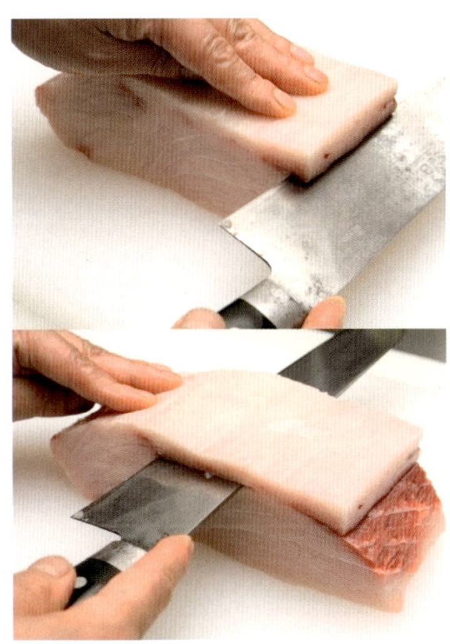

6 지아이(검붉은 살)가 보이는 곳에 칼을 넣어서 자른다.

8 가로로 잘라서 사쿠도리한다.

완성

7 지아이(검붉은 살)를 잘라낸다.

참치 해체

참치가 작으면 통째로 구입하여 스시집에서 손질하겠지만, 혼자서 다루지 못할 정도로 큰 참치는 시장에서 해체한 후 판매하는 것을 구매한다. 참치는 대부분 고마이오로시(5장뜨기)로 손질하는데, 시장에서는 참치 전용칼로 손질한다.(사진)

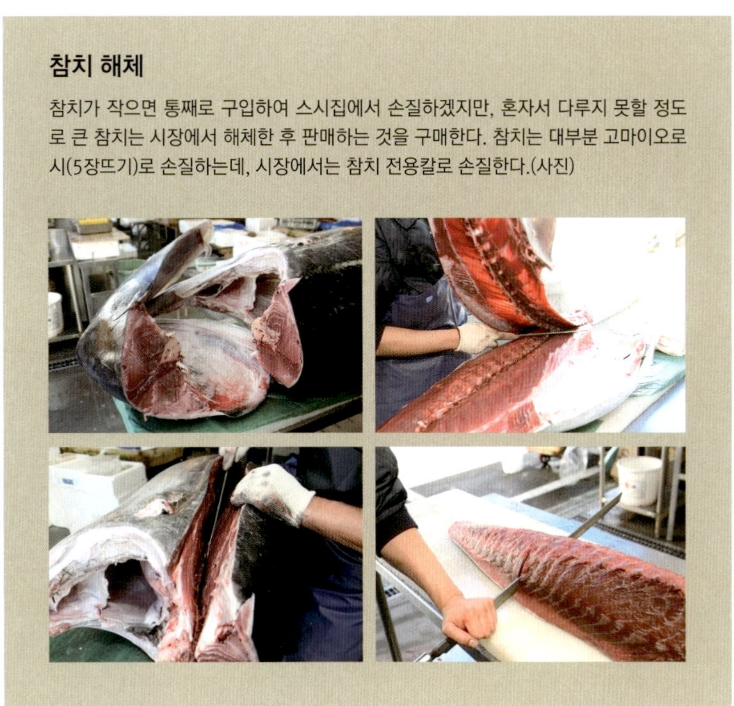

사요리 나마미스시(날생선스시) [생강, 산파]

학공치

さより (사요리)

입이 학의 부리처럼 길게 튀어나와서 학공치라는 이름을 갖게 되었다. 일본에서는 길이 40㎝에 이르는 큰 학공치를 '간누키', 작은 것은 '사요리'라고 부르는데, 스시를 만들 때는 크기가 작은 사요리를 많이 사용한다. 꽁치처럼 몸이 가늘고 길며, 아래 주둥이가 가늘게 돌출되어 있고, 등은 은청색, 배는 투명한 청백색을 띠는 우아한 모습의 생선이다. 한국의 모든 연안과 일본 홋카이도 이남 전역에 분포하고, 맛이 담백하고 향이 좋아서 회나 초절임으로 먹으면 좋다.

회로 먹을 때는 생선살을 실같이 가늘게 써는 이토쓰쿠리로 썰고, 얇게 껍질을 벗겨서 은빛을 남기는 것이 포인트이다. 손질할 때는 배지느러미 아래쪽 뼈를 꼼꼼하게 제거하고, 내장 냄새가 강하므로 긁어낸 다음 깨끗이 씻어야 한다. 등은 짙은 청색, 배는 흰색으로 윤기가 있고 무늬가 뚜렷하며, 아래턱에 붉은색이 있고, 몸이 너무 가늘지 않은 것을 고른다.

사요리(큰 학공치)

간누키(작은 학공치)

간누키 나마미스시(날생선스시)

1 배지느러미와 함께 배지느러미 밑에 있는 뼈를 제거한다.

2 칼로 비늘을 긁어낸다.

3 가슴지느러미 뒤에 칼을 넣어서 머리를 잘라낸다.

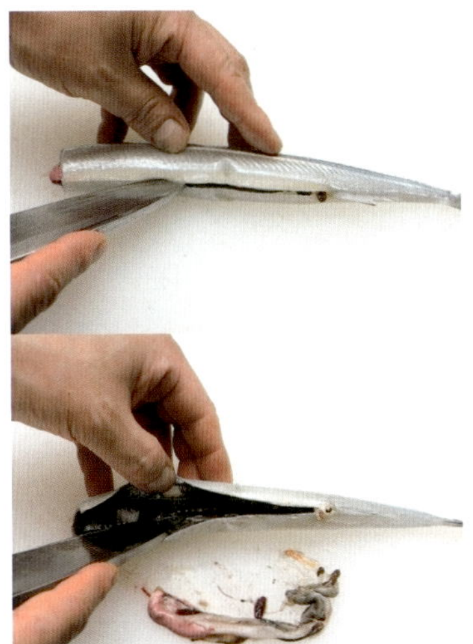

4 배를 열고 내장을 긁어낸다.

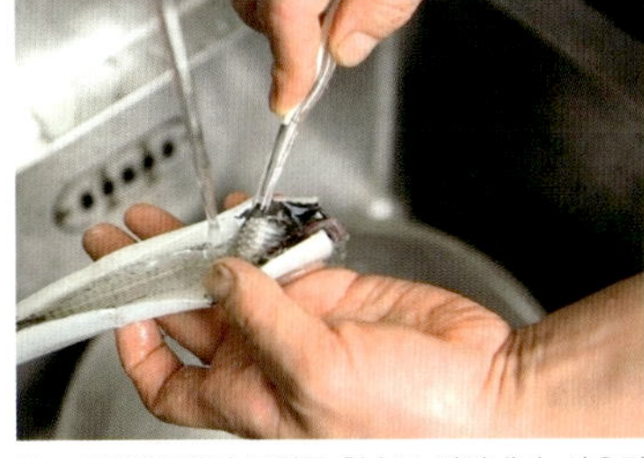

5 내장이 있던 부위를 칫솔로 씻어낸다. 사요리(작은 학공치)의 경우, 내장과 지아이(검붉은 살) 부분에서 냄새가 많이 나기 때문에 꼼꼼하게 씻는다.

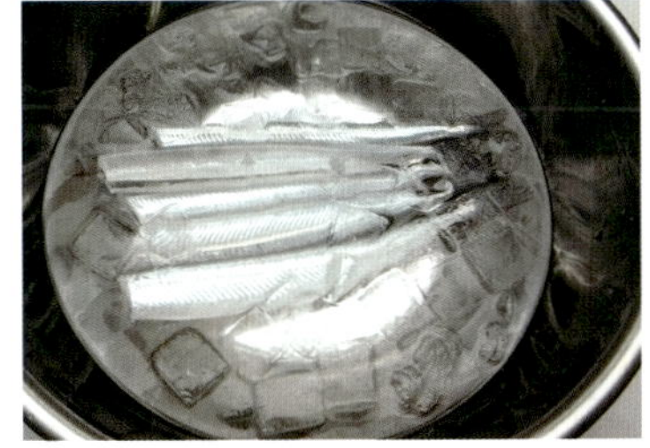

6 얼음을 넣은 소금물(2%)에 담근다.

7 머리를 오른쪽, 배를 앞쪽으로 놓고, 사진과 같이 등뼈 각도에 맞게 칼을 세워서 넣는다.

8 왼손 손끝으로 칼의 움직임을 느끼면서, 배 끝부분까지 칼의 각도를 세운 채로 자른다.

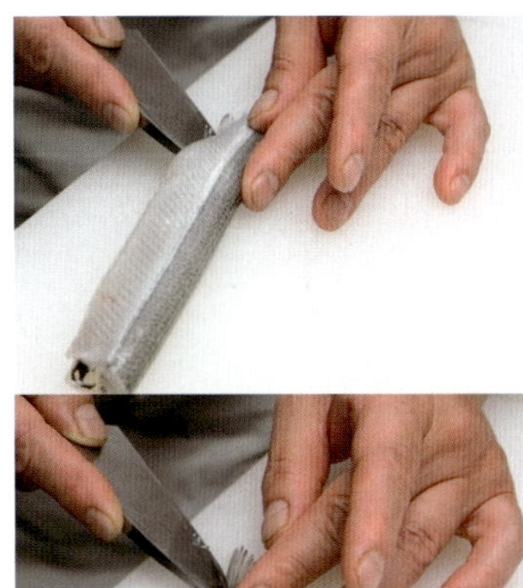

9 배 끝부분의 등뼈가 평평해지는 곳부터 꼬리까지 각도에 맞게 갈라서 펼친다.

일품요리

껍질구이

껍질을 꼬치에 돌돌 말아서 구우면 고소한 맛이 난다.

10 펼친 채로 머리쪽에서 등뼈 아래에 칼을 넣는다.

11 등뼈에 살이 남지 않도록 꼼꼼하게 꼬리까지 자른다.

12 꼬리까지 자른 후 꼬리 앞에서 등뼈를 잘라낸다.

13 하라비라키(배가르기) 완성.

14 오른쪽 배뼈를 칼날의 방향을 바꿔서 자른다.

15 뱃살 가장자리가 깔끔한 곡선이 되도록 잘라서 모양을 정리한다.

16 왼쪽 배뼈도 잘라내고, 뱃살 가장자리가 깔끔한 곡선이 되도록 모양을 정리한다.

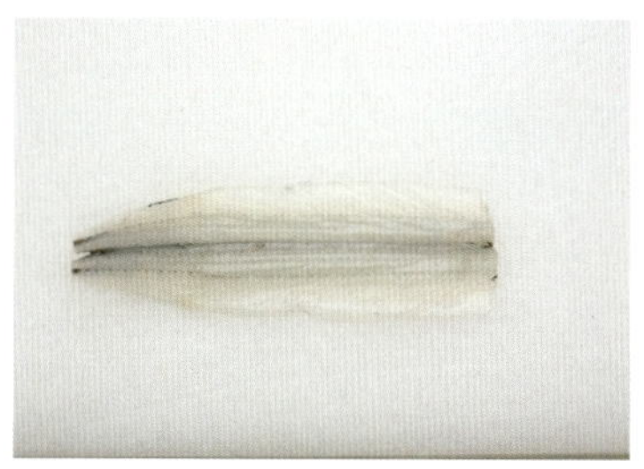

17 완성.

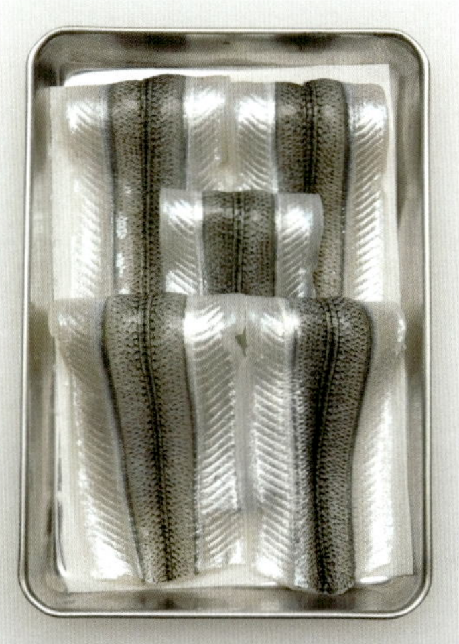

18 껍질이 깔끔하게 보이도록 반으로 접어서 트레이 위에 나란히 올린다.

나마미스시(날생선스시)[소금, 영귤]

홍살치

きちじ 기치지

한국 동해 중북부와 일본 북부, 쿠릴해, 사할린 등 북서태평양에 분포하며, 몸길이는 30㎝ 정도로 붉은색이고, 등지느러미에 검은색 큰 점이 있는 것이 특징이다. 유빙이 가져다주는 양질의 플랑크톤을 먹는 작은 물고기를 먹기 때문에 봄에 가장 맛이 좋다.

깊은 바다에 사는 심해어이기 때문에 잡은 뒤에는 눈이 돌출되는데, 신선도가 떨어지면 눈이 움푹 들어간다. 고급 생선으로 꼽히며 대표적인 요리는 조림이다. 일본 홋카이도 지역에서는 회나 스시로 많이 먹는다.

눈이 검고 맑으며, 몸은 붉은빛을 띠고, 윤기가 있는 홍살치를 골라서 산마이오로시(3장 뜨기)로 손질하여 사용한다(p.20 참조).

아부리스시(불에 구운 스시)

일품 요리

홍살치 조림

나마미스시(날생선스시)

황조어

たかべ (다카베)

한국 남부와 일본 중남부 등 북서태평양에 분포하며, 일본 이즈섬이나 오가사와라섬 등에서 많이 잡힌다. 몸은 푸르고, 꼬리에서 등지느러미에 걸쳐 녹갈색의 띠가 있는 것이 특징이다. 제철은 여름. 부드럽고 지방이 많은 흰살생선으로 소금구이로 많이 먹지만, 신선한 것은 회나 다타키, 스시 등으로 먹어도 맛있다.

껍질을 벗기지 않은 채로 구우면 노란 지방이 흘러나와 고소한 향이 난다. 산마이오로시(3장뜨기)로 손질하여 사용한다(p.20 참조).

초절임 스시

아부리스시(불에 구운 스시)[소금, 영귤]

나마미스시(날생선스시)

흑게르치

くろむつ
구로무쓰

학명은 '*Scombrops gilberti*'로 한국에는 같은 과에 속하는 게르치만 알려져 있어서 정식 이름이 없고, 일본이름인 '구로무쓰'에 준하여 흑게르치라고 부른다. 농어목 게르치과의 생선으로, 같은 과에 속하는 게르치와 생김새는 거의 비슷한데 게르치보다 작다. 2종류 모두 어획량이 적은 고급생선으로 따로 구별하지 않고 유통되기도 하는데, 흑게르치가 가격이 더 비싼 편이다. 눈이 크고 온몸이 검은빛을 띠며, 큰 것은 몸길이가 60㎝에 이른다. 일본 홋카이도 남부에서 혼슈 중부 태평양연안에 걸쳐 분포하며, 관동지방에서는 지바현 조시 지역에서 잡히는 것을 최상급으로 친다. 제철은 겨울.

일본요리에서는 회, 조림, 전골 등에 사용하며, 알도 조려서 먹으면 매우 맛이 좋다. 살은 붉은 빛을 띠며 전체적으로 지방이 고르게 올라 있다. 고를 때는 검은빛으로 빛나고 눈이 선명한 것을 고르는 것이 좋다.

스시를 만들 때는 낚시로 잡은 것이 좋고, 껍질도 데쳐서 안주로 먹으면 좋다. 산마이오로시(3장뜨기)하여 사용한다(p.20 참조).

아부리스시(불에 구운 스시)

회를 담는 기술

※ 내용에 나오는 일본어 용어는 p.8~9를 참조한다.

회를 접시에 담을 때는 1종류만 담거나 여러 종류를 함께 담기도 하고, 용도에 따라 사각접시, 둥근접시 등을 사용하며, 생선 본래의 모양을 살려서 담는 스가타즈쿠리, 배모양의 그릇에 담는 후나모리 등 담는 기술이 다양하다.

회를 썰어서 담는 방법을 '쓰쿠리'라고도 하는데, 써는 방법에 따라 분류하면 참치나 도미 등과 같이 살이 두꺼운 생선은 '히라즈쿠리', '히키즈쿠리'로 썰고, 광어처럼 얇은 생선은 '소기즈쿠리', '우스즈쿠리', 그 외에도 '호소즈쿠리', '야에즈쿠리', '가쿠즈쿠리' 등이 있다. 또 '아라이', '유비키', '야키시모', '시모후리', '다타키', '곤부즈메', '스지메' 등과 같이 손질 방법으로 분류하기도 하므로 쓰쿠리의 종류는 수없이 많다. 또, 회를 담을 때는 함께 곁들이는 '겐', '쓰마', '가라미'를 이용하여 보기 좋게 담아야 한다(p.264 참조).

담는 위치는 부등변 삼각형을 조합하듯이 담는데, 뒤쪽에 히라즈쿠리로 썬 회를 각이 보이게 담고, 앞쪽에는 소기즈쿠리로 썬 회를 놓아 높이를 맞춘다.

히라즈쿠리는 생선회를 자른 면의 색과 각도를 정확하게 맞춰서 당기듯이 써는 것이다. 담을 때는 1종류일 경우 5점, 7점 등 홀수로 담고, 2종류일 경우 3점과 2점 등으로 합쳐서 5점이 되게 담는다. 회의 종류가 많을 경우에는 종류가 홀수가 되게 한다.

소기즈쿠리, 우스즈쿠리는 칼을 비스듬히 잡고 깎듯이 썬다. 야에즈쿠리는 히라즈쿠리처럼 칼을 당기듯이 썬다. 어떤 방법으로 썰던지 자르는 면이 깔끔해야 하고, 재료의 맛과 식감을 살릴 수 있는 두께로 써는 것이 중요하다.

와사비(고추냉이)

와사비

와사비는 뿌리부분을 수세미로 문질러서 깨끗이 씻은 다음, 줄기가 붙어 있던 부분을 연필 깎듯이 깎는다. 뿌리에서 검게 변한 부분을 도려내고, 줄기가 붙어 있던 부분부터 금속강판이나 상어가죽을 씌운 강판에 원을 그리듯이 문질러서 간다.

와사비 간 것을 칼등으로 두드리면 세포가 공기와 닿기 때문에 매운맛이 증가된다. 이때 약간의 설탕을 첨가하면 매운맛을 오래 유지할 수 있다. 와사비의 매운맛은 휘발성이기 때문에 미리 갈기보다 사용할 때마다 갈아서 사용하는 것이 좋다. 와사비 간 것은 간장에 섞기보다 회에 묻히면 향과 매운맛을 즐길 수 있다.

가루 와사비

가루 와사비는 물을 넣고 잘 섞어야 매운맛이 생긴다. 직접 와사비 뿌리를 갈아서 사용하는 것과 같은 향은 아니지만 매운맛이 오래 지속된다. 스시를 만들 때도 사용하는데, 매운맛은 휘발성이므로 사용하지 않을 때는 뚜껑을 닫아둔다.

도미 야에즈쿠리

1 껍질이 위로 오고, 도톰한 살이 뒤쪽에 오도록 도마 앞쪽에 도미살을 올린다. 왼손으로 살짝 눌러서 자르는 면과 평행이 되도록 껍질에 칼집을 낸다.

2 칼집을 낸 왼쪽에 오른쪽과 같은 폭으로 칼을 세워서 대고, 칼턱부터 칼끝까지 한 번에 당기면서 곡선을 그리듯이 움직이면서 썬다.

3 이때 칼을 떼지 않고 자른 생선살을 오른쪽으로 밀어서 옮긴 다음, 생선의 자른 면을 맞추고 칼을 약간 오른쪽으로 눕혀서 껍질 부분이 서로 어긋나게 보이도록 만든다. 그대로 접시에 담는다.

3 니기리즈시

문어

게 · 생선알

오징어 · 새우

갑오징어

こういか (고이카)

오징어다리 스시

다른 오징어 종류와 달리 몸속에 석회질로 된 배 모양의 뼈가 있는 갑오징어과의 오징어로, 정식 이름은 '참갑오징어'이지만 '갑오징어' 또는 '참오징어'라고 많이 부른다.

제철은 4~10월이고, 살이 도톰하고 단맛이 있어서 '흰꼴뚜기'와 함께 스시 재료로 많이 사용한다. 일본에서는 봄에 태어나 여름에 잡히는 새끼 갑오징어를 '신이카'라고 하는데, 1마리로 스시 1~2개밖에 못 만들지만 최고급 재료로 꼽는다. 손질할 때는 흰꼴뚜기와 같은 방법(p.197 참조)으로 손질하면 되고, 먹물주머니가 터지지 않도록 뼈를 제거하고 몸통을 분리한 다음 먼저 먹물주머니를 제거해야 한다. 갑오징어는 껍질을 벗기거나 몸통을 분리할 때 물을 묻히지 않는 것이 좋은데, 소금으로 문지르기 전에 물을 사용하면 오징어가 물을 흡수해서 신선도와 맛이 떨어지기 때문이다.

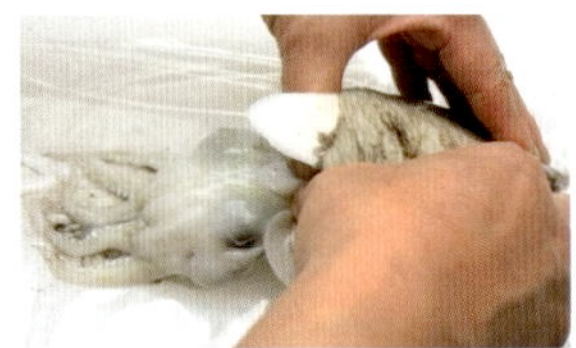
1 갑오징어에는 석회질의 뼈가 있으므로, 엄지와 검지로 눌러서 빼낸다.

2 갑오징어는 먹물을 잘 뿜기 때문에, 몸통을 분리한 다음 바로 먹물주머니를 제거한다.

살오징어

するめいか 스루메이카

예전에는 '피둥어꼴뚜기'라고 불렀으며, 한국의 모든 연안과 일본근해 일대에 널리 서식한다. 주로 겨울에 동해 연안에서 많이 잡히는데 채낚기어업으로 야간에 어획된다. 우리가 먹는 오징어의 대부분이 이 살오징어이다.

다리를 포함한 몸통길이는 보통 30㎝ 전후이고, 등에 검은 반점이 촘촘하게 있는데 이 반점을 만졌을 때 반짝반짝 빛나는 것이 신선한 것이다. 신선한 오징어는 거무스름한 갈색이지만, 시간이 지나면 하얗게 변한다. 손질방법은 같은 살오징어목에 속하는 화살꼴뚜기(p.193 참조)와 같다. 살이 단단한 편이어서 스시로 만들 때는 격자모양으로 칼집을 넣으면 먹기 편하다.

안쪽의 얇은 껍질을 벗길 때는 아니사키스 등의 기생충이 있을 수 있으므로, 대나무꼬치 등을 이용하여 껍질을 벗긴다. 다리 역시 화살꼴뚜기와 같은 방법으로 손질한다. 껍질을 벗기고 채썰어서 초고추장에 찍어 먹기도 하고, 소금에 절여 젓갈을 만들면 반찬으로도 좋다.

인로즈메

살오징어의 다리와 내장을 제거하고, 지느러미가 붙어 있는 상태로 껍질을 벗긴다. 소금을 조금 넣은 60~68℃의 따뜻한 소금물에 담가서 30분 정도 둔다. 손질한 다리는 데치고, 잘게 다진 박고지, 표고버섯, 절인 생강, 참깨 등을 샤리에 섞어서 오징어 몸통 안에 채워넣는다. 먹기 좋은 크기로 둥글게 잘라서 양념을 바른다.

나마미스시(생꼴뚜기스시)

창꼴뚜기

けんさきいか (겐사키이카)

살오징어목 꼴뚜기과에 속하는 창꼴뚜기는 '다리길이가 한 치가 안 될 만큼 짧다'는 의미의 '한치'라는 이름으로 더 잘 알려져 있다. 제주도와 남해에서 주로 잡히는 창꼴뚜기 외에 같은 과에 속하는 화살꼴뚜기, 흰꼴뚜기 등을 '한치'라고 부르기도 하는데, 우리가 한치로 알고 있는 대부분은 창꼴뚜기이다. 일본에서는 길게 뻗은 2개의 다리가 검처럼 뾰족하다는 의미로 '겐사키이카'라고 부른다. 몸길이는 약 40㎝ 정도.

완전한 야행성이어서 낮에는 깊은 바다에 머물다 밤이 되면 연안으로 접근한다. 겉모습은 화살꼴뚜기와 닮았지만, 화살꼴뚜기보다 살이 도톰하여 스시나 회로 먹기 좋다. 손질방법은 화살꼴뚜기나 살오징어와 같다.

나마미스시(생꼴뚜기스시)[소금, 영귤]

화살꼴뚜기

やりいか(야리이카)

화살꼴뚜기는 한국의 남해, 서해와 일본 홋카이도에서 규슈에 걸쳐 폭넓게 분포한다. 봄에 산란을 위해 연안 가까이 다가와서 잡히는 알을 밴 화살꼴뚜기가 특히 맛이 좋기로 유명하다. 잡혔을 때는 갈색이지만 시간이 지나면 색이 옅어진다.

살은 얇지만 탄력이 있고, 식감이 좋으며, 단맛이 있다. 화살꼴뚜기 외에 같은 꼴뚜기과에 속하는 흰꼴뚜기, 창꼴뚜기 등을 통틀어서 '한치'라고 부르기도 하는데, 울릉도와 독도 근해에서 잡히는 한치는 대부분 화살꼴뚜기이다. 살이 부드러우므로 손질할 때 조심해서 다루어야 한다. 스시를 만들 때는 먹기 좋게 살짝 칼집을 내는 것이 좋다.

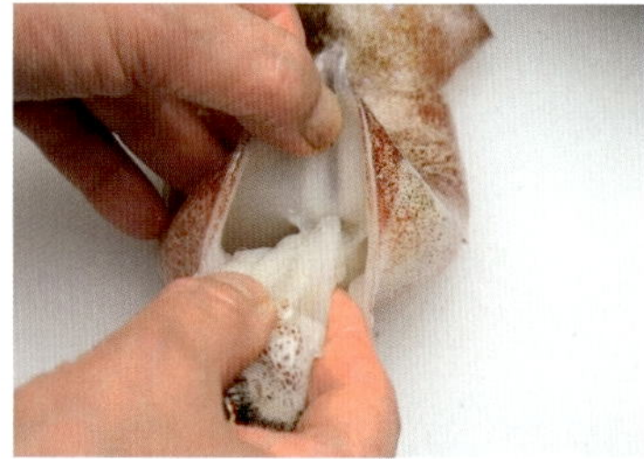

1 내장과 몸통을 손가락으로 분리한다.

2 내장과 먹물주머니를 동시에 떼어낸다.

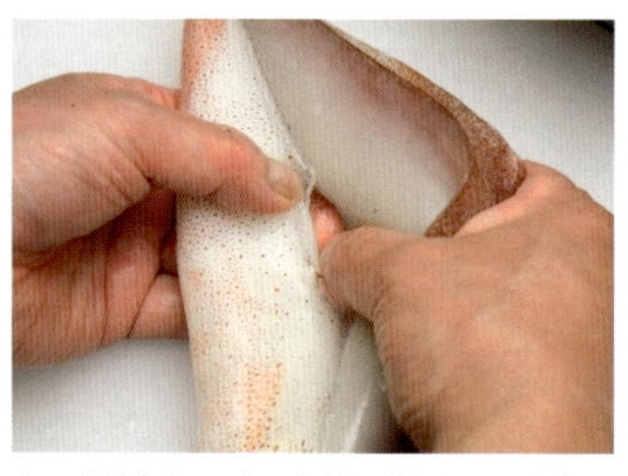

3 오른손으로 지느러미를, 왼손으로 몸통을 잡고, 그 사이에 엄지를 넣어서 몸통 위쪽으로 지느러미와 몸통을 분리한다.

4 몸통 가장 윗부분까지 손가락을 넣어서 분리한다.

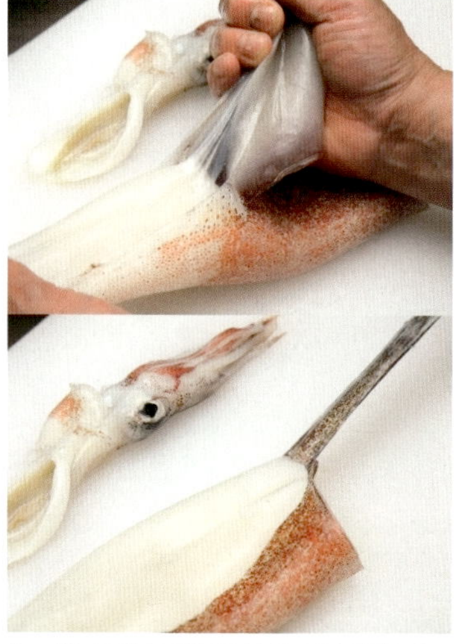

5 지느러미를 잡은 오른손을 몸통 아래쪽으로 잡아당겨서 껍질을 벗긴다. 이때 얇은 껍질과 두꺼운 껍질을 한꺼번에 벗기는 것이 중요하다.

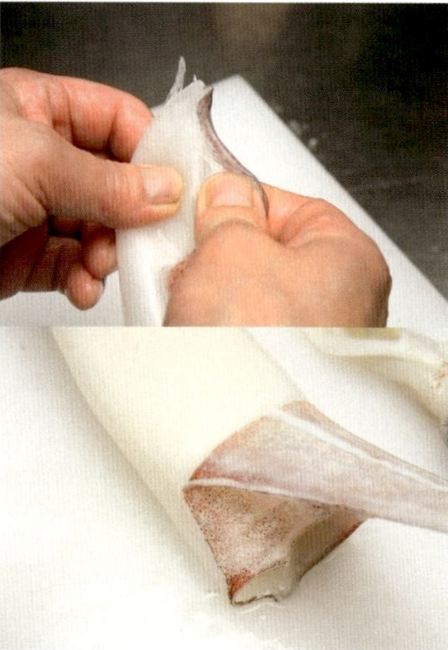

6 몸통 끝부분에 남은 두꺼운 껍질과 얇은 껍질을 동시에 잡아당겨서 빼낸다.

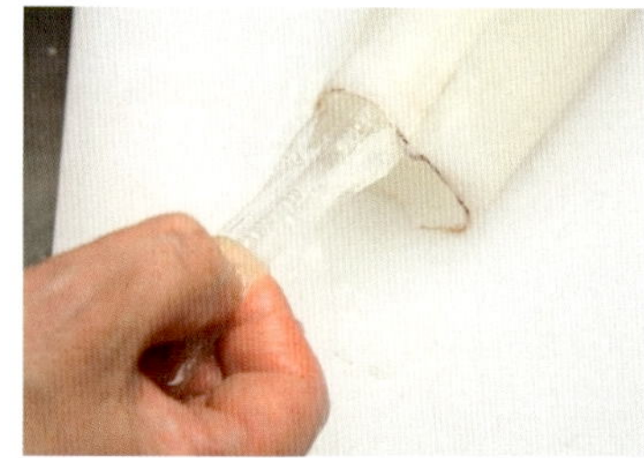

7 연골을 손으로 잡아당겨서 빼낸다.

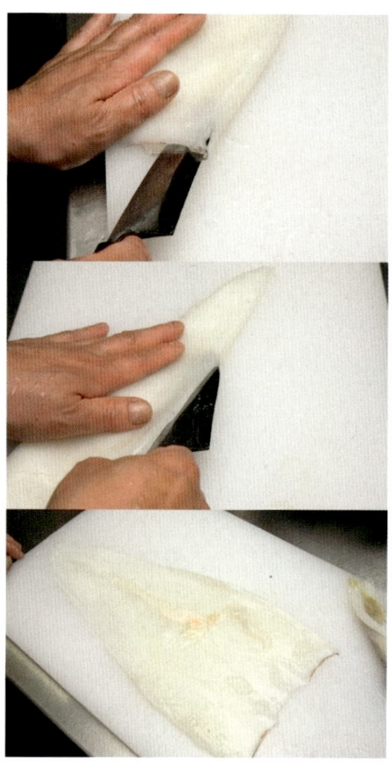

8 연골이 붙어 있던 몸통부분을 칼로 잘라서 펼친다.

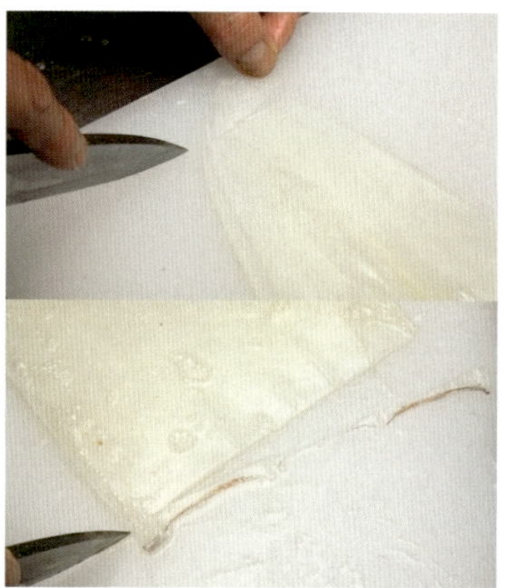

9 몸통의 위아래 가장자리를 잘라서 정리한다.

10 겉에 남아 있는 얇은 껍질을 벗긴다.

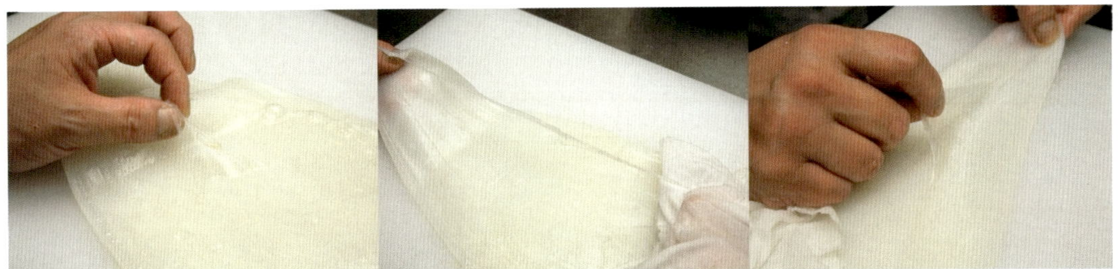

11 안쪽의 얇은 껍질은 미끈거리기 때문에 젖은 면보를 사용하여 벗긴다.

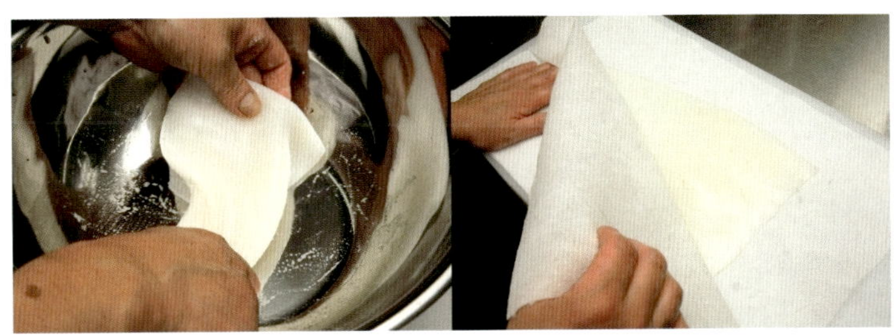

12 소금으로 살짝 문지른 후, 물에 씻어서 물기를 닦는다.

지느러미 손질 기술

꼴뚜기 종류의 지느러미와 다리는 모두 아래의 방법으로 손질한다.

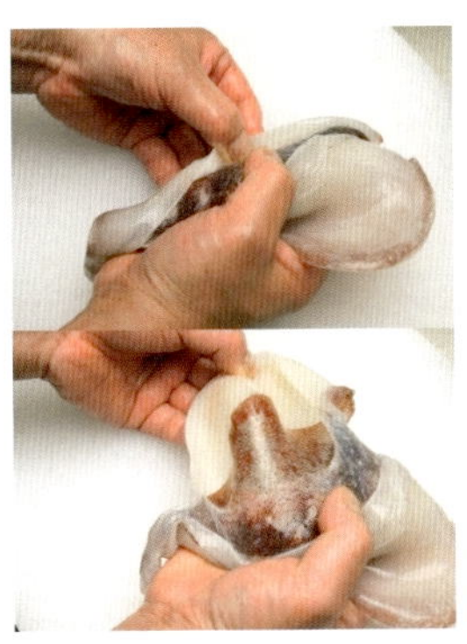

1 사진과 같이 지느러미 표면의 얇은 껍질과 두꺼운 껍질을 잡아당겨서 벗긴다.

2 반대쪽도 같은 방법으로 당겨서 벗긴다.

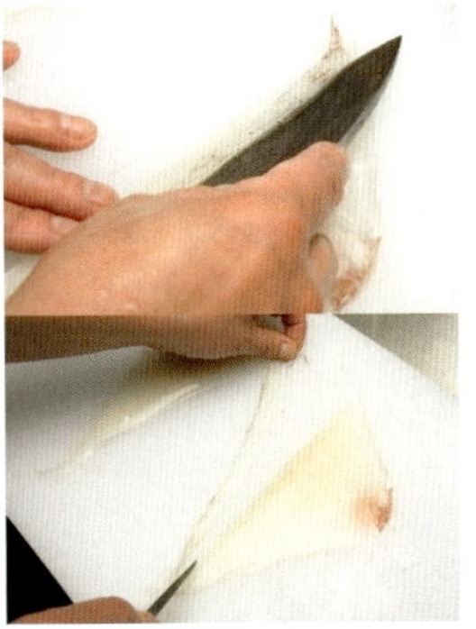

3 몸통에 붙어 있던 부분을 얇게 잘라낸다.

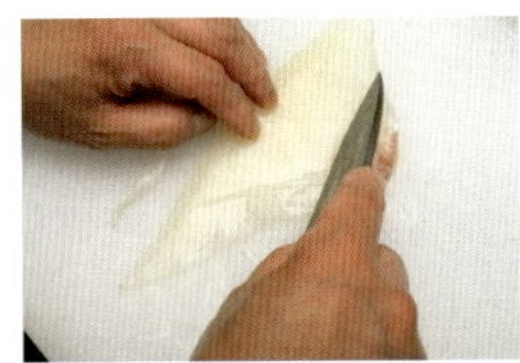

4 칼로 지느러미 안쪽의 껍질을 제거한다. 반대쪽도 같은 방법으로 제거한다.

5 모양을 정리한다.

오징어다리 손질 기술

1 사진처럼 2개의 긴 다리를 잘라낸다.

2 남은 다리의 끝부분을 같은 길이로 맞춰서 잘라낸다.

3 몸통쪽도 잘라서 정리한다.

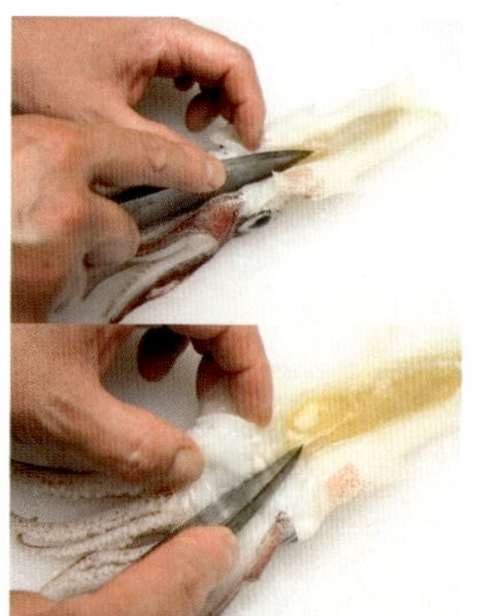

4 눈과 눈 사이에 칼을 넣고 잘라서 펼친다.

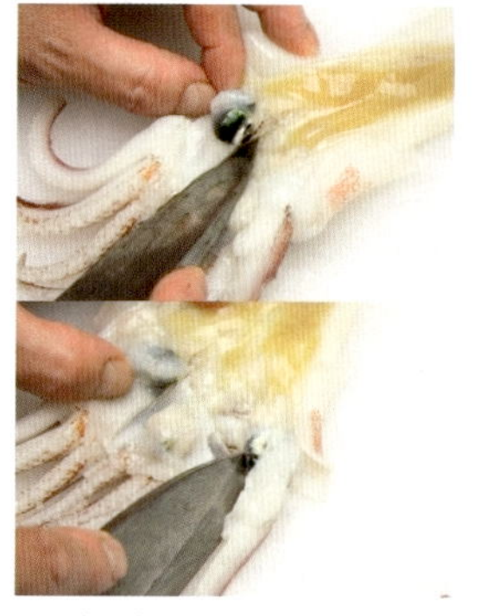

5 눈 아래쪽에 칼을 넣으면 눈을 제거하기 편하다. 반대쪽도 같은 방법으로 칼을 넣는다.

6 손가락으로 눈과 입, 내장을 떼어낸다.

오징어다리 데치기

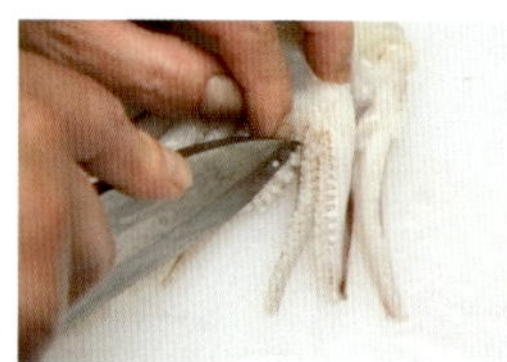

1 빨판을 잘라낸다.

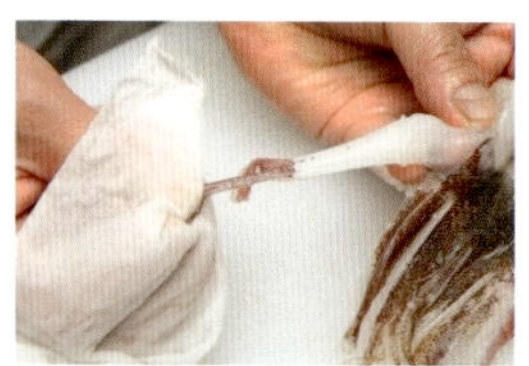

2 빨판을 잘라내고, 남은 껍질은 젖은 면보로 잡고 벗긴다.

3 껍질을 벗긴 상태.

4 소금을 넣고 살짝 주무른 후 물에 씻는다.

5 끓는 물에 지느러미와 다리를 넣고 표면이 약간 하얗게 될 정도로 데친다.

6 얼음물에 담근다.

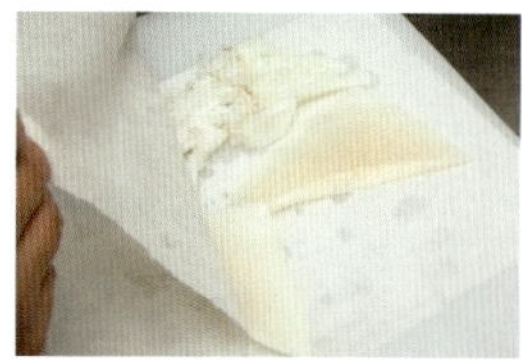

7 키친타월로 물기를 닦는다.

나마미스시(생꼴뚜기스시)

흰꼴뚜기

あおりいか
아오리이카

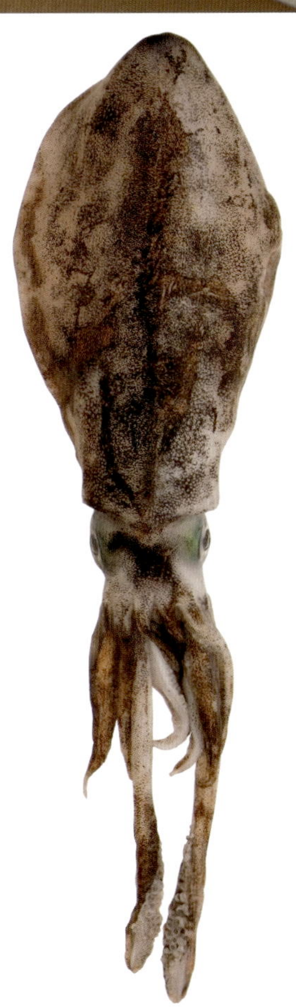

한국 남해와 서해, 일본 홋카이도 이남의 바다에 분포한다. '흰오징어' 또는 '무늬오징어'라고도 하며, 같은 과에 속하는 화살꼴뚜기, 창꼴뚜기 등과 함께 통틀어서 '한치'라고 부르기도 한다.

살이 두툼하고 겉모습이나 단맛, 식감이 갑오징어와 비슷하지만 갑각이 없고 꼴뚜기과에 속한다. 제철은 겨울이고 스시나 회로 먹으면 최고인데, 단맛이 강하고 입안에서 부드럽게 녹는 느낌이다. 다리는 살짝 데치거나 구워서 와사비를 넣은 간장에 찍어 먹으면 맛있다. 흰꼴뚜기는 먹물이 끈적거려서 손질할 때 먹물주머니가 먼저 터져버리면 손질하기 어렵기 때문에, 먹물주머니를 먼저 제거해야 한다. 또, 손질하는 도중에 물로 씻으면 맛이 떨어지므로 껍질을 벗긴 후에는 주의해서 다루어야 한다.

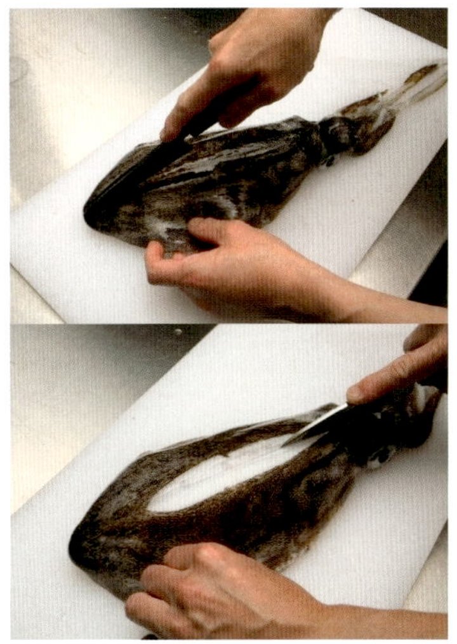

1 연골 바로 위에 칼을 넣어서 세로로 길게 자른다.

2 몸을 좌우로 연다.

3 연골을 떼어내고, 먹물주머니가 터지지 않도록 조심해서 내장을 꺼낸다.

4 먹물주머니가 터지지 않게 떼어낸다.

5 남아 있는 내장과 먹물이 묻어 있는 부분을 깨끗이 씻는다.

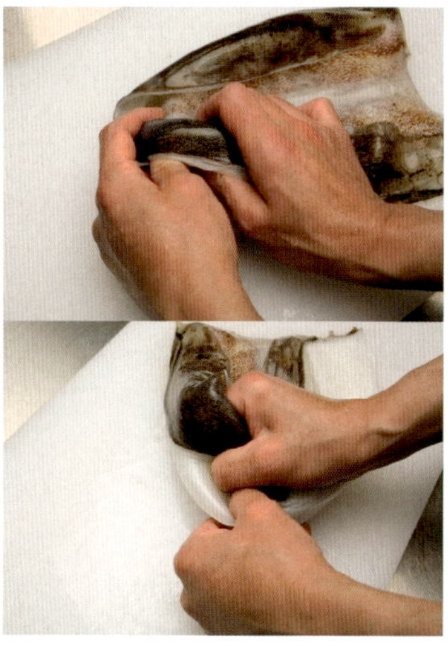

6 사진과 같이 몸통과 지느러미 사이에 양쪽 엄지를 넣어 지느러미를 분리한다. 반대쪽도 같은 방법으로 분리한다.

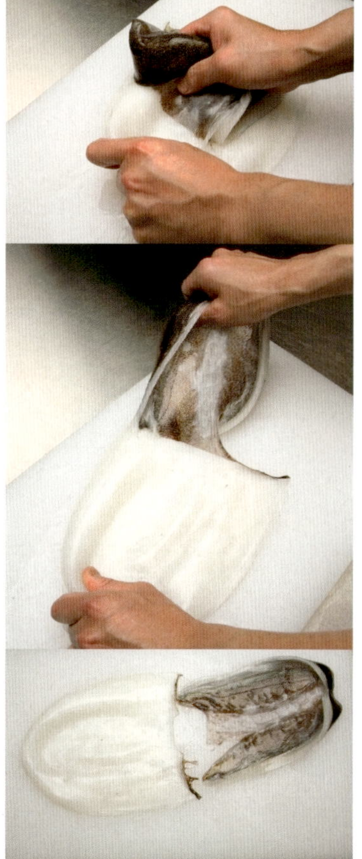

7 지느러미 가운데를 잡고 한 번에 벗긴다.

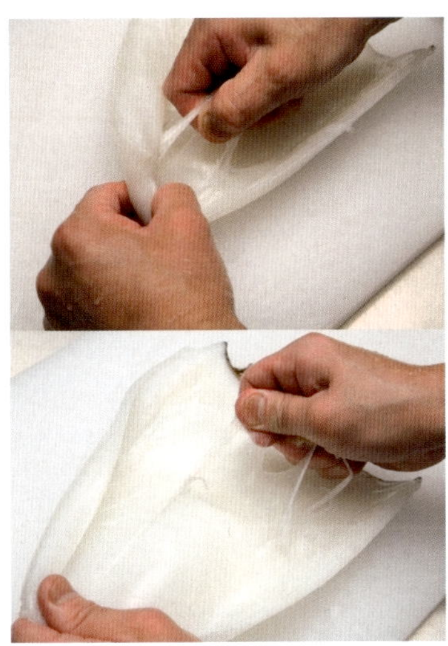

8 오징어 안쪽의 얇은 껍질을 벗긴다.

9 벗겨지지 않은 얇은 껍질 밑에 꼬치를 넣어서 벗기는데, 미끄러지지 않도록 젖은 면보로 잡고 벗긴다. 안쪽도 같은 방법으로 손질한다.

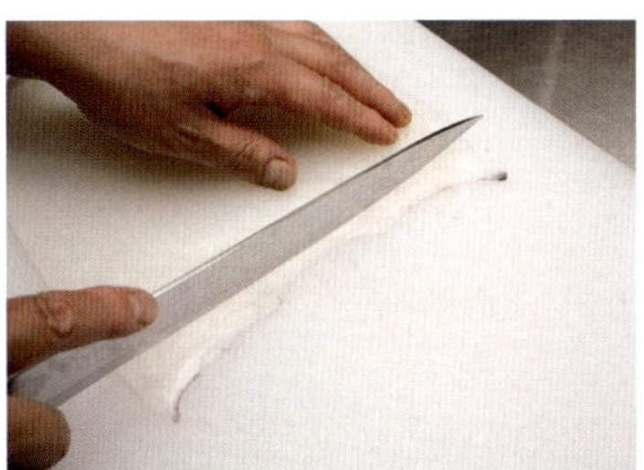

10 몸통의 아래위를 조금씩 잘라서 정리한다.

다리와 지느러미 스시[생강, 쪽파]

삶은 갯가재 스시

갯가재

しゃこ 샤코

갯가재는 새우나 게와 같은 갑각류이지만 겉모습이 상당이 특이하다. 몸길이는 약 15㎝로 진흙 또는 모래진흙 바닥에 구멍을 파고 살며, 살아있을 때는 푸른빛이 도는 갈색이지만 익히면 선명한 자주빛이 된다. 한국 서해와 남해, 일본, 중국 등지에 서식하며 봄~여름이 제철인데, 이 시기의 암컷은 알을 배고 있어서 일본에서는 '가쓰부시'라고 부르며 귀하게 취급한다. 또, 갯가재가 먹이를 잡을 때 쓰는 다리인 포각의 살을 '쓰메'라고 부르는데, 1마리당 2개밖에 얻을 수 없는 귀한 부위로 군함말이를 만들거나 안주로 먹는다.

갯가재는 삶아서 먹는 경우가 많지만 가장 맛있게 먹는 방법은 살아있는 갯가재를 바로 삶아서 먹는 것이다. 삶은 갯가재로 스시를 만드는데, 양념을 바를 경우에는 와사비를 넣지 않는다. 국물을 많이 넣고 삼삼하게 끓이는 '사와니'를 만들면 삶은 갯가재에 살짝 간이 배어서 식감도 좋아진다.

갯가재 쓰메(참깨가루와 양념을 얹은 군함말이)

1 살아있는 갯가재를 흐르는 물에 씻는다.

2 냄비에 물을 적게 담고 소금을 1% 넣어서 끓기 시작하면 갯가재를 넣는다.

3 냄비에 쏙 들어가는 뚜껑을 덮고 약 8분 정도 강한 불로 찌듯이 끓인다.

4 채반에 올려 식힌다. 가능하면 부채 등으로 부쳐서 빨리 식히는 것이 좋다.

5 가위로 머리를 잘라서 몸과 분리한다.

6 꼬리 끝부분을 사진과 같이 V자가 되게 자른다.

7 양쪽 가장자리를 잘라서 정리한다.

8 안쪽 살을 꼬리쪽부터 조심스럽게 벗긴다.

9 등쪽 껍질도 꼬리부터 벗겨서 분리한다.

10 머리에 붙은 포각 끝부분을 자른 후, 몸에 붙어 있는 부분도 자른다.

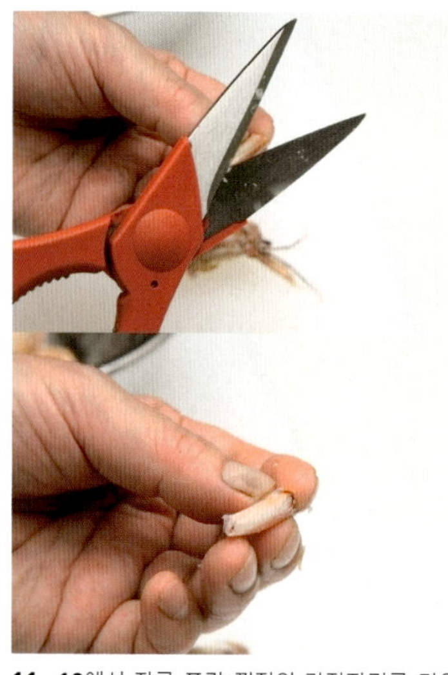

11 **10**에서 자른 포각 껍질의 가장자리를 가위로 살짝 자른다.

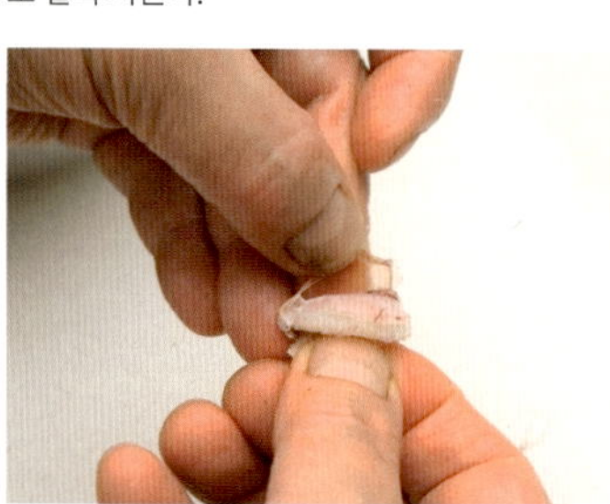

12 손으로 밀어내듯이 살을 꺼낸다. 1마리당 2개밖에 나오지 않는 귀한 부분이다.

13 완성.

사와니(담백하게 조리기)

재료

간장 5cc, 맛술 50cc, 맛국물 200cc, 설탕 8g, 소금 1꼬집(0.5g)

1 맛술을 한번 끓인 다음, 맛국물과 설탕, 국간장을 넣고, 갯가재를 넣는다.

2 거품을 걷어내면서 조린다.

3 완성.

사와니 스시(담백하게 조린 스시)

나마미스시(생새우스시)

단새우

あまえび 아마에비

정식 이름은 북쪽분홍새우이지만, 단맛이 강해서 '단새우'라고 부르는 경우가 많다. 일본에서도 달다는 의미로 '아마에비'라고 부른다. 한국 동해와 일본 홋카이도, 토야마만 이북 지역 및 멀리는 캐나다와 그린란드 주변 등 북극 인근해역에도 분포한다. 한국의 경우 동해에서 볼 수 있는 새우류 가운데 도화새우 다음으로 많이 잡히는 주요 수산자원이지만, 최근에는 캐나다 등지에서 수입된 것도 많이 유통된다.

새우류는 익혀서 먹는 경우가 많지만, 단새우는 단맛이 있고 식감이 좋아서 날것으로도 많이 먹는다. 스시 재료로 많이 사용되지만 그 역사는 그리 길지 않다.

닭새우

いせえび
이세에비

닭새우 유비키스시(데친 스시)

한국 제주도 부근과 일본 이바라키현 이남의 태평양쪽에 널리 분포한다. 다른 새우류와 달리 이마뿔 대신 몸길이의 2배가 넘는 굵은 더듬이가 있는 것이 특징이다. 겉모습이 매우 멋스럽고 익히면 보기 좋은 선홍색으로 변하기 때문에 일본에서는 잔치 음식에 사용하기도 한다. 닭새우는 보리새우(p.208 참조)처럼 양식을 하지 않기 때문에 대부분 자연산이다. 요리할 때는 기본적으로 살아 있는 것을 사용한다. 꼬리가 안쪽으로 단단히 말려 있고 껍질에 윤기가 있는 것을 고른다. 스시나 회뿐만 아니라 국물요리나 구이로 먹어도 맛있다.

일품요리 이세에비 회

1 가위로 머리와 몸 사이를 잘라서 분리한다.

2 등 가운데에 세로로 가위를 넣어서 꼬리 앞까지 칼집을 내고, 사진처럼 꼬리 앞에도 좌우로 칼집을 낸다.

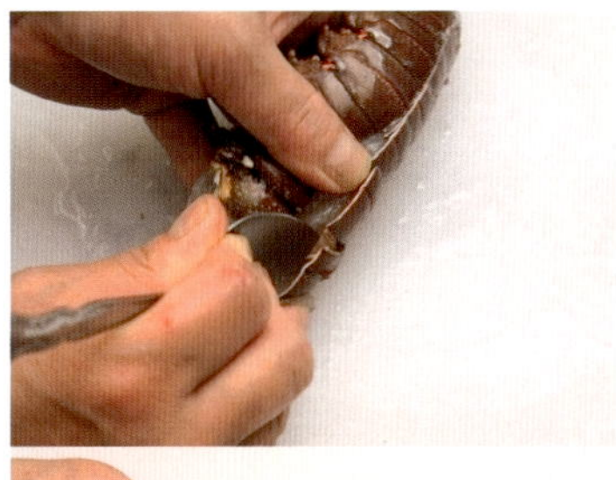

3 숟가락을 이용하여 껍질을 좌우로 펼친다.

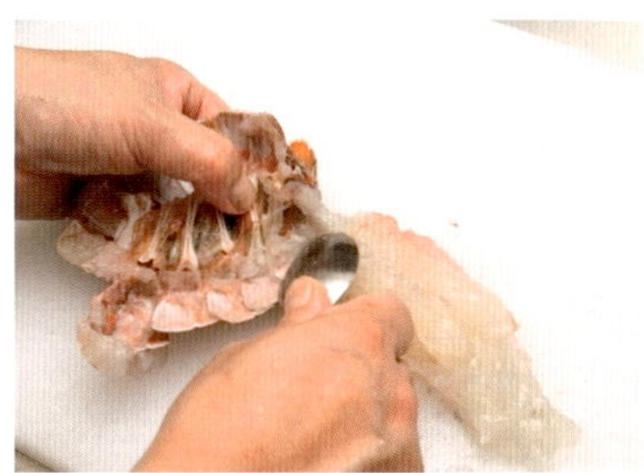

4 숟가락으로 껍질에서 살을 긁어낸다.

5 등쪽에 있는 내장을 제거한다.

6 등 가운데에 칼을 넣어 살을 2등분한다.

7 끓는 물에 넣어서 표면이 하얗게 되면 꺼낸다.

8 얼음물에 넣고 식힌다.

회의 기술

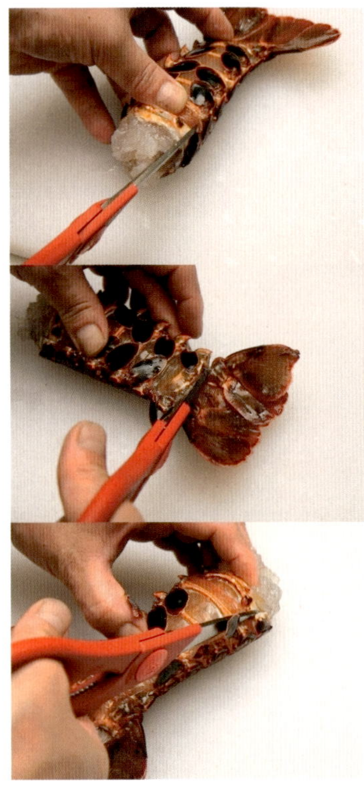

1 가위로 머리와 몸 사이를 잘라서 분리하고(p.205 **1** 참조), 배쪽 껍질을 사진과 같은 순서로 잘라서 연다.

2 껍질에 칼집을 낸 다음, 숟가락으로 살을 누르고 껍질을 벗긴다.

3 껍질과 살 사이에 숟가락을 넣어 살을 분리하고, 등에 있는 내장도 제거한다.

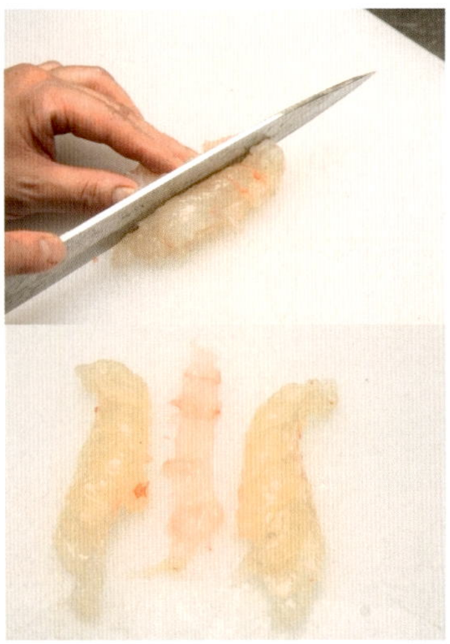

4 살 가운데에 칼을 넣고 양쪽으로 잘라서 사진처럼 살과 얇은 껍질을 분리한다.

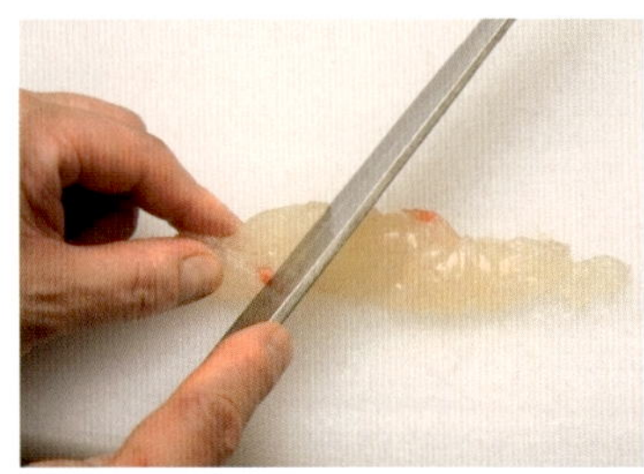

5 관절에 칼을 넣어 먹기 좋은 크기로 자른다.

6 얼음물에 살을 넣은 후 채반에 올려 물기를 뺀다.

7 회에 곁들일 내장을 머리에서 빼낸다. 내장을 제거한 껍질은 그릇으로 사용할 것이므로 손상되지 않게 보관한다.

미소국

1 머리를 세로로 자르고 긴 수염은 짧게 잘라 정리한다.

2 냄비에 닭새우 머리와 물, 청주를 넣고 끓인다. 끓기 시작하면 거품을 걷어내고 미소를 풀어 넣는다.

완성

모란새우 나마미스시(생새우스시)

모란새우

ぼたんえび(보탄에비)

모란새우는 일본 태평양 연해에 폭넓게 서식하며 홋카이도에서 많이 잡힌다. 옅은 푸른색 알을 지니며, 알도 생으로 먹을 수 있다. 겨울~초봄에 걸쳐서 저인망으로 잡히는데, 몸길이가 약 17㎝로 단새우보다 크고, 몸빛깔은 옅은 오렌지색을 띠는 것이 특징이다. 단새우와 비슷한 단맛이 있어서 스시나 회로 먹으면 일품이다.

한국 동해와 일본 도야마만에서 어획되는 도화새우와 비슷하지만 다른 종류이다. 모란새우보다 색이 짙고 세로 줄무늬가 있는 것은 '물렁가시붉은새우'이다. 물렁가시붉은새우도 모란새우 못지 않게 맛이 좋다.

모란새우

물렁가시붉은새우

물렁가시붉은새우 나마미스시(생새우스시)

보리새우

くるまえび 구루마에비

데친 보리새우 스시

예로부터 스시집에서 새우라고 하면 대부분 보리새우를 의미했는데 최근에는 수입산 '대하'나 '홍다리얼룩새우'가 대신하고 있다.

보리새우는 한국 남해에 주로 분포하고 서해 연안 일부에서도 출현하며, 일본 근해와 멀리는 아프리카 동해안까지 폭넓게 분포하는데, 각지에서 양식이 이루어지 때문에 대부분의 자연산은 산지에서 소비된다. 일본에서는 스시뿐 아니라 튀김 재료로도 사용한다. 스시 재료로 보기 좋게 손질하려면, 고온에서 데치는 것이 비결이다. 온도가 내려가지 않게 물을 충분히 넣고, 새우살이 단단해지지 않을 정도로 데친다. 일본의 스시집에서는 머리를 제외하고 5~6㎝ 정도 되는 보리새우를 '사이마키', 10㎝ 정도 되는 것을 '마키'라고 부른다. 보통 스시에 사용하는 것은 10㎝ 정도 되는 '마키'이다.

오도리스시(생새우스시) [소금, 영귤]

오도리(생새우)

1 몸과 머리를 잘라서 분리한다.

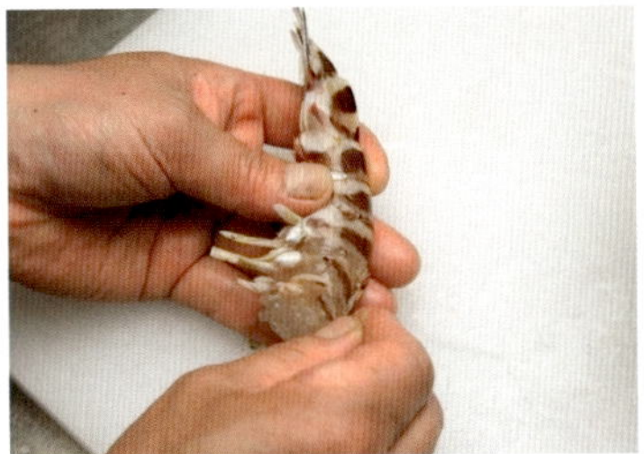

2 껍질을 벗긴다.

3 등 가운데에 칼을 넣어서 등을 갈라 펼친다.

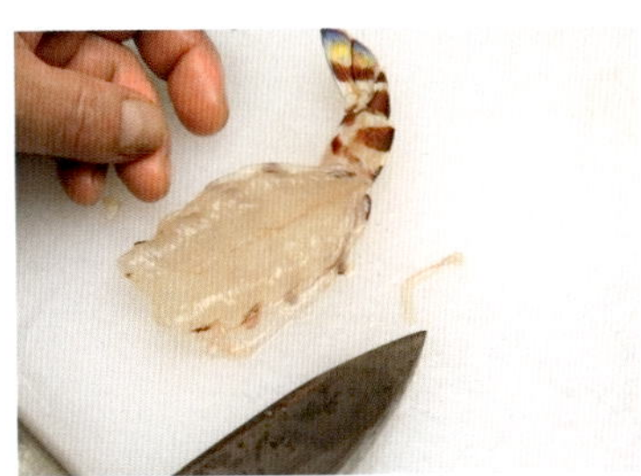

4 등쪽에 있는 내장을 제거한다.

5 소금을 조금 넣은 끓는 물에 보리새우의 꼬리를 펼쳐서 냄비 바닥에 누르듯이 집어넣은 채 색이 변할 정도만 익힌다.

6 얼음물에 담근다.

7 날것으로 사용할 부분을 트레이 위에 올려 보관한다. 여기까지가 생새우 손질 방법.

8 데칠 때는 사진과 같이 새우의 등이 반대로 휘어지는 느낌으로, 머리쪽부터 꼬리 앞까지 꼬치를 꽂는다.

9 1%의 소금을 넣은 끓는 물에 새우를 넣고 데친다. 새우가 떠오르고, 거품이 생기기 시작하면 새우를 건져낸다. 너무 삶으면 새우살이 딱딱해지므로 오래 삶지 않도록 한다.

10 얼음물에 넣어 식힌다.

11 꼬치를 빼고, 앞쪽 2마디의 껍질을 벗긴다.

12 배쪽에서 머리를 잡아당기면서 떼어낸다.

13 남은 껍질을 벗긴다.

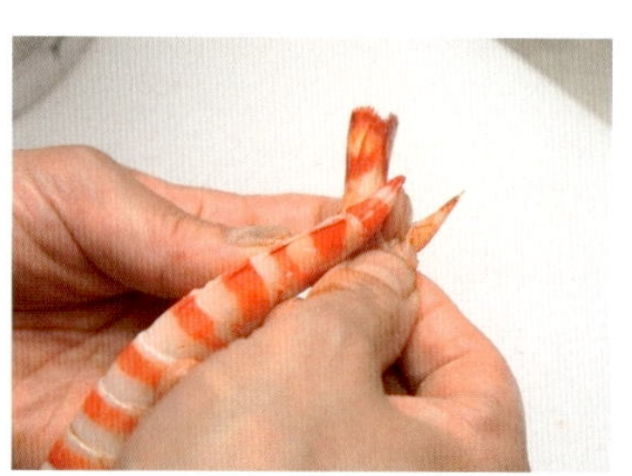

14 꼬리를 남기고 모든 껍질을 벗긴다.

15 머리부분을 잘라서 정리한다.

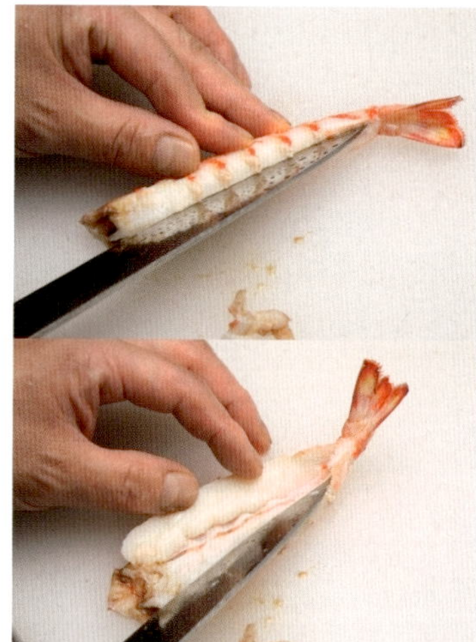

16 배를 갈라서 펼친다.

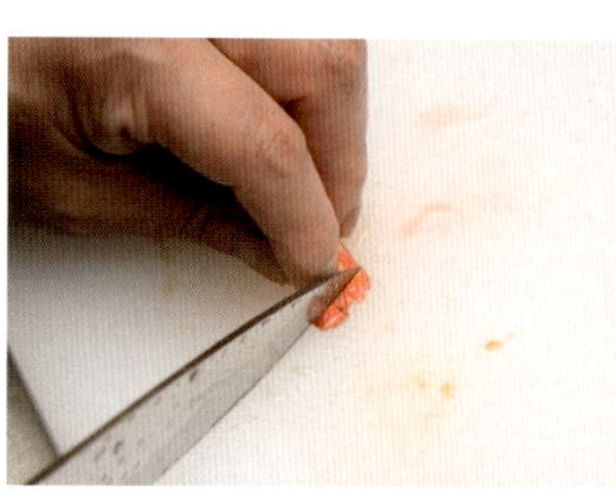

17 꼬리 끝을 잘라서 모양을 정리한다.

18 얼음물에 넣고 등쪽 내장을 살살 씻어낸다.

19 얼음을 넣은 2% 소금물에 담근다.

20 트레이 위에 나란히 올려 보관한다.

일품요리

보리새우 통구이

나마시스시(생새우스시) [노른자 오보로, 흰자 오보로]

쌀새우

しらえび
시라에비

돗대기새우과에 속하는 새우로 '흰새우'라고도 부르며, 한국과 일본 등지의 수심이 300~400m 되는 깊은 바다에 산다. 일본에서는 도야마만에서 많이 잡혀서 도야마현 특산물로 유명하다. 몸길이는 7~8㎝이고 좌우로 넓고 평평하며, 약간 붉은빛을 띠지만 무색투명하고 마르면 흰색이 된다. 말려서 반찬으로 먹거나 젓갈을 담그기도 하며 튀김이나 회로 먹어도 맛있다. 한 마리씩 눌러 빼면서 손질해야 하므로 1인분을 만드는 데 시간이 많이 걸린다.

삶은 게살 스시

대게

ずわいがに (즈와이가니)

다리가 대나무처럼 생겼다고 해서 '대게'라고 부르며, '바다참게'라고도 한다. 한국 동해를 비롯하여 일본, 러시아의 캄차카반도, 알래스카주, 그린란드 등에 분포하며 깊이 30~1,800m 바다의 진흙 또는 모래바닥에 산다. 암컷과 수컷의 서식처가 분리되어 있어서 어린 대게와 성숙한 암컷은 수심 200~300m 바다에 주로 살고, 수컷은 300m 이상되는 바다에 산다.

한국에서 잡히는 게 가운데 가장 크며 맛이 좋다. 냉동도 많이 유통되지만 살아있는 것을 직접 삶아서 먹는 것이 더 맛있으며, 크기보다 살이 얼마나 차있느냐에 따라 상품가치가 결정된다. 대게 암컷은 수컷에 비해 몸이 작으며, 게장이나 난소와 수정란을 안주로 먹기도 한다. 찜, 구이, 샤부샤부 등 다양한 요리로 먹으며, 특히 경북 울진과 영덕의 대게찜이 유명하다.

대게 암컷

삶는 방법

1 배딱지(삼각형 부분)에 가위로 칼집을 낸다.

2 대게는 끓는물에 넣으면 스스로 다리를 잘라내기 때문에, 다리가 떨어지지 않도록 등껍질이 아래로 오게 물에 담궈서 먼저 질식사시킨다.

3 끓는 1% 소금물에 등껍질이 아래로 가게 넣고 18~20분 정도 삶는다.

4 다 삶아지면 흐르는 물에 식힌다.

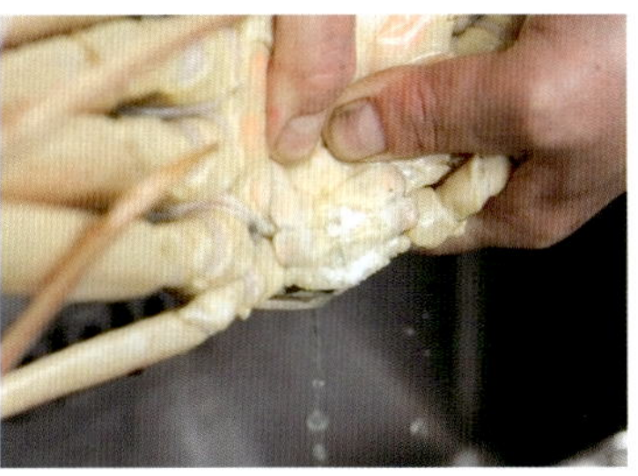

5 비린내를 없애기 위해, 등껍질과 배딱지를 눌러서 **1**에서 칼집을 낸 부분을 통해 안쪽의 물을 빼낸다.

대게 젤리

대게 스가타모리(내장을 제거하여 요리한 후 원래 형태로 담는 것)

익힌 게살 스시(게장)

털게

けがに 게가니

한국의 경우 동해에만 분포하고 그밖의 지역은 일본, 캄차카반도, 베링해, 알래스카 등지에 분포한다. 깊이 15~300m의 진흙, 모래, 자갈 바닥에 서식하는데, 제철은 11~4월다. 이름 그대로 몸 전체에 털이 촘촘히 나있어서 털게라고 부르는데, 게장 맛이 특히 뛰어나다. 자원보존을 위해 암컷은 어획하지 않는다. 삶은 것을 판매하기도 하지만, 살아있는 털게를 구입하여 직접 삶아서 스시를 만드는 것이 더 맛있다.

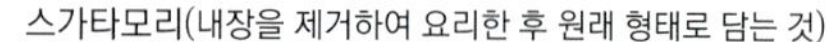
스가타모리(내장을 제거하여 요리한 후 원래 형태로 담는 것)

연어알

이크라
いくら

연어류의 알주머니를 통째로 꺼내서 소금에 절인 것이 연어알젓인데, 통째로 절이지 않고 연어알 주머니의 껍질을 제거한 다음 안에 들어 있는 알을 따로따로 분리하여 소금이나 간장에 절인 것을 '이크라'라고 한다. 본래 이크라는 러시아어로 생선알을 의미한다. 맛있는 이크라를 만들려면 껍질이 얇고, 적당한 크기의 알이 고르게 들어 있는 것을 고르는 것이 좋다.

군함말이(군함모양 마키즈시)를 만들 때 소금 또는 간장에 절인 이크라를 사용하며, 여기서는 연어알주머니의 껍질을 풀어서 낟알로 분리하여 간장에 절이는 방법을 소개한다.

절임

1 연어의 배에서 알주머니를 꺼낸다. 배를 가를 때 알주머니가 잘리지 않도록 주의한다.

2 철망에 올린 후 손으로 문질러서 알을 따로따로 분리한다.

3 소금을 넣고 섞는다.

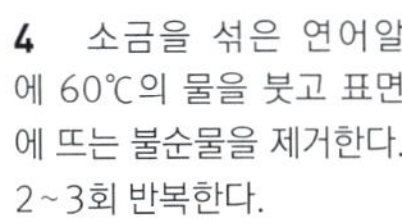

4 소금을 섞은 연어알에 60℃의 물을 붓고 표면에 뜨는 불순물을 제거한다. 2~3회 반복한다.

5 3% 소금물에 얼음을 넣은 후 연어알을 넣고 식힌다.

6 체로 건져서 냉장고에 넣고 물기를 뺀다.

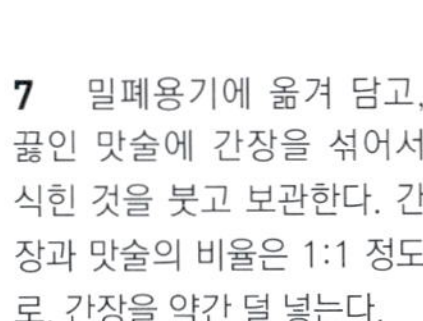

7 밀폐용기에 옮겨 담고, 끓인 맛술에 간장을 섞어서 식힌 것을 붓고 보관한다. 간장과 맛술의 비율은 1:1 정도로, 간장을 약간 덜 넣는다.

소금절임 스시[가쓰오부시]

청어알

かずのこ (가즈노코)

일본에서는 소금에 절인 청어알을 '가즈노코'라고 하는데, 스시를 만들 때는 소금기를 빼고 얇은 막을 제거한 가즈노코를 사용한다. 일본산 가즈노코 중에는 홋카이도산이 가장 품질이 좋으며, 캐나다나 러시아 등에서 잡힌 청어에서 얻은 청어알로 만든 가즈노코도 많이 유통되고 있다. 간장으로 살짝 맛을 낸 가즈노코로 스시를 만들면 톡톡 터지는 식감을 즐길 수 있다. 소금기를 뺀 가즈노코에 가쓰오부시를 올리면 훌륭한 안주가 된다.

간장절임 스시[산초잎]

간장절임 스시

청어알다시마

こもちこぶ 고모치코부

일본에서는 청어알다시마를 '알을 밴 다시마'라는 의미로 '고모치코부'라고 부르는데, 청어가 알을 낳은 다시마를 소금에 절인 것으로 고급 스시 재료이다. 자연산 다시마에 청어가 알을 낳은 것은 매우 귀하며, 대부분 캐나다 등지에서 생산되는 것이 많다. 인공적으로 만들 경우에는 청어의 산란기에 맞춰 바다에 자연산 다시마를 넣어 청어를 가까이 모이게 만든 다음 알을 낳게 하는 방법을 사용한다. 다시마에 청어알이 단단히 고르게 붙어 있어야 좋은 것이다. 가즈노코와 마찬가지로 염장품이므로 스시나 안주로 먹을 때는 소금기를 잘 빼서 사용해야 한다.

간장절임 재료

소금기를 제거한 청어알다시마 1㎏
간장 180cc
맛술 180cc
가쓰오부시 국물 720cc
설탕 18g
맛술을 먼저 끓인 후 나머지 조미료를 넣고 끓인다. 식으면 청어알다시마를 넣는다.

유비키스시(데친 스시)[소금, 영귤]

대문어

みずだこ (미즈다코)

'물문어'라고도 하며, 한국 동해와 일본 동북지방 북쪽 바다에 널리 서식한다. 시장에서는 대부분 다리만 판매되고 있는데, 대문어의 실제 몸길이는 3m 정도이고 무게는 10kg에 이르 최대 50kg까지 나가는 것도 있다. 참문어보다 겉껍질이나 육질이 부드러워서 회나 샤부샤부로 먹으면 좋다.

손질할 때는 빨판을 제거하고 날것으로 사용할 부분과 삶아서 사용할 부분 모두 소금으로 주무른 다음, 삶을 부분을 다시 한 번 소금으로 빡빡 문질러서 점액질을 제거한다. 삶을 때 녹차잎을 넣으면 색이 고와진다.

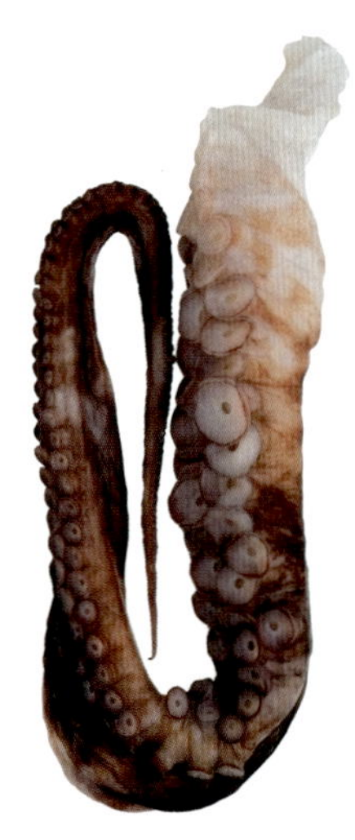

삶은 대문어 스시

1 몸통과 가까운 쪽의 '날것으로 사용할 부분'과 다리 끝쪽의 '익혀서 사용할 부분'을 구분하여 자른다.

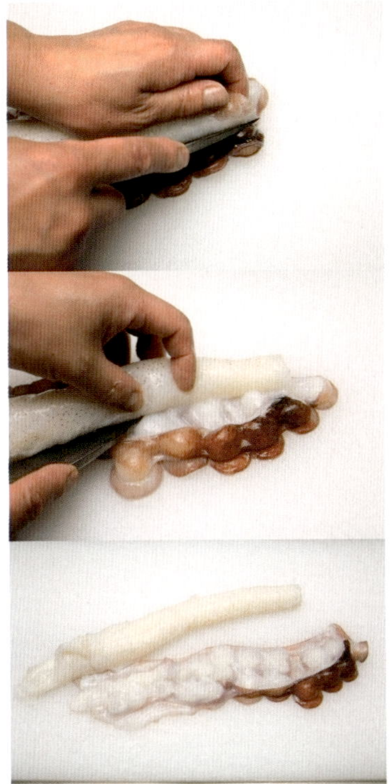

2 칼을 사용하여 날것으로 사용할 부분의 빨판을 제거한다.

3 ①날것으로 사용할 부분(빨판을 제거한 다리), ②빨판, ③삶아서 사용할 부분을 소금으로 문지른 후 물에 씻는다.

4 ②와 ③만 다시 소금을 넣고 2회 문질러서 씻는다.

5 ①은 끓는 물에 1% 정도의 소금을 넣고 약 10초 정도 데친다.

6 데친 문어를 식초를 5% 정도 넣은 얼음물에 넣고 식힌다.

7 ①을 데친 물에 녹차잎을 넣고 우려낸 후, ②를 넣었다 뺐다 반복하여 다리 끝부분의 모양을 잡는다. 마지막으로 ②와 ③을 넣고 거품을 걷어내며 15분 정도 삶는다.

8 얼음물에 식초를 5% 정도 넣고, ②와 ③을 담가서 식힌다.

삶은 문어 스시

참문어

まだこ 마다코

문어 종류 중 한국에서 가장 많이 잡히는 문어이다. 참문어의 정식 이름은 '왜문어'이며, 말리면 색깔이 붉어져서 '피문어'라고도 한다. 껍질을 벗겨서 말린 것은 '백문어'라고 부른다. 참문어는 삶아서 회나 초절임으로 먹기도 하고, 이탈리아요리나 스페인요리에도 사용한다. 삶은 문어를 구입하는 경우도 많지만, 여기서는 살아있는 문어를 삶는 방법을 소개한다. 보기 좋은 색을 내기 위해서는 문어를 삶을 때 녹차잎을 넣고, 색을 유지하기 위해서는 식초를 넣는다. 삶기 전에 잘 문질러서 점액질을 제거해야 한다.

스시의 기술

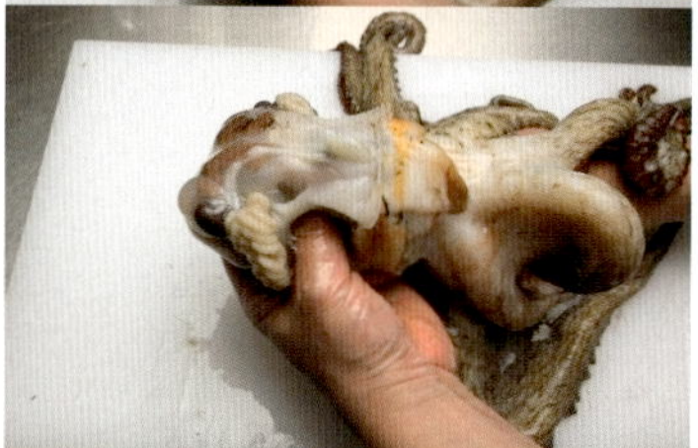

1 머리속에 손가락을 넣고 머리에 붙어 있는 근육을 손으로 벗기면서, 양손으로 머리를 뒤집는다.

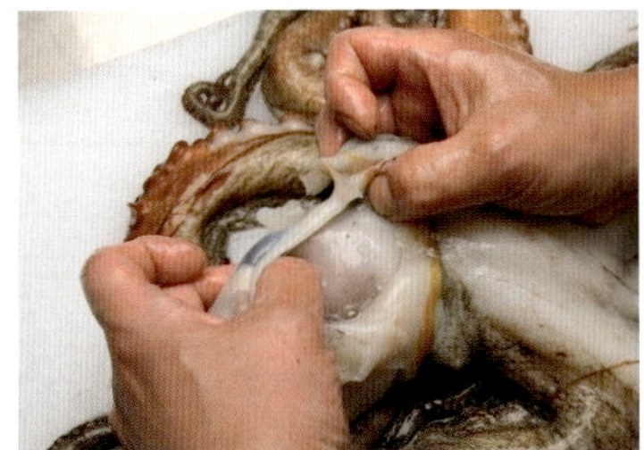

2 내장이 손상되지 않도록 벗긴다.

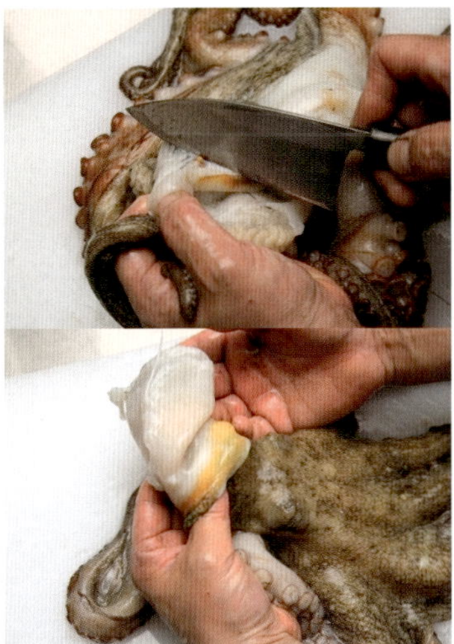

3 분리한 내장을 살에서 잘라낸다.

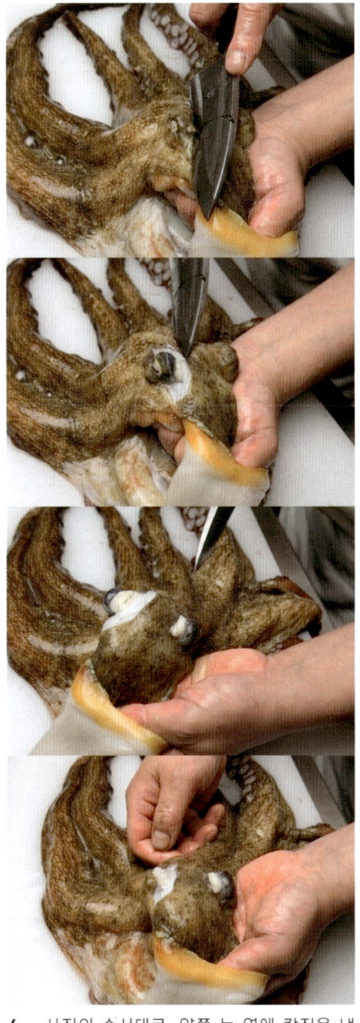

4 사진의 순서대로, 양쪽 눈 옆에 칼집을 낸 후, 손으로 눈을 떼어낸다.

5 문어 입 주변에 칼집을 낸다.

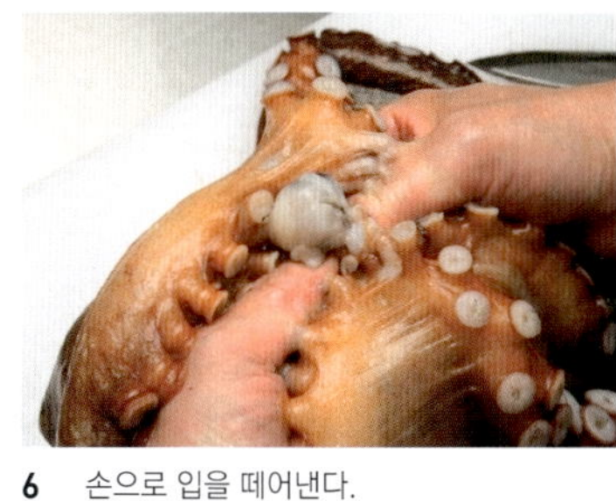

6 손으로 입을 떼어낸다.

7 사진과 같이 무를 갈아서 넣고 거품이 나도록 주물러서 점액질을 제거한다.

8 소금을 1줌 정도 넣고 계속 주무른다.

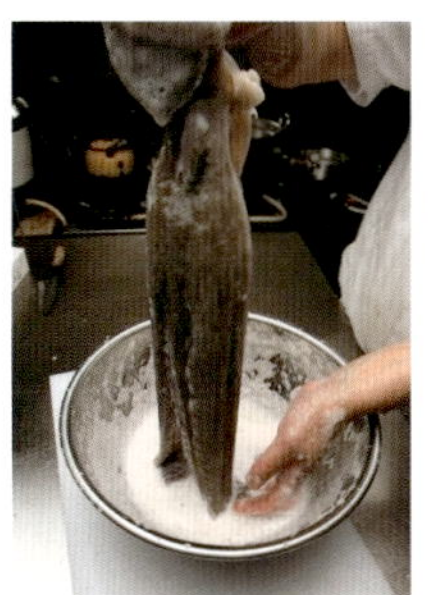

9 점액질을 제거해서 표면이 미끈거리지 않으면 물로 깨끗이 씻어낸다.

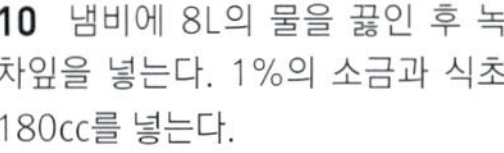

10 냄비에 8L의 물을 끓인 후 녹차잎을 넣는다. 1%의 소금과 식초 180cc를 넣는다.

11 문어머리를 낚시바늘에 꿴 채로 들고 녹차잎을 우려낸 물에 2, 3회 넣었다 뺐다를 반복하다가 낚시바늘을 빼고 냄비에 집어넣는다. 사진처럼 문어 다리가 둥글게 말리도록 만든다.

12 기품을 걷이내고 15분 정도 삶는다.

13 낚시바늘로 꺼낸다.

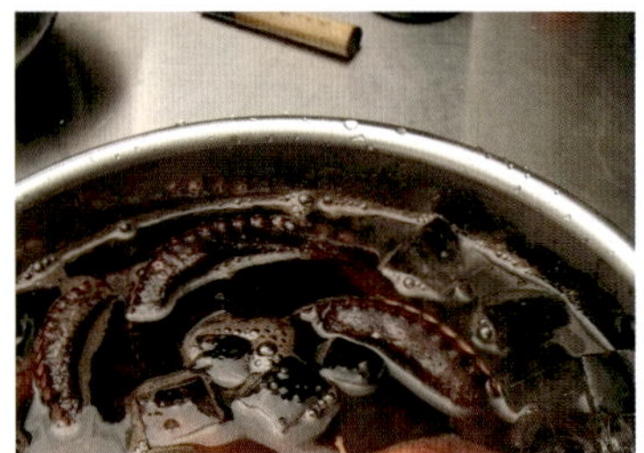

14 얼음을 넣은 식초물에 문어를 넣고 식히면 색이 빠지는 것을 막아준다.

15 채반에 올려 자연스럽게 식힌다.

썰기

1 다리 인쪽 부드러운 부분의 껍질을 길로 벗긴다.

2 다리의 두툼한 부분부터 칼을 조금씩 움직이면서 물결무늬가 생기도록 어슷하게 썬다.

3 문어는 살이 단단하기 때문에 먹기 좋도록 얇게 썬다.

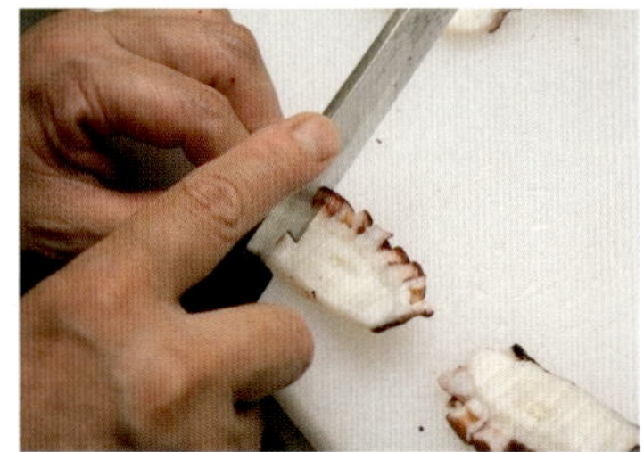

4 칼턱을 사용하여 왼쪽부터 2~3곳에 칼집을 낸다.

4
니기리즈시
달걀구이
조개

나마미스시(생조개스시)

가리비

ほたてがい
호타테가이

가리비는 가리비과에 속하는 바닷조개로 한국과 일본을 비롯한 전 세계에 분포한다. 예전에는 고급 조개로 취급되었지만, 양식이 이루어지면서 저렴한 가격으로 먹을 수 있게 되었다. 가리비 종류에는 참가리비, 국자가리비, 비단가리비 등이 있다.

가리비는 회, 구이, 찜 등 다양한 방법으로 먹는데, 일본요리나 중화요리, 양식 등에서도 인기 있는 재료이다. 주로 먹는 부분은 조개관자이지만 외투막 부분도 간장을 넣고 조려서 먹으면 맛있다.

양식 가리비는 자연산과 비교했을 때 껍질색이 하얗기 때문에 구별할 수 있는데, 양식 가리비도 플랑크톤만 먹고 자라기 때문에 자연산과 비교해도 맛에 차이가 없다. 스시를 만들 때 작은 관자는 가운데에 칼집을 내서 좌우로 펼쳐서 사용하고, 회로 먹을 때는 관자를 결대로 잘라야 식감이 좋다.

일품요리 가리비 구이

1 조개껍질의 평평한 부분이 아래로 가게 왼손 위에 얹어 잡는다.

2 외투막 아래에 조개손질용 칼을 넣어 관자를 껍데기에서 분리한다. 빨리 하지 않으면 껍데기가 닫힐 수 있다.

3 관자를 분리한 후 외투막도 분리한다.

4 사진의 순서대로, 껍데기를 뒤집어서 같은 방법으로 살을 분리한다.

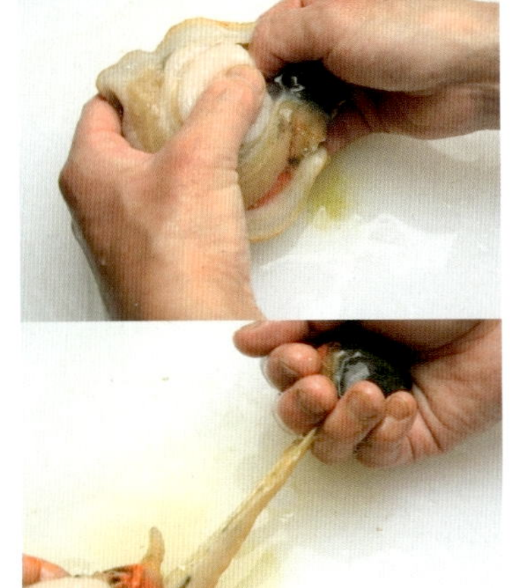

5 관자와 내장 사이에 손가락을 넣어서 검은색 간을 떼어낸다.

6 관자, 내장, 외투막을 분리한다.

7 내장을 갈라서 펼친다.

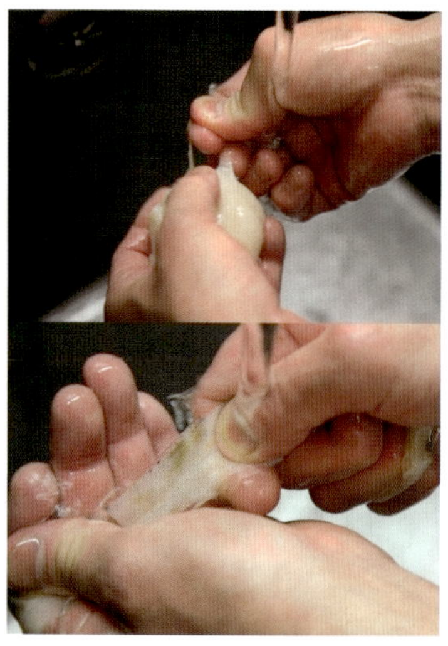

8 외투막, 간, 내장을 소금으로 문질러서 점액질을 제거한다. 관자에 남은 막을 제거한 후 흐르는 물에 깨끗이 씻는다.

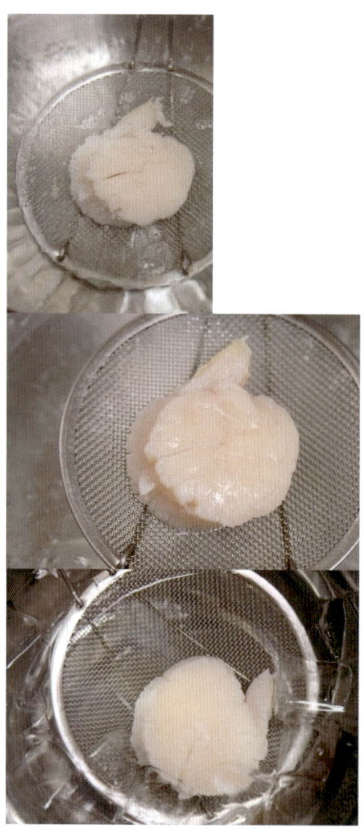

9 끓는 물에 소금을 조금 넣고 관자를 넣었다 뺀 다음, 얼음물에 담가서 식힌다.

10 외투막은 끓는 물에 살짝 넣었다 뺀 다음, 얼음물에 담근다.

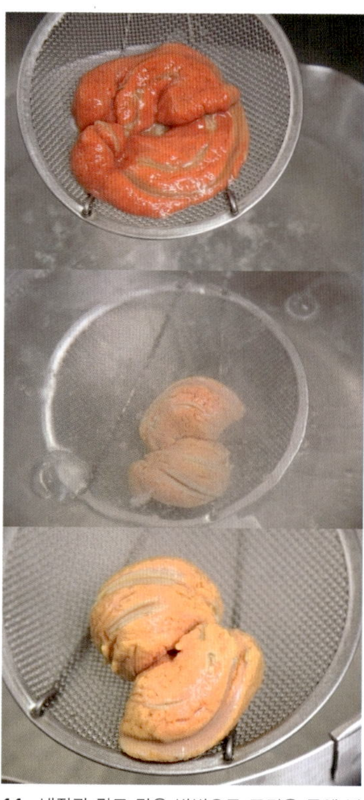

11 내장과 간도 같은 방법으로 뜨거운 물에 넣었다 뺀 후, 얼음물에 담가서 식힌다.

12 키친타월로 물기를 닦아서 제거하고, 트레이 위에 올려 보관한다.

데친 개량조개 스시

개량조개

あおやぎ (아오야기)

껍데기가 황갈색이어서 '명주조개' 또는 '노랑조개'라고도 부르며, 일본에서는 '아오야기' 또는 '바카가이'라고 부른다. 한국 동 · 서해안과 일본, 중국 등지에 분포한다. 시원한 맛을 내기 때문에 탕이나 찌개를 끓여 먹기도 하는데, 조갯살은 스시나 회, 관자는 튀김으로 많이 먹는다. 스시로 먹으면 개량조개 특유의 단맛과 향을 즐길 수 있다. 보통 12월부터 다음 해 4월에 걸쳐 자연에서 직접 채취하며, 껍질을 벗겨 출하하거나 껍질째 출하하기도 한다.

스시나 회에는 데쳐서 사용하는데, 살이 단단해지지 않게 살짝 데치는 것이 포인트이다. 오래 데치면 냄새가 강해지고 살이 지나치게 풀어진다.

일품요리 간 무와 폰즈소스를 곁들인 개량조개

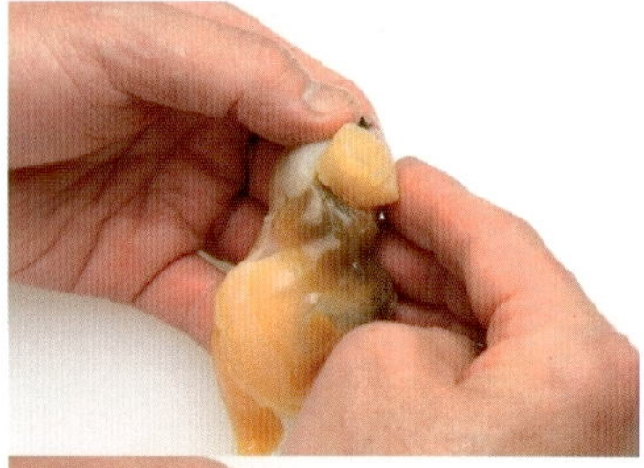
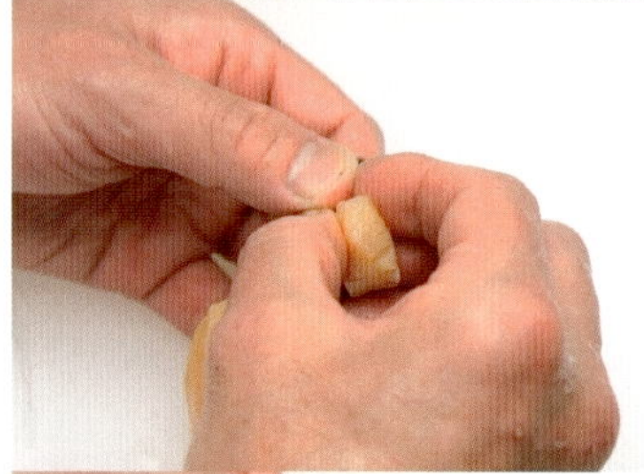
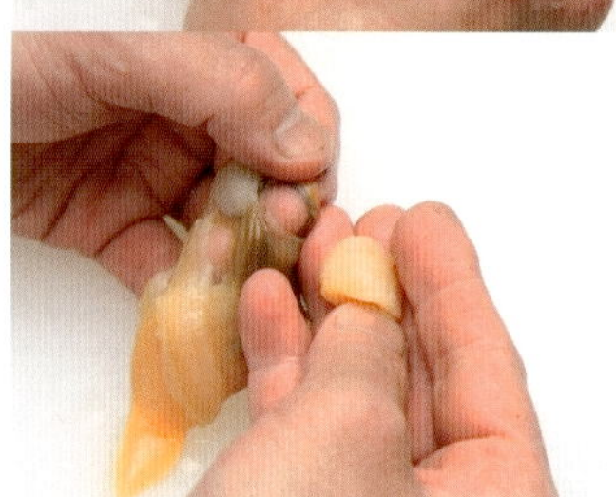

1 사진의 순서대로 개량조개의 관자를 손으로 떼어낸다.

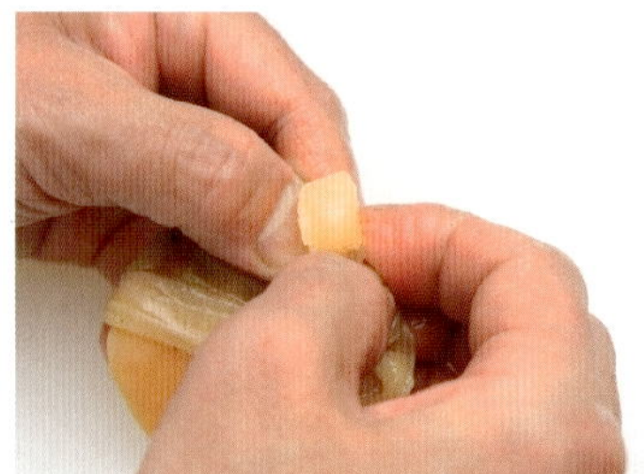

2 관자에 붙어 있는 막과 불순물을 제거한다.

3 관자를 체에 넣고 물에 담근 다음, 흔들어서 씻는다.

4 1.5% 정도의 옅은 소금물에 담근다.

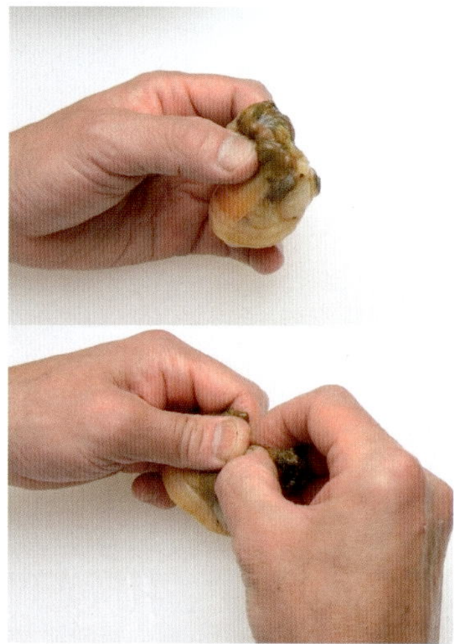

5 조갯살은 내장을 당겨서 떼어낸다.

6 볼 위에 체를 겹쳐놓고, 조갯살이 손상되지 않도록 흐르는 물에 살살 씻어서 모래와 불순물을 제거한다.

7 개량조개를 냄비에 넣고 조갯살이 잠길 정도의 물을 부은 후 소금 1줌을 넣는다. 손으로 섞고 약한 불로 끓인다.

8 손으로 만졌을 때 개량조개가 약간 단단해지고 탄력이 생기면, 체에 건져서 흐르는 물에 씻는다. 너무 많이 익으면 냄새와 식감이 나빠지므로 주의한다.

소금 사용하기

스시집에서는 생선을 절이는 방법에 따라 소금 사용 방법이 달라지는데, 다테시오(소금물), 후리시오(위에서 소금을 뿌리는 방법), 베타지오(직접 소금에 절이는 방법)가 있으며, 각각 옅고 짙은 강약의 차이가 있다. 다테시오의 기준은 3%(해수 정도)이고, 1.5%의 다테시오는 옅은 소금물이다.

9 얼음물에 담근다.

10 체를 흔들면서 흐르는 물에 씻으면 조개에 붙어 있는 불순물이 걸러진다.

11 남은 껍질은 손으로 일일이 제거한다.

12 조개의 수관 끝에 붙어 있는 점막을 벗긴다.

13 수관 끝에 있는 검은 부분을 잘라낸다.

14 외투막과 살 사이에 있는 내장을 잘라낸다.

15 사진과 같이 살을 갈라서 펼친다.

16 수관을 갈라서 연다.

17 갈라서 펼친 살에 남아 있는 내장을 흐르는 물에 깨끗이 씻어낸다.

18 물기를 빼서 트레이 위에 보관한다.

관자 스시

시타기리 저온조리

개량조개의 길고 구부러진 발을 '시타기리'라고 하는데, 이것을 60℃ 정도의 따뜻한 물에 데쳐서 얼음물에 담그면 감칠맛이 살아난다.

1 흐르는 물에 씻는다.

2 60℃ 정도의 따뜻한 물에 1~2분 데친다.

3 얼음물에 담가서 식힌다.

저온조리한 굴 스시[모미지오로시, 산파, 폰즈젤리]

굴

かき 가키

굴종류에는 참굴, 바윗굴, 강굴, 가시굴 등이 있는데, 한국에서 흔히 볼 수 있는 굴은 참굴로 남해안과 서해안에서 자생하고 양식도 많이 한다. 보통 가을부터 이듬해 봄까지 참굴을 먹는데, 산란기인 여름에는 영양가가 떨어지고 독성을 띠기 때문이다. 같은 참굴이라도 자라는 환경에 따라 크기와 맛에 큰 차이가 있다. 바윗굴은 제주도, 울릉도 및 독도와 일본 등지에 분포하며 여름철에 주로 먹는데 레몬즙을 뿌려서 먹으면 맛이 좋다.

스시 재료로 사용할 때는 싱싱한 굴을 저온에서 가열하면(p.232 참조) 육즙이 빠져나가지 않아 맛있게 먹을 수 있다.

일품요리 바윗굴 회

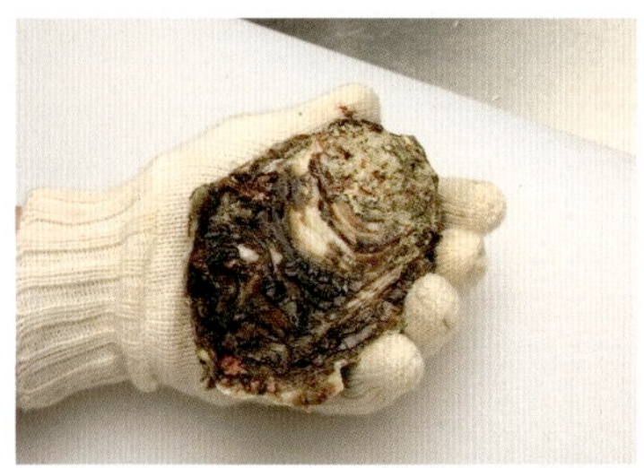

1 굴껍질은 한쪽은 둥글고 한쪽은 평평하다. 껍데기 이음매가 뒤쪽으로 가고, 평평한 부분이 위로 오게 잡는다. 손을 보호하기 위해 반드시 면장갑을 낀다.

2 사진의 위치에 조개손질용 칼을 넣는다. 이 부분에 관자가 있다.

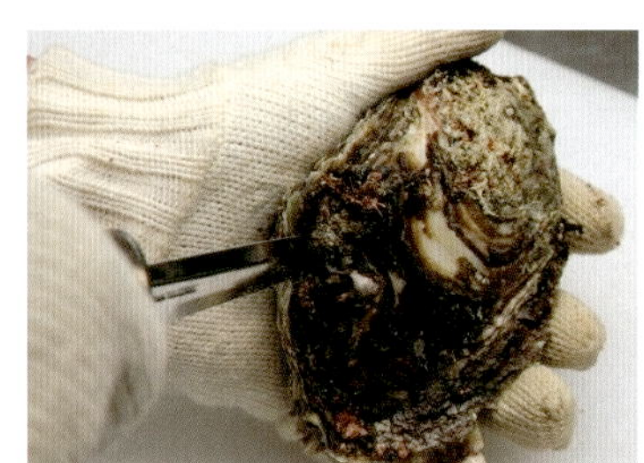

3 그대로 칼을 비틀어서 껍데기를 여는데, 조금 열리면 관자의 아랫부분을 잘라서 분리한다.

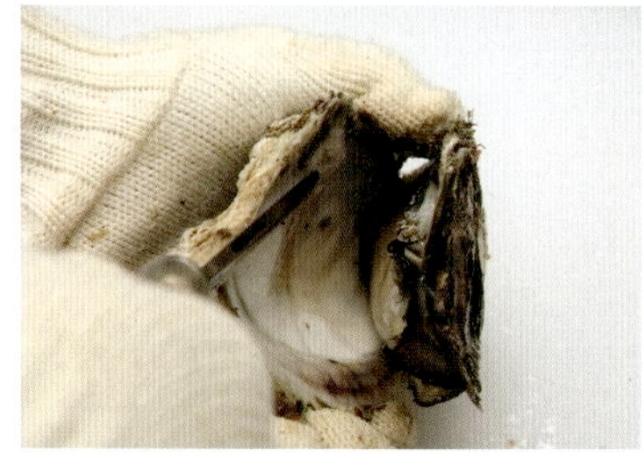

4 관자가 떨어지면 껍데기를 연다.

5 다음은 위쪽에 붙어 있는 관자를 분리한다.

6 무를 갈아서 굴과 함께 잘 씻는다.

7 흐르는 물에 헹군다.

저온조리

생식용 굴에 무 간 것을 넣고 씻은 다음, 토레하(p.300 참조)를 3% 정도 녹인 따뜻한 물을 60℃로 유지하면서 굴을 넣고 30분 동안 가열한다. 꺼내서 바로 얼음물에 넣고 식힌 다음 물기를 뺀다.

삶은 백합 스시

백합

하마구리

はまぐり

'대합'이라고도 부르며, 한국의 함경남도를 제외한 모든 연안과 일본, 타이완, 중국, 필리핀, 동남아시아 등지에 분포한다. 고급 조개류로 서해안에서 많이 양식되며, 같은 백합 종류인 민무늬백합은 백합과 비슷하지만 껍데기가 삼각형에 가까운 둥근 모양으로 두껍고 매끄러우며 광택이 있다.

백합은 주로 탕이나 죽, 구이로 먹으며, 스시를 만들 때는 매콤하게 조린 백합을 사용하는데, 여기서는 토레하(p.300 참조)를 넣은 조림장으로 저온조리하였다. 저온조리하면 살이 단단해지지 않고, 조림장이 탁해지지 않으며, 수분이 많이 빠져나가지 않아서 맛있게 먹을 수 있다.

스시의 기술

1 조개손질용 칼로 조개의 입을 열고 조갯살을 도려낸다. 외투막이 잘리지 않게 주의하면서 관자를 분리한다.

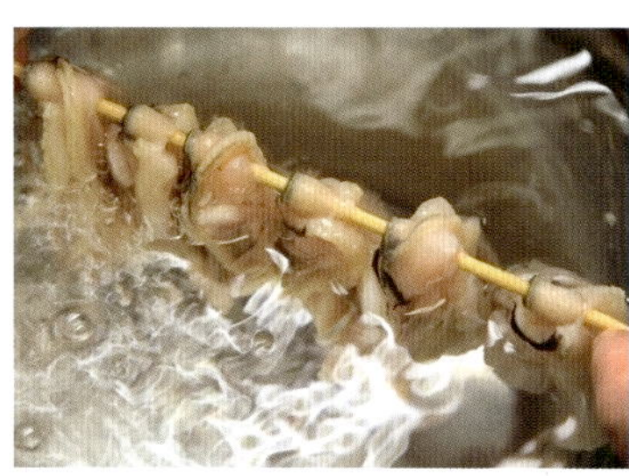

2 수관에 꼬치를 꽂아서 조갯살 5,6개를 연결한다.

3 꼬치 양쪽을 손으로 잡고 흐르는 물에 흔들어 씻는다. 모래가 남지 않도록 깨끗이 씻는다.

4 60~68℃의 따뜻한 물에 토레하를 3% 정도 녹인다. (따뜻한 물 1L에 토레하 30g)

5 60~68℃를 계속 유지하다가 백합을 넣고 30분 정도 가열한다. 온도계를 사용하여 물의 온도가 변하지 않도록 체크한다.

6 체에 건져서 식힌다.

7 사진 순서대로 살을 갈라서 펼친다.

8 칼로 내장을 긁어낸다.

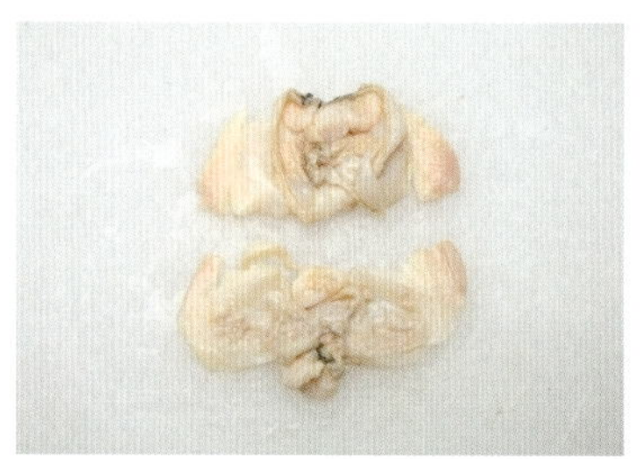

9 손질을 마친 상태.

조림

1 백합을 삶은 물에 끓인 맛술과 간장을 넣고 끓여서 65℃까지 식힌다. 분량은 삶은 물 4 : 맛술 1 : 간장 1이다. 토레하를 사용하지 않을 경우 설탕 25g을 넣는다.

2 손질한 백합을 넣고 조린다.

유비키스시(데친 스시)

북방대합

うばがい

우바가이

개량조개과에 속하는 북방대합은 한국 동해 북부와 일본, 사할린 등지에 분포하는데, 속초, 주문진, 강릉 지역에서는 '대합'이라고 부르기도 하며, 일본에서는 '홋키가이' 또는 '우바가이'라고 부른다. 살과 관자는 날것으로 먹어도 맛이 좋지만, 데쳐서 먹으면 단맛과 감칠맛이 더해져서 데쳐서 먹는 경우가 많다. 부위에 따라 약간씩 맛이 다르며, 발부분은 얇게 포를 떠서 스시 재료로 많이 이용하는데, 데치면 선명한 자주색으로 변해서 보기에도 좋다.

스시의 기술

1 왼손으로 조개를 잡는다.

2 조개손질용 칼을 껍데기 사이에 넣고 껍데기를 따라 칼을 움직이면서 관자를 분리한다.

3 껍데기를 열어 조갯살 아래쪽에 조개손질용 칼을 넣고, 껍데기를 따라 자연스럽게 움직이면서 조갯살을 분리한다.

4 살과 외투막에 붙어 있는 관자 사이에 칼을 넣어 살과 외투막을 분리한다.

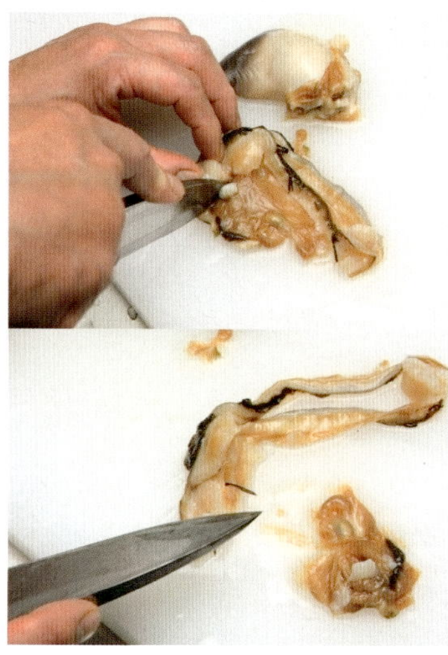

5 외투막의 불필요한 부분을 잘라서 제거한다.

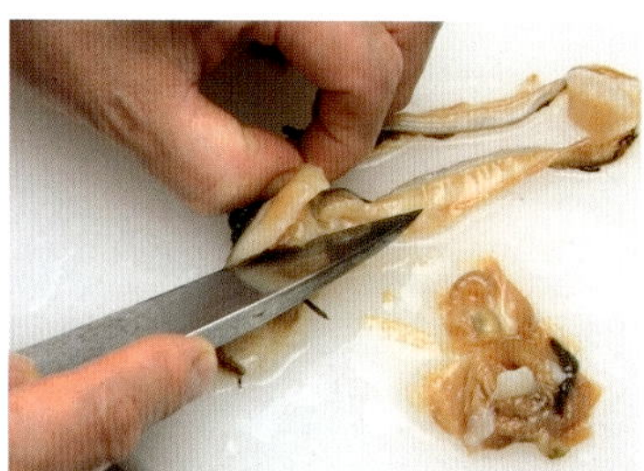

6 외투막에 붙어 있는 수관을 갈라서 펼친다.

7 조갯살, 관자, 수관을 분리한 상태.

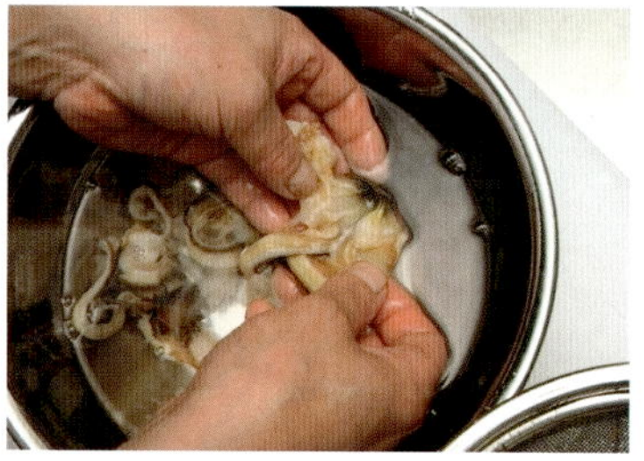

8 외투막에 모래가 붙어 있을 수 있으므로, 물로 깨끗이 씻어낸다.

9 끓는 물에 소금을 조금 넣고, 조갯살에서 색깔 있는 부분을 3초 정도 담근 후, 다시 조갯살 전체를 넣고 3초 정도 더 데친다.

10 얼음물에 담가서 식힌다.

11 외투막을 끓는 물에 살짝 데친다.

12 얼음물에 담가서 식힌다.

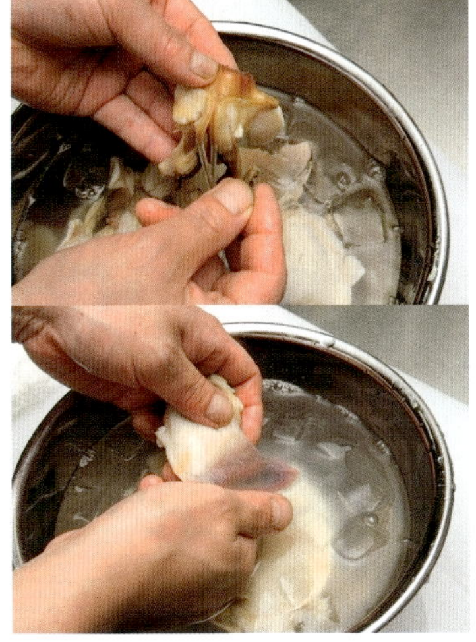

13 외투막에 붙어 있는 막과 심줄 등 불필요한 부분을 제거한다.

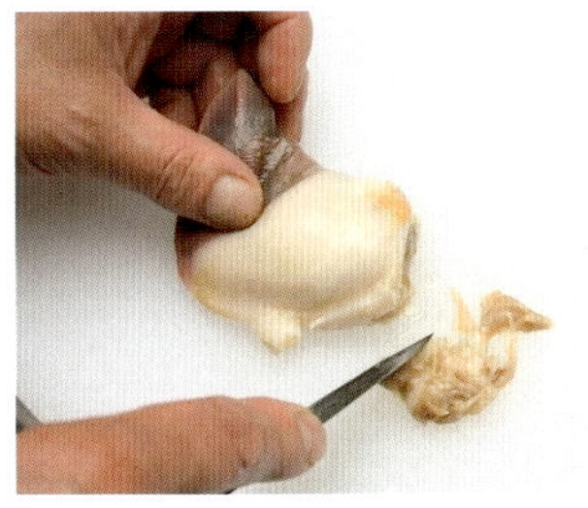

14 불필요한 부분을 잘라서 제거한다.

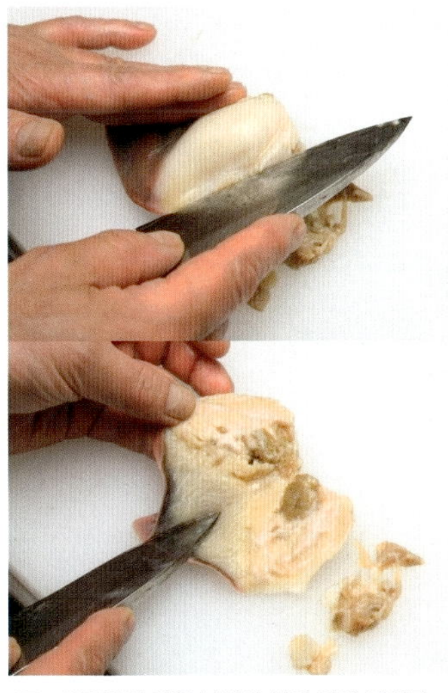

15 사진처럼 칼을 넣어서 살을 갈라 펼친다.

16 내장을 긁어낸다.

17 물로 씻은 다음, 1.5% 소금물에 5분 정도 담가놓는다.

18 트레이 위에 나란히 올려서 보관한다.

북방매물고둥

えぞぼら 에조보라

나마미스시(생고둥스시)

물레고둥과의 고둥으로 일부 지역에서는 '골뱅이'라고 부르기도 한다. 한국 동해와 일본 혼슈 북쪽부터 홋카이도 오호츠크해에 걸쳐 분포하며, 수심 50~200m의 거친 자갈지대에 서식한다. 껍데기 높이가 15㎝ 정도 되는 대형 고둥으로 신선한 것일수록 살을 분리하기 어려운데, 껍데기에 구멍을 내고 손으로 벗겨내면 쉽게 분리된다.

조갯살 속에 있는 침샘에 테트라민이라는 독이 있으므로 주의해서 손질해야 한다. 회로 먹을 때는 와사비 외에 소금이나 영귤과도 잘 어울린다. 적당한 단맛과 쫄깃한 식감이 있으며, 자르는 방법은 소라(p.244 참조)와 같다. 또 북방매물고둥과 닮았지만 크기가 작은 물레고둥도 안주로 많이 먹는다.

일품요리 북방매물고둥 회

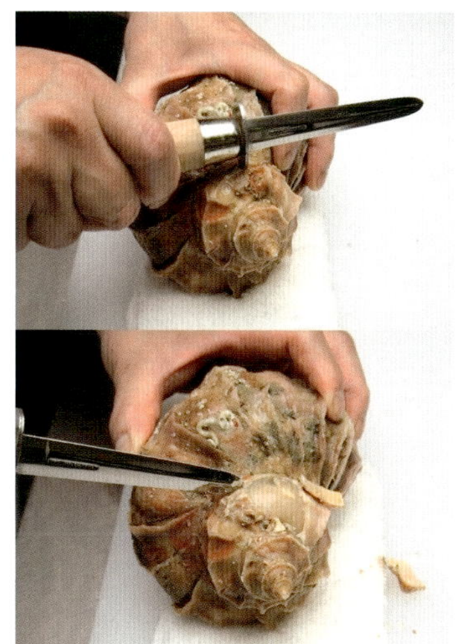

1 조개손질용 칼로 구멍을 낸다.

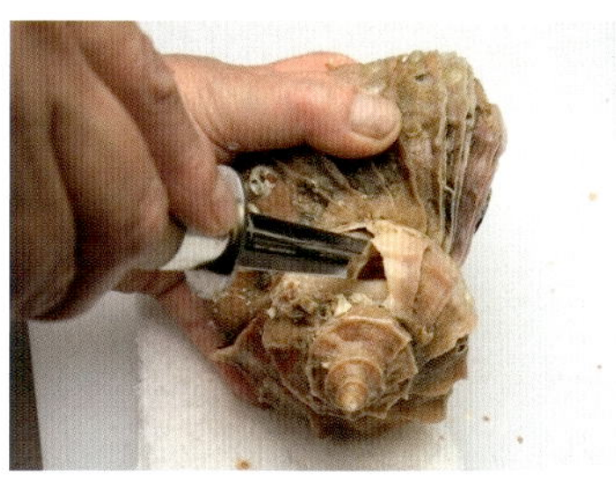

2 칼을 구멍에 넣어 내장을 자른다.

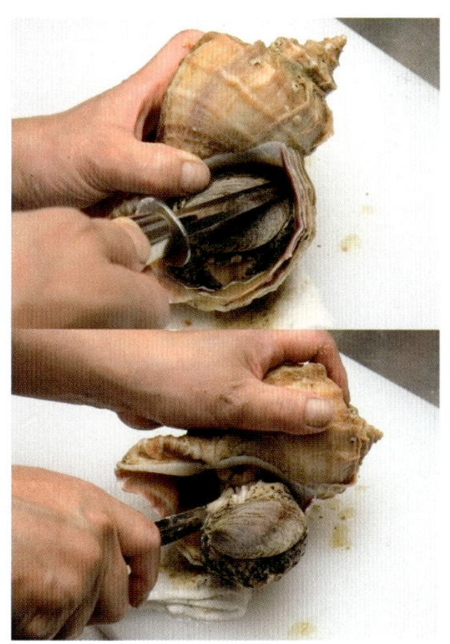

3 살을 도려낸다.

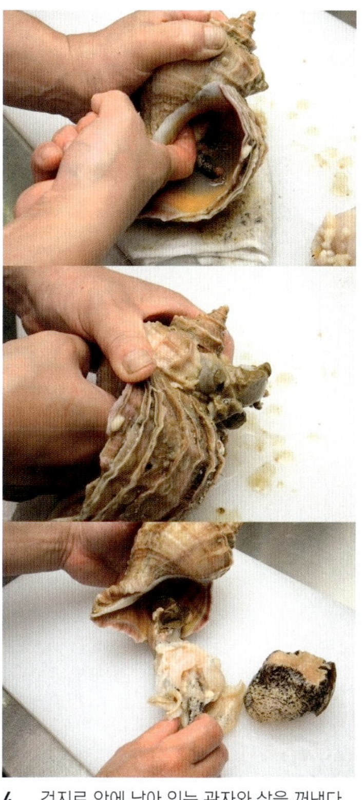

4 검지로 안에 남아 있는 관자와 살을 꺼낸다.

5 살과 내장을 꺼낸 상태.

6 살에 붙어 있는 뚜껑을 자른다. 이때 뚜껑을 아래로 놓고, 자르는 면에 있는 침샘을 함께 잘라내야 식중독을 예방할 수 있다.

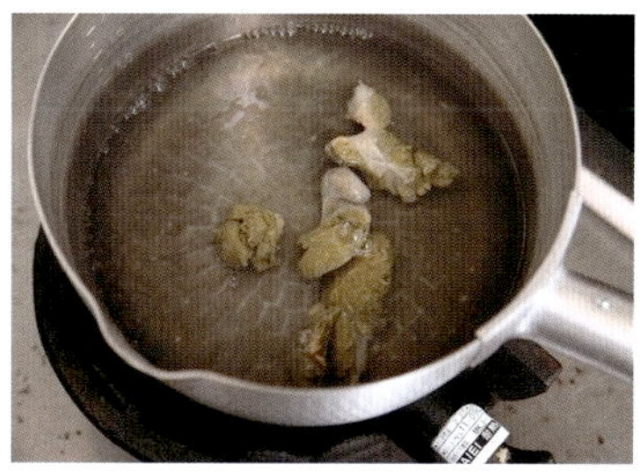

7 내장을 데친다.

8 얼음물에 담가 식힌다.

일품요리 물레고둥 찜

새조개

とりがい

도리가이

유비키스시(데친 스시)

발이 길어서 껍질을 까면 그 모습이 작은 새와 비슷하다는 데서 '새조개'라는 이름이 붙었다. 한국 남해와 서해 연안, 일본, 타이완 등지에 분포하며, 제철은 1~2월이다. 살이 도톰해야 좋은 것으로, 충남 홍성, 전남 여수 등이 새조개 산지로 유명하다. 시중에 유통되는 것은 대부분 껍질을 벗긴 것으로 껍데기를 보지 못한 사람도 많은데, 껍데기 색깔은 갈색으로 가운데가 흰색을 띠고 얇고 동그란 모양이다. 조개 손질용 칼로 간단하게 살을 분리할 수 있다.

생조갯살은 익힌 조갯살보다 단맛이 강하고 식감이 부드럽다. 조갯살의 검은 부분이 손상되기 쉬우므로 손질할 때 주의해야 하고, 아크릴도마를 사용하거나 일반 도마 위에 비닐을 깔고 손질하면 검은 부분이 손상되지 않고 보기 좋게 완성할 수 있다.

초밥이나 구이, 샤부샤부 등으로 많이 먹는다.

스시의 기술

1 조개를 왼손으로 잡는다.

2 껍데기에 조개손질용 칼을 넣어서 관자를 자르고 껍데기를 연다.

3　사진 순서대로 살 아랫쪽에 칼을 넣고, 껍데기를 따라 칼을 움직이면서 살을 분리한다.

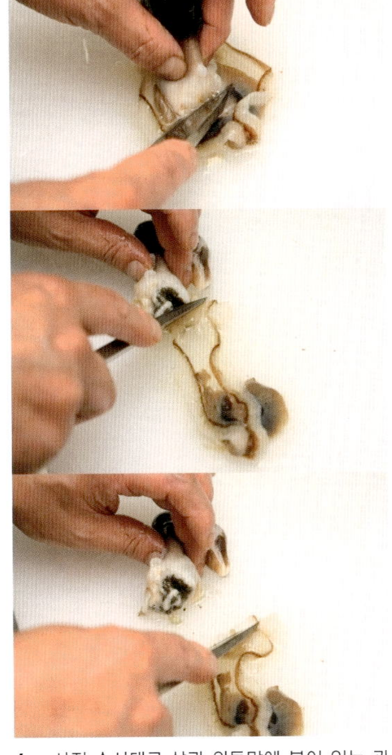

4　사진 순서대로 살과 외투막에 붙어 있는 관자 사이에 칼을 넣어 외투막을 분리한다.

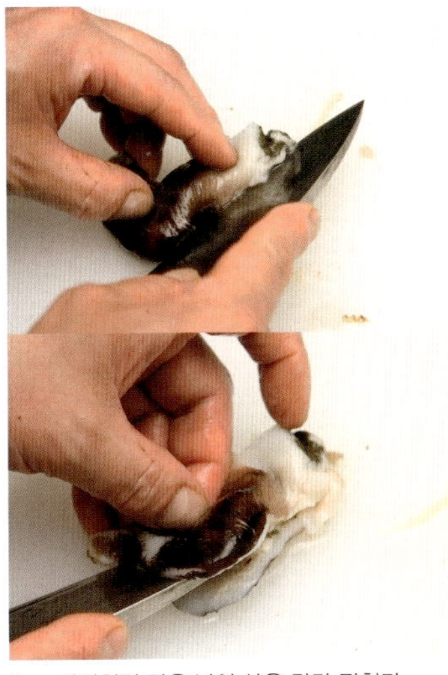

5　사진처럼 칼을 넣어 살을 갈라 펼친다.

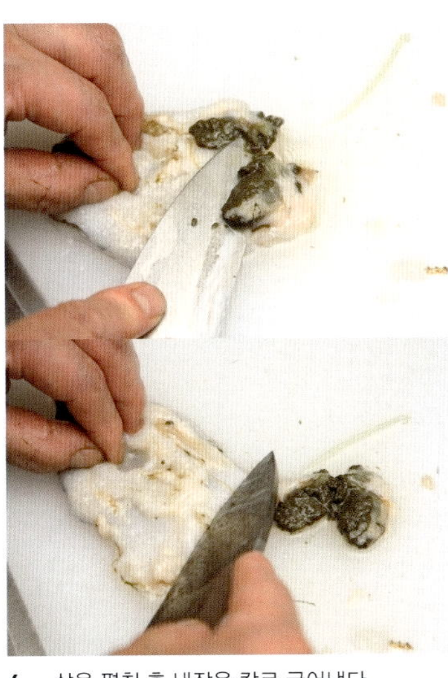

6　살을 펼친 후 내장을 칼로 긁어낸다.

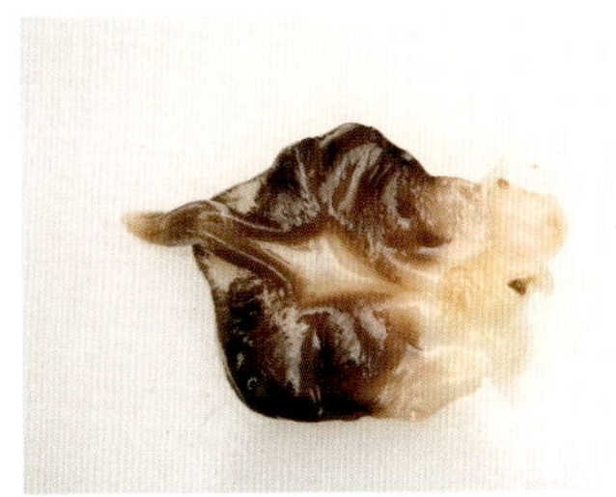

7　살을 펼친 상태.

8　채반에 키친타월을 깔고 조갯살을 나란히 올린다.

9　키친타월로 덮는다.

10　뜨거운 물을 둘러서 붓는다.

11　소금 1.5%와 식초 5%를 넣은 얼음물에 넣고 식힌다. 식초를 넣으면 색깔이 오래 유지된다.

12　트레이 위에 나란히 올려서 보관한다.

성게

うに (우니)

새치성게 군함말이

둥근성게

새치성게

성게는 종류가 매우 다양해서 전 세계적에 800종 이상이 있으며, 한국에는 약 30종 정도가 서식한다. 식용 성게로는 '새치성게', '보라성게', '둥근성게' 등이 있으며, 번식기에 따라 제철은 제각각이다.

여기서는 '새치성게'와 '둥근성게'를 소개한다. 대부분 손질된 성게를 사서 사용하지만, 껍데기째 사서 손질하는 방법을 설명하였다.

둥근성게 회

일품요리 성게와 순무 조림

1 성게를 거꾸로 잡는다.

2 성게의 입 주변에 가위를 넣는다.

3 살(난소)이 손상되지 않도록 먼저 작은 구멍을 뚫어서 상태를 확인한다.

4 살이 손상되지 않도록 구멍을 크게 만든다.

5 깔끔하게 자른 상태. 살에 상처가 없다.

6 숟가락의 볼록한 부분을 이용하여 위에서 아래로 살을 분리하고, 껍데기 가운데에 살을 모은다.

7 살을 분리하여 껍데기 가운데에 모은 상태.

8 얼음을 넣은 옅은 소금물에 살을 넣는다.

9 핀셋으로 내장을 제거한다.

10 물기를 빼고 트레이 위에 올려서 보관한다.

둥근성게 스시

새치성게 스시

나마미스시(생소라스시)

소라

さざえ 사자에

소라는 한국 남부 연안과 일본 남부 연안의 수심 20m 정도 되는 암초에 서식한다. 한국에서 어획되는 소라는 크기가 별로 크지 않고 성장해도 껍데기 높이가 10㎝ 정도인데, 태평양에서 어획되는 것은 껍데기 높이가 20㎝ 정도 되는 것도 있다. 1년 내내 잡히지만 제철은 봄~여름이다. 회로 먹으면 오독오독한 식감이 좋고, 삶아서 초무침을 하거나 구이로 먹어도 맛있다.

스시를 만들 때는 살을 잘라서 펼치는데, 소라 1개로 스시 2개를 만들 수 있다. 소라 내장에는 쓴맛이 나고 독성이 있는 부위가 있으므로 내장은 먹지 않는 것이 좋다.

스시의 기술

1 사진과 같이 소라 껍데기 틈에 조개손질용 칼을 넣고 왼쪽 방향으로 돌린다.

2 뚜껑이 붙어 있는 살을 빼낸다.

3 껍데기 안쪽에 외투막이 붙어 있으므로 손가락을 넣어 빼낸다.

4 뚜껑과 살을 잘라서 분리한다.

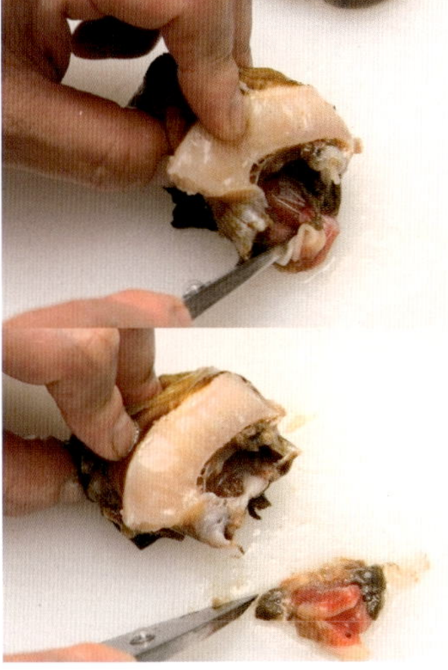

5 입의 붉은 부분을 자른다.

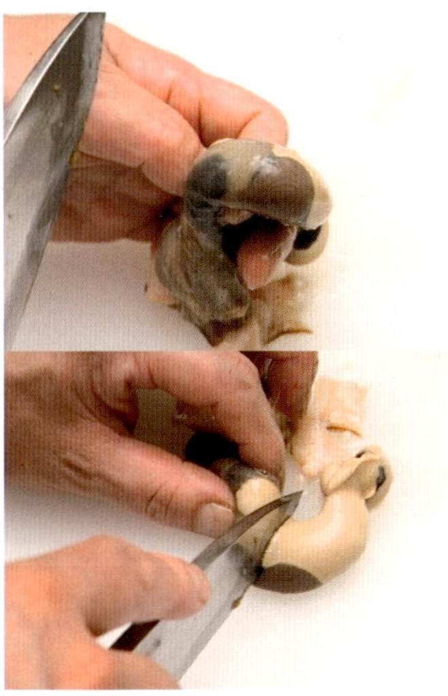

6 검은색과 갈색 사이를 잘라서 분리한다.

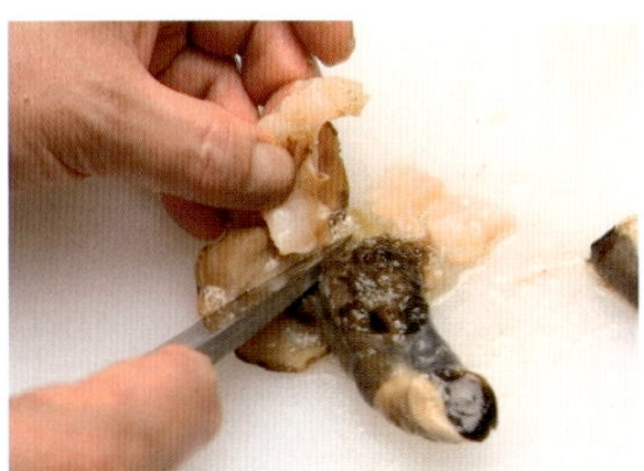

7 외투막도 잘라낸다.

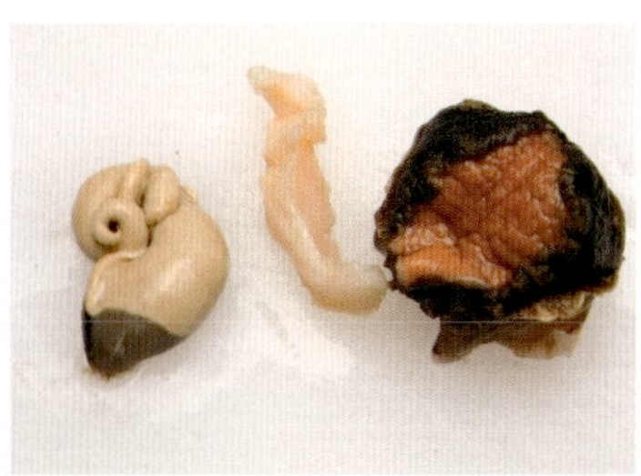

8 내장, 외투막, 살을 분리하고, 스시에는 살과 외투막을 사용한다.

일품요리 소라 회

왕우럭 조개

みるくい 미루쿠이

나마미스시(생조개스시)

한국, 일본에 분포한다. 대부분의 조개가 살을 껍데기 안에 숨기고 있다가 필요할 때에만 드러내는 데 비해 큼지막하고 멋진 수관이 껍데기 밖으로 나와 있는 것이 특징이다. 수관 끝부분에 청각이라는 해초가 자라고 있는 경우가 많기 때문에, 일본에서는 '청각(미루)을 먹는 조개'라는 의미에서 '미루쿠이'라고 부른다. 수관은 데친 후 검은 껍질을 벗겨서 회나 스시로 먹는데, 버터구이, 초절임으로 먹어도 맛있다. 몸통과 관자는 회로 먹기도 하고, 살짝 데쳐서 안주로 먹어도 좋다. 조리할 때는 데치는 시간을 지키고, 얼음물에 넣어서 빨리 식히는 것이 포인트.

스시의 기술

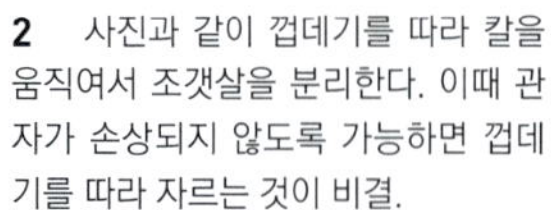

1 수관의 앞쪽에 조개 손질용 칼을 넣고, 껍데기를 따라 앞쪽으로 돌려서 연다.

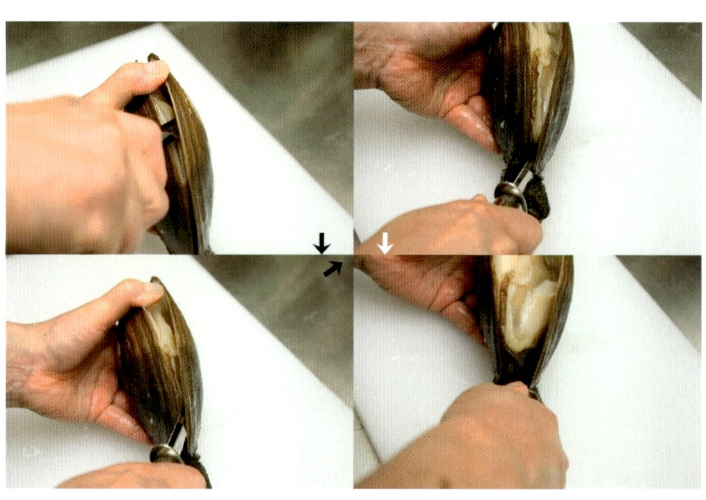

2 사진과 같이 껍데기를 따라 칼을 움직여서 조갯살을 분리한다. 이때 관자가 손상되지 않도록 가능하면 껍데기를 따라 자르는 것이 비결.

3 한쪽 껍데기를 분리한 상태.

4 같은 방법으로 반대쪽도 분리한다.

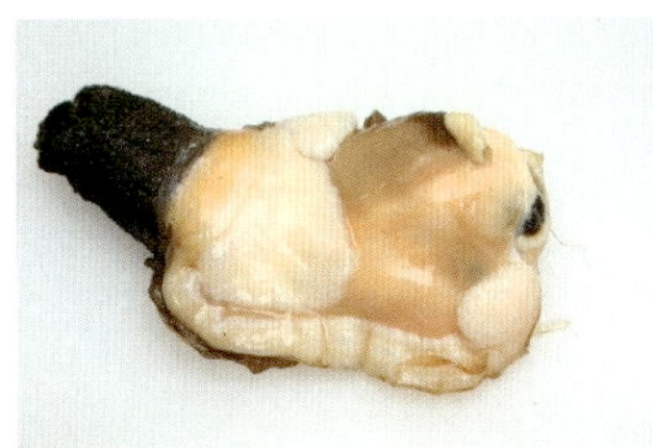

5 껍데기를 뺀 상태.

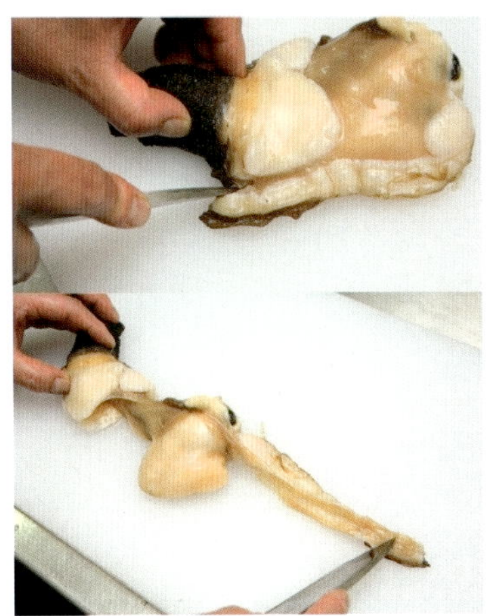

6 사진과 같이 칼을 넣어서 수관과 외투막을 분리한다.

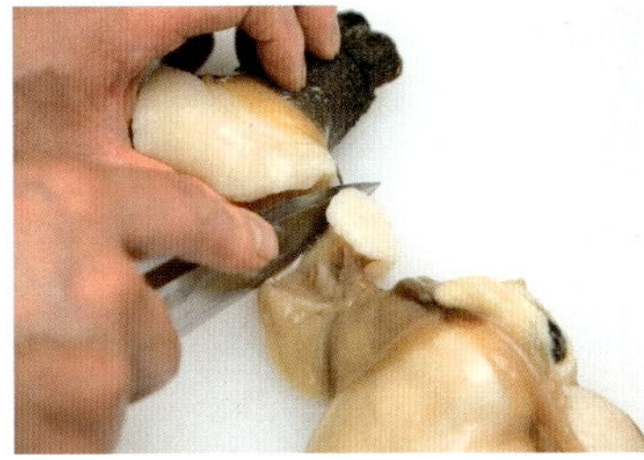

7 조갯살에 붙어 있는 관자와 수관을 잘라서 분리한다.

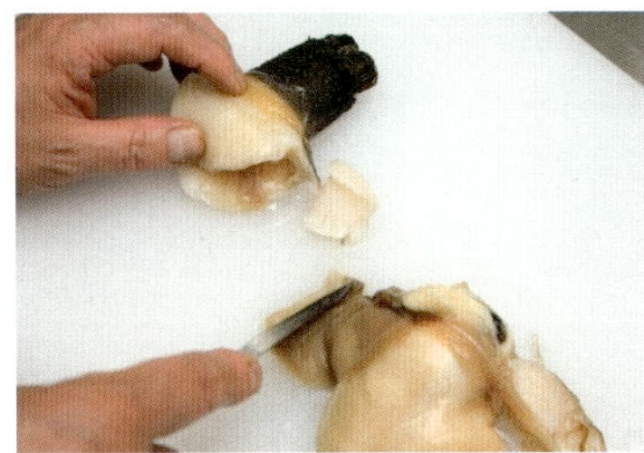

8 조갯살에서 관자를 분리한다.

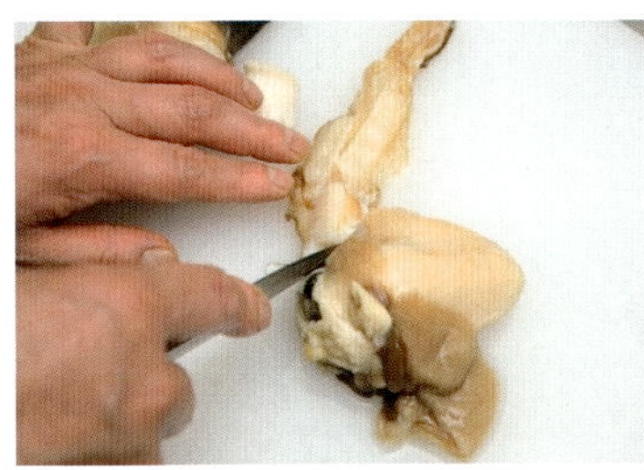

9 외투막과 살을 잘라서 분리한다.

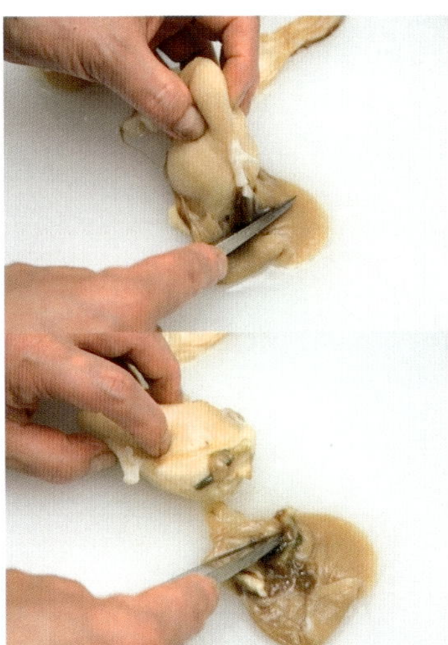

10 사진과 같이 조갯살에 붙어 있는 필요없는 부분을 잘라낸다.

11 사진 순서대로 조갯살을 갈라서 펼친 다음, 내장을 칼로 긁어낸다.

12 수관 끝부분의 검고 딱딱한 껍질을 벗긴다.

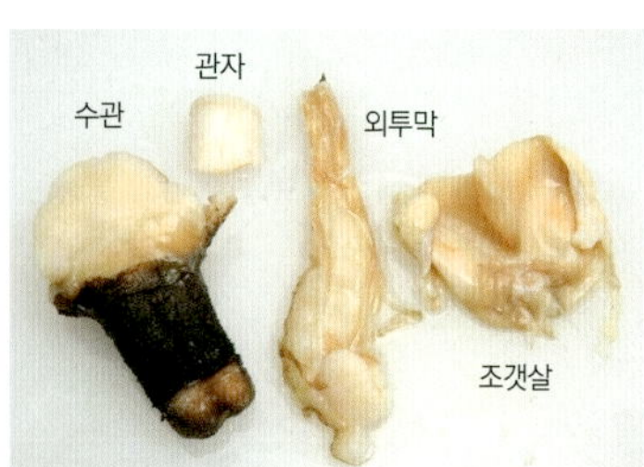

13 데치기 전의 상태.

14 끓는 물에 소금을 조금 넣고, 수관 끝부분을 5초 정도 담근다.

15 전체를 넣고 15초 정도 데친다.

16 건져서 얼음물에 넣고 식힌다.

17 수관을 데친 물에 나머지 부위를 넣고 20초 정도 데친다. **16**과 같은 방법으로 얼음물에 넣어서 식힌다.

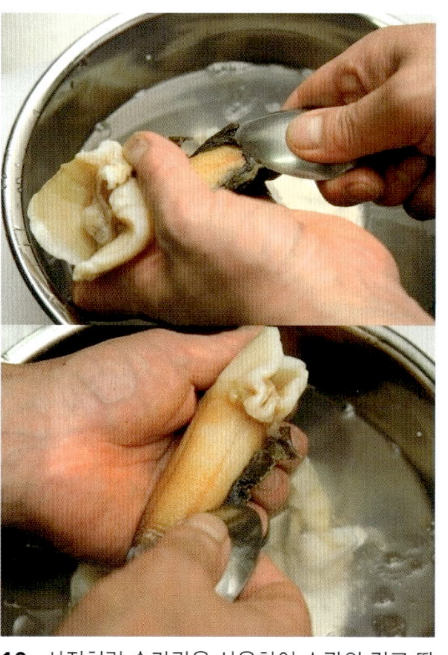

18 사진처럼 숟가락을 사용하여 수관의 검고 딱딱한 껍질을 벗긴다.

19 수관을 손질한 상태.

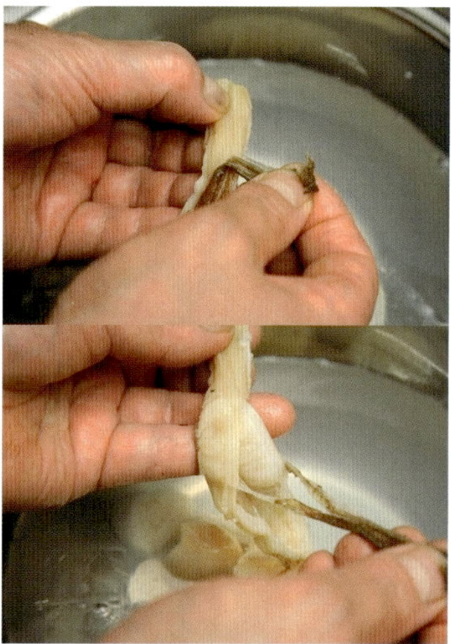

20 외투막에 붙어 있는 검은 껍질을 벗겨낸다.

21 갈라서 펼친 조갯살을 깨끗이 씻는다.

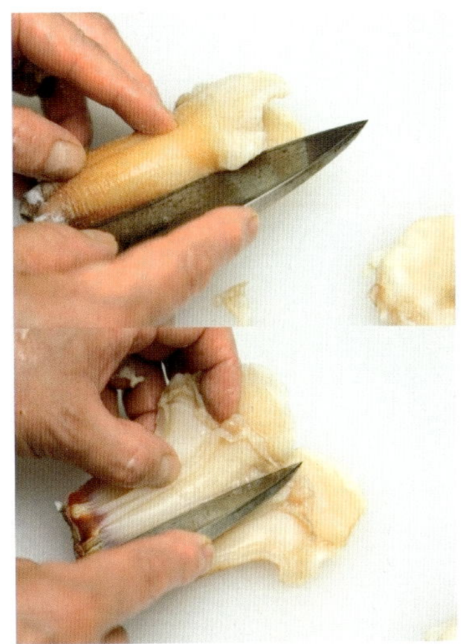

22 세로로 갈라서 수관을 펼친다.

23 수관 가장자리의 부드러운 부분을 잘라낸다.

24 수관을 보기 좋게 정리하기 위해, 수관 가장자리를 어슷하게 칼로 잘라낸다.

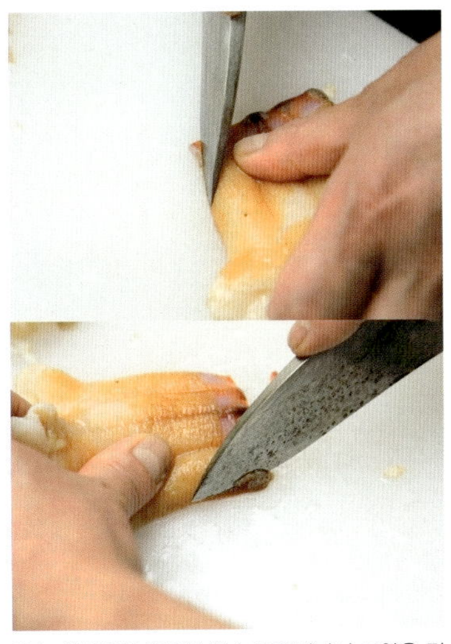

25 사진처럼 양끝을 어슷하게 잘라서 모양을 정리한다.

26 조갯살, 수관, 외투막, 관자를 물에 깨끗이 씻는다.

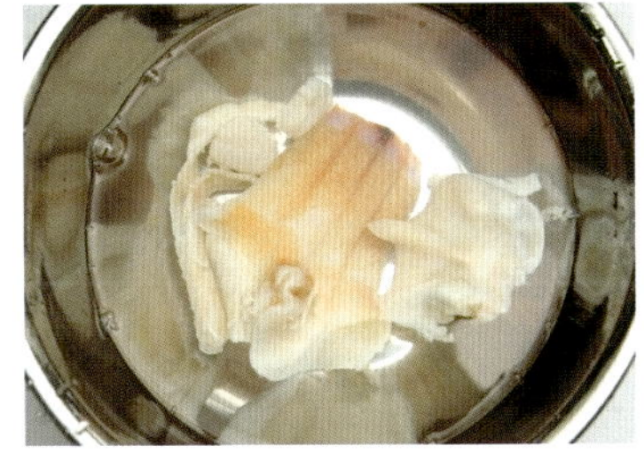

27 1.5% 소금물에 약 5분 정도 담근다.

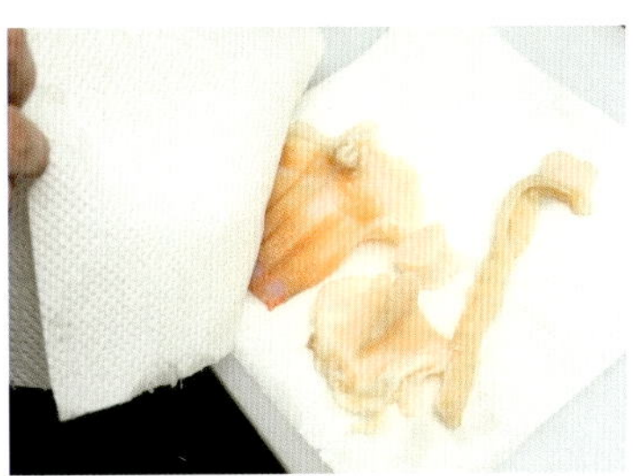

28 키친타월 위에 올려서 물기를 제거한다.

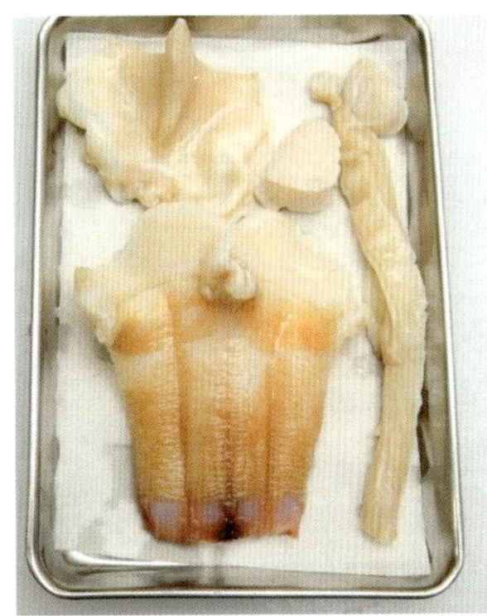

29 트레이 위에 올려서 보관한다.

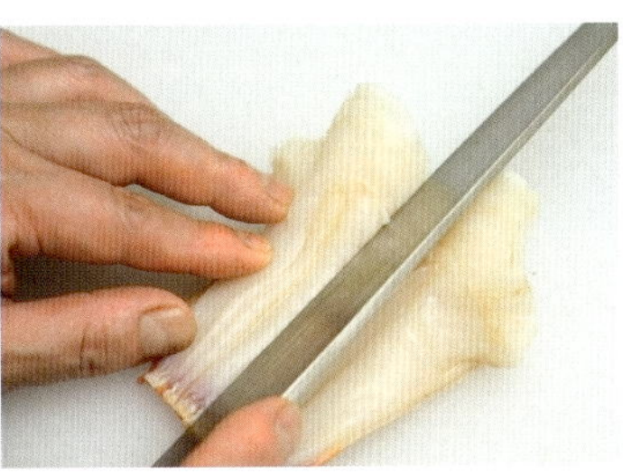

30 스시를 만들기 위해 세로로 어슷하게 썬다. 스시 크기에 맞춰서 몇 장으로 자를지 결정하면 된다.

둥근전복 나마미스시(생전복스시)

전복

あわび 아와비

옛날부터 식용한 주요 수산물의 하나로 전복 종류에는 참전복, 둥근전복, 말전복 등이 있다. 참전복은 살이 단단하여 씹는 느낌이 좋고, 둥근전복은 까막전복이라고도 하는데 크기가 크고 살이 단단하면서 도톰하다. 날것으로 먹어도 맛있고, 쪄서 먹어도 좋다. 말전복은 주로 익혀서 먹는데, 여기서는 청주를 넣고 찌는 방법을 소개하였다. 그 밖에 제주도 특산물인 오분자기도 전복과에 속한다.

껍질을 벗긴 전복은 2군데에 꼬챙이를 끼워 두면 살이 쉽게 풀어지지 않는다. 전복은 살의 70%가 수분으로 이루어져서 씹지 않고 먹어도 소화가 잘 된다. 또, 전복의 간은 식초에 절여서 안주로 먹으면 좋다. 스시로 만들 때는 스시용 밥인 샤리나 와사비가 잘 붙지 않아 떨어지기 쉬운데, 전복에 물결무늬가 생기도록 칼을 비스듬히 넣고 좌우로 조금씩 움직이면서 얇게 썰면 좀 더 잘 붙어 있는다.

둥근전복

말전복

찐 전복 스시

일품요리 전복 간 초절임

1 표시한 부분이 전복의 입이다. 칼등으로 칼집을 낸다.

2 전체적으로 소금을 뿌리고 문지른다.

3 소금이 살에 스며들지 않게 물에 씻어서 소금기를 제거한다.

4 종이를 깔고, 입이 있는 부분을 아래로 오게 잡고 껍데기를 두들겨서 전복의 수분을 빼낸다.

5 수분이 빠져서 살이 단단해지면 전복 입쪽의 평평한 부분에 숟가락이나 얇은 주걱을 넣고 껍데기를 따라 관자를 벗겨낸다.

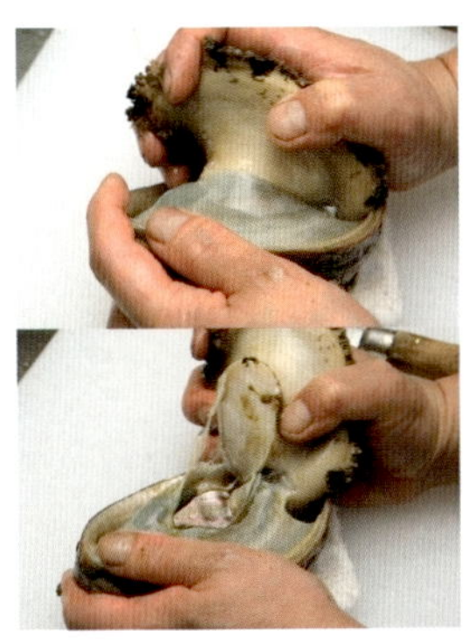

6 관자가 분리되면 입 반대쪽 살을 잡아당겨서 내장이 손상되지 않도록 살을 떼어낸다.

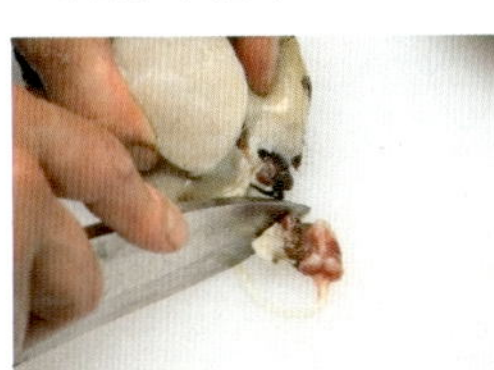

7 입에 붙어 있는 붉은 부분을 잘라낸다.

8 수세미를 사용하여 불순물을 깨끗이 닦아낸다.

9 깨끗이 씻은 상태.

1 입을 왼쪽, 관자를 위로 두고, 먼저 관자를 물결무늬가 생기도록 얇게 저며서 2장을 만든다.

2 살은 스시 크기에 맞춰서 칼을 어슷하게 넣고 좌우로 움직이면 물결무늬가 생기도록 얇게 썬다. 전복이 샤리와 잘 붙어 있게 하려고 물결무늬로 자르는 것이다.

3 먹기 편하게 칼턱으로 2~3군데 칼집을 낸다.

전복찜

1~3까지 손질한 후에 조리한다.

1 그릇에 다시마를 깔고 그 위에 전복을 껍질째 올린다. 청주와 물을 9:1의 비율로 껍데기가 잠길 정도로 붓고, 소금 1꼬집을 넣는다.

2 중간 불로 3시간 정도 찐다.

나마미스시(생조개스시)

코끼리조개

なみがい
나미가이

코끼리 코처럼 생긴 굵고 긴 수관을 항상 밖으로 노출시키고 생활한다고 해서 '코끼리조개'라고 부른다. 한국 남해와 일본, 유럽 등지에 분포하는데, 식감이 좋고 단맛이 있으며 향이 독특하여 세계적으로 인정받는 고급 조개이다. 수관을 내놓고 있는 모습이 비슷해서 왕우럭조개와 혼동하는 경우도 있지만 다른 종류이다.

스시나 회로 먹는 부위는 길고 넓은 수관인데, 데친 후에 껍데기를 벗겨서 사용한다. 외투막 등은 버터구이로 먹어도 맛있다.

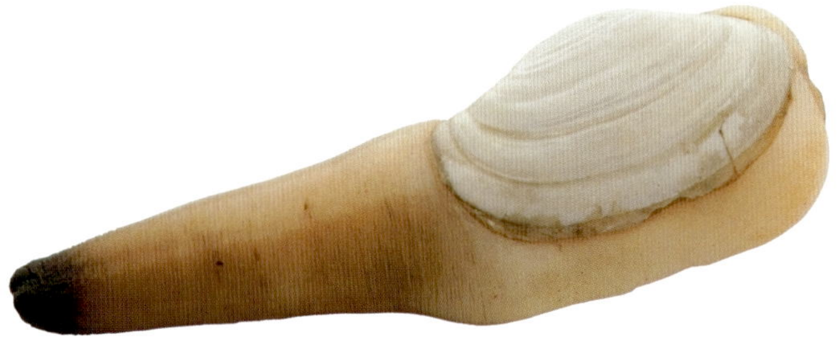

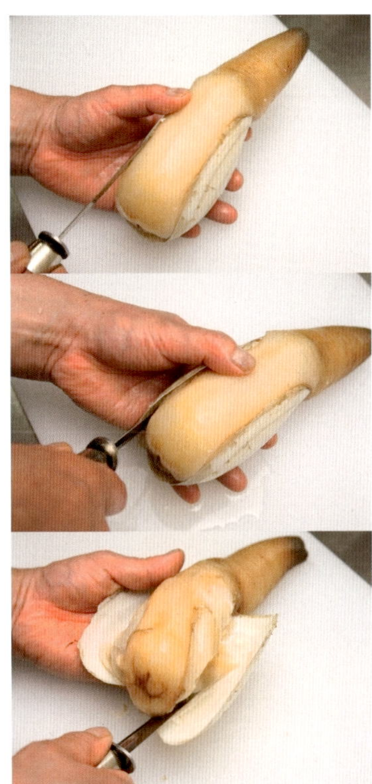

1 수관이 뒤로 가게 왼손으로 잡고, 조개손질용 칼을 살과 껍데기 사이에 넣어 껍데기를 벗긴다. 반대쪽도 같은 방법으로 껍데기를 벗긴다.

2 껍데기를 벗긴 상태.

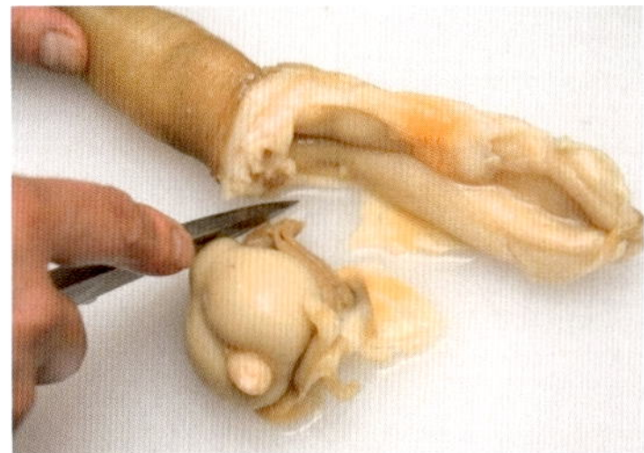

3 요리에 사용하는 부분은 수관과 외투막이다. 사진처럼 살을 자른다.

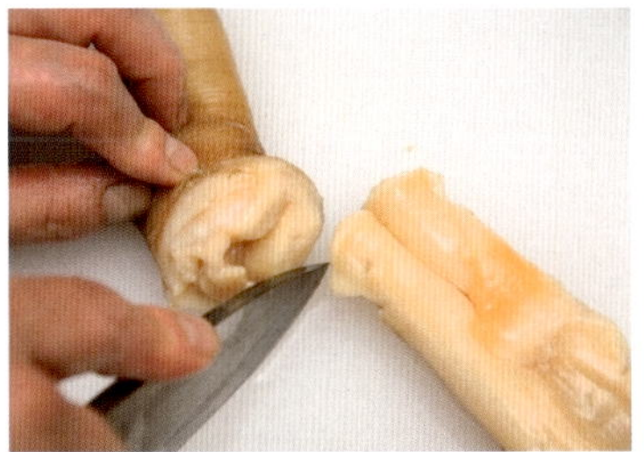

4 수관과 외투막을 잘라서 분리한다.

5 외투막을 손질한다. 우선 외투막의 가장자리를 잘라서 정리한다.

6 외투막 안쪽 중앙에 움푹 패인 부드러운 부분을 잘라낸다.

7 외투막과 수관의 껍질을 벗기기 위해 끓는 물에 10초 정도 넣었다 뺀다.

8 얼음물에 담가서 식힌다.

9 수관의 껍질을 벗긴다.

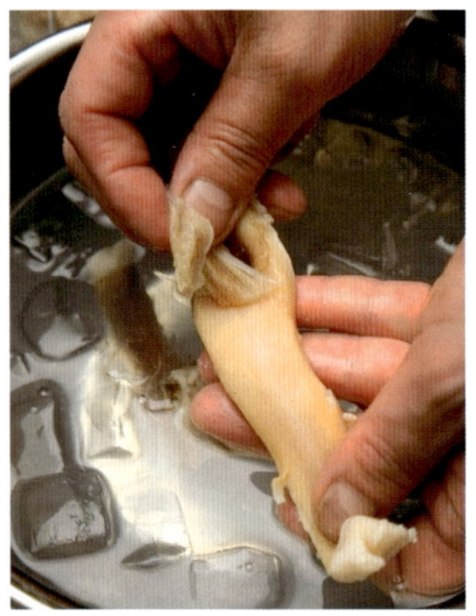

10 외투막의 껍질을 벗긴다.

11 사진과 같이 세로로 칼을 넣고 수관을 갈라서 펼친다.

12 수관 끝쪽의 부드러운 부분을 잘라낸다.

13 수관 앞쪽의 검은색 부분을 자른다.

14 손질한 수관을 흐르는 물에 씻어서 1.5% 소금물에 약 5분 정도 담근다.

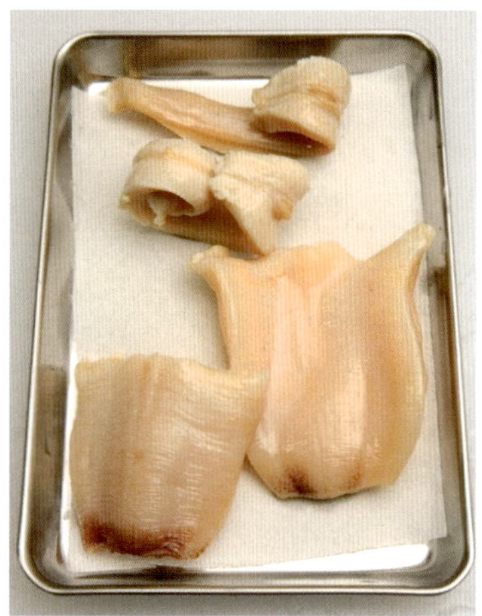

15 키친타월 위에 올려서 물기를 빼고 보관한다.

16 사진과 같이 자른다.

17 마무리로 장식용 칼집을 넣는다.

키조개

たいらがい (다이라가이)

나마미스시(생조개스시)

폭이 좁고 아래로 갈수록 점점 넓어지는 삼각형 껍데기가 마치 곡식을 까부를 때 쓰는 키를 닮았다고 해서 '키조개'라고 부른다. 키조개는 가리비보다 살이 단단하고 식감이 좋아서 스시나 회로 먹어도 맛있지만, 꼬치나 구이로 먹어도 맛있다. 4~5월이 제철로, 봄에 채취한 것이 가장 맛이 좋다. 양식은 자연산보다 색깔이 하얗고 살이 부드럽다.

스시의 기술

1 키조개 껍데기의 끝부분을 왼손으로 잡는다.

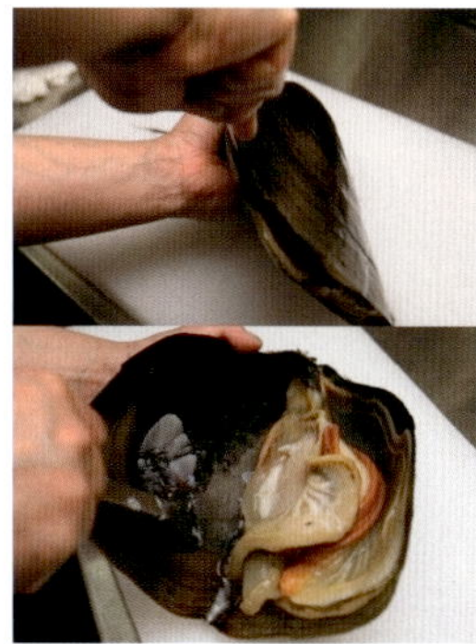

2 껍데기 사이에 조개손질용 칼을 넣어서 아래쪽 관자를 잘라 껍데기를 연다. 남은 관자도 잘라낸다.

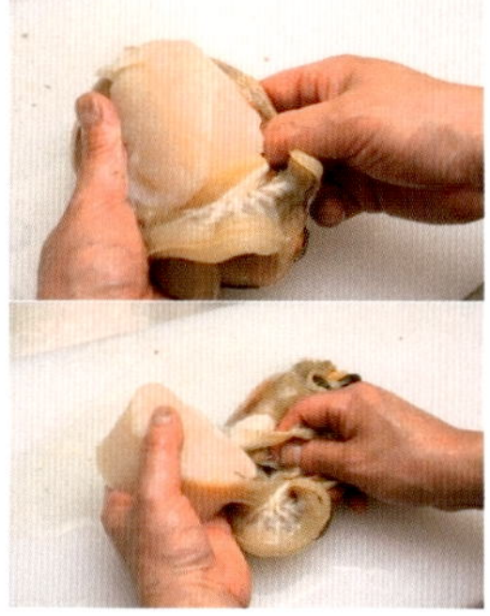

3 관자와 내장 사이에 손가락을 넣어서 외투막과 관자를 분리한다.

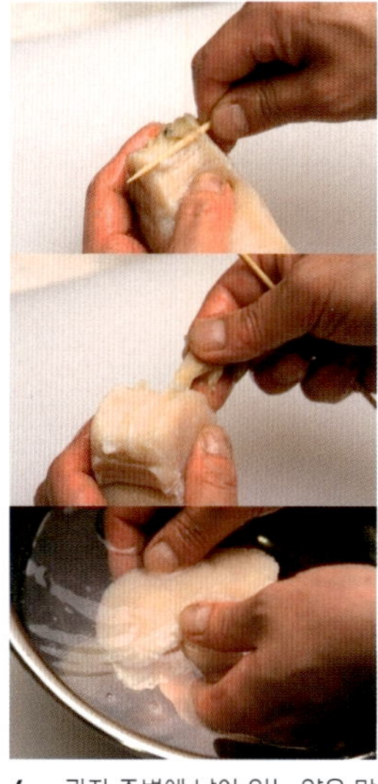

4 관자 주변에 남아 있는 얇은 막을 꼬치를 사용하여 제거하고, 남은 것이 없도록 손가락으로 꼼꼼히 벗겨서 물로 깨끗이 씻는다.

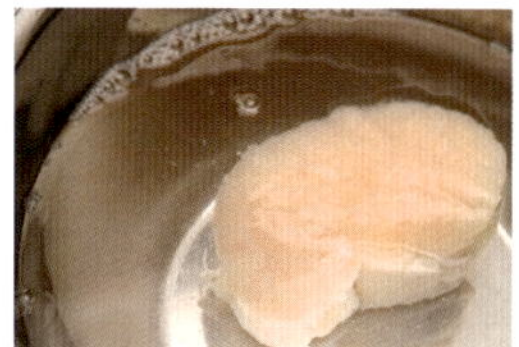

5 1.5% 소금물에 5분 정도 담가 둔다.

6 키친타월 위에 올려 물기를 빼고 보관한다.

나마미스시(생조개스시)

피조개

あかがい
아카가이

껍데기를 벗기면 선명한 붉은색 살이 나오기 때문에 피조개라는 이름이 붙여졌다. 조개류 중에 드물게 혈색소로 헤모글로빈을 가지고 있어서 살이 붉게 보인다. 한국의 서해와 남해, 일본, 중국 등에 서식하며, 제철은 겨울부터 다음해 봄까지이다. 춘분이 지나면 알을 품게 되어 맛이 떨어진다. 손질할 때는 관자가 있는 위치에 조개손질용 칼을 넣어서 조갯살을 빼낸다. 날것을 그대로 먹거나 구워 먹으며, 겉모양은 꼬막과 비슷하지만 크기가 더 크다.

스시의 기술

1 사진의 순서대로 왼손으로 껍데기이음매 부분이 아래로 가게 잡고, 껍데기 사이에 조개손질용 칼을 넣어서 벌린다.

2 외투막이 손상되지 않도록 껍데기에서 살을 분리한다.

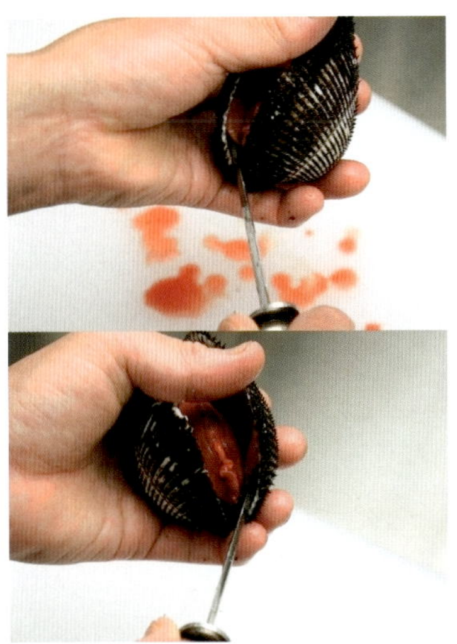

3 **1**과 같은 순서로, 반대쪽 껍데기도 같은 방법으로 관자를 분리하여 살을 떼어낸다.

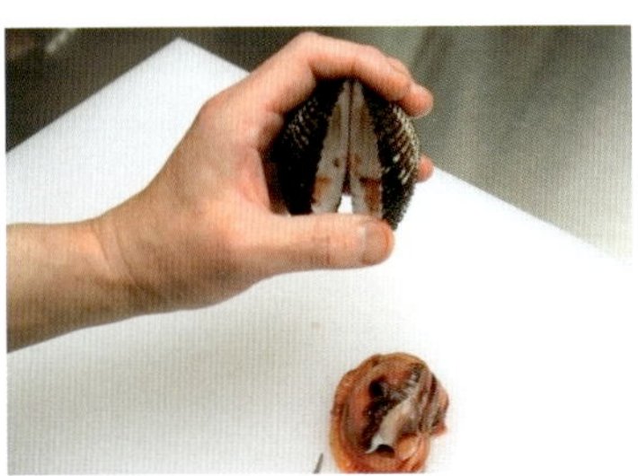

4 조갯살을 꺼내서 껍데기와 분리한다.

5 다음은 조갯살을 펼치는 작업. 외투막에 붙어 있는 관자 부분과 살을 잘라서 분리한다.

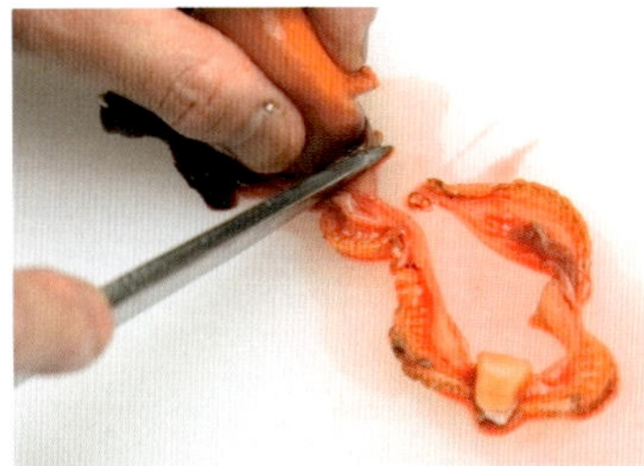

6 외투막 부분을 잘라서 분리한다.

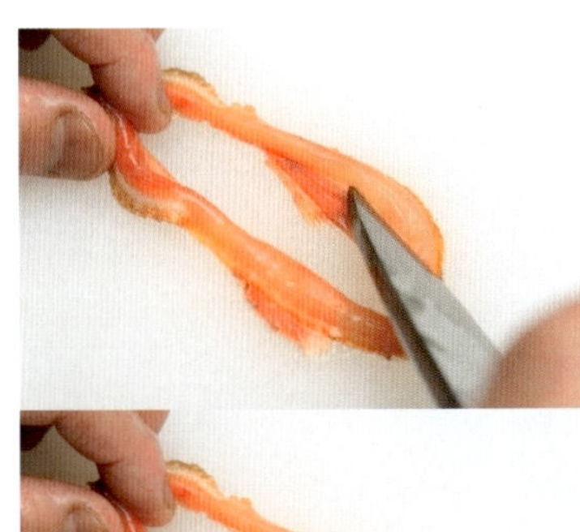

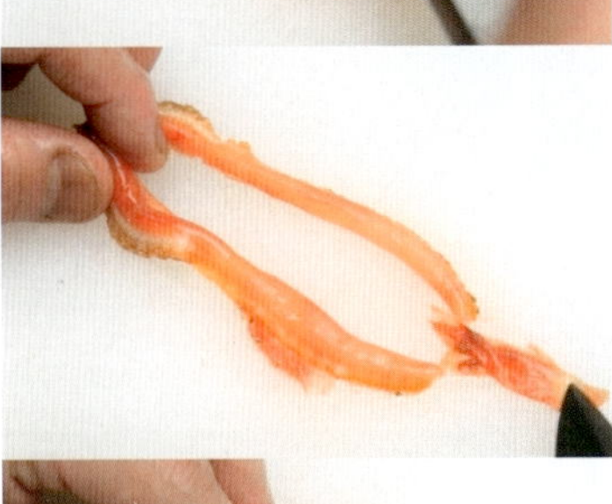

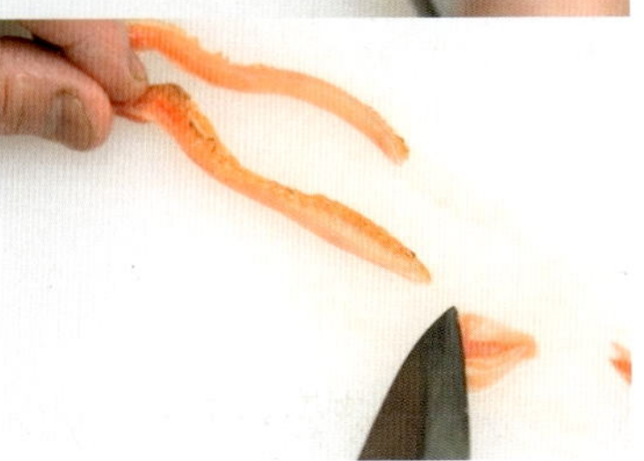

7 외투막 손질. 사진 순서대로 외투막에 붙어 있는 얇은 막을 제거한다.

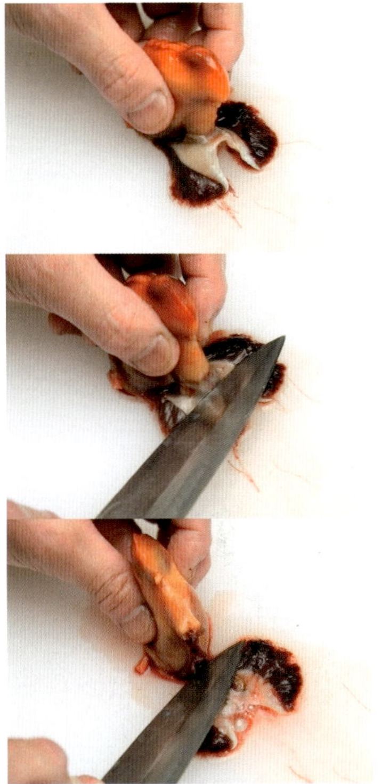

8 사진의 순서대로 살에 붙어 있는 필요없는 부분을 잘라서 제거한다.

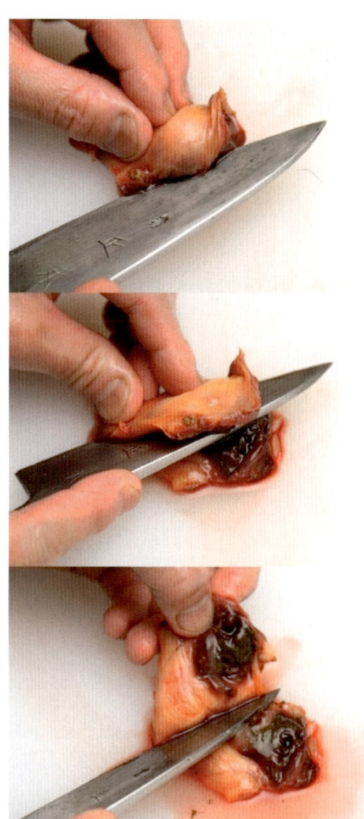

9 사진과 같이 살의 도톰한 부분에 칼을 넣어 자르는데, 완전히 잘리지 않을 정도로 갈라서 조갯살을 펼친다.

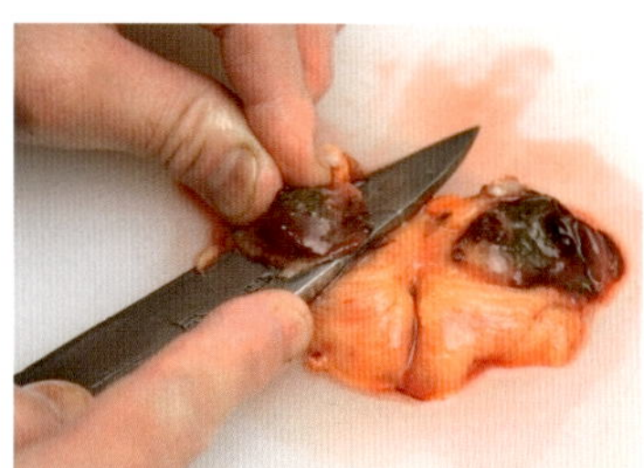

10 내장 아래에 칼을 얕게 넣어서 양쪽 내장을 잘라낸다.

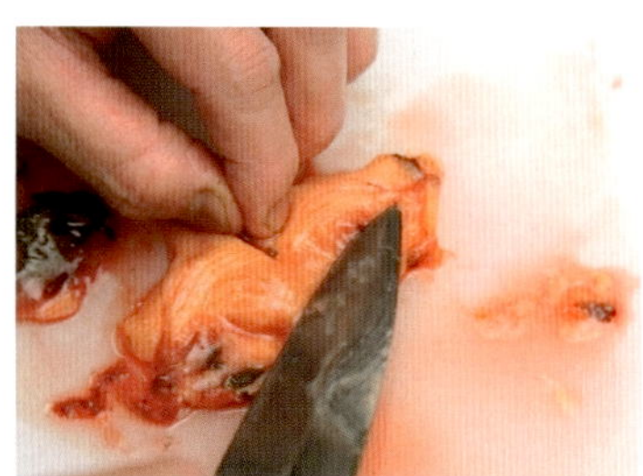

11 남은 내장을 칼로 긁어서 제거한다.

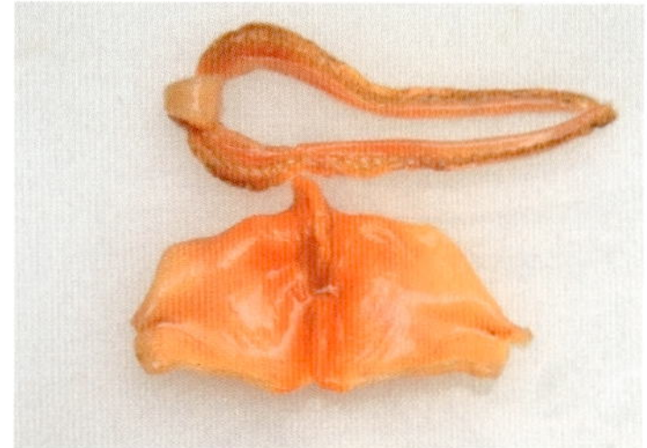

12 조갯살을 펼친 상태. 위는 외투막.

13 체에 조갯살을 올리고 소금을 뿌린다.

14 손으로 문질러서 점액질을 제거한다.

15 흐르는 물로 소금을 씻어낸다.

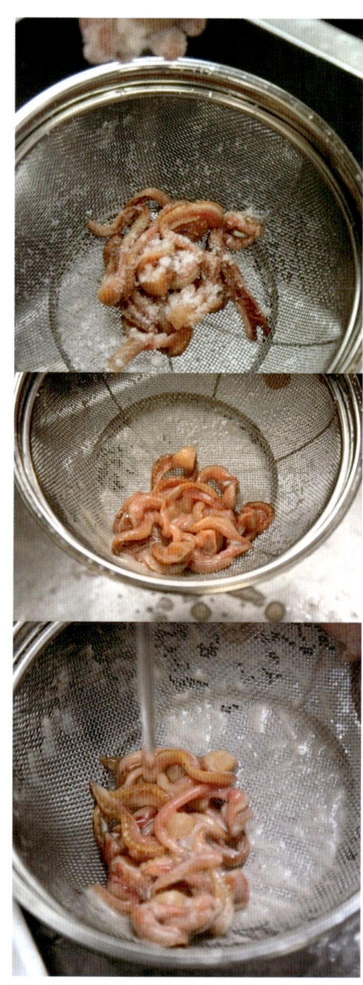

16 외투막도 같은 방법으로 소금을 뿌려 문지른 후 물로 씻는다. 살과 비교했을 때 외투막의 점액질이 더 강하므로 잘 씻어낸다.

17 물기를 빼고 보관한다.

1 사진의 순서대로 가장자리에 세로로 칼집을 낸다.

2 먹기 좋도록 양옆에 2~3 군데 칼집을 낸다.

3 외투막을 스시 재료로 사용할 때는 관자 부분을 갈라서 펼친다.

point

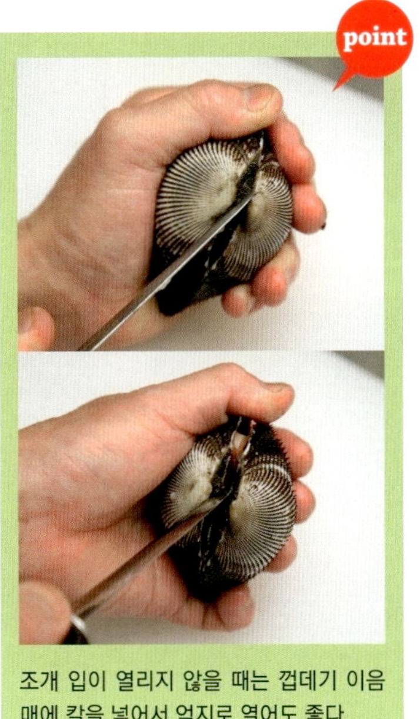

조개 입이 열리지 않을 때는 껍데기 이음매에 칼을 넣어서 억지로 열어도 좋다.

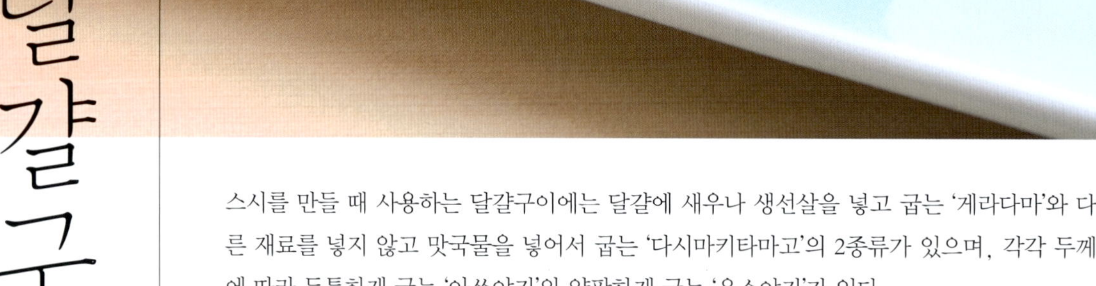

달걀구이

けら玉[게라다마]・だし巻き玉子[다시마키타마고]

스시를 만들 때 사용하는 달걀구이에는 달걀에 새우나 생선살을 넣고 굽는 '게라다마'와 다른 재료를 넣지 않고 맛국물을 넣어서 굽는 '다시마키타마고'의 2종류가 있으며, 각각 두께에 따라 두툼하게 굽는 '아쓰야키'와 얄팍하게 굽는 '우스야키'가 있다.

'하코즈시(상자초밥)'에서는 두툼한 게라다마를 사용하는 것을 오사카풍, 얇은 게라다마를 사용하는 것을 교토풍으로 구별하기도 한다.

'다테마키 스시(달걀구이 초밥)'를 만들 때는 달걀을 구운 후 김발로 말아서 모양을 잡아 사용하며, 마키즈시(김초밥)는 속재료로 달걀구이를 넣기도 한다. 니기리즈시에서는 달걀구이를 '교쿠'라고 부르기도 하며, 아쓰야키타마고를 자른 후에 가운데에 칼집을 내서 말에 안장을 올린 것처럼 스시를 만들거나, 우스야키 밑에 생선살을 가루처럼 만든 오보로를 넣고 스시를 만들기도 한다.

'다시마키타마고 아쓰야키'는 잘라서 반찬으로 먹거나, 스시를 만든 다음 김으로 띠를 두르기도 한다. '우스야키'는 잘라서 그대로 샤리를 감싸서 스시를 만들기도 하고, 종이처럼 얇게 만든 '긴시타마고야키'로 샤리를 보자기처럼 싸서 '자킨즈시(찻수건 초밥)'를 만들기도 하며, 곱게 채썰어서 '지라시즈시(흩뿌림 초밥)'에 넣기도 한다.

다시마키타마고는 맛국물의 감칠맛과 설탕의 단맛으로 달걀의 맛을 풍부하게 살린 것으로, 안주로 먹어도 맛있다.

게라다마 아쓰야키

재료(3장 분량)

달걀 11개, 깐 새우살 200g,
생선살(흰살생선) 으깬 것 100g,
참마 30g, 설탕 30g, 소금 3g, 국간장 5cc,
맛술 70cc, 청주 50cc, 식용유 적당량

준비

달걀은 노른자와 흰자를 따로 분리한다. 국간장, 맛술, 청주를 섞은 다음 설탕과 소금을 넣어서 조미액을 만들어 두고, 참마는 갈아서 준비한다.

달걀반죽

1 볼에 깐 새우살을 넣고 핸드블랜더로 간 다음, 흰살생선 으깬 것을 넣어 섞는다.

2 만들어둔 조미액을 조금씩 나눠 넣고 섞는다.

3 갈아놓은 참마를 넣고 섞는다.

4 달걀노른자를 넣어 섞는다.

5 실리콘주걱을 이용하여 체에 내린다. 다음은 거품기로 달걀흰자를 저어서 거품을 낸다.

6 거품을 낸 달걀흰자를 넣고 잘 섞는다. 필요한 분량에 맞춰 반죽을 나눈다.

굽기

1 달걀구이용 팬에 키친타월 등을 이용하여 식용유를 바른다.

2 팬이 달궈지면 약한 불로 줄이고 분량의 반죽을 붓는다. 표면의 기포는 토치를 이용하여 없앤다. (토치가 없을 때는 끝이 가는 젓가락으로 기포를 없앤다.)

3 열이 오르고 익기 시작하면, 팬의 가장자리를 젓가락으로 걷어서 색깔을 확인한다.

4 알맞은 색깔이 나면, 오븐에 넣고 표면을 살짝 굽는다.

5 알루미늄포일로 싼 나무쟁반 위에 팬을 뒤집어서 달걀구이를 꺼낸다.

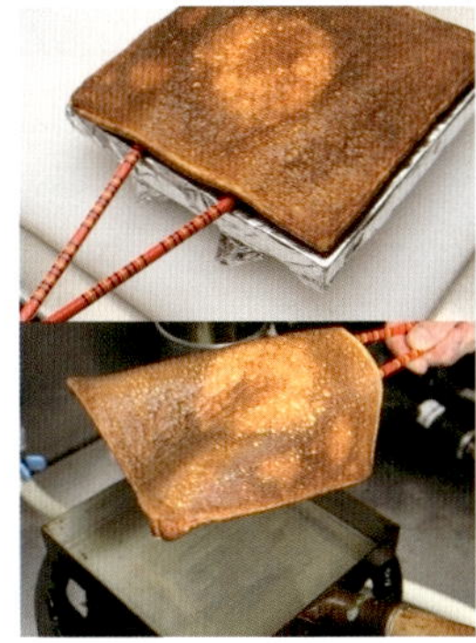

6 사진처럼 달걀구이 아래에 젓가락 2개를 넣고 들어서, 다시 팬에 올려 굽는다.

7 나무뚜껑으로 눌러서 공기를 빼면 골고루 익는다.

8 완성되면 도마나 쟁반 위에 종이를 깔고 팬을 뒤집어서 달걀구이를 꺼낸 다음 식힌다.

다시마키타마고 아쓰야키

재료(1장 분량)
달걀 8개, 조미액 150cc, 식초 10cc, 식용유 적당량
조미액 : 맛국물(다시마, 가쓰오부시) 900cc에 설탕 200g, 청주 40cc, 맛술 40cc, 간장 3cc, 소금 1꼬집(0.5g)을 섞어서 만든다.

준비
달걀은 1개씩 깨서 불순물이 없는지 확인한 후, 볼에 8개 분량을 모아놓는다.

1 조미액 150cc와 식초 10cc를 섞어서 달걀을 모아둔 볼에 넣고 젓가락으로 크게 휘저어서 가능하면 공기가 들어가지 않게 섞는다.

2 아쓰야키용 달걀팬에 식용유를 충분히 넣고 불에 올려서 10분 정도 달군 후 식용유를 따라낸다. 약한 중간 불로 낮추고 키친타월로 남은 식용유를 닦아낸다.

3 1국자 분량의 반죽을 넣고 팬 전체에 넓게 편다. 젓가락 끝을 이용하여 기포를 제거한다.

4 가장자리가 하얗게 변하면 팬을 앞쪽으로 기울이고, 젓가락으로 뒤쪽부터 1/3씩 접는다.(표면은 반숙상태)

5 팬을 원래대로 놓고 키친타월로 빈 곳에 식용유를 바른다.

6 달걀을 팬의 뒤쪽으로 옮기고 앞쪽에도 키친타월로 식용유를 바른다.

7 1국자 분량의 반죽을 앞쪽으로 흘려 넣고 넓게 편다.

8 팬의 손잡이를 들어올린 상태에서 사진처럼 먼저 구워놓은 달걀구이와 겹쳐진 부분을 젓가락으로 살짝 들어서 달걀반죽을 흘려보내 빈틈없이 연결한다. 젓가락으로 기포를 없앤다.

9 반숙상태가 되면 팬을 앞쪽으로 기울이고 손목의 반동을 이용하여 달걀구이를 젓가락으로 1/3씩 말아서 접는다.

10 팬을 원래대로 놓고 달걀구이를 앞쪽으로 옮긴 후, 처음과 마찬가지로 빈 곳에 식용유를 바른다. 달걀을 뒤쪽으로 옮긴 후 앞쪽에도 식용유를 바른다.

11 1국자 분량의 반죽을 팬의 앞쪽에 흘려 넣고 편다.

12 팬의 손잡이를 들어 올린 상태에서 사진처럼 달걀구이가 겹쳐진 부분을 젓가락으로 살짝 들어서 밑으로도 달걀반죽을 흘려보내 빈틈없이 연결한다. 젓가락으로 기포를 없앤다.

13 반숙상태가 되면 팬을 앞쪽으로 기울이고, 젓가락으로 달걀구이를 팬의 앞쪽 방향으로 1/2씩 접는다. 남은 반죽으로 **10~13**을 반복한다.

14 나무덮개로 모양을 정리한다.

15 도마 위에 종이를 깔고 달걀구이를 옮겨서 식힌다.

다시마키타마고

회를 장식하는 기술

회에 곁들이는 장식은 회를 더욱 돋보이게 하고, 냄새를 없애주며, 소화를 돕는 역할을 한다. 모양을 내기 위해 옆에 곁들이는 것을 '쓰마', 곱게 채썬 것을 '겐', 와사비나 생강처럼 매운맛이 나는 것을 '가라미'라고 한다.

1 오이
2 양하죽
3 단호박
4 당근
5 고구마
6 무(가로썰기)
7 상추 & 양배추
8 양하
9 풀가사리
10 미역
11 무(세로썰기)
12 갈래곰보(녹색)
13 갈래곰보(붉은색)
14 래디시
15 땅두릅

1 차즈기 꽃
2 식용 감국과 말린 국화
3 자소엽 싹
4 청소엽 싹
5 여뀌 싹
6 싹파
7 남천(식용불가)
8 차즈기
9 땅두릅 꼬아썰기
10 당근 꼬아썰기
11 차즈기 꽃이삭
12 브로콜리 싹
13 갯방풍
14 파채
15 소국
16 벚꽃(식용불가)
17 오이
   a. 소나무 모양 b. 어긋난 모양
   c. 돛단배 모양 d. 화살을 꽂아놓은 모양
18 복숭아꽃(식용불가)
19 단풍잎(식용불가)
20 경수채
21 와사비

무 장식 썰기

무는 단단하고 묵직한 것을 고른다. 얇은 칼을 이용하여 칼날 길이에 맞춰서 통썰기한 후, 칼날 길이의 2/3 정도로 돌려깎기한다.

돌려깎기

1 껍질을 두껍게 돌려 깎기한다.

2 오른손 엄지로 무의 두께를 조절하면서 칼을 위아래로 조금씩 움직이면서 돌려깎기한다. 동시에 왼손으로는 무를 잡고 돌린다.

세로썰기

1 돌려깎은 무를 적당한 크기로 잘라 몇 장을 겹친 후 세로로 반으로 접는다.

2 반으로 접은 채로 얇게 채썬다.

3 차가운 물에 담가서 쓴맛과 매운맛을 제거하고 아삭하게 만든다.

가로썰기

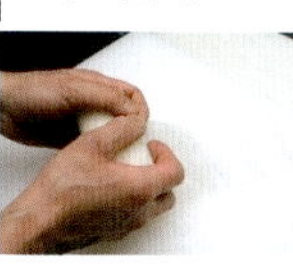

1 돌려깎은 무를 돌돌 만다.

2 돌돌만 무를 결대로 얇게 채썬다.

3 차가운 물에 담가서 매운맛과 쓴맛을 제거하고 아삭하게 만든다.

5 전통 스시

지라시즈시
이나리즈시
간사이즈시(자킨즈시 오시즈시·보즈시)
마키즈시

마키즈시 巻き寿司

에도마에즈시에서 마키즈시(김초밥)는 김을 반으로 잘라서 박고지를 넣고 말아서 만든 '간표마키(박고지 김초밥)'뿐이었지만, 그 후에 참치를 넣은 '뎃카마키(생선 김초밥)', 오이를 넣은 '갓파마키(오이 김초밥)', 채소절임 등을 넣은 마키즈시가 생겨났다. 지금은 뎃카마키에 참치를 넣고 만들지만 예전에는 생선을 잘라내고 남은 부스러기를 넣었다. 마키즈시의 기원은 에도시대 중기 이전으로 니기리즈시보다 오래 되었는데, 고기나 생선 등을 넣지 않고 주로 박고지나 고야두부 등을 넣었으며, 익힌 표고버섯이나 달걀구이, 채소 등을 김 1장 또는 1장 반을 사용하여 화려하고 굵게 만 후 얇게 썰어서 먹었다.

관서지방부터 남쪽으로는 마키즈시가 두껍게 만 '후토마키(굵은 김초밥)'를 의미한다. 생선살 으깬 것을 넣고 구운 아쓰야키타마고(두꺼운 달걀구이)로 말은 것을 '다테마키(달걀구이 김초밥)', 절분날에 복을 비는 마음으로 길한 방향을 향해 자르지 않고 먹는 것을 '에호마키'라고 한다. 김을 가로로 사용하는 마키즈시는 '주마키', 김이 안으로 들어가고 샤리가 밖으로 나와서 단면이 'の(노)'자 모양이 되게 마는 스시는 '우라마키(캘리포니아롤)'라고 한다. 반으로 자른 김을 손바닥 위에 올려놓고, 스시용 밥을 넓게 펴서 속재료를 올린 다음, 도구를 사용하지 않고 그대로 마는 것은 '데마키즈시(손으로 만 김초밥)'이다.

마키즈시는 속재료가 중심에서 균형을 이루고, 자른 면이 깔끔해야 하며, 김이 찢어지거나 샤리가 밖으로 나오지 않게 샤리를 김 위에 펴서 재빨리 말아야 하고, 김발을 잡는 힘이 스시의 모양과 맛에 영향을 미치는 등 고도로 숙련된 기술이 필요한 음식이다.

마키즈시를 자를 때는 칼턱에서 칼끝 방향으로 한 번에 자르는데, 아래쪽 김을 눌러서 자르면 자른 면이 깔끔해진다. 자르기 전에 젖은 행주로 칼을 한번 닦아서 자르고, 자르면서 중간 중간 닦아야 자를 때 밥알이 칼에 붙지 않는다.

속재료를 김 중앙에 올리면 완성된 후에 재료가 가운데에 오지 않기 때문에 넓게 편 샤리의 중앙에 올리는 것이 비결이다.

간표마키 かんぴょう巻き

가장 기본적인 마키즈시(김초밥). 간장에 조린 박고지를 넣고 만다.

스시의 기술

1 김을 세로방향으로 반 접은 다음, 접은 선을 잘 눌러서 반으로 자른다. 자른 김을 같은 방향으로 맞춰서 잘 정리한다.

2 김의 가장자리 1.5㎝ 정도를 잘라서 달걀구이에 두르는 띠로 사용한다.

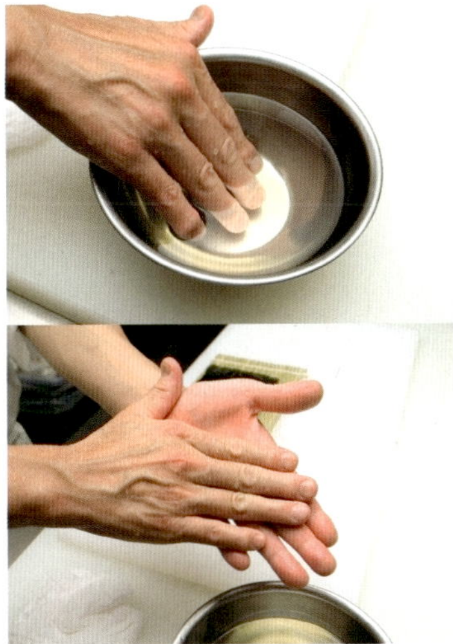

3 손바닥에 식초물을 바른다.

4 김발은 매끈하고 평평한 면이 위로 오게 놓는다.

5 김은 매끈한 면이 밑으로 가고, 몸쪽에 가깝게 놓는다. 간표마키(박고지 김초밥)1줄 분량의 샤리(약 80g)를 오른손으로 원통모양이 되게 잡는다.

6 김의 뒤쪽을 1㎝ 정도 남기고, 샤리를 왼쪽에서 오른쪽 방향으로 길고 가늘게 올린다. 이때 오른손의 엄지, 검지, 중지로 모양을 잡고, 왼손 4개의 손가락으로 샤리를 고르게 편다.

7 오른손 손가락으로 김에서 샤리가 삐져나가지 않도록 막으면서, 왼손의 손끝을 세워 앞쪽까지 샤리를 넓게 편다.

8 왼쪽도 같은 방법으로 앞쪽까지 샤리를 넓게 편다.

9 샤리 가운데를 손끝으로 누르면서 앞쪽까지 고르게 편다.

10 김의 뒤쪽 가장자리는 1㎝ 정도 남기고, 앞쪽은 조금만 남긴다. 재료를 올릴 가운데 부분은 약간 오목하게 만들지만, 전체적으로 샤리가 고르게 펴진 상태가 이상적인 상태이다.

11 샤리가 오목하게 들어간 가운데 부분에 박고지를 3~4줄 정도 올린다.

12 왼손 손끝으로 김발을 살짝 누르면서, 오른손 손끝으로 김발의 앞부분을 들어올린다.

13 양손 검지로 속재료가 움직이지 않게 누르면서, 좌우 엄지를 사용하여 김발과 김을 함께 만다.

14 그대로 한 번에 샤리의 끝까지 맞춰서 만다. 이때 샤리가 삐져나오지 않도록 검지를 사용하고, 김발을 앞쪽으로 당기면서 만다.

15 왼손 엄지로 김발을 누르는 동시에 오른손 손끝으로 김발을 들어올린다.

16 김발을 든 채로 김발 가장자리가 뒤쪽 아래로 가도록 돌려서 멈춘다. 중심이 어긋나지 않도록 왼손 엄지로 누른다.

17 양손 검지로 위쪽을 누르고, 엄지는 앞쪽, 남은 손가락으로는 뒤쪽을 눌러 모양을 잡는다. 간표마키의 경우 사진처럼 윗부분이 둥근 터널모양이 된다.

18 김발을 풀고 양쪽 가장자리를 눌러서 모양을 정리한다.

19 나란히 놓는다. 먹을 때 3~4등분을 한다.

썰기

1 가운데를 자른다.

2 자른 면을 맞춰서 2개를 나란히 놓고, 다시 가운데를 자른다.

3 4등분한 상태. 간표마키는 3등분해도 좋다.

히모큐마키[피조개 외투막, 오이]

고하다마키[전어, 감초생강, 차즈기, 참깨]

하라스마키[구운 참치 뱃살, 오이, 차즈기, 참깨]

갓파마키[오이]

뎃카마키

鉄火巻き

참치살을 넣고 마는 마키즈시(김초밥). 기본적인 것은 간표마키 만드는 방법과 같지만 와사비를 사용하고, 마지막에 사각형으로 만드는 점이 다르다.

스시의 기술

1 김에 샤리를 깔고, 가운데 오목한 부분에 와사비를 고르게 바른다.

2 가운데 오목한 부분에 참치살을 올린다.

3 간표마키(박고지 김초밥)의 **12~16** (p.268)과 같은 방법으로 만다.

썰기

4 양손 검지로 위쪽을 누르고, 엄지로 앞쪽을, 나머지 손가락으로 뒤쪽을 눌러서 사진처럼 사각형이 되게 만든다.

5 가장자리의 샤리를 눌러서 정리한다. 먹을 때는 6등분한다.

1 가운데를 자른다.

2 자른 면을 맞춰서 2개를 나란히 놓고 3등분한다.

3 6등분한 모습.

낫토마키[낫토, 청파래]

낫토마키[낫토, 차즈기]

오신코마키[단무지, 참깨]

아나고마키[붕장어, 오이]

와사비마키[고추냉이]

우메마키[매실]

알맞은 샤리의 양을 정확하게 알고 있으면 만들기 쉽다. 다양한 재료를 이용하여 만들 수 있다는 것이 후토마키(굵은 김초밥)의 매력이다.

후토마키

太巻き

1 김발은 매끈하고 평평한 부분이 위로 오게 놓는다. 김 1장을 세로로 올린다.

2 양손으로 후토마키 1개 분량의 샤리를 잡아서 원통모양으로 만든다.

3 뒤쪽을 2㎝ 정도 남기고 샤리를 올려서 편다. 펴는 방법은 간표마키(박고지 김초밥)와 동일하다.

4 후토마키(굵은 김초밥)는 샤리의 앞과 뒤를 약간 높게 깔고, 재료를 올릴 가운데 부분은 평평하게 만든다.

5 사진처럼 재료를 올린다. 여기서는 박고지, 오보로(생선가루), 표고버섯, 달걀, 데친 시금치를 사용하였다.

6 간표마키와 같은 방법으로 손가락을 움직이면서 만다.(p.268 **12~16** 참조)

7 후토마키는 굵기 때문에 양손 손바닥과 손가락을 모두 사용하여 누른다.

8 마지막으로 김과 김발의 가장자리를 맞추고, 손가락으로 샤리를 눌러서 가장자리를 정리한다. 후토마키는 8등분한다.

썰기

1 가운데를 자른다.

2 자른 면을 맞춰서 놓는다.

3 4등분한다.

후토마키 [달걀, 오보로, 박고지, 오이, 파드득나물]

후토마키 [달걀, 맛살, 우엉, 박고지, 오이, 날치알]

다테마키
伊達巻き

다테마키(달걀구이 김초밥)는 생선살 등을 넣은 달걀구이로 마는 마키즈시(김초밥)이다. 김 대신 달걀구이로 마는데, 김발을 이용해서 모양을 잘 잡는 것이 비결이다.

스시의 기술

재료
아츠야키타마고(생선살을 넣어 두껍게 구운 달걀구이)
김(1장을 세로로 3등분), 표고버섯(곱게 다진 것), 오보로(생선가루), 박고지, 파드득나물 등

1 물기를 꽉 짠 면보를 도마 위에 깐 다음, 면보의 앞쪽이 조금 남고 달걀구이의 겉면이 아래로 가게 올린다. 적당한 분량의 샤리를 올린다.

2 달걀구이 전체에 샤리를 고르게 펴서 깐다. 달걀구이 뒤쪽을 조금 남기고, 샤리의 앞과 뒤를 조금 높게 깐다.

3 샤리 중앙에 김을 올리고, 김 위에 약간의 샤리를 얇게 펴서 깐다.

4 샤리 중앙에 잘게 다진 표고버섯과 오보로(생선가루)를 올린다.

5 앞쪽 면보를 잡아올리고 안의 재료가 흐트러지지 않게 손으로 누르면서 만다.

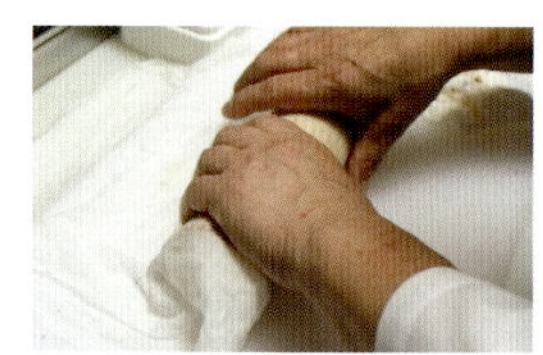

6 앞쪽의 샤리와 뒤쪽의 샤리가 만나도록 말아서 면보로 단단히 고정시키고, 손바닥을 둥글게 구부려서 샤리와 달걀이 잘 붙도록 누른다.

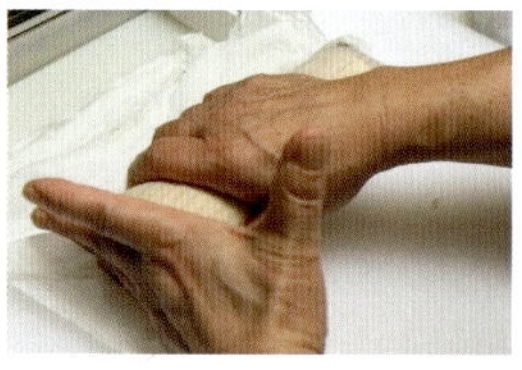

7 면보 위로 양쪽 가장자리의 샤리를 눌러서 모양을 정리한다.

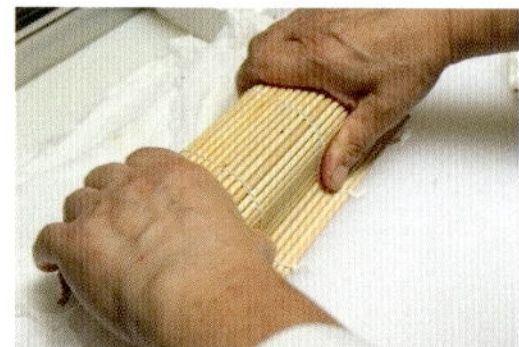

8 면보 위에 김발을 말아서 타원 모양으로 고정시킨다.

9 완성. 12등분한다.

주마키 中巻き

후토마키와 같은 방법으로 만드는데, 김을 가로로 놓고 마는 것을 주마키(가로로 만 김초밥)라고 한다. 기본적으로 달걀이나 오보로(생선가루), 채소 등을 넣고 익힌 새우를 넣기도 한다.

스시의 기술

1 김을 가로로 길게 놓는다.

2 샤리의 양은 후토마키보다 조금 적게 잡는다.

3 샤리를 넓게 펴서 깐 다음, 속 재료를 올린다.

4 마는 방법은 후토마키의 **6~7** 과정(p.274~275 참조)과 같다.

주마키[달걀, 오보로, 박고지, 표고버섯, 오이]

에호마키 惠方巻き

김의 크기는 17㎝×17㎝이다. 마는 방법은 주마키(가로로 만 김초밥)와 동일하지만 에호마키는 썰지 않고 먹는다.

스시의 기술

1 박고지, 새우, 달걀, 오보로(생선가루), 표고버섯, 오이, 파드득나물을 준비한다.

2 김을 17㎝ X 17㎝ 크기로 자른다.

3 샤리를 까는 방법은 후토마키(굵은 김초밥)를 참고한다. 속재료를 올린다.

4 마는 방법도 후토마키(굵은 김초밥)를 참고한다.

5 에호마키는 썰지 않고 먹는다.

우라마키 裏巻き

우라마키(캘리포니아 롤)는 김이 속으로 들어가기 때문에 재료가 흐트러지지 않게 주의해야 한다. 젖은 면보나 랩을 이용하면 쉽게 말 수 있다. 또한 김의 양면에 샤리를 얇게 깔고 말아도 된다.

우라마키[오이, 차즈기, 참깨, 날치알]

우라마키[명란, 오징어, 차즈기]

1 김을 반으로 자르고 김이 모두 가려지도록 샤리를 넓게 편다.

2 젖은 면보를 도마 위에 깔고, 샤리가 아래로 가게 뒤집어서 놓는다.

3 사진과 같이 김 위에 와사비를 바른다.

4 사진과 같이 속재료를 나란히 올린다.

5 김발 대신 면보를 이용해서 만다. 양손 손가락 끝으로 속재료를 누르면서 엄지로 면보를 잡아 올려 속재료 뒤쪽으로 김 가장자리를 말아 넣어서 김이 'の자' 모양이 되도록 만다.

6 김발을 덮고 엄지는 앞쪽, 검지는 위쪽, 나머지 손가락은 뒤쪽을 눌러서 사각형을 만든다.

7 면보를 벗긴다.

8 사진과 같이 날치알이나 참깨 등으로 겉을 장식한다.

9 랩으로 싸서 말고, 김발로 다시 한 번 말아서 모양을 잡는다.

10 완성.

썰기

1 랩을 씌운 채 가운데를 자른다.

2 자른 면을 맞춰서 3등분한다. 우라마키의 끝이 장식의 효과를 주므로그대로 담는다.

오시즈시
押し寿司

간사이즈시(관서스시) 모듬

간사이즈시(관서스시)에 속하는 오시즈시(누름초밥)는 일본 각지의 향토음식 중 하나일 정도로 지방마다 다양한 오시즈시 종류가 있다. 오시즈시는 '스시는 누르는 것, 절이는 것'으로 설명하던 '나레즈시'에서부터 비롯된 것으로, 니기리즈시가 생기기 전의 스시문화로부터 영향을 받았다.

1600년대 후기부터 1700년대에 밥에 식초를 넣고 섞는 '하야즈시'가 생긴 후, 고등어 등을 사용한 '스가타즈시(모양초밥)'가 탄생했고, 1800년대에는 상자모양의 누름틀에 넣고 누르는 오시즈시(누름초밥)의 일종인 '하코즈시(상자초밥)'가 주를 이루게 되었다. 하코즈시에는 새우 · 달걀 · 흰살생선을 샤리에 붙이는 '게라노하코(달걀 상자초밥)', 구운 붕장어 등을 붙이는 '야키미노하코(구운 생선 상자초밥)', 새끼 도미 등을 붙이는 '시로미노하코(흰살생선 상자초밥)' 등이 있다.

'밧테라(배모양 상자초밥)'도 오시즈시(누름초밥)의 한 종류인데, 고등어를 주로 사용하고 하코즈시(상자초밥)보다 조금 작다. 작은 배모양을 닮았다는 데서 포르투갈어로 작은 배를 의미하는 '밧테이라(bateira)'에서 이름이 붙여졌다. 하코즈시는 12등분, 밧테라는 6등분 한다.

고등어 밧테라

さばのバッテラ

고등어 초절임

1 잔가시를 제거한 시메사바(고등어 초절임)의 껍질을 벗겨서 껍질쪽을 아래로, 꼬리를 오른쪽에 오게 놓고, 꼬리부터 칼을 넣는다. 가장 두꺼운 부분부터 가운데 방향으로 살을 얇게 벗긴다. 가운데 살은 부서지지 쉬우므로 왼손으로 고등어살을 잡고, 칼날을 도마와 수평으로 넣은 다음, 오른쪽 45° 각도로 앞뒤로 움직이면서 자른다. 자른 살은 뒤집어서 자른 면이 위로 가게 놓는다.

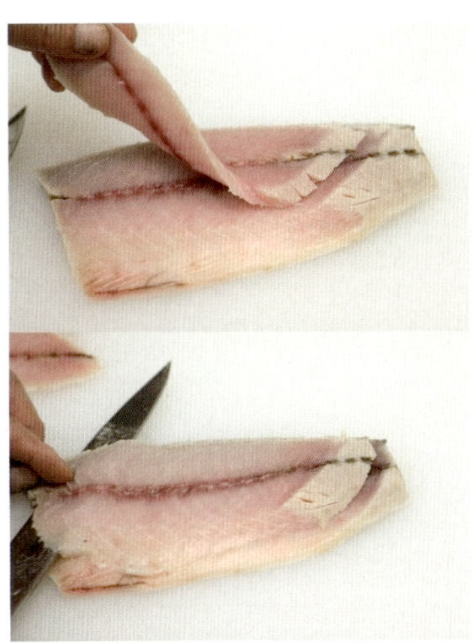

2 2번째, 3번째도 같은 방법으로, 같은 두께가 되도록 얇게 포를 떠서 뒤집어 놓는다.

3 껍질이 위로 오게 뒤집어서 머리쪽부터 누름틀 길이에 맞춰 4등분한다.

4 얇게 포를 뜬 생선살은 사진처럼 누름틀 길이에 맞게 잘라서 정리한다. 잘라낸 자투리살은 보충용으로 사용한다.

5 3장째 살은 지아이(검붉은 살)가 많으므로, 그 부분을 세로로 잘라서 제거한다. 지아이는 시간이 지나면 검게 변한다.

6 밧테라(작은 상자초밥) 4개 분량 준비. 정리해두고 사용하면 편하다.

스시의 기술

1 누름틀 크기에 맞춰 엽란 2장을 잘라서 준비한다. 젖은 누름틀 바닥에 엽란을 깔고 식초물을 뿌린다.

2 껍질이 붙어 있는 살을 껍질이 아래로 가게 놓는다. 빈 공간에는 자투리살을 넣어 채운다. 자른 면이 바깥쪽으로 오게 한다.

3 적당한 분량의 샤리를 양손으로 잡고, 속의 공기를 빼면서 밧테라(배모양 상자초밥) 틀에 맞춰 길게 모양을 만든다.

4 샤리를 넣는다. 양손 손끝으로 네 귀퉁이와 가장자리까지 꼼꼼하게 채운다.

5 샤리를 고르게 정리한 후, 젖은 엽란을 붙인 뚜껑을 올린다.

6 사진처럼 뚜껑을 올리 다음, 양손 엄지로 뚜껑을 누르면서 살짝 상자를 들어올려서 모양을 잡는다.

7 양손에 균일하게 힘을 주어 뚜껑을 위에서 누른다.

8 누름틀을 시계방향으로 180° 돌린다.

9 양손으로 균일하게 누른다. '누르기 → 회전 → 누르기'의 작업을 반복한다.

10 누름틀을 빼내고, 스시를 뒤집어서 도마에 올린다.

11 단촛물로 조린 시로이타 다시마를 고등어 위에 덮는다.

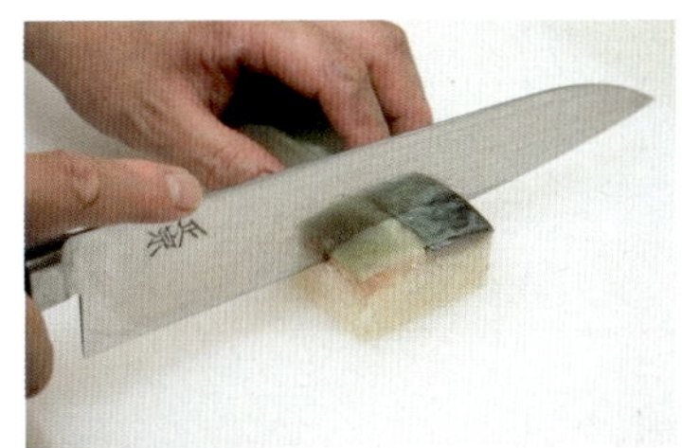

12 껍질을 뒤쪽으로 놓고 6등분한다.

시로이타 다시마(밧테라 다시마) 조리기

시로이타 다시마는 다시마 표면의 노르스름한 부분을 깎아서 넓고 평평하게 만든 것으로, 밧테라 틀 크기에 맞춘 것을 '밧테라 다시마'라고 부른다.

시로이타 다시마는 다시마절임에도 사용할 수 있는데, 다시마의 강한 맛과 색이 진하지 않게 만들 때 사용한다. 단촛물로 맛을 내서 오시즈시(누름초밥)와 보즈시(봉초밥) 등에 사용할 수 있고, 밧테라 다시마처럼 주로 고등어 위에 붙이는 데 사용한다. 스시의 맛과 색을 유지하고, 마르는 것을 방지하는 역할을 한다. 구리 냄비를 사용해서 고운 청록색을 내는 것이 포인트이다.

방법1

밧테라 다시마 50장 , 식초 360cc, 맛술 180cc, 맛국물(가쓰오) 180cc, 설탕 30g, 소금 약간, 말린 고추 약간

구리 냄비(없으면 구리조각을 냄비에 넣는다)에 물을 끓인 후 밧테라 다시마를 떼어서 넣는다. 손톱이 들어갈 정도로 익으면 곧바로 채반에 건져놓는다. 맛술 180cc를 끓인 후 식초 360cc, 맛국물 180cc, 설탕 30g, 소금 조금, 말린 고추 조금을 넣고 끓여서 끓기 시작하면 채반에 건져놓은 다시마를 넣는다. 한소끔 끓으면 불을 끈다. 조미액에 담근 채로 식혀서 보관한다.

방법2

시로이타 다시마 20장, 식초 360cc, 물 360cc, 설탕 80g, 소금 조금, 맛술 30cc

구리냄비에 식초 360cc, 물 360cc, 설탕 80g, 소금 조금을 넣고 끓인다. 시로이타 다시마 20장을 넣고 맛술 30cc를 첨가하여 살짝 끓인다.

니카에시(煮返し)

오시즈시(누름초밥)나 보즈시(봉초밥) 등을 만들 때 고등어, 새우, 흰살생선 등의 위에 발라서 스시가 마르는 것을 방지하고 맛을 보충하는 양념장. 바르지 않는 경우도 있다. 솔에 조금 묻혀 살짝 바른다.

방법3

끓인 청주 300cc, 맛술 120cc, 국간장 120cc, 맛국물 240cc, 소금 조금

맛술 120cc가 끓으면, 끓인 청주 300cc, 국간장 120cc, 맛국물 240cc, 소금 조금을 넣고 끓여서 식힌다.

게라즈시

けら寿司

스시의 기술

재료와 밑준비

재료 소금과 식초로 절인 흰살생선, 김

- 누름틀은 물에 적셔 놓고, 엽란은 누름틀 크기에 맞춰 2장을 잘라둔다.
- 위에 올리는 재료인 게라다마 아쓰야키(생선살 등을 넣고 두껍게 구운 달걀구이), 소금과 단촛물로 절인 새우, 소금과 식초로 절인 흰살생선을 준비한다
- 흰살생선 밑에 올리는 재료(김·목이버섯·산초잎 등)
- 중간 재료(잘게 다진 표고버섯이나, 표고버섯에 박고지를 섞은 것)를 넣을 때는 새우나 흰살생선 아래의 샤리 사이에 넣는다.
- 완성 후 위에 바를 니카에시(새우와 흰살생선에 솔로 바른다)를 준비한다.

※ 흰살생선은 새끼 도미를 사용.

1 아쓰야키, 새우, 흰살생선, 김을 누름틀 크기에 맞게 잘라서 준비한다. 폭은 새우를 중심으로 3등분이 되게 한다.

2 식초물을 누름틀 안쪽에 뿌리고, 엽란을 바닥에 깐다.

3 샤리를 반정도 원통모양으로 덜어서 네 귀퉁이까지 꼼꼼히 넣는다. 이때 게라다마를 올릴 공간을 남겨두고, 손끝으로 고르게 펴서 정리한다.

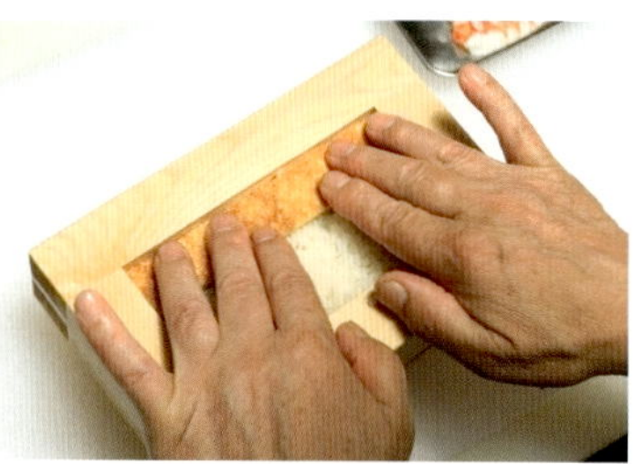

4 게라다마를 뒤쪽에 올린다.

5 게라다마 앞에 샤리를 넣는데(중간 재료를 넣을 경우 샤리를 올리기 전에 넣는다), 게라다마 높이에 맞게 샤리를 넣는다. 새우와 흰살생선을 놓을 부분은 게라다마보다 높이를 약간 낮춰서 샤리를 넣는다.

6 앞쪽에 김을 깐다.

7 김 위에 흰살생선을 올린다.

8 새우살은 꼬리쪽이 마주보도록 가운데에 올린다.

9 재료를 모두 올린 위에 엽란을 올리고 누름틀 뚜껑을 올린다. 양손 엄지로 양옆을 누른 후 살짝 들어올려 모양을 잡는다.

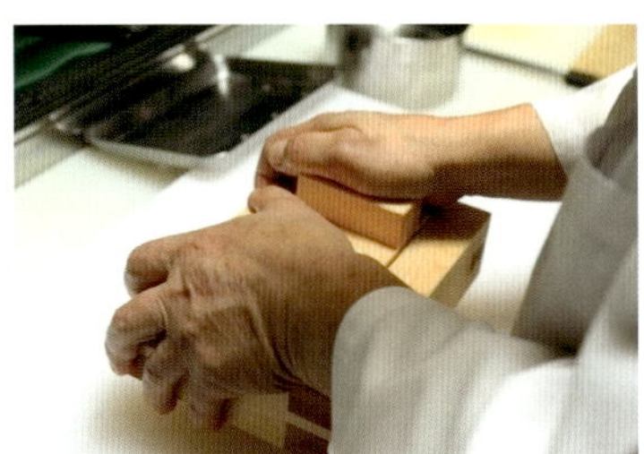

10 사진처럼 뚜껑 위에 양손을 올리고 균일한 힘으로 누른다.

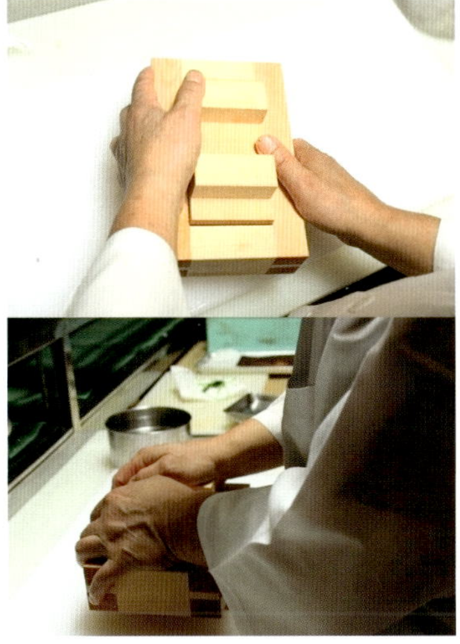

11 시계방향으로 틀을 돌리면서 골고루 누른다.

12 양손 엄지로 뚜껑을 누르면서 누름틀 테두리를 제거한다.

13 제거된 누름틀은 다음 준비를 위해 옆에 세워둔다.

14 스시를 들어올린 후 누름틀 테두리를 원래대로 놓고 스시 바닥에 붙은 엽란을 누름틀 바닥에 다시 깐다.

15 스시를 도마 위에 올린다.

16 새우와 흰살생선 위에 니카에시를 바른 다음, 스시를 세로로 놓고 가운데를 길게 2등분한다.

스시를 자를 때는 칼을 젖은 행주로 닦은 후 칼끝부터 넣고 가볍게 눌러서 자르고, 그대로 칼 전체를 사용하여 아래까지 자르는데, 도마와 칼끝, 손목을 이용하여 칼을 수직으로 들어올리면 재료가 흐트러지지 않고 깔끔하게 잘린다.

17 스시를 가로로 놓고 6등분하여 12조각을 만든다.

새끼 도미 스즈메즈시

小鯛雀寿司

스시의 기술

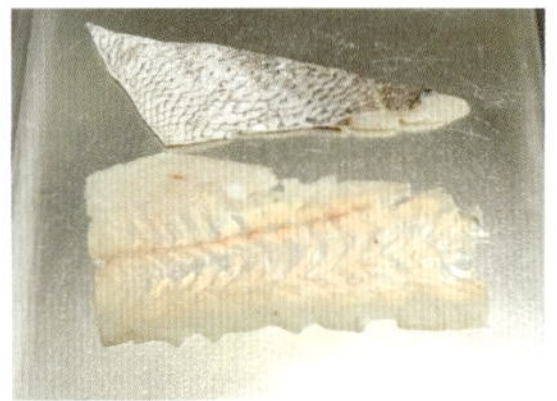

1 칼이 닿은 윤기 있는 면과 껍질이 위로 오게 놓는다.

2 엽란을 누름틀 바닥에 깔고, 식초물을 뿌린다. 껍질쪽이 아래로 가도록 사진처럼 놓는다.

3 얇게 썬 생선살의 겉면이 아래로 가게 놓는다.

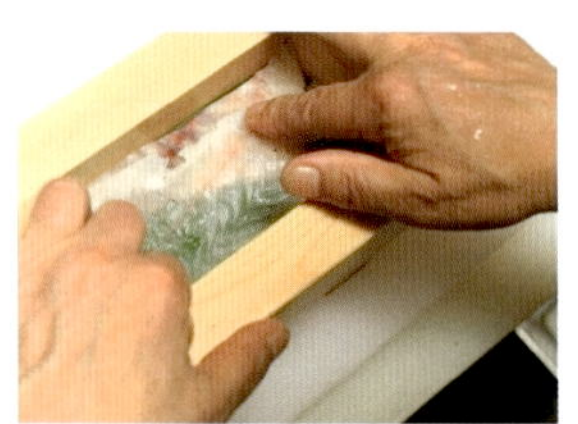

4 사이사이 빈 공간은 자투리살로 채운다.

5 김을 올린다(샤리 사이에 김을 넣을 때는 다른 오시즈시와 높이를 맞추도록 한다).

6 샤리를 누름틀에 넣고 손끝으로 좌우로 펼쳐서 네 귀퉁이까지 채운다.

7 샤리 위에 엽란을 깐다. 여기서부터는 게라즈시(달걀구이 누름초밥) 만드는 방법과 같다. 뚜껑을 올리고 누른다.

8 완성. 완성된 면에 니카에시(p.283 참조)를 바르고, 세로로 2등분한다. 가로로 놓고 6등분해서 12조각이 나오게 한다.

재료와 밑준비

재료 소금과 식초로 절인 새끼 도미, 김(누름틀 크기에 맞춰 자른 것)

손질한 새끼 도미는 잔가시를 제거하고 2장으로 자른 후 배부분을 잘라서 정리한다. 껍질이 아래로 가게 놓고, 꼬리부터 칼을 넣어 가운데 살을 얇게 벗겨내고, 껍질은 누름틀 크기에 맞춰 자른다.

붕장어 밧테라

あなごのバッテラ

스시의 기술

1 그릴이 작을 경우에는 붕장어를 장어처럼 꼬치를 꽂아서 그대로 굽거나, 양념장을 발라서 굽는다. 따뜻할 때 꼬치를 돌려두면 꼬치를 빼기 쉽다.

2 붕장어의 껍질이 아래로 가게 놓고 칼등이나 칼면으로 가볍게 두드려서 평평하게 만든다.

3 누름틀 크기에 맞춰 붕장어를 자른다.

4 엽란을 누름틀 바닥에 깔고 식초물을 뿌린 후 샤리를 넣고 중간 재료(잘게 다진 표고버섯과 박고지)를 뿌린다.

5 샤리를 올리고, 마지막으로 붕장어를 올려서 누른다. 완성되면 양념장을 솔로 바른 후 가로로 6등분한다.

붕장어 오시즈시

あなごの押し寿司

스시의 기술

재료와 밑준비

재료 구운 붕장어, 중간 재료(잘게 다진 표고버섯), 양념장

붕장어는 배를 갈라 펼쳐서 초벌구이한 후, 양념장을 발라 굽는다. 칼의 평평한 부분으로 살짝 두드려서 통째로 올리거나 잘라서 올린다. 완성된 후 양념장을 솔로 바른다.

2 엽란을 누름틀 바닥에 깔고, 식초물을 뿌린 후 샤리를 넣고 중간 재료를 뿌린다.(샤리는 틀 높이의 1/3 정도까지 넣는다)

4 붕장어는 껍질이 아래로 가게 올리고, 양손 손가락으로 살짝 눌러서 샤리에 붙게 한다.

1 두드려서 평평해진 붕장어를 누름틀 크기에 맞춰 자른다.

3 샤리를 올리고 손끝으로 펼쳐서 네 귀퉁이까지 잘 채운다.

5 엽란을 올리고 뚜껑을 덮은 다음, 양손 엄지로 뚜껑 양옆을 누르면서 누름틀을 위로 살짝 들어올려 모양을 잡는다. 게라즈시(p.284 참조)와 같은 방법으로 누르고 누름틀을 뺀다. 붕장어가 아래로 가게 도마 위에 올리고, 붕장어가 잘 붙으면 뒤집어서 니쓰메(p.109)를 바르고 세로로 2등분, 다시 가로로 6등분해서 12조각을 만든다.

자킨즈시

茶巾寿司

자킨즈시(찻수건 초밥)는 '긴차쿠즈시' 또는 '후쿠사즈시'라고도 한다. 생선, 야채 등을 잘게 썰어서 섞은 고모쿠즈시를 긴시타마고(종이처럼 얇은 달걀구이)로 싼 다음 다시마나 파드득 나물로 묶은 것인데, 다이쇼시대에 후시미노미야가(伏見宮家)에서 제사 때 올린 음식에서 비롯되었다고 한다.

그 후에 각지에서 만들어지기 시작하여, 선물보자기 모양, 차보자기를 졸라맨 모양, 염낭모양 등으로 다양하게 만들어서 새우나 완두콩으로 장식하기도 하고, 고모쿠즈시에도 다양한 재료를 넣어서 파티나 다과회 등에서도 즐기게 되었다. 달걀을 곱게 부쳐서 보기 좋게 묶는 것이 포인트이다.

긴시타마고(17장 분량)

달걀 10개, 설탕 40g, 소금 5g, 전분 12g, 전분을 섞을 물 20cc, 식용유 적당량

분량의 달걀을 깨서 설탕과 소금을 넣고 섞은 후, 물에 풀어놓은 전분을 넣고 섞는다. 체에 거르면 깔끔하게 완성되므로, 체로 한번 걸러 놓는다.

긴시타마고

1 달걀구이용 팬을 달군 후 기름을 살짝 바른다.

2 기름이 돌고 팬이 달궈지면, 국자 1개 분량의 달걀물을 프라이팬 앞쪽에 흘려 넣는다.

3 팬 전체에 달걀물을 편 후 여분의 달걀물은 볼에 다시 따라 붓는다.

4 표면이 마르기 시작하면 모서리부분을 젓가락으로 떨어트린다.

자킨즈시

재료
긴시타마고(종이처럼 얇은 달걀구이), 파드득나물(데친 것), 오보로(생선가루/만드는 방법은 p.295 참조), 표고버섯을 조려서 잘게 다진 것, 데친 새우살, 데친 완두콩, 잘게 자른 김, 참깨, 검은깨, 레몬제스트

5 앞쪽 모서리에 젓가락 끝부분을 넣어서 들어올린다.

6 뒤집어서 반대쪽도 1~2초 정도 굽는다.

7 쟁반에 기름종이를 깔고 달걀구이를 올려서 식힌다.

1 볼에 샤리, 오보로(생선가루), 표고버섯, 참깨, 검은깨, 레몬제스트, 잘게 자른 김을 넣어 섞는다.

2 섞은 밥을 1개 분량씩 동그랗게 뭉쳐서 준비한다.

3 왼쪽 손바닥에 달걀구이의 겉면이 아래로 가게 펼친 후, 둥글게 뭉친 밥을 올린다.

4 밥을 뒤집어서 오른손으로 잡고, 왼손으로 달걀을 덮어 감싼다.

5 사진과 같이 왼손으로 달걀구이를 오므려서 잡고 파드득나물로 입구를 감는다.

6 도마에 올려서 파드득나물을 묶는다(입구가 약간 벌어지도록 느슨하게 묶는다).

7 입구를 보기좋게 펼친다(묶은 부분이 망가지지 않게 주의한다).

8 새우살과 완두콩을 올려서 장식한다.

이나리즈시
稲荷寿司

이나리즈시(유부초밥)는 유부를 주머니 모양으로 만들어서 맛을 낸 후 샤리를 넣은 것으로, 가정에서도 흔히 만들어 먹는 서민적인 스시이다. 1830년대경 나고야에서 시작되어 각지로 퍼져나갔는데, 지역에 따라 맛과 모양이 다르다.

일본 동부지방에서는 주로 사각형을 반으로 잘라서 간장 색깔을 진하게 들인 유부에 다른 재료를 거의 넣지 않은 샤리를 채워서 만든다. 서부지방에서는 삼각형으로 자른 유부에 국간장으로 살짝 간을 하고, 당근과 깎아 썬 우엉 등을 넣은 샤리나 고모쿠즈시 등을 넣어서 만든다. 또한, 유부를 거꾸로 뒤집어서 만든 '오츠나즈시'는 에도말기에 나왔는데, 유부를 산뜻하고 담백하게 조리고 유자껍질로 샤리에 향을 더한 것도 있다. 만들 때는 유부초밥용 유부를 사용한다.

재료

맛이 진한 관동풍 이나리즈시
유부를 반으로 자른 것 50장
조미액 : 끓인 맛술 350cc, 맛국물(가쓰오) 1000cc, 굵은 설탕 600g, 간장 500cc

스시의 기술

1 끓는 물에 유부를 넣고 3~5분 정도 데쳐서 기름기를 뺀다.

2 물을 넣어 식힌다.

3 물기를 짠다.

4 채반에 건져놓는다.

5 간장, 굵은 설탕, 물 또는 맛국물, 맛술로 만든 조미액을 넣고 한소끔 끓여서 유부를 넣는다.

6 끓기 시작하고 어느 정도 색이 들면 불을 끈다.

7 식혀서 맛이 배게 한다.

8 살짝 짜서 물기를 뺀다.

9 왼손으로 샤리의 모양을 잡고, 오른손으로 유부 입구를 벌린다.

10 사진과 같이 샤리를 넣는다.

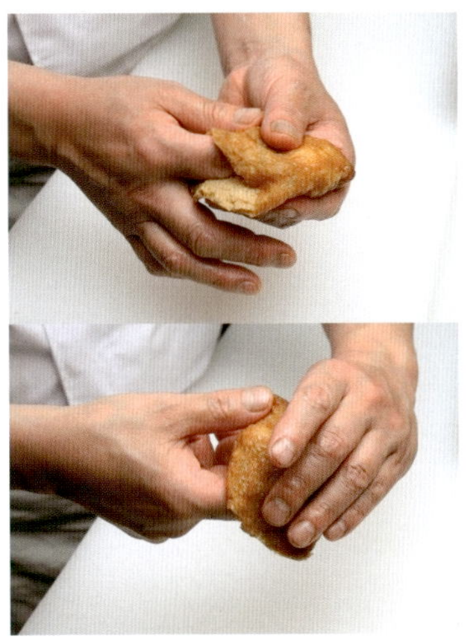

11 양쪽 모서리까지 샤리가 들어가도록 밀어 넣는다.

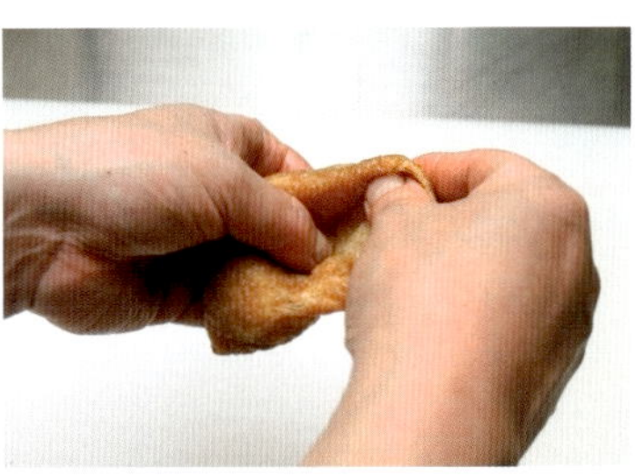

12 입구 한쪽을 오므린다.

13 남은 한쪽도 접는다.

14 모양을 정리한다.

15 트레이 위에 가지런히 올린다.

고등어 보즈시

さばの棒寿司

밥에 직접 식초를 뿌려서 섞는 '하야즈시'의 기원으로, 대나무 껍질로 싼 교토풍 '고등어 보즈시(봉초밥)'가 있다. 그전에는 소금에 절인 생선 사이에 밥을 넣고 누름돌로 눌러서 절인 다음 유산균이 충분히 발효될 때까지 오랜 시간 두었다가 생선만 꺼내서 먹던 '나레즈시'에서, 발효시간이 줄고 밥도 먹을 수 있는 '나마나레즈시'로 바뀌었고, 생선과 함께 밥도 먹을 수 있는 은어나 고등어 등으로 만든 '스가타즈시'도 만들어졌다. 보즈시는 누름틀에 넣고 눌러서 만들기도 하지만, 여기서는 면보와 김발을 이용해서 만드는 고등어 보즈시를 소개한다.

스시의 기술

1 시메사바(고등어 초절임)의 배뼈를 제거하고, 뱃살의 가장자리를 잘라서 곡선으로 만든다.

2 껍질을 아래로, 꼬리를 왼쪽으로 오게 놓은 후, 핀셋을 이용하여 잔가시를 오른쪽 방향으로 제거한다. 제거한 가시는 왼손 엄지와 검지로 잡으면서, 잔가시를 모두 제거한다.

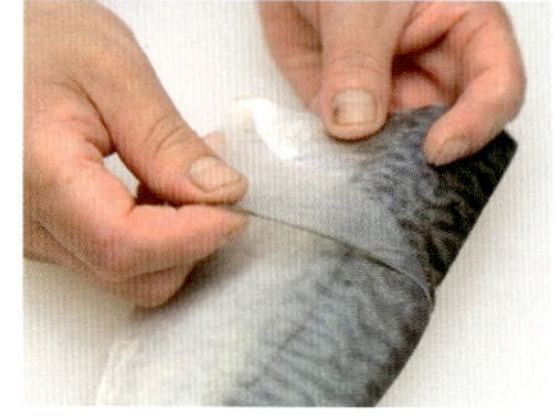

3 껍질이 위로 오게 놓고 사진처럼 껍질을 조심스럽게 벗긴다.

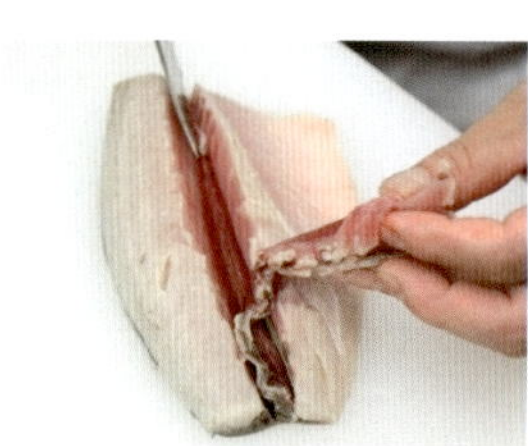

4 세로로 지아이(검붉은 살)까지 칼을 넣어서 지아이를 제거한다. 꼬리쪽에 지아이가 많으므로 깔끔하게 제거한다.

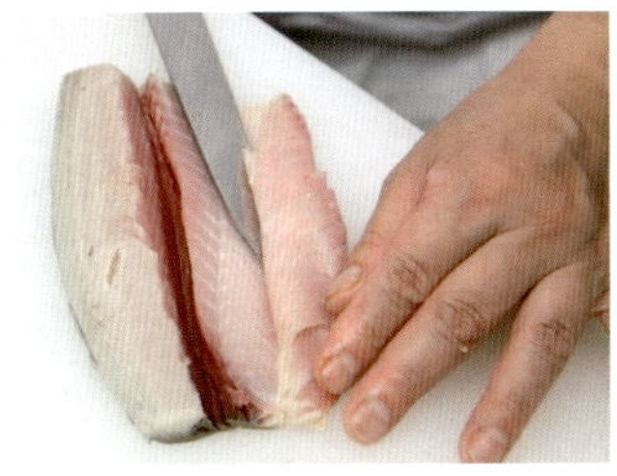

5 배쪽의 도톰한 살을 잘라서 펼친다.

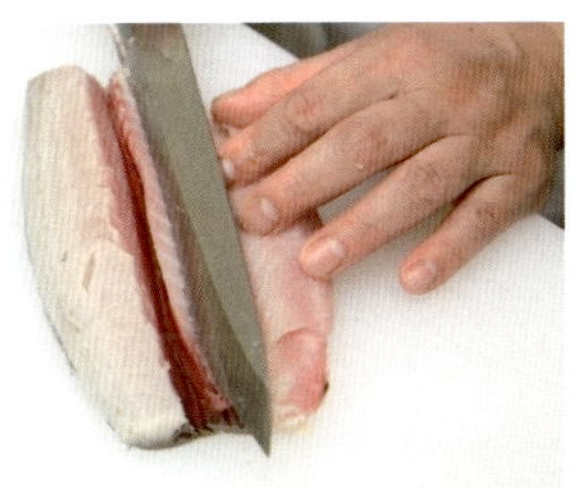

6 남은 도톰한 부위에 칼을 세로로 넣어서, 지아이(검붉은 살)를 제거한 빈 공간을 메운다.

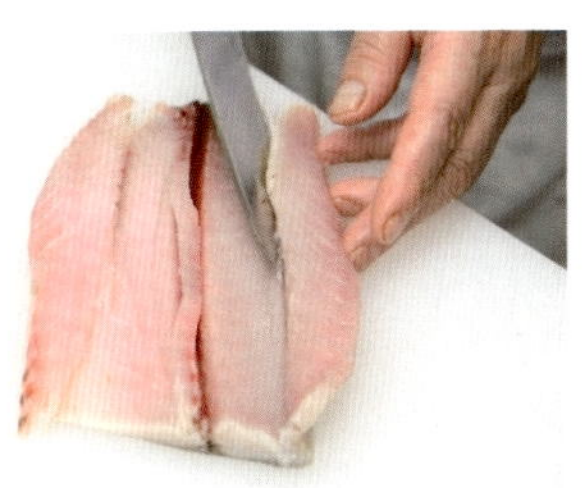

7 생선의 방향을 바꿔서, 등살의 도톰한 부분도 잘라서 펼친다.

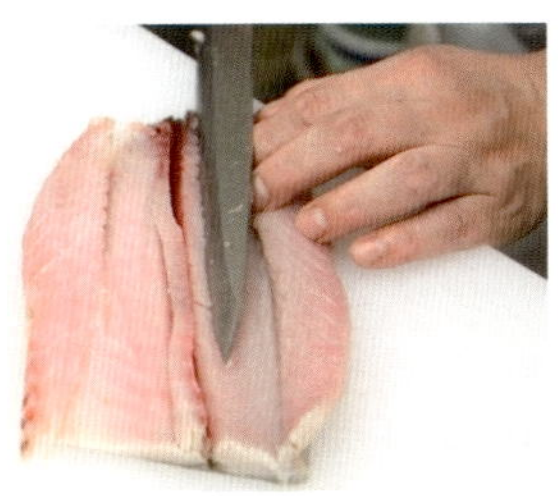

8 남은 도톰한 부분에 세로로 칼을 넣어서, 지아이(검붉은 살)를 제거한 빈 공간을 메운다.

9 머리쪽 살을 잘라서 정리한다.

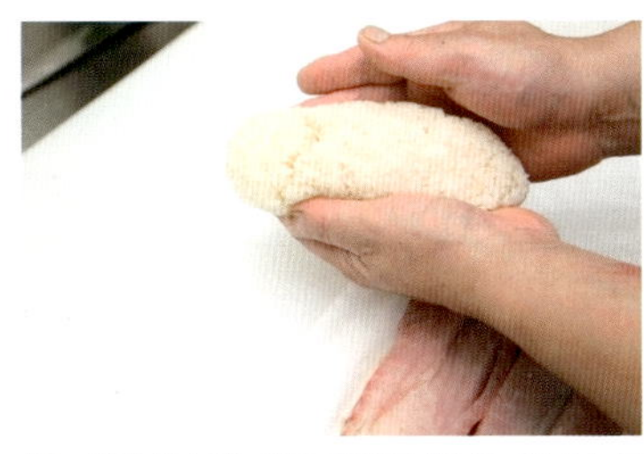

10 깨끗한 도마 위에 물기를 꽉 짠 면보를 깐 후, 펼친 고등어를 올린다. 샤리를 알맞게 잡아서 공기를 빼고 양손으로 원통모양을 만든다. 길이는 고등어보다 조금 짧게 만든다.

11 긴 원통모양으로 만든 샤리를 생선 뒤쪽에 놓고, 펼친 고등어의 중앙에 잘게 썬 가리(생강초절임)와 차즈기, 참깨를 올린다.

12 가운데에 샤리를 올린다.

13 앞쪽 면보를 잡고 올려서 고등어와 샤리를 만다.

14 면보로 싸서 만 다음, 양쪽 끝에 삐져나온 샤리를 눌러서 정리한다.

15 면보 위를 김발로 감싸서 위는 타원모양을 만들고, 아래는 꾹꾹 눌러서 모양을 고정시킨다.

16 김발에 맞춰 가장자리를 눌러서 정리한다.

17 고등어 보즈시.

18 단촛물로 조린 시로이타 다시마를 씌운다.

19 적당한 크기로 자른다.

지라시즈시
ちらし寿司

지라시즈시(흩뿌림초밥)는 오시즈시(누름초밥)를 풀어놓은 것에서 또는 생선 · 야채 등 여러 가지를 섞어서 만든 고모쿠메시에 풍미를 더하고 상하는 것을 막기 위해 식초를 넣은 것에서 비롯되었다고 한다. 일본 관동지방에서는 생선이나 고기를 넣지 않은 '고모쿠즈시(五目寿司)', 관서지방에서는 생선이 들어가는 '바라즈시(ばら寿司)'와 '오코시즈시(お越し寿司)' 등이 만들어졌다.

오카야마(岡山)의 바라즈시는 달걀구이 · 고야두부 · 박고지 · 표고버섯 등에 간을 해서 곱게 다지고 샤리와 섞은 다음, 미리 조리해놓은 새우 · 생선 · 양하 · 연근 · 채소 등을 올려서 보기 좋게 장식한 스시이다.

나가사키(長崎)의 오무라즈시(大村寿司)는 큰 상자에 조리한 생선살과 다진 채소 등을 샤리와 함께 올리고 눌러서 만든 오코시즈시이다. 지금까지 설명한 스시는 예로부터 향토요리로 전해지는 지라시스시 종류이다.

최근에는 익히지 않은 재료를 많이 사용하게 되었고, 상자나 오목한 사기그릇에 담은 샤리 위에 날생선 자른 것이나, 조림, 구이 등을 올린 후 잎으로 보기 좋게 장식한 '후키요세치라시즈시(吹き寄せちらし寿司)', 재료를 곱게 다져서 위에 뿌린 '바라치라시(ばらちらし)' 등이 만들어졌다. 마찬가지로 1가지 재료를 샤리 위에 올린 '뎃카돈부리(鉄火丼 / 참치) · 아나고돈부리(あなご丼 / 붕장어) · 이쿠라돈부리(イクラ丼 / 연어알)'와 익히지 않은 재료를 주로 사용하는 '가이센돈부리(海鮮丼)' 등도 있다.

바라치라시즈시

오보로 おぼろ

오보로는 원래 새우살(중하)을 소금물에 데쳐서 잘게 다진 후 물에 헹궈서 설탕, 소금 등으로 맛을 내고 볶듯이 조린 것이다. 완성된 색깔이 안개 속에서 보는 벚꽃색같다는 의미에서 '오보로'라고 한다.

지라시즈시(흩뿌림초밥)에 넣거나, 마키즈시(김초밥)의 속재료로 사용하기도 하고, 초절임한 재료와 함께 스시에 올릴 때도 있다. 최근에는 원재료인 중하를 구하기 어려워져서 다른 종류의 새우나 지방질이 적은 흰살생선을 사용하고, 붉은색 식용색소를 넣어 오보로를 만든다.

재료

새우살 2300g(중하 5㎏의 껍질을 벗긴 양. 삶아서 잘게 다진 후 씻어서 물기를 짠 것), 설탕 460g(다진 새우살의 20%)
달걀노른자 1개분량, 청주 50cc, 맛술 50cc, 소금 20g, 붉은색 식용색소 적당량

※ 중하는 다른 종류의 새우나 지방이 적은 흰살생선으로 대체할 수 있다.

스시의 기술

1 중하는 등쪽 내장과 함께 머리를 떼어낸 후 껍질을 벗기고, 꼬리는 제거한다. 남아 있는 등쪽 내장은 꼬치를 이용하여 빼낸다. 새우살을 체에 올리고 볼에 물을 부어서 체를 담근 다음, 흐르는 물에 새우살을 씻어서 물기를 뺀다(2800g).

2 끓는 물에 소금을 넣고 새우를 데친다(물 10L에 소금 125g).

3 전체적으로 물 위에 떠오르고, 살이 붉어지면 익었다는 신호이다.

4 채반 위에 올려 물기를 빼고 열을 식힌다.

5 푸드 프로세서로 곱게 간다(분쇄기계나 절구를 사용해도 좋다). 곱게 갈아지면 면주머니에 넣고 입구를 봉한다.

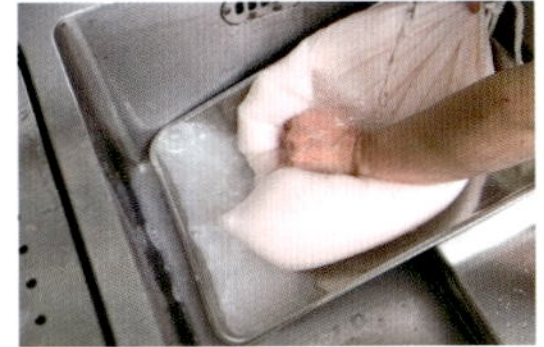

6 사진과 같이 싱크대에 트레이를 비스듬하게 놓고 흐르는 물에 주머니를 비벼서 씻는다(헹구는 물이 하얗게 된다).

7 헹구는 물이 맑아지면 주머니째로 짜서 탈수한다(재료가 흰살생선일 경우 잘 헹구지 않으면 비린내가 나고 빨리 상하므로 주의한다). 전용 탈수기를 사용하면 편리하다.

8 밑이 평평하고 넓은 냄비에 새우살을 넣고 손으로 으깬다(2300g).

9 달걀노른자 1개 분량과 청주 50cc, 맛술 50cc를 넣어 골고루 섞는다. 이렇게 하면 맛이 깔끔하고, 고슬고슬해진다.

10 설탕 460g을 넣고 버무린다(손으로 비비듯이 버무린다).

11 소금 20g을 넣고 다시 섞는다. 색소를 조금 넣어 색을 낸다.

12 버무리면서 색을 조절한다. 흰살생선이나 다른 새우살일 경우에는 중하로 만든 오보로와 색이 비슷해지도록 색소를 넣어 조절한다.

13 설탕이 잘 녹아들어서 묵직해진 상태. 처음에는 중간 불로 가열하다가 약한 불로 낮춘다.

14 수분이 날아가면 바닥에 눌어붙지 않도록 주걱을 바닥에 대고 빠르게 젓는다(타지 않도록 주의한다).

15 사진과 같이 손으로 집었을 때 수분이 없고 보슬보슬한 상태가 되면 불을 끈다.

16 트레이에 종이를 깔고 새우살을 옮겨서 식힌다(조금씩 나눠서 냉동보관해도 좋다).

표고버섯

しいたけ

표고버섯은 한국과 일본, 중국을 비롯한 동양의 특산물이다. 동고와 향고 등 종류가 다양하고, 생표고와 말린 표고가 있는데, 말린 표고버섯은 감칠맛이 강해서 조림으로 만들면 맛있기 때문에 예로부터 하코즈시(상자초밥), 마키즈시(김초밥), 지라시즈시(흩뿌림초밥) 등의 재료로 사용되어 왔다. 말린 표고버섯을 물에 불려서 불순물을 제거한 후 불린 물과 설탕을 넣고 끓이면 단맛이 배고 수분이 빠져나오는데, 간장을 조금씩 넣어서 윤기나고 매콤하게 조린 것을 사용한다. 일본 관서지역에서는 하코즈시의 속재료로 잘게 다져서 조리는 방법을 사용한다. 하코즈시 등의 재료로 사용하는 관서식 방법은 색깔과 맛을 진하게 조려서 시간이 지나도 하코즈시나 마키즈시를 맛있게 먹을 수 있게 해준다. 여기서는 말린 표고버섯의 기둥을 잘라내고 갓부분만 조리는 에도식과 진하게 조리는 관서식을 소개한다.

재료와 밑준비

관서식 말린 표고버섯 200g, 불린 물과 물 적당량, 굵은 설탕 320g, 간장 150cc, 맛간장(다마리간장) 40cc, 맛술 40cc

에도식 말린 표고버섯 200g, 불린 물과 물 적당량, 굵은 설탕 200g, 간장 120cc, 맛술 40cc

말린 표고버섯은 2~3회 물을 갈면서 씻어서 겉에 묻은 먼지나 불순물을 제거한다. 물을 충분히 넣고 하룻밤 불린다. 불린 물은 면보에 걸러놓고, 표고버섯의 기둥을 제거하여 갓과 분리해둔다. 기둥은 곱게 다진 후 조려서 오시즈시(누름초밥) 등의 재료로 사용한다.

조리기

1 불린 표고버섯에 물을 붓고 2~3시간 정도 삶아서 부드럽게 만든다.

2 삶은 표고버섯에 불린 물과 물을 자작하게 붓고 분량의 굵은 설탕을 넣고 끓인다.

3 거품을 걷어내면서 끓인다.

4 국물이 반으로 줄면 분량의 간장을 넣고 조린다(관서식은 맛간장을 넣는다).

5 국물이 자작해지면 약한 불로 줄이고 저으면서 바닥이 보일 때까지 조린다.

6 마무리로 맛술을 넣고 불을 키워서 윤기를 내고 맛술의 알코올을 날려 보낸 다음, 불을 끄고 식힌다(타지 않도록 주의한다).

7 에도식 완성.

8 관서식 완성.

박고지 かんぴょう

일본어로 '간표'라고 부르는 박고지를 스시집에서는 매콤달콤하게 조려서 마키즈시(김초밥)의 속재료로 사용하거나 잘게 다져서 하코즈시(상자초밥)와 지라시즈시(흩뿌림초밥)의 재료로 사용한다. 도톰하며 폭이 넓은 것이 좋은 것으로, 물이나 따뜻한 물에 불려서 삶은 박고지를 잘 짠 다음 설탕, 간장, 맛술을 넣고 자작하게 조려서 완성한다.

관서지역에서는 조미액에 맛국물을 넣는다. 여기서는 에도식으로 조림장을 넣어서 조리는 방법과 설탕의 삼투압 작용으로 박고지에 남아 있는 수분을 빼낸 후 간장을 조금씩 넣어서 볶듯이 조리는 방법을 소개한다.

데치기

1 김의 길이를 맞춰 표시해둘 물건을 준비한다.

2 박고지를 김의 길이에 맞춰 잘라서 정리한다.

3 박고지를 하룻밤 물에 담가서 불린다. 물은 10시간 정도, 따뜻한 물의 경우 5~6시간 정도가 적당하다.

4 물기를 제거하고 한줌의 소금을 넣어 문지른다.

5 물로 비벼 씻으면서 염분, 표백제, 방부제를 깨끗이 씻어낸다.

6 큰 냄비에 박고지를 넣고 충분한 물로 삶는다. 끓기 시작하면 2~3회 정도 물을 붓거나 불을 줄여서 삶는다. 이 때 고르게 삶아지도록 박고지를 아래위로 섞으면서 삶는다.

point

삶을 때는 흰색에서 투명감이 있는 흰색으로 변하고, 손톱으로 눌렀을 때 살짝 들어가는 정도로 삶는 것이 좋다. 이 정도를 맞추는 것이 중요한데, 나중에 조릴 것을 생각해서 약간 덜 삶는 것이 좋다.

에도식으로 볶듯이 조리기

재료
박고지 1㎏, 간장 1.4L, 굵은 설탕 1.6㎏, 맛술 150cc

1 삶아놓은 박고지를 채반에 올리고, 면보를 덮은 후 도마로 눌러서 물기를 짠다.

2 물기를 짠 박고지를 냄비에 넣고 굵은 설탕을 넣어 잘 섞는다.

3 중간 불로 아래위를 섞으면서 수분을 날린다. 냄비 가운데를 비워서 타지 않도록 수분의 양을 확인한다.

4 물기가 없어지면 불을 줄이고 간장을 분량의 1/3정도 넣어 아래위를 뒤집으면서 섞는다. 남은 간장도 3번에 나눠서 넣는다.

5 완성되면 맛술을 넣고 강한 불로 키운 다음, 재빨리 섞어서 윤기를 낸다.

6 식혀서 맛이 잘 배게 한다.

에도식 조림장으로 조리기

재료
예1) 박고지 500g, 간장 600cc, 굵은 설탕 1000g, 설탕 100g, 청주 1200cc
예2) 박고지 1㎏, 간장 1.4L, 설탕 1.7㎏, 맛술 100cc)

1 큰 냄비에 청주를 넣고 끓이다가 굵은 설탕·설탕·간장을 넣고 녹여서 한소끔 끓인다.

2 물기를 뺀 박고지를 넣고 섞는다.

3 불을 약하게 줄인 후 저으면서 조림장이 골고루 배게 한다.

4 냄비째 아래위로 움직여서 색이 잘 배면 불을 끈다.

가리 がり

생강에는 향과 매운맛 성분이 있어서 생선이나 고기요리 등의 냄새를 없애는 데 사용한다. 또, 위의 기능을 촉진시키는 약재로 사용하기도 한다. 스시집에서는 얇게 썬 생강을 끓는 물에 살짝 데쳐서 얼음물에 담가 쓴맛을 없앤 후, 단촛물을 넣고 절인 것을 '가리(감초생강)'라고 하며, 스시에 곁들여서 입안을 개운하게 해준다.

재료와 밑준비

재료 햇생강 1㎏

단촛물 재료 식초 600cc, 물 200cc, 설탕 300g, 청주 18cc + 물 162cc

식초와 물, 설탕을 넣고 불에 올려서 끓기 직전에 청주와 물 섞은 것을 넣는다. 얇게 썬 생강의 양에 따라 단촛물의 양을 적당히 조절하여 섞는다.

1 생강을 잘 씻어서 껍질을 벗긴다.

2 생강을 썰기 쉽게 분리한다.

3 분리한 생강을 얇게 썬다.

4 끓는 물에 2~4분 정도 살짝 데친다(생강의 두께와 단단한 정도에 따라 시간을 조절한다).

5 데친 생강을 얼음물로 식힌다.

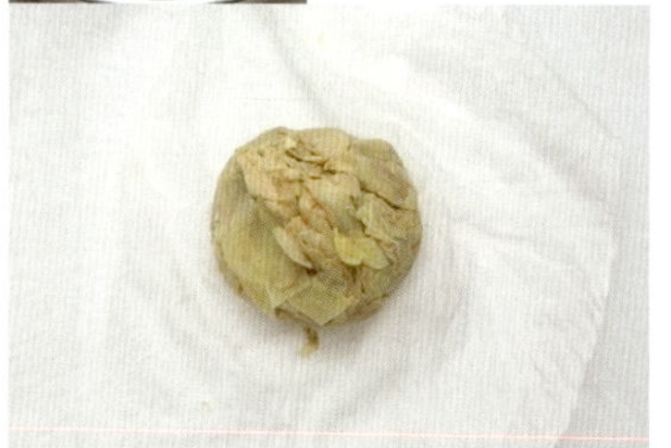

6 식힌 생강은 면보에 싸서 물기를 짜고, 분량의 단촛물은 냄비에 넣고 한번 끓인다.

7 생강을 냄비에 넣어 2~4분 정도 끓인다.

8 그릇에 옮겨서 식힌다(3~4일 정도 두면 맛이 잘 밴다).

간장

스시나 회의 향을 돋우는 주인공 '간장'. 스시집에서는 간장을 '무라사키'라고 부르고, 간장의 보랏빛은 신선함을 나타낸다. 예전에 신선한 간장을 구하기 어려웠을 때 고안된 것이 '니키리'인데, 간장에 맛술을 넣고 끓인 것이다.

6 기타

—

스시 도구
김·조릿대 장식
샤리를 맛있게 하는 기술

샤리를 맛있게 하는 기술

토레하 가루

토레하

스시장인들의 주목을 받고 있는 '토레하'.
아직 모른다면 샤리와 네타를 맛있게 만들어주는
'토레하'의 비밀을 알아보고, 맛있는 스시를 만드는 데 활용해보자.

토레하 2kg

토레하란?

토레하는 옥수수 등의 전분에 효소를 작용시켜 만든 '트레할로스'의 상품명이다. 트레할로스는 단맛이 설탕의 약 40% 정도 되는 산뜻한 단맛을 가진 당질로, 버섯류, 해초류, 빵 등 우리가 평소에 먹는 식품에 포함되어 있다.

재료가 가진 맛을 살려주면서 단맛이 강하지 않게 맛을 완성시킨다.

토레하는 전분의 노화를 억제하며, 단백질 변성억제, 잡내 억제, 변색 억제 등 여러 기능을 갖고 있다. 특히 냉동과 보관에 의해 품질이 떨어지는 것을 막는 데 탁월한 효과를 발휘한다. 이런 특징 때문에 당질이면서도 과자류 이외에도 여러 식품의 가공 · 조리 현장에서 폭넓게 사용되고 있다.

밥에 사용한 토레하의 효과

밥을 지을 때 소량의 토레하를 넣으면 부드럽게 부풀면서 완성되며(그림1), 단맛도 지나치지 않고 특유의 쌀겨 냄새, 묵은쌀 냄새, 보온했을 때의 냄새 등을 억제해 주는 효과가 있다(그림2). 약간 딱딱하게 지어지므로 물을 5% 정도 더 넣는 것이 좋다.

토레하를 사용한 밥은 냉동하거나 저온냉장해도 밥의 투명감과 색이 변하지 않고, 노화가 억제된다. 토레하를 사용한 밥과 사용하지 않은 밥으로 호소마키(가는 김초밥)를 말아서 냉동한 후 자연해동하여 상태를 비교해보면, 토레하를 사용하지 않은 밥은 전분의 노화에 따라 하얀색으로 탁해졌지만 토레하를 사용한 밥은 투명감을 유지하였다(그림3).

〈그림1〉 밥알 크기 비교

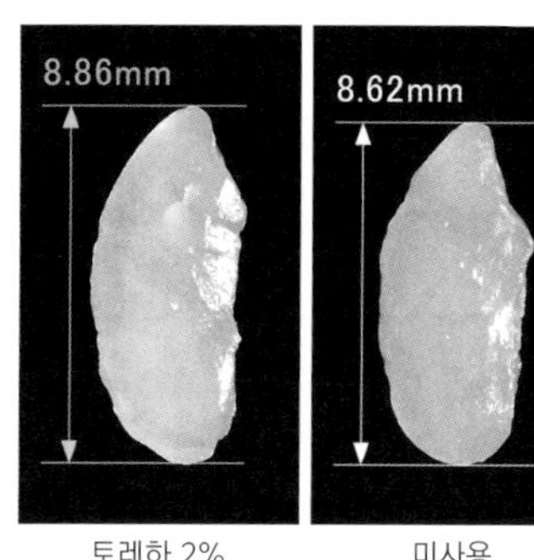

토레하 2% 1.45배의 수분을 더함 | 미사용 1.45배의 수분을 더함

〈그림2〉 밥맛 평가

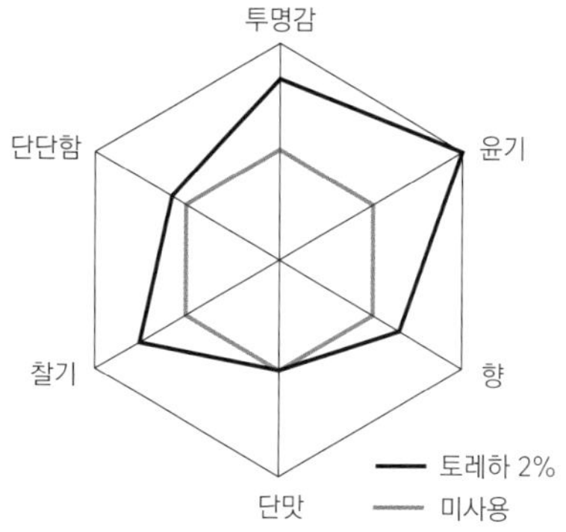

※ 밥을 지은 후 패널 10명에게 평가를 받았다.

〈그림3〉 냉동한 호소마키를 해동한 후 상태비교

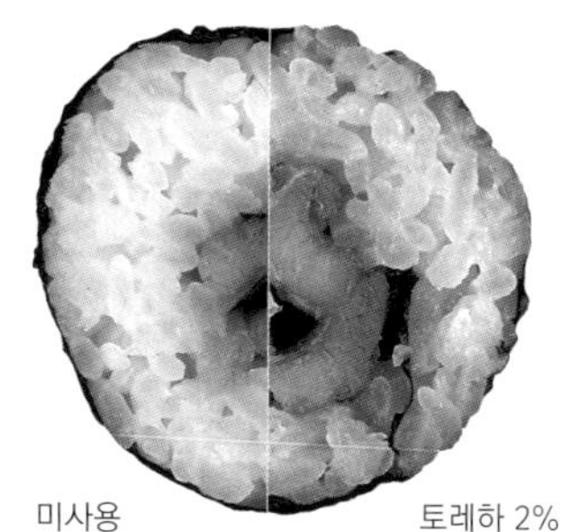

미사용 | 토레하 2%

어패류에 사용한 토레하의 효과

토레하는 어패류를 가공하는 과정에서 효과를 발휘한다. 생선 등을 냉동하면 조직 내의 수분이 얼어서 얼음 결정이 점점 커진다. 이것이 조직을 손상시키고, 해동하면 생선의 육즙으로 빠져나온다.

토레하는 냉동할 때 얼음 결정의 성장을 억제시켜주므로, 냉동 전에 토레하로 처리해두면 육즙이 빠져나오는 것을 대폭 줄일 수 있다(그림4). 그렇기 때문에 맛이 손상되지 않으며, 영양소 손실도 적고, 튀김이나 조림 등으로 가공해도 식품이 퍼석퍼석해지는 것을 막아준다. 냉동에 따른 손상은 겉모습에도 큰 영향을 준다. 토레하를 사용한 오징어는 냉동해도 조직이 손상되지 않기 때문에, 해동 후에도 투명감이 살아있다.

참치 등 붉은살생선의 경우 탈색을 억제시키고, 새우를 토레하를 넣은 물에 삶으면 머리부분이 검게 변색되는 것을 방지할 수 있다(그림5). 껍질째 삶을 때는 색이 선명해지고 식감도 좋아진다.

생선을 굽는 경우, 소금으로 절일 때 토레하를 넣으면 구운 후에도 생선 색깔이 유지되고 냄새가 억제되며 퍼석해지는 것도 줄어든다.

달걀에 사용한 토레하의 효과

토레하는 단백질의 변성을 억제하고, 가열에 의한 응고를 늦춰주는 효과가 있다. 토레하를 넣고 달걀을 구우면 기포가 달걀 속으로 들어가지 않기 때문에, 표면이 곱고 부드럽게 완성된다(그림 6). 또한 보수력이 강해져서 시간이 지나도 퍼석퍼석해지지 않는다.

〈그림4〉 냉동 생선살에서 빠져나온 육즙의 양

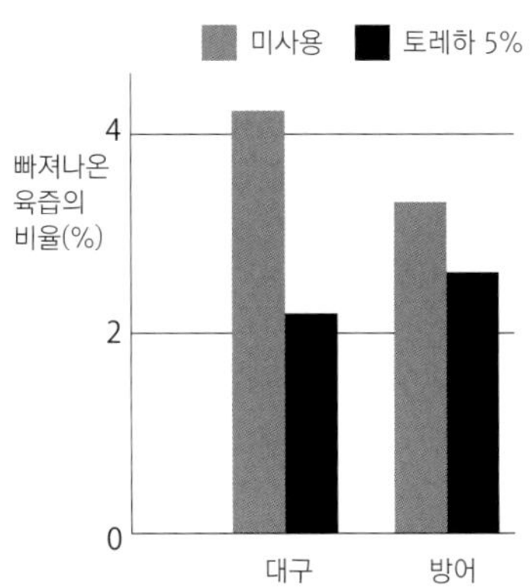

〈그림5〉 삶은 새우의 머리부분 변색비교

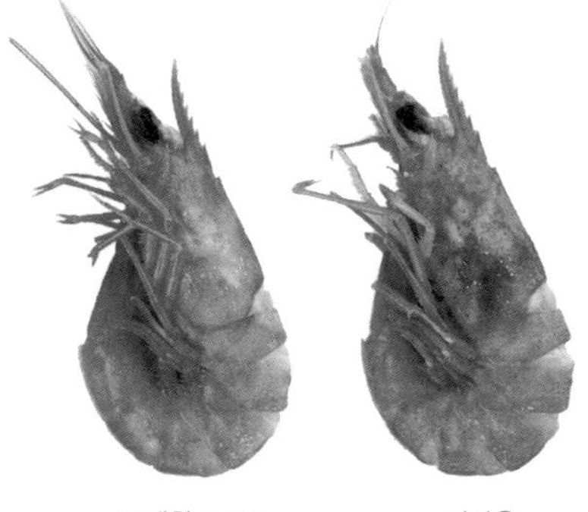

〈그림6〉 다시마키타마고 절단면 비교

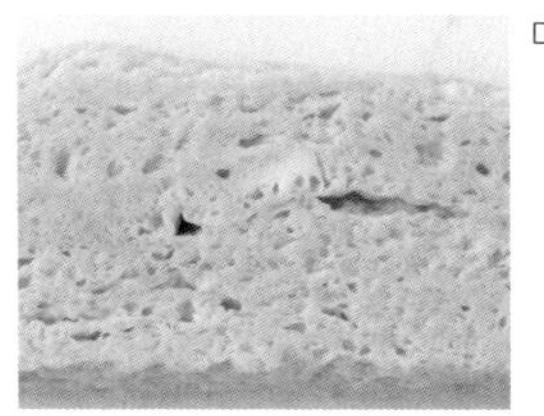

스시장인이 알려주는 토레하 사용 기술

● 초대리

토레하를 사용하면 샤리의 맛이 쉽게 변하지 않고, 윤기가 오래간다. 식초에 설탕과 설탕의 양보다 10% 적은 토레하(줄인 설탕 분량의 2.2배), 그리고 소금을 넣어서 녹인 다음, 용기에 넣고 맛을 안정화시켜 초대리를 만들어 둔다. 갓 지은 뜨거운 밥에 식초와 설탕을 넣어 섞으면 설탕의 변화가 시작되고(포도당이나 과당으로 변화), 몇 시간 후면 냄새와 맛이 변하기 시작하며, 그 상태로 오래 두면 색이 변하고 윤기가 없어져 맛이 없어진다.

빨리 먹으면 큰 문제가 없겠지만, 오시즈시(누름초밥)와 같이 시간을 두고 먹게 되는 경우에는 초대리를 50~60℃로 따뜻하게 데우거나, 설탕을 많이 넣는 등 다른 방법이 필요하다. 열과 산에 가장 안정적인 토레하를 넣으면 이러한 점이 개선되어, 시간이 지나도 윤기가 흐르고 맛도 변하지 않는 샤리를 만들 수 있다.

● 네타 준비

네타에 윤기가 흐르고, 냄새와 끈적임을 억제시킨다. 열과 냉동에 의한 변화를 억제시켜주는 효과가 있다.

손질용

토레하소금(소금 1 : 토레하 3)

토레하식초(4%)

게·새우 데치는 물(토레하 2.5% : 소금 1.25%)

● 생선 절이기

토레하소금에 절인 후 토레하식초(토레하식초 10 + 얼음물 3)에 담그면 비린내가 억제되고, 껍질 색깔이 보기 좋아지며, 생선살이 단단해지는 것을 막아준다.

● 조개류 손질
조개를 물로 씻어서 토레하소금을 2% 넣은 소금물에 5분 정도 담그면, 비린내와 끈적임이 줄어들며 신선함이 오래간다. 피조개의 경우는 껍질을 벗기고 토레하를 넣은 물에 직접 담가두면, 색이 고와지고 점액질과 비린내도 없어진다.

● 생새우 손질
단새우는 껍질을 벗기고 물로 씻어서 토레하 4%를 넣은 차가운 물에 20분간 담근다. 이렇게 하면 비린내가 없어지고, 색이 고와지며, 신선도도 오래 유지할 수 있다.

● 달걀구이
조미액에 들어가는 설탕 분량의 20%를 토레하로 대체하면 식감이 부드러워지고 색도 고와진다.

● 문어 삶기
소금으로 문질러 씻을 때 토레하소금을 사용하면 점액질이 빨리 제거되고, 색이 고와지며, 단단해지는 것을 막아준다.

● 붕장어 조리기
조미액 중 설탕 분량의 20%를 토레하로 대체한다. 이렇게 하면 붕장어 살이 부서지지 않고 부드러워지며, 조림액이 탁해지지 않아서 색이 고와진다.

● 게와 새우 데치기
끓는 물에 토레하 2.5%와 소금 1.25%를 넣고 게와 새우를 데친다. 이렇게 하면 비린내가 억제되고, 색이 고와지며, 살이 단단해지는 것을 방지할 수 있다. 또한 맛이 잘 변하지 않고, 냉동보관함으로써 살이 단단해지는 현상도 막을 수 있다.

스이한미오라

'스이한미오라'는 최고의 샤리를 만들기 위해서 많은 스시장인들이 사용하는 제품이다. 언제나 일정한 맛으로 완성시켜주는 품질은 오랜 시간 발전하여 만들어진 것이다.

밥을 지을 때 쌀이 가진 효소와 더불어 쌀의 전분과 단백질을 분해해서 쌀의 감칠맛과 부드러움을 끌어내는 효소제인 미오라는 오래 전부터 스시를 만들 때 사용되어 왔다.

맛있는 밥은 쌀이 밥을 지을 때의 온도 상승에 따라 전분의 알파화와 분해가 진행된 후, 뜸을 들이면 녹은 전분 · 당질 · 아미노산이 남은 열의 작용으로 밥에 붙어서 부드럽고 감칠맛 나는 밥으로 완성된 것이다.

효소제를 사용하면 더 효율적으로 밥을 지을 수 있다. 뜸들이는 시간이 5분 정도 길어지는 것은 미오라를 사용하지 않을 때보다 남은 열이 오래 작용하기 때문이다. 찰기가 강한 고시히카리 산지에 위치한 스시집에서 효소제를 많이 사용하는 것도 이해할 수 있다.

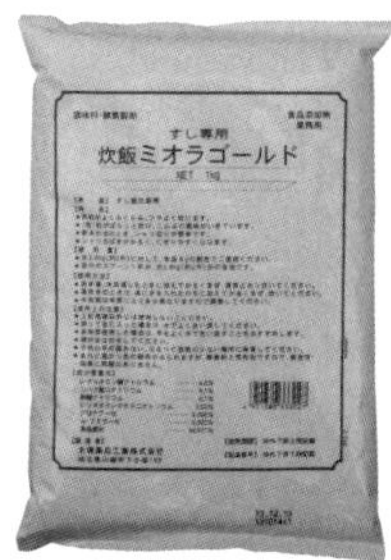

스이한미오라골드 NET 1kg

스이한미오라 NET 1kg

●천연 효소제이므로 안심하고 사용할 수 있다.

●한 알 한 알이 보슬보슬해져서 쉽게 샤리를 만들 수 있다.

●사용이 간단하고, 완성된 모양이 훌륭하다.

●부드럽고 윤기 있는 다시마의 맛과 향으로 완성된다.

●샤리의 노화를 억제시키며, 식초와 잘 어울린다.

김

김은 마키나 군함말이 등에 빼놓을 수 없는 중요한 재료이다. 샤리나 네타가 좋아도 김이 맛없으면 맛있는 스시를 만들 수 없다. 따라서 스시장인은 김 선택에 신중할 수밖에 없다.

일본의 경우 센다이만, 도쿄만, 이세만, 세토내해, 아리아케해 등이 김으로 유명하다. 가장 유명한 것은 아리아케산으로 생산량도 가장 많다. 한국은 충남 서천, 전남 완도 등이 김으로 유명하다.

산지에 따라 색, 맛, 향 등이 다르고, 아리아케산 김은 입에서 살살 녹지만 시간이 지나면 풀어지기 쉬워서 스시를 먹기 전에 바로 만들어 내는 스시집 카운터에서 사용하면 좋다. 또한 치바산 김은 향이 좋고, 세토내해나 센다이만 산은 규격이 반듯하며 윤기가 흘러서 스시를 말기 편하다는 특징이 있다.

어떤 산지의 김을 선택할 것인지는 스시집마다 다르지만, 스시집에서 김을 선택할 때는 산지 이전에 김의 채취 시기가 더 중요하다.

김은 연간 3회 채취하는데, 처음 채취하는 11~12월경의 햇김이 맛, 향, 식감이 좋아서 스시에 가장 잘 어울리므로, 스시집에서는 보통 이 시기의 김을 사용한다.

3~4월경에 채취한 김은 단단한 식감이 있어서 라멘이나 회전스시 등에 사용한다.

또 김은 습기에 특히 약하므로 관리가 중요하다. 개점 할 때 김을 김통에 옮겨 담고, 폐점 때는 밀폐용기에 옮겨서 습기로부터 김을 보호해야 한다.

이렇게 하면 언제든지 맛있는 군함말이나 마키즈시를 만들 수 있다.

조릿대 장식

'조릿대'나 '엽란'은 스시 밑에 깔거나 완성된 후에 장식으로 사용하지만, 그런 역할뿐 아니라 예로부터 잘 마르는 조릿대는 스시의 신선도를 알 수 있는 기준이 되어 왔다. 즉, 조릿대가 마르기 전에 스시를 먹는 것이 스시를 맛있게 먹는 비결인 것이다. 또, 조릿대 특유의 향은 스시의 맛을 살려주는 역할도 한다.

조릿대와 엽란 장식에는 크게 '겐사사', '세키쇼', '게쇼기리', '시키사사'가 있는데, 잎이 큰 엽란은 주로 스시 밑에 까는 시키사사로 사용한다. 최근에는 조릿대나 엽란 장식을 사용하지 않는 경우가 많은데, 칼 한 자루로 완성하는 조릿대나 엽란 장식도 스시장인의 기술을 엿볼 수 있는 중요한 요소이다. 여기서는 스시의 마무리나 장식으로 자주 사용되는 기본적인 조릿대 장식을 소개한다.

조릿대나 엽란을 자를 때는 폴리에틸렌이나 합성고무로 만든 도마가 사용하기 편하므로 조릿대와 엽란 자르기 용으로 준비해두면 좋다. 작은 칼이나 조각칼을 사용한다.

겐사사(劍笹)

조릿대 장식의 기본으로 앞부분이 창과 같은 모습이라고 하여 '겐사사'라고 부른다. 앞이 하나인 것이 기본이고 두 개인 것을 '후타쓰고모치켄', 세 개인 것은 '미쓰고모찌켄'이라고 한다.

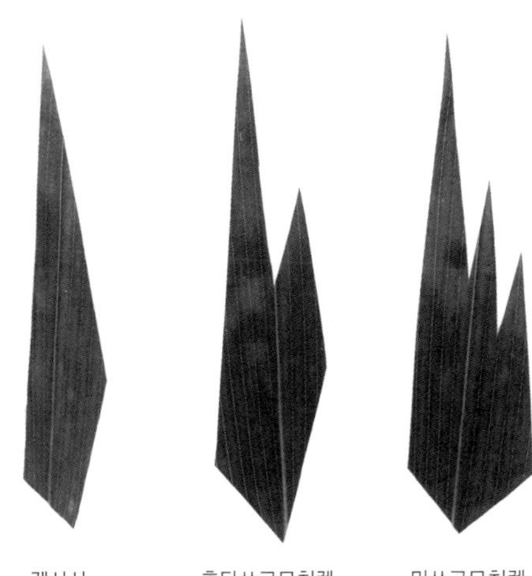

겐사사　　후타쓰고모치켄　　미쓰고모치켄

겹쳐서 장식으로 사용한다.

세키쇼(せきしょ)

스시와 스시 사이에 세워서 장식한다. 자를 때는 세로로 반을 접어서 자르면 좌우대칭이 된다.

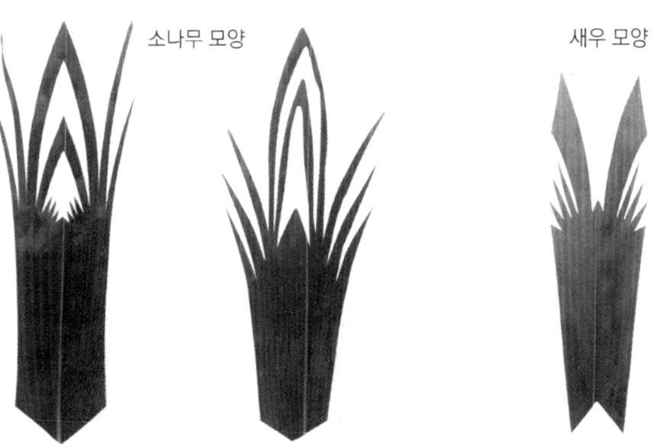

소나무 모양　　새우 모양

조릿대를 세로로 반을 접어서, 접은 선이 뒤로 가게 놓고 자르면 편하다.

게쇼기리(化粧切り)

'겐사사'나 '세키쇼'는 스시와 스시 사이를 구분하는 데 사용하지만, '게쇼기리'는 스시를 장식하는 데 사용한다. 주로 닭새우, 학, 나비 모양 등으로 장식한다. 게쇼기리도 조릿대를 보통 반으로 접어서 자르는데, 학모양은 가로로 반 접어 자르고, 머리부터 주둥이를 자를 때는 조릿대를 펼쳐서 자른다.

학

조릿대를 가로로 반 접은 후, 접은 선이 왼쪽이 되도록 놓고 자르면 편하다.

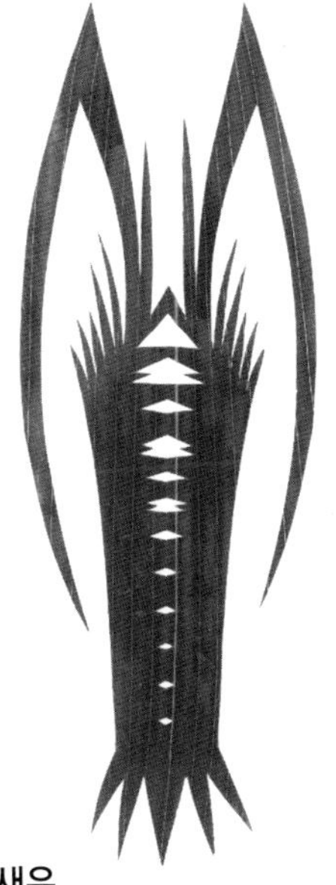

닭새우

조릿대를 세로로 반 접은 후 접은 선이 앞으로 오게 놓고 자르면 편하다.

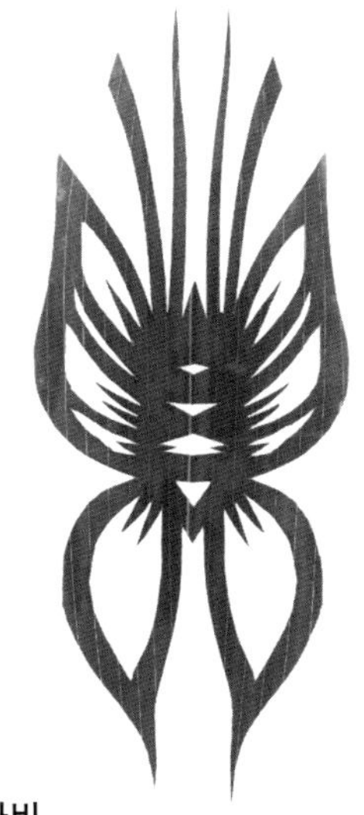

나비

조릿대를 세로로 반 접은 후, 접은 선이 뒤쪽으로 가게 놓고 자르면 편하다.

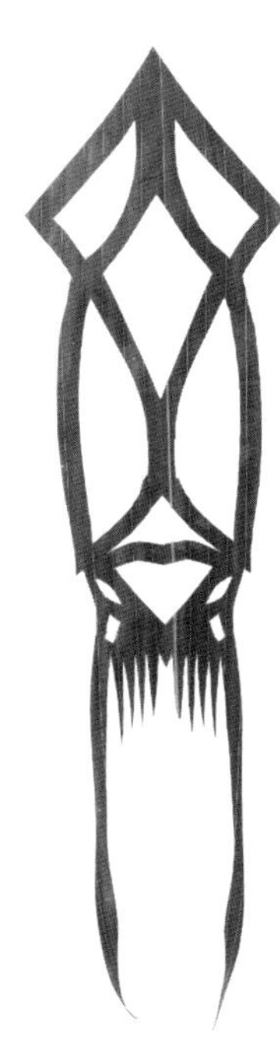

오징어

조릿대를 세로로 반 접은 후, 접은 선이 뒤쪽으로 가게 놓고 자르면 편하다.

시키사사(敷き笹)

스시 아래에 까는 잎을 '시키하' 또는 '가이시키'라고 한다. 카운터에서 스시를 낼 때 그릇 대신 엽란을 사용하는 경우도 있다.

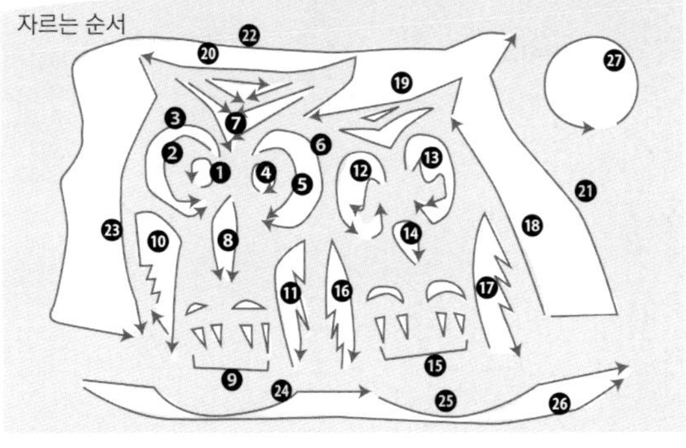

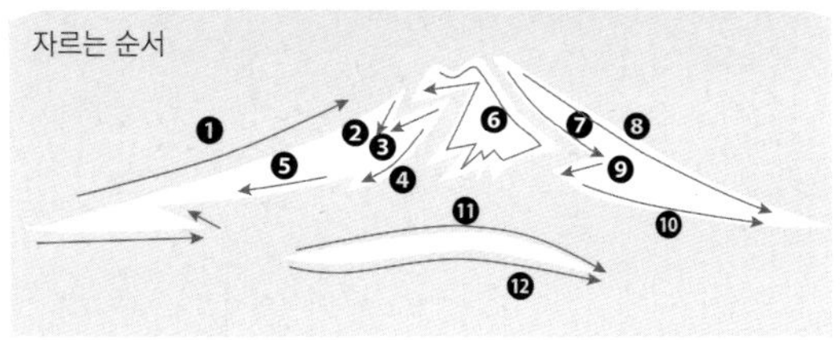

조릿대 뒷면을 자르는 순서이다.

스시 도구

스시를 만들어서 접시에 담기까지 필요한 도구들을 소개한다. 각각의 도구의 역할을 이해하고, 사용하기 편한 도구를 준비해두면 작업이 한층 쉬워진다.

금속도구

송곳

붕장어나 갯장어 등, 몸이 긴 생선의 머리를 도마 위에 고정할 때 사용한다.

비늘제거기

생선 비늘을 긁어낼 때 사용한다. 부드럽고 고운 비늘은 수세미를 사용해야 생선살이 손상되지 않는다.

핀셋

생선의 뼈나 잔가시를 제거할 때 사용한다. 생선에 따라 빼는 방향이 다르다.

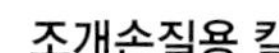

조개손질용 칼

조개나 소라류의 껍데기 사이에 칼을 넣어서 살을 분리하는 도구. 껍데기를 따라 사용하여 조갯살이 손상되지 않도록 한다.

조리용 가위

게나 갯가재의 껍질은 칼보다 가위로 자르는 게 더 쉬우며, 용도가 다양하여 편리하다.

꼬챙이(꼬치)

주로 구이에 사용한다. 굽는 도중에 꼬챙이를 돌려놓으면 나중에 쉽게 빠진다.

숫돌

거친숫돌

칼날을 가는 것보다, 칼끝의 모양을 수정하거나 칼의 모양을 정리하는 데 사용한다.

중숫돌

칼의 재질에 따라 다르지만, 거친숫돌 대용으로도 사용하고, 단시간에 칼을 갈 수 있다.

완성숫돌

칼을 가는 데 시간이 걸리지만, 칼이 날카롭게 완성된다. 숫돌은 사용하기 30분 전에 물에 담가둔다. 칼을 갈 때 물이 부족하면 마찰열이 발생하므로 표면에 약간의 물을 뿌려서 사용하는데, 열이 칼 손상의 원인이 되기 때문이다. 표면은 항상 평평하게 해둔다.

칼

고기용 칼

본래는 고기류를 자르는 칼로, 칼날이 양쪽에 얇게 있어서 여러 용도로 사용할 수 있다. 크기도 다양해서 한 자루 정도 있으며 편리하다.

스시용 칼

하코즈시(상자초밥), 보즈시(봉초밥), 마키즈시(김초밥) 등에 사용한다. 칼날이 얇고 완만한 곡선을 이루며 양쪽에 있어서, 손목을 잘 사용하여 자른다.

뼈 절단용 칼

갯장어의 뼈를 자를 때 사용하는 칼로 칼날이 한쪽에 있으며, 칼의 무게와 긴 모양을 이용하여 자른다.

회 칼

회나 네타를 썰 때, 생선을 손질하고, 껍질을 벗길 때 사용하는 칼로, 칼날이 한 쪽에 있는 만능 칼이다.

생선용 칼

주로 생선류를 손질할 때 사용한다. 칼날은 한 쪽에 있으며, 칼끝이 뾰족해서 생선을 손질하기 쉽게 만들어졌다. 칼을 잡은 손끝으로 칼끝과 칼날의 움직임을 느끼면서 자른다. 생선의 크기에 맞는 크기의 칼을 사용한다.

도마

스시를 만드는 일은 생선을 다루는 일이므로 도마 사용 방법이 매우 중요하다. 도마를 ①생선 밑손질(세척), ②밑손질 후의 생선손질 및 껍질 벗기기, ③회 썰기 · 네타 썰기, ④조릿대와 엽란 자르기 용으로 분류해서 사용하면 냄새가 배거나 세균을 다른 음식에 옮기는 것을 막을 수 있으므로, 요리의 맛과 위생적인 면에서 매우 중요한 일이다.

나무 도마

노송나무 · 버드나무 · 은행나무 · 후박나무 · 칠엽수 등 단단한 나무로 만든다. 사용할 때는 젖은 면보로 닦아서 젖은 상태에서 사용한다. 나무도마에는 일본식 칼이 잘 미끄러지지 않아서 사용하기 편하다. 사용 후의 손질은 중성세제나 연마제로 잘 닦아서 헹군 다음, 뜨거운 물을 부어 소독하고 말린다. 움푹 팬 곳이 생기면 깎아서 평평하게 만든다.

플라스틱 도마

일본식 칼을 사용할 때는 딱딱하고 조금 미끄럽지만, 세척과 살균이 쉬워서 사용하기 편하다. 사용 후에는 중성세제로 닦아서 헹구고, 뜨거운 물이나 염소계열의 소독액을 뿌려서 소독, 표백, 살균한다.

누키이타(抜き板)

일본식 조리도구의 하나로 다리가 달린 넓은 판을 말한다. 마키즈시(김초밥)나 오시즈시(누름초밥) 등을 만들 때 사용하며, 마키즈시 등을 겹쳐놓을 때는 얇은 판을 사이에 끼워 습기를 방지한다. 비스듬하게 만든 누키이타는 생선을 소금에 절여서 물기를 제거할 때도 사용한다.

달걀구이 팬

달걀구이용 팬은 구리와 알루미늄에 불소수지가공을 한 것 등이 있는데, 구리로 만든 것이 열전도율이 좋고, 열이 균일하게 전달되어 사용하기 편하다.

크기와 높이가 다른 여러 종류의 팬이 있으며 완성된 달걀구이의 크기와 두께에 따라 나눌 수 있다.

긴시타마고나 우스야키다마고는 깊이가 얕은 팬, 다시마키타마고와 아쓰야키타마고는 깊이가 깊은 팬을 사용한다.

굽기 전에 기름을 잘 바르고 사용하는데, 팬의 안쪽에 녹슬지 않도록 주석도금을 한 팬은 고온에 약하기 때문에 아무것도 올리지 않은 채로 가열하지 않도록 주의한다.

달걀구이용 팬과 함께 사용하는 나무판(p.261 참조)은 팬의 안쪽에 맞춘 크기로, 다시마키타마고를 만들 때는 완성 후에 눌러서 모양을 잡는데 사용하고, 게라다마 아쓰야키를 만들 때는 위에서 눌러서 내부의 공기를 빼고, 보기 좋게 골고루 노릇하게 익히기 위해서, 또는 달걀구이를 뒤집을 때도 사용한다. 팬을 사용한 후에는 깨끗이 닦아서 말린 다음, 기름을 얇게 발라서 보관한다.

식힘통 & 나무주걱

식힘통과 주걱은 밥에 초대리를 넣고 섞을 때나 섞은 다음 식힐 때 사용한다. 사용 전에 물로 충분히 적셔놓고, 물기를 뺀 다음 사용한다. 재질이 나무이므로 수분을 적당히 흡수한다. 사용 후에는 잘 세척한 다음, 말려둔다. 주걱은 식힘통에 맞는 크기를 사용하고, 주걱의 머리부분에 가까운 곳을 손으로 잡고 팔과 주걱이 하나가 되어 자유롭게 움직여서 사용한다. 주걱의 둥근면을 아래로 향하게 해서 사용하면 샤리가 으깨진다. 주걱의 평평한 면은 샤리를 위아래로 뒤집거나 나무밥통으로 옮길 때 사용한다.

나무밥통

완성된 샤리를 보관하는 통이다. 사용 전에 물로 충분히 적신 다음 물기를 제거하여 사용한다. 여분의 수분을 흡수하고 있어서, 시간이 지나도 맛이 변하지 않는다. 보온밥솥은 보온성이 우수하지만 수분을 흡수할 수 없으므로, 뚜껑 아래에 면보 등을 끼워서 사용한다.

김발

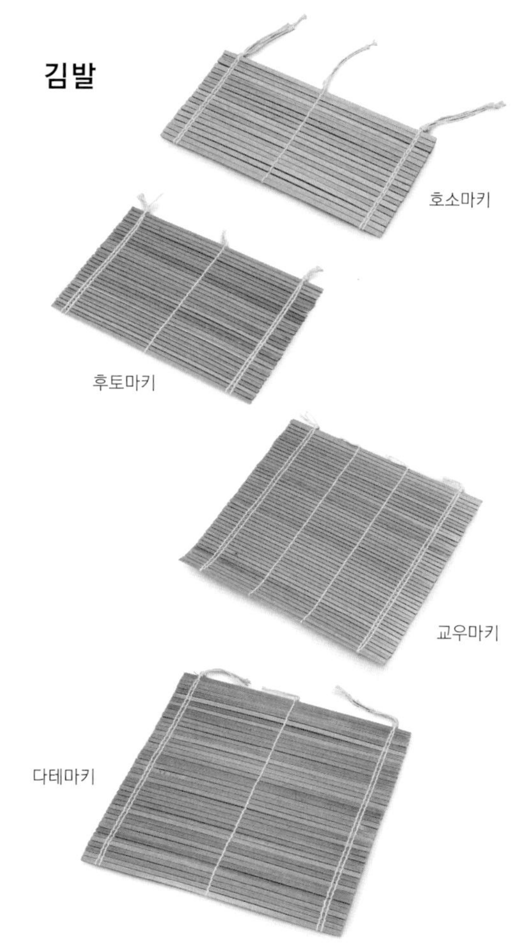

마키즈시(김초밥) 또는 재료를 말 때 사용하는 대나무 김발로, 호소마키(얇게 만 김초밥) · 주마키(가로로 만 김초밥) · 후토마키(굵게 만 김초밥) · 다테마키(달걀구이 김초밥) 용이 있다. 다테마키타마고의 물결 무늬를 만들기 위해서 대나무가 삼각형으로 잘라져 있는 오니스다래(鬼すだれ)를 사용하기도 한다. 실매듭이 나온 부분이 밑으로 가고, 대나무 표면의 평평한 부분이 위를 향하게 놓고 사용한다. 사용 후에는 깨끗이 세척하고 말려서 보관한다.

채반

채반은 재료의 물기를 제거하거나, 뜨거운 물을 부을 때, 생선에 소금을 뿌려서 절일 때 사용한다. 대나무로 만든 채반을 '본자루(盆ざる)'라고 한다. 스테인리스나 플라스틱으로 만든 것은 깊이가 깊으므로 용도에 맞춰 사용한다. 같은 모양의 볼과 함께 사용하면 편리하다.

볼

스테인리스 · 플라스틱 · 유리 재질 등이 있으며, 재료를 씻고, 섞고, 담가두는 등 용도에 따라 알맞은 것을 사용한다.

면보

사용하기 좋은 길이로 잘라서 깨끗이 빤 다음에 사용한다. 요리를 할 때 도마나 칼 등을 닦아가면서 사용하므로 자주 빨아서 사용해야 한다. 보즈시(봉초밥)나 스가타즈시(모양초밥)를 만들 때도 면보가 필요하다.

강판 & 상어껍질 강판

상어껍질 강판

강판

강판은 구리 · 알루미늄 · 스테인리스 · 도자기 등으로 만드는데, 와사비, 무, 생강 등을 갈 때 사용한다. 구리제품은 표면에 주석도금이 되어 있고, 앞면과 뒷면의 갈리는 정도가 다르며, 강판의 날이 무디어지면 날을 다시 세워서 사용할 수 있다.

상어껍질 강판은 와사비 전용으로, 상어의 거친 껍질 윗부분에 둥글게 원을 그리며 문질르면서 사용하는데, 향, 매운맛, 점도가 더욱 강해진다.

젓가락(대나무 · 나무 · 금속)

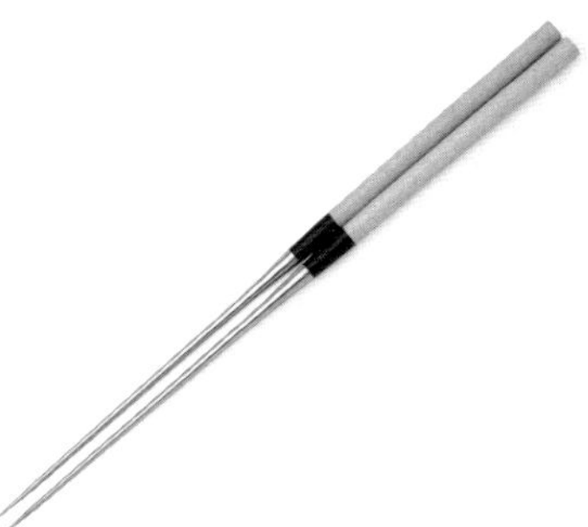

조리용 젓가락으로 끝이 뾰족한 것은 회 등을 담을 때 사용하기 좋다. 대나무 재질의 젓가락은 가벼워서 여러 용도로 사용하기 좋고, 나무 재질의 도톰한 젓가락은 냄비에 박고지 등을 조릴 때 사용하면 편리하다.

누름틀

마쓰마에스시용 나가하코

밧테라하코

누름틀에는 게라하코(ケラ箱), 밧테라하코(バッテラ箱), 마쓰마에스시용 나가하코(長箱), 그리고 그 밖에도 오시즈시(누름초밥), 하코즈시(상자초밥)용으로 크기와 모양이 다른 것, 누름돌을 올려 사용하는 것 등이 있다. 게라하코는 몇 가지의 재료를 얹은 고케라즈시(에도시대에 만들어진 오시즈시로 지붕 아래에 붙은 얇은 판 '고케라'에서 유래된 이름)의 고케라가 게라로 바뀌어 불리게 된 것이다. 게라하코는 흰살생선, 새우, 게라다마 아쓰야키(두꺼운 달걀구이)의 3가지 재료를 샤리 위에 얹어서 사용하는 누름틀이다.

그 외에도 흰살생선을 얹는 시로미하코(白身箱), 구운 재료를 얹는 야키미노하코(焼き身の箱)가 있으며, 밧테라는 평평하고 낮은 틀로, 포르투갈어로 작은 배를 의미하는 '밧테이라'에서 비롯된 이름이다. 마쓰마에스시용 나가하코는 재료를 얹는 부분이 둥근 모양이 되며, 마쓰마에 다시마를 덮어서 만드는 마쓰마에즈시(松前ずし)를 만들 때 사용하는 틀이다.

누름틀은 사용하기 전에 물을 뿌려서 적셔놓는다. 사용할 때는 젖은 면보로 닦고, 윗뚜껑과 아래뚜껑의 크기에 맞게 엽란을 잘라서 사용하면 보기 좋게 완성할 수 있다.

게라하코

가스밥솥

샤리용으로 밥을 지을 때는 가스밥솥이 좋다. 자동밥솥으로 밥솥 용량의 2/3정도를 짓는 것이 이상적이다.

편수 냄비

손잡이가 1개 있는 냄비로, 물을 따르는 입구가 있어 국물요리를 옮길 때 편리하다. 양수냄비는 손잡이가 2개 있어서 많은 양의 재료나 큰 재료를 가열할 때 사용한다.

찜기

바닥에 물을 넣고 끓여서 증기로 재료에 열을 통하게 해서 익힌다. 열효율이 좋지만 불조절에 주의해야 한다.

스시용 그릇

스시용 그릇은 원형, 사각형 또는 뚜껑이 있는 지라시 등이 있는데,겹칠 수 있어서 운반하기 편하다. 그 외에도 스시나 회를 담는 그릇으로 도자기그릇, 사기그릇, 나무그릇, 옻그릇, 유리 그릇 등 다양한 그릇을 사용한다.

솔과 양념통

솔은 재료에 양념이나 니키리를 바르는 도구로, 털끝이 가지런하고 잘 빠지지 않는 것이 좋다. 사용 후에는 잘 씻어 건조해둔다.

녹차 · 거름망 · 찻잔

스시집에서는 찻잎을 잘게 가루로 만든 녹차를 많이 사용한다. 가루녹차는 거름망을 사용하여 전차보다 높은 온도에서 여과하는 차로, 맛보다 향을 즐기는 차이다. 스시를 먹을 때 입안을 헹구고, 냄새와 기름기를 제거하는 역할을 한다. 크고 두툼한 찻잔을 사용하는 이유는 뜨겁고 맛이 강하지 않아서, 입안을 헹구기에 적당한 양을 먹기 위해서라고 한다.

김통

김을 일시적으로 보관하는 용기로, 건조제를 넣어 사용한다. 사용하고 남은 김은 밀폐용기에 건조제와 함께 보관한다.

살균소독제

살아있는 재료를 손질하는 일이므로 위생을 위해 살균소독제를 사용해야 한다. 살균소독제는 반드시 희석해서 사용하고, 손가락 소독뿐만 아니라 냉장고, 식기, 조리도구의 소독에도 사용한다. 스시를 만들기 전이나 살아있는 재료를 취급하기 전에 반드시 비누로 손을 깨끗이 씻고, 약간의 살균소독제를 넣은 물에 손을 충분히 담갔다가 헹군 다음 조리하도록 한다. 조리 중에 직접 닿는 도마, 칼, 그릇, 냉장고 손잡이, 수도꼭지 등에도 세균이 있으므로 위생에 신경을 써야 한다. 항상 조리실의 환경과 재료의 상태에 주의하여 스시 요리사로서의 위생관념이 몸에 배도록 하는 것이 중요하다.

INDEX

추천의 글

이 책을 이번에 완성, 출간하기까지 메구로 히데노부(目黑秀信)씨의 일 년에 걸친 노력에 경의를 표합니다. 정말로 심혈을 기울인다는 것이 어떤 것인지 실제로 보여주는 작업이었습니다.

기본적인 스시 쥐는 기술부터 시작해서, 90여 종에 이르는 어패류의 손질방법과 조리방법 등, 직접 만드는 기술을 각각의 단계마다 사진을 곁들여서 설명하고 있습니다. 이것은 모두 스시를 만드는 데 기본이 되는 기술입니다. 이렇게까지 훌륭하게 이루어낸 점, 모두가 자랑스럽게 생각합니다.

이 책은 스시집에서 한 권, 스시 요리사도 한 권, 요리를 하는 사람이라면 한 권 꼭 가지고 있어야하는 책이며, 또한 후세에도 전해져야 할 책입니다.

일본음식을 대표하는 스시가 세계에 널리 퍼져 있는 지금, 지나친 영리중심의 '스시'가 만연하고 있음을 매우 걱정하고 있는 한 사람의 스시인으로서, 새로운 스시를 사랑하는 전 세계의 여러분들도 반드시 책상 위에 이 책을 한 권씩 놓아두기 바랍니다. 눈에 보이는 곳에 두고 틈틈이 읽어서 오랫동안 이어져온 스시의 맛과 그 깊이를 조금이나마 이해할 수 있다면, 한층 더 깊이 스시를 즐길 수 있을 것입니다.

마지막으로 메구로 히데노부(目黑秀信)씨를 시작으로 이 책의 제작과 더불어, 기술 협력에 아낌없는 도움을 주신 나카다 히데토(中田秀人)씨, 가토 마사요시(加藤益義)씨, 야마시타 다다오(山下忠夫)씨, 아라이 가즈마사(新井一正)씨의 노고에 진심으로 감사를 표합니다.

야마가타 다다시(山縣 正)

전국 스시상생활위생동업조합연합회 회장
도쿄도 스시상생활위생동업조합 이사장

야마자키 히로아키(山崎 博明)

전국 스시상생활위생동업조합연합회 상임이사 겸 기술연구위원장
도쿄도 스시상생활위생동업조합 부이사장 겸 기술위생부장
현대의 명장

● 저자

메구로 히데노부(目黑秀信)

요로시쿠스시(도쿄도 이나기시)
도쿄도 스시상생활위생동업조합 상무이사 청년부장
도쿄도 산타마스시상조합연합회 부회장

● 기술협력

나카다 히데토(中田秀人)

노토스시 (도쿄도 고쿠분지시)
도쿄도 스시상생활위생동업조합 상무이사
　산타마 블럭장
도쿄도 산타마스시상조합연합회 총무부장

가토 마사요시(加藤益義)

후지즈시 (도쿄도 하치오지시)
전 도쿄도 스시상생활위생동업조합 상무이사
　산타마 블럭장
도쿄도 산타마스시상조합연합회 부회장

야마시타 다다오(山下忠夫)

모토요로시쿠스시 (도쿄토 후추시)

아라이 가즈마사(新井一正)

스시코 (도쿄도 히가시무라야마시)
도쿄도 스시상생활위생동업조합 청년부
도쿄도 산타마스시상조합연합회 네트홍보

● 제작협력

나가미네 미키오(永峯幹夫)

미마쓰본점 (도쿄토 후추시)
도쿄도 스시상생활위생동업조합 상무이사
　홍보선전부장
도쿄도 산타마스시상조합연합회 회장

이와세 유코(岩瀬優子)

도쿄도 산타마스시상조합연합회 사무국
미마쓰본점 (도쿄토 후추시)
도쿄도 스시상생활위생동업조합 상무이사 홍보선전부장
도쿄도 산타마스시상조합연합회 회장

지은이 메구로 히데노부(目黑秀信)

1962년 도쿄 스미다구 출생. 1979년부터 1991년까지 13년 동안 도쿄 후추시에 위치한 요로시쿠 스시의 주방장인 야마시타 다다오로부터 가르침을 받았다. 1992년에 독립하여 현재는 도쿄 이나기시에서 요로시쿠 스시를 운영하고 있다. 스시요리전문조리사 및 조리기능사(위생노동성) 취득. 2012년 사단법인 조리기술기능센터(후생노동대신 지정 시험기관) 조리기술심사 및 기능검정시험의 지방시험위원 역임. 현재 도쿄 스시상생활위생동업조합의 상무이사, 청년부장 및 도쿄 산타마스시상조합연합회 부회장.

옮긴이 용동희

서강대학교 화학공학 석사, 경희대학교 조리외식 석사를 마치고, 각종 잡지와 신문에 요리 기사를 연재하며 활발히 활동 중인 요리연구가 겸 푸드스타일리스트. KBS국제방송에서 일본에 한국요리를 소개하는 코너를 진행했으며, 일본인 대상 한국요리 강좌 및 대학과 문화센터 등에서 요리 강의를 하고 있다. 또한 한국에 일본 요리책을 소개하는 전문 번역가로도 활동 중이다.

일본 스시장인에게 배우는

스시의 기술

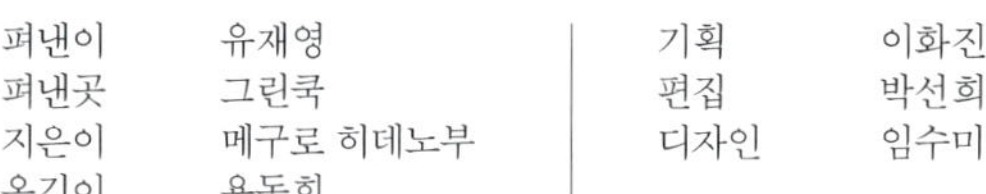

펴낸이	유재영	기획	이화진
펴낸곳	그린쿡	편집	박선희
지은이	메구로 히데노부	디자인	임수미
옮긴이	용동희		

1판 1쇄 2014년 12월 10일
1판 10쇄 2023년 4월 30일

출판등록 1987년 11월 27일 제10-149

주소 04083 서울 마포구 토정로 53(합정동)
전화 324-6130, 324-6131
팩스 324-6135
E-메일 dhsbook@hanmail.net
홈페이지 www.donghaksa.co.kr / www.green-home.co.kr
페이스북 www.facebook.com / greenhomecook

ISBN 978-89-7190-469-5 13590

- 이 책은 실로 꿰맨 사철제본으로 튼튼합니다.
- 잘못된 책은 구매처에서 교환하시고, 출판사 교환이 필요할 경우에는 사유를 적어 도서와 함께 위의 주소로 보내주십시오.

GREENCOOK 은 최신 트렌드의 디저트, 브레드, 요리는 물론 세계 각국의 정통 요리를 소개합니다.
국내 저자의 특색 있는 레시피, 세계 유명 셰프의 쿡북, 한국 · 일본 · 영국 · 미국 · 이탈리아 · 프랑스 등 각국의 전문요리서 등을 출간합니다. 요리를 좋아하고, 요리를 공부하는 사람들이 늘 곁에 두고 보고 싶어하는 요리책을 만들려고 노력합니다.